国家科学技术学术著作出版基金资助出版

多轴热机疲劳

尚德广　著

科学出版社

北　京

内 容 简 介

本书结合机械强度学、机械设计学、固体力学与材料强度学等，从理论方法到试验技术等方面阐述多轴热机疲劳理论与寿命预测方法。主要内容包括：常温多轴循环本构关系基础、常温多轴低周疲劳理论、多轴热机疲劳试验技术、多轴热机疲劳损伤特性、多轴热机循环本构关系、多轴热机损伤定量表征方法、多轴热机疲劳损伤累积理论、多轴热机疲劳寿命预测方法、缺口多轴热机疲劳等，是一部论述多轴热机疲劳强度理论和反映机械疲劳强度学科内容的书籍。书中主要内容为作者多年从事多轴热机疲劳研究的相关成果，同时为了保持内容连续与完整性，穿插引用国内外热机疲劳研究领域中一些新的研究进展。

本书可作为机械、航空、力学等相关专业研究生的参考书，也可供相关专业的高校教师、工程设计人员参考。

图书在版编目（CIP）数据

多轴热机疲劳 / 尚德广著. -- 北京 ：科学出版社，2024.11
ISBN 978-7-03-077347-0

Ⅰ. ①多⋯　Ⅱ. ①尚⋯　Ⅲ. ①热力发动机-金属疲劳　Ⅳ. ①TK1

中国国家版本馆CIP数据核字(2024)第001664号

责任编辑：张海娜　赵微微 / 责任校对：任苗苗
责任印制：肖　兴 / 封面设计：无极书装

科学出版社 出版
北京东黄城根北街 16 号
邮政编码：100717
http://www.sciencep.com
北京中科印刷有限公司印刷
科学出版社发行　各地新华书店经销
*
2024年11月第　一　版　　开本：720×1000 1/16
2024年11月第一次印刷　　印张：24 1/2
字数：491 000
定价：228.00 元
（如有印装质量问题，我社负责调换）

前　言

高温环境下服役的关键结构零部件，如高超声速飞行器机身、航空发动机叶盘、发电机组蒸汽轮机的涡轮转子等均在高温和复杂交变载荷下运行，在温度与机械载荷的交互作用下，其损伤机理和寿命消耗进程与常温疲劳情况有很大差别。对于高温复杂环境下的机械结构设计，如果结构强度设计所采用的载荷历程不能反映实际环境与整体载荷历程特征，就会产生寿命评估的不确定性，导致结构零部件的实际寿命与设计寿命可能会出现较大偏差现象，甚至会发生重大事故。

随着航空航天飞行器的发展，结构热端部件温度从 20 世纪 50 年代的 880℃逐步提高到当前的 2000℃以上，与此对应的热端结构寿命评估都是结构设计者所面临的难题和挑战。在高温循环加载环境下，材料产生明显的蠕变与疲劳损伤，甚至氧化损伤，会严重消耗结构寿命。因此，建立和完善高温多轴载荷下热机疲劳强度理论与寿命评估方法，以便采用合理的热端结构强度设计并准确评估关键零部件的寿命可靠性指标，有助于形成符合实际的高温结构强度设计体系，对保障高温环境下关键零部件在服役期间的安全性和可靠性极为重要，也是国家在新型航空航天飞行器研发过程中需求的关键技术。

本书是在作者近十年来国家自然科学基金重点项目、国家自然科学基金重大研究计划重点支持项目等资助下部分研究成果的基础上，经过精选提炼而成。在内容结构编排上，本书从常温多轴循环本构关系到热机多轴循环本构关系、从常温多轴疲劳损伤计算到多轴热机疲劳损伤评估、从常温多轴变幅载荷下疲劳寿命预测到多轴变幅热机载荷下寿命评估，采用由浅入深、循序渐进的方式，详细论述多轴热机疲劳理论中所涉及的基本原理、基本理论和基本方法。同时为了保持全书的完整性，书中也穿插介绍了国内外热机疲劳研究一些新的进展。

书中共包括 10 章内容，第 1 章介绍热机疲劳研究发展简史、单轴热机疲劳损伤与寿命预测理论发展概况、多轴热机疲劳概念和多轴热机疲劳研究简况；第 2 章介绍常温多轴循环本构关系基础知识，并举例说明了多轴谱载荷下应力应变响应的确定方法；第 3 章着重介绍常温多轴低周疲劳理论，包括多轴低周疲劳的定义及理论概述、多轴临界面法理论、基于损伤支配的变幅多轴疲劳寿命预测方法、基于能量-临界面法的多轴疲劳寿命预测方法和基于权平均最大剪切应变范围平面的疲劳寿命预测方法；第 4 章主要介绍多轴热机疲劳试验技术，包括常温拉扭多轴低周疲劳试验技术、拉扭多轴热机疲劳试验技术和双轴平面热机疲劳试验技术等；第 5 章介绍多轴热机疲劳损伤特性，包括不同温度下疲劳裂纹萌生与扩展、不同载荷模式下多轴热机疲劳特性和微观断口分析；第 6 章论述多轴热机循环本构关系，包括 Chaboche 黏塑性统一本构模型理论、高温单轴循环/拉扭多轴加载下黏塑性统一本构模型、考虑多轴非比例硬化的黏塑性统一本构模型和多轴热机加载下循环黏塑性本构模型；第 7 章介绍多轴热机载荷下各种损伤表征方法，包括多轴低周疲劳损伤定量表征方法、多轴蠕变损伤定量表征方法和多轴氧化损伤定量表征方法；第 8 章介绍多轴热机疲劳损伤累积理论，包括热机疲劳损伤理论、基于损伤等效的多轴热机疲劳损伤累积理论和基于疲劳-氧化-蠕变的多轴热机疲劳损伤累积理论；第 9 章介绍多轴热机疲劳寿命预测方法，包括基于等温疲劳-蠕变的多轴热机疲劳寿命预测方法、基于疲劳-蠕变交互作用的多轴热机疲劳寿命预测方法、变幅多轴热机载荷下疲劳寿命预测方法、基于疲劳-蠕变-氧化损伤的多轴热机疲劳寿命预测方法和基于小裂纹扩展的多轴热机疲劳寿命预测方法；第 10 章介绍缺口多轴热机疲劳，主要包括基于虚应变/应力修正的缺口局部多轴应力应变估算方法、多轴热机载荷下缺口应力应变确定方法和缺口多轴热机疲劳寿命预测方法。

感谢国家自然科学基金重大研究计划重点支持项目(92160205)、国家自然科学基金重点项目(51535001)和国家科学技术学术著作出版基金的资助。

感谢我的博士研究生陈宏前期在随机多轴载荷下疲劳损伤在线监测及寿命评估系统方面的研究工作、陶志强在多轴变幅载荷下缺口件疲劳寿命预测方法方面的研究工作、李道航在多轴热机疲劳损伤机理与寿命预测方面的研究工作、薛龙在多轴疲劳损伤在线监测技术方面的研究工作、王金杰在变幅加载下多轴热机疲劳寿命预测方面的研究工作，以及硕士研究生王巨华、任艳平、李芳代、李罗金、王灵婉、陈烽、王海潮、周雪鹏等在多轴热机疲劳等方面的研究工作。本书部分内容的形成也得益于他们的贡献。感谢我的博士研究生毛正宇以及硕士研究生石奉田、张航、李伟、唐志强、钱程、周全、周帅、李文龙等在本书校对和作图过程中所做的工作。

感谢国内外同行专家们在学术交流中提供的帮助和有用的信息资料，丰富了本书内容。

　　多轴热机疲劳是一个新的研究方向，在航空航天等领域备受关注。本书仅包括一些有限的多轴热机疲劳研究内容。由于作者的研究不够广泛和深入，加之水平有限，书中难免存在不妥之处，敬请广大读者和同行们批评指正。

尚德广

2023 年 3 月于北京

目　　录

第1章 绪　论

1.1　热机疲劳研究发展简史

结构疲劳破坏造成的损失以及采用预防措施所产生的成本费用都非常高。据统计，早在 1982 年，美国仅飞机零部件预防疲劳断裂所产生的成本就高达 67 亿美元[1]，而此前就预计航空发动机热端部件维护成本估计每年将超过 20 亿美元[2]，其中相当大部分结构维护与热疲劳断裂有关。因此，为了降低成本，热疲劳失效的研究越来越受到各国结构设计者和研究人员的重视。

在热机械疲劳（thermo-mechanical fatigue，简称热机疲劳）问题提出之前，首先需要了解热疲劳的概念。

热疲劳是指材料经过交替加热和冷却导致性能逐渐退化并最终发生断裂的现象，在此期间，材料自由热膨胀受到部分或完全限制[3]。热膨胀的约束引发热应力，从而导致疲劳裂纹萌生和扩展。热疲劳裂纹萌生寿命通常较短，因此热疲劳通常为低周疲劳。严格地区分，如果温度随时间不恒定，则将其视为热疲劳；如果温度随时间是恒定的，则为等温疲劳。例如，一台高温设备的启动和停止可能引起结构件热疲劳损伤，而高温设备结构件在稳定运行期间会产生等温疲劳损伤。

对于热疲劳，存在自由热膨胀和收缩的约束。这样的约束可分为外部约束和内部约束两大类。外部约束由施加到被加热和冷却的物体表面边界力提供。

以外部约束力为特征的热疲劳称为热机疲劳，其中热膨胀的约束力来自外部。由于外部约束相当于外部载荷或称机械载荷（应力或应变），因此热机疲劳就是机械应变（或应力）循环和温度循环叠加的疲劳行为。

对于有内部约束的热疲劳失效，其材料膨胀和收缩的内部约束由处于不同温度或由不同材料或两者兼有制成的相邻材料元素提供。内部约束在高温装备部件中有典型特征，即这些部件通常受到某种类型工作热流的快速加热和冷却，从而导致部件中会产生较大热梯度，进而产生自平衡的热应力。

以内部约束力为特征的热疲劳称为热应力疲劳，其中热膨胀约束来自内部。因此，高温环境下的疲劳可分为热疲劳和等温疲劳，即存在温度循环的热疲劳和不存在温度循环的等温疲劳。其中，存在温度循环的热疲劳可分为具有外部约束的热疲劳（即热机疲劳），以及存在内部约束的热疲劳（即热应力疲劳）。

关于热疲劳的研究要追溯到 20 世纪 40 年代。1944 年，墨尔本大学的 Boas 和 Honeycombe 发现，当锡基合金小型钢背轴承在 30～150℃内反复加热和冷却时，整个锡基合金会出现明显裂纹，并最终导致锡基合金破坏。他们通过制作的试样进行了对应的研究，认为反复加热与冷却类似于在金属上反复施加外部应力，在这样的情况下，试样都会受到应力循环的作用，从而产生晶体的塑性变形。如果应力大于某个限度，则会造成渐进损坏，最终导致失效。他们将这种效应命名为"热疲劳"，并发表在国际著名期刊 *Nature* 上[4]。

1944 年，由 Boas 等[4]提出的热疲劳原始定义非常严格，它仅适用于在没有任何外部约束情况下缓慢加热和冷却的金属材料失效。在接下来的十年中，工程设计人员需要一个术语来描述本质上循环的高温材料失效，因此人们将这个有限的定义进行了扩展。

1947 年，美国国家航空咨询委员会（National Advisory Committee for Aeronautics, NACA）飞机发动机研究实验室 Millenson 等[5]在焊接叶片涡轮机轮辋开裂调查报告中解释了某些燃气轮机圆盘断裂原因，并指出导致失效的循环塑性应变源于启动和停止反复循环所形成的交替压缩和拉伸变形，并逐渐削弱材料强度，直到裂纹萌生，其失效方式有点类似于金属疲劳。

1949 年，Weeton[6]使用热疲劳这个术语来描述在燃气轮机燃烧器衬里观察到的一种故障机制。

1950 年，Wetenkamp 等[7]在研究铁路车辆车轮制动器由加热作用引起的失效时，使用了热疲劳开裂这个术语。

1953 年，Manson[8]提到了材料在热应力条件下的失效行为，并指出热冲击是材料在单次热应力循环后产生的失效，而热疲劳是在重复热应力循环下产生的失效。也就是在这份报告中，他提出低周疲劳寿命主要取决于施加的非弹性应变范围，由此形成了一个当今世界疲劳研究领域中众所周知的应变-寿命幂指数定律，即 Manson-Coffin 方程。

1954 年，Thielsch[9]撰写了一篇以"热疲劳和热冲击"为主题的研究文章。

同年，Coffin 等[10,11]发表了两篇关于热应力对延性金属影响的里程碑式论文，其中一篇介绍的所发明的热机疲劳测试设备，在单轴低周疲劳试样上可以产生很大的温度变化[10]。该热机疲劳试验机配备有引伸计，可以检测被评估的奥氏体不锈钢试样所承受相当大的塑性应变。使用他们发明的设备进行一系列疲劳测试，获得了非弹性应变范围与疲劳寿命之间的幂指数关系。在 20 世纪 50～70 年代，几乎所有关于热疲劳的论文都以这两篇论文作为参考。

1954～1964 年，热疲劳由几乎完全不被人了解发展到许多控制因素都得到定性理解的程度，且有时可以对裂纹萌生的热循环次数进行定量预测[12]。

早期航空发动机热端部件，如燃烧室、涡轮盘、涡轮叶片、导向叶片等，由蠕变和热疲劳损伤导致断裂破坏，使用寿命往往不到 100h。随着对航空发动机的涡轮性能、效率和耐久性的要求不断提高，大量研究人员对热疲劳进行了深入研究，并为航空航天和其他行业开发出多种热端部件寿命预测方法，其中 Manson 等[13-17]提出如下一些代表性方法。

1965 年 Manson[13]提出通用斜率方法，1966 年 Manson[14]提出应变不变量方法，1967 年 Manson 等[15]提出 10%规则，1971 年 Manson 等[16]提出修正时间和循环分数方法，以及 1971 年 Manson 等[17]提出应变范围划分方法。这些方法已在国际上得到了广泛应用。

1973 年，Milled[18]开发了能够考虑蠕变、松弛、应变硬化、包辛格效应等的材料本构关系模型，提出了一种适用于有限元程序的多维形式，并讨论了该模型在涡轮叶片以及其他高温结构设计中的应用。

1974 年，日本京都大学 Taira 等[19]通过等温疲劳试验提出了热疲劳寿命预测方法。

20 世纪 80 年代后期，随着试验设备与测试技术的发展，在国际疲劳研究领域，普遍开展了热机疲劳试验方面的研究工作。

1995 年召开的国际热机疲劳学术会议中，就热机疲劳试验技术、组件测试、程序应用、损伤累积和裂纹扩展以及寿命预测等问题进行了详细讨论[20]。

1985 年，我国冶金工业部钢铁研究总院和北京钢铁学院(现北京科技大学)先后从美国 MTS (Mechanical Testing & Simulation) 系统公司引进了先进的热机疲劳试验系统，开始了热机疲劳研究[21]。

1989 年，为了实现试验方法统一和试验数据的可比性，冶金工业部钢铁研究总院、北京航空材料研究院和北京钢铁学院组成编制组，制定了金属材料轴向热机疲劳试验方法方面的国家标准[22]。

2007 年，我国军用标准推出了 GJB 6213—2008《金属材料热机械疲劳试验方法》[23]，并于 2008 年 10 月 1 日开始正式实施。

2017 年，我国国家标准推出了 GB/T 33812—2017《金属材料 疲劳试验 应变控制热机械疲劳试验方法》[24]，并于 2017 年 12 月 1 日开始正式实施。

1.2 单轴热机疲劳损伤与寿命预测理论发展概况

发展定量模型并用以预测交变载荷下工程零部件的疲劳寿命是疲劳研究的目的之一。热机疲劳的损伤机理十分复杂，目前还缺乏大量试验数据积累，因此对热机疲劳损伤特性的研究还不够深入，寿命估算也基本为半经验方法。在热机疲劳情况下，疲劳损伤、氧化以及蠕变损伤是主要的损伤机制，因此，正确预测热机疲劳寿命需要复杂的建模方法[25]。然而，复杂的模型需要变量和相关参数来达到寿命预测的目的，这些变量通常包括弹性应变范围、非弹性应变范围、总应变范围、应变能、温度、频率、保持时间、应变率以及平均应力等[26,27]。研究者提出了大量热机疲劳寿命预测模型和疲劳准则[28-31]，主要包括线性累积损伤模型、损伤函数模型、应变范围划分(strain range partitioning, SRP)模型、断裂力学模型和工程经验模型等。

1.2.1 线性累积损伤模型

线性累积损伤模型是最简单的预测模型[32]。它包括与时间无关的疲劳损伤 ϕ_f 和与时间有关的蠕变损伤 ϕ_c：

$$\phi_f = \frac{N}{N_f} \tag{1.1}$$

$$\phi_c = \frac{\sum t_h}{t_r} \tag{1.2}$$

式中，N 为蠕变-疲劳寿命；N_f 为疲劳寿命；t_h 为每一周次的循环中所引入的保持时间；t_r 为纯持久试验下的断裂时间。

当疲劳损伤 ϕ_f 与蠕变损伤 ϕ_c 累计等于 1 时，即

$$\phi_f + \phi_c = 1 \tag{1.3}$$

则认为发生蠕变-疲劳失效。

该模型忽略了损伤顺序对蠕变-疲劳寿命的影响，即假设先疲劳后蠕变过程的寿命与先蠕变后疲劳过程的寿命相同。在很多情况下，蠕变损伤与疲劳损伤并不是相互独立的。对于循环软化材料，先疲劳会产生小裂纹，裂纹的存在会降低随后的蠕变寿命，而对于一些材料，先蠕变可能会提高随后的疲劳寿命。

1.2.2 损伤函数模型

损伤函数属于应变-寿命模型的能量表达式。Ostergren[26]认为除了塑性应变对疲劳寿命起作用外，疲劳过程中的拉伸应力直接促进裂纹的扩展，因此循环拉伸应力也是控制疲劳寿命的重要因素。采用净拉伸滞后能(ΔW_T)作为损伤函数对疲劳损伤进行表征，其表达式为

$$\Delta W_T = \sigma_{\max} \Delta \varepsilon_p \tag{1.4}$$

式中，$\sigma_{\max}$ 为循环最大拉伸应力；$\Delta \varepsilon_p$ 为塑性应变范围。

考虑到保持时间的引入造成时间相关的损伤，则需加入频率修正项，进而得到如下形式的应变能方程：

$$\sigma_{\max} \Delta \varepsilon_p N_f^{\beta} \upsilon^{\beta(k-1)} = C \tag{1.5}$$

式中，C、β 和 k 为材料常数；N_f 为疲劳寿命；υ 为频率。

损伤函数模型(即 Ostergren 模型)考虑了拉伸应力幅对疲劳寿命的影响，因此比较适合用于高温条件下平均应力起重要作用的热机疲劳寿命预测。

1.2.3　应变范围划分模型

SRP 法是由 Manson 等[17]提出的能预测疲劳损伤和蠕变损伤的疲劳寿命预测方法。结合拉伸压缩周期可以把疲劳非弹性应变区分为四种，如图 1.1 所示。pp 型即拉伸与压缩时非弹性应变都为塑性应变；cp 型即拉伸时非弹性应变为蠕变而压缩时非弹性应变为塑性应变；pc 型即拉伸时非弹性应变为塑性应变而压缩时非弹性应变为蠕变；cc 型即拉伸与压缩时非弹性应变都为蠕变。

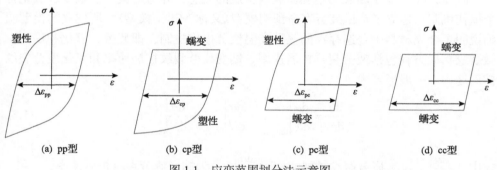

图 1.1　应变范围划分法示意图

经过区分的这四种非弹性应变中，每一种都代表不同形变损伤机制，但每一种区分后非弹性应变都遵循 Manson-Coffin 关系式：

$$\begin{cases} N_{\mathrm{pp}} = A_1 \left(\Delta \varepsilon_{\mathrm{pp}} \right)^{\alpha_1} \\ N_{\mathrm{cp}} = A_2 \left(\Delta \varepsilon_{\mathrm{cp}} \right)^{\alpha_2} \\ N_{\mathrm{pc}} = A_3 \left(\Delta \varepsilon_{\mathrm{pc}} \right)^{\alpha_3} \\ N_{\mathrm{cc}} = A_4 \left(\Delta \varepsilon_{\mathrm{cc}} \right)^{\alpha_4} \end{cases} \tag{1.6}$$

式中，$A_1 \sim A_4$ 以及 $\alpha_1 \sim \alpha_4$ 为与材料有关的常数。

设一次循环引起的损伤为 $\dfrac{1}{N_f}$，则表达式为

$$\frac{1}{N_f} = \frac{F_{\mathrm{pp}}}{N_{\mathrm{pp}}} + \frac{F_{\mathrm{cp}}}{N_{\mathrm{cp}}} + \frac{F_{\mathrm{pc}}}{N_{\mathrm{pc}}} + \frac{F_{\mathrm{cc}}}{N_{\mathrm{cc}}} \tag{1.7}$$

式中，F_{pp}、F_{cp}、F_{pc}、F_{cc} 分别代表区分后的每部分非弹性应变与循环总非弹性应变比值，即 $\Delta\varepsilon_{pp}/\Delta\varepsilon_{in}$、$\Delta\varepsilon_{cp}/\Delta\varepsilon_{in}$、$\Delta\varepsilon_{pc}/\Delta\varepsilon_{in}$、$\Delta\varepsilon_{cc}/\Delta\varepsilon_{in}$。

SRP 模型的优点之一是寿命关系由四个非弹性应变范围决定，受施加应变的温度影响不大。如果在一个温度下施加特定范围的应变，其寿命将与在另一个温度下施加相同类型的相同范围应变时的寿命相似。由于给定的施加载荷将在不同的温度下产生不同的应变，因此这并不意味着寿命与温度无关。

SRP 模型已经在航空工业和核工业中成功应用于预测某些镍基高温合金部件的热机疲劳寿命[27-29]。SRP 模型不必特别考虑试验频率、保持时间以及温度的影响，因为模型本身对应力-应变迟滞回线的划分已经考虑了上述因素的作用。

1.2.4 断裂力学模型

Miller 等[30]基于断裂力学和微裂纹扩展的概念，并考虑疲劳、蠕变、氧化各个损伤机制，建立了热机疲劳寿命预测模型（又称 Miller 模型）。所建立的模型明确说明了金属材料中普遍存在的三种高温疲劳损伤机制，即疲劳、氧化和蠕变。微裂纹扩展方程包括疲劳裂纹扩展速率、蠕变疲劳裂纹扩展速率和氧化疲劳裂纹扩展速率，一般形式为

$$\frac{\mathrm{d}a}{\mathrm{d}N} = \frac{\mathrm{d}a}{\mathrm{d}N}\bigg|_{\text{fatigue}} + \frac{\mathrm{d}a}{\mathrm{d}N}\bigg|_{\text{creep}} + \frac{\mathrm{d}a}{\mathrm{d}N}\bigg|_{\text{ox}} \tag{1.8}$$

式中，$\dfrac{\mathrm{d}a}{\mathrm{d}N}\bigg|_{\text{fatigue}}$ 为疲劳裂纹扩展速率；$\dfrac{\mathrm{d}a}{\mathrm{d}N}\bigg|_{\text{creep}}$ 为蠕变疲劳裂纹扩展速率；$\dfrac{\mathrm{d}a}{\mathrm{d}N}\bigg|_{\text{ox}}$ 为氧化疲劳裂纹扩展速率。

式(1.8)的显式解耦形式表示不同损伤机制可以直接累加。然而，与单个微裂纹扩展组分有关的变形机制可能是耦合的，这种蠕变和疲劳损伤之间的耦合可能与疲劳裂纹的扩展具有物理相关性。

1.2.5 工程经验模型

工程经验模型是在实际工程中提出的经验模型，具有局限性，如 Zamrik 模型[31]：

$$N_f = A(\Delta W)^B \tag{1.9}$$

式中，A、B 是材料常数。

$$\Delta W \approx \frac{\sigma_{\max}\varepsilon_{\text{ten}}}{\sigma_u\varepsilon_f} \tag{1.10}$$

式中，σ_{max} 和 ε_{ten} 为半寿命期滞后环的最大拉伸应力和拉伸应变幅；σ_u 和 ε_f 分别为在反向热机疲劳时最小温度单调拉伸情况下极限强度和失效时的伸长率。

国内也有很多高校和科研院所及设计单位，如清华大学、北京航空航天大学、西北工业大学、南京航空航天大学、哈尔滨工业大学、天津大学、电子科技大学、大连理工大学、东北大学、华东理工大学、北京科技大学、西南交通大学、哈尔滨工程大学、武汉理工大学、钢铁研究总院、中国科学院金属研究所、中国航发北京航空材料研究院、中国航空发动机研究院、中国航发商用航空发动机有限责任公司、中国航发湖南动力机械研究所、苏州热工研究院、中国船舶重工集团有限公司第七〇三研究所等，在热机疲劳及本构关系理论方面开展了大量研究工作，取得了一些重要的研究成果。但热机疲劳问题十分复杂，尤其在多轴变幅热机载荷状态下的疲劳问题，还需要该领域的科技工作者做出更多的努力和探索。

1.3　多轴热机疲劳的概念

多轴热机疲劳是指在温度循环（即非等温）与多轴机械载荷循环叠加下的疲劳。

等温多轴疲劳（多轴机械疲劳）是在两个或三个机械载荷分量（应力或应变）独立循环加载下的疲劳[32]。与单轴热机疲劳和高温（等温）多轴疲劳相比，多轴热机疲劳有时会引起额外的循环硬化，导致寿命出现显著降低的现象。因此，在存在温度循环环境下的热端结构件设计和安装时，应对多轴热机疲劳问题予以足够重视，以便对结构强度与寿命进行正确评估，从而保证设备运行期间的安全性与可靠性。

航空发动机等热端结构件，如涡轮盘和涡轮叶片等，通常处于多向载荷和变温环境中，即在多轴机械载荷和非等温载荷下工作，从而大大增加了不同损坏模式相互作用的可能性。在这种情况下，需要开发多轴热机疲劳损伤模型和寿命预测方法，以保证热机复杂载荷工况下各类热端高温零部件寿命精确评估。

在多轴热机载荷作用下，温度载荷与轴向机械载荷之间的相互作用会影响热端部件的寿命，同时温度载荷、剪切机械载荷及轴向与剪切机械载荷之间的相互耦合作用也会对寿命产生重要影响。

多轴热机疲劳寿命预测通常在单轴热机疲劳寿命预测与高温多轴寿命预测的基础上，通过考虑热相位角与温度相位角变化对热机疲劳寿命的影响，以及不同热相位角及机械相位角下不同疲劳损伤机制，最后发展形成。与单轴热机疲劳损伤及高温疲劳损伤特性相似，多轴热机疲劳损伤主要包含纯机械疲劳损伤、蠕变损伤以及不同损伤之间可能存在的交互作用。对于高温下抗氧化性较低的材料，还应考虑氧化作用造成的损伤，因此评估多轴热机疲劳损伤需要复杂的建模方法。

由于机械零部件承受的恒幅多轴热机载荷与恒幅多轴高温疲劳载荷具有一定的相似性，损伤机制也比较接近，因此，一般预测恒幅多轴热机疲劳寿命的经验方法是把热机疲劳损伤转化为等温疲劳损伤，借助于传统的等温疲劳寿命预测方法，通过计算多轴等温疲劳损伤来估算多轴热机疲劳寿命。此外，也有一些研究者在单轴热机疲劳寿命预测模型的基础上引入多轴损伤参量，通过考虑多轴机械载荷对于机械疲劳损伤的影响，将单轴热机寿命预测模型扩展到多轴热机疲劳寿命预测方法中。

在多轴热机疲劳中，由于应力-应变关系相当复杂，材料的本构关系建立相当困难，因此一些基于单轴应力-应变分析的高温疲劳寿命预测模型已不再适用，但一些模型经过修正后能够在某种程度上满足寿命预测需要。

1.4　多轴热机疲劳研究简况

在多轴等温疲劳损伤模型的基础上衍生了多种多轴热机疲劳损伤模型，包括等效应变幅模型、修正多轴度因子模型、修正 Smith-Watson-Topper 参数模型、修正 Fatemi-Socie-Kurath 模型和基于裂纹尖端钝化模型的寿命预测模型等。

1.4.1　等效应变幅模型

该模型假定一点的应变状态可以通过米泽斯(Mises)屈服准则转化为一个标量，并且该标量可以当成一个等效的单轴应变，考虑温度对应力-应变的影响，对米泽斯等效应变进行修正[33]，表达式如下：

$$\Delta\varepsilon_{eq} = \sqrt{\Delta\varepsilon^2 + \frac{3}{4\left(1+v_{eff}\right)^2}\Delta\gamma^2} \tag{1.11}$$

式中，$\Delta\varepsilon$ 为轴向应变范围；$\Delta\gamma$ 为剪切应变范围；$\Delta\varepsilon_{eq}$ 为米泽斯等效应变范围；v_{eff} 为有效泊松比，可以通过弹性泊松比 v_e 和塑性泊松比 v_p 求得，表达式如下：

$$v_{eff} = \frac{\Delta\varepsilon_e v_e + \Delta\varepsilon_p v_p}{\Delta\varepsilon} \tag{1.12}$$

式中，$\Delta\varepsilon_e$ 为弹性应变范围；$\Delta\varepsilon_p$ 为塑性应变范围。

定义弹性应变范围为最高温度对应的应力与弹性模量的比值和最低温度对应的应力与弹性模量的比值之差的绝对值：

$$\Delta\varepsilon_e = \left| \frac{\sigma_{T_{\max}}}{E_{T_{\max}}} - \frac{\sigma_{T_{\min}}}{E_{T_{\min}}} \right| \tag{1.13}$$

塑性应变范围为总的轴向应变范围与弹性应变范围之差：

$$\Delta\varepsilon_p = \Delta\varepsilon - \left| \frac{\sigma_{T_{\max}}}{E_{T_{\max}}} - \frac{\sigma_{T_{\min}}}{E_{T_{\min}}} \right| \tag{1.14}$$

损伤模型如下：

$$\Delta\varepsilon_{\mathrm{eq}} = B\left(N_f\right)^b + C\left(N_f\right)^c \tag{1.15}$$

式中，B、C、b 和 c 为常数，可由等温单轴试验数据获得。

1.4.2 修正多轴度因子模型

由于米泽斯等效应变法没有考虑静水应力，预测寿命时存在较大偏差，因此 Bonacuse 等[34]提出了修正多轴度因子模型，并利用等温疲劳参数来预测多轴热机疲劳寿命[35]，其模型表达式如下：

$$\mathrm{MF}(\Delta\varepsilon)_{\mathrm{eq}} = \mathrm{MF}^{(1-b/c)}B\left(N_f\right)^b + C\left(N_f\right)^c \tag{1.16}$$

当三轴度因子 TF ≤ 1 时，修正的多轴度因子：

$$\mathrm{MF} = 1/(2-\mathrm{TF}) \tag{1.17}$$

当三轴度因子 TF > 1 时，修正的多轴度因子：

$$\mathrm{MF} = \mathrm{TF} \tag{1.18}$$

式中，三轴度因子 TF > 1 为平均应力与米泽斯等效应力的比值，其表达式如下：

$$\mathrm{TF} = \frac{\sigma_1 + \sigma_2 + \sigma_3}{\frac{1}{\sqrt{2}}\sqrt{(\sigma_1-\sigma_2)^2 + (\sigma_2-\sigma_3)^2 + (\sigma_1-\sigma_3)^2}} \tag{1.19}$$

式中，σ_1、σ_2、σ_3 分别为第一、二、三主应力。

1.4.3 修正 Smith-Watson-Topper 参数模型

Socie[36]推荐了修正 Smith-Watson-Topper 模型，并用于拉扭热机载荷下的疲劳寿命预测，该模型主要应用于初始裂纹方向垂直于最大正应变所在平面的材料，其表达式如下：

$$\sigma_1^{\max} \Delta\varepsilon_1/2 = \sigma_f' \varepsilon_f' \left(2N_f\right)^{b+c} + \frac{\sigma_f'^2}{E}\left(N_f\right)^{2b} \tag{1.20}$$

式中，$\Delta\varepsilon_1$ 为最大主应变范围；$\sigma_1^{\max}$ 为最大主应变幅平面上的最大应力；E 为弹性模量；b、c 为恒温单轴下确定的常数。

1.4.4　修正 Fatemi-Socie-Kurath 模型

Fatemi 等[37]提出了修正 Fatemi-Socie-Kurath 模型，该模型主要适用于裂纹萌生于最大剪切应变平面的材料，其表达式为

$$\gamma_{\max}\left(1+k\frac{\sigma_n^{\max}}{\sigma_y}\right) = \left[1+\frac{kEB}{4\sigma_y}\left(N_f\right)^b\right]\left[\left(1+\nu_e\right)\frac{B}{2}\left(N_f\right)^b + \left(1+\nu_p\right)\frac{C}{2}\left(N_f\right)^c\right] \tag{1.21}$$

式中，$\gamma_{\max}$ 为临界面上最大剪切应变；$\sigma_n^{\max}$ 为临界面上最大法向应力；σ_y 为循环屈服强度；E 为弹性模量；ν_e 为材料弹性泊松比；ν_p 为材料塑性泊松比；k、B、C、b、c 为材料常数。

1.4.5　基于裂纹尖端钝化模型的寿命预测模型

Seifert 等[38]结合多轴临界面损伤计算法给出了基于裂纹尖端钝化模型的寿命预测模型。该模型假定裂纹扩展量随加载周期的增加而增加，并且 $\mathrm{d}a/\mathrm{d}N$ 与循环裂纹尖端张开位移 $\Delta\mathrm{CTOD}$ 有关：

$$\frac{\mathrm{d}a}{\mathrm{d}N} = \beta\Delta\mathrm{CTOD}^B \tag{1.22}$$

$$\Delta\mathrm{CTOD} = d_{n'}D_{\mathrm{TMF}}a \tag{1.23}$$

式中，β 为与材料性能相关的比例因子；B 为材料相关常数；a 为裂纹长度；$d_{n'}$ 为应变硬化指数 n' 的三阶多项式。

在单轴热机载荷下，D_{TMF} 裂纹扩展阶段每个热机循环所产生的疲劳损伤，在单轴加载下可由式（1.24）求得

$$D_{\mathrm{TMF}} = \left(1.45\frac{\Delta\sigma_{\mathrm{eff}}^2}{\sigma_{\mathrm{CY}}E} + \frac{2.4}{\sqrt{1+3n'}}\frac{\Delta\sigma\Delta\varepsilon^p}{\sigma_{\mathrm{CY}}}\right)F \tag{1.24}$$

式中，$\Delta\sigma$ 为热机半寿命循环应力范围；$\Delta\varepsilon^p$ 为热机半寿命循环塑性应变范围；

下标 eff 表示通过裂纹张开应力方程考虑裂纹闭合引起的平均应力效应；E 为材料弹性模量，可由变温加载循环的积分方法求得；σ_{CY} 为循环屈服应力；F 为与应力和温度相关的函数，可以描述高温条件下产生的蠕变损伤。

在多轴热机加载下，应用临界面法得到多轴热机损伤参量：

$$D_{TMF} = \left(1.45 \frac{\Delta \sigma_{CP,eff}^2}{\sigma_{CY} E} + \frac{2.4}{\sqrt{1 + 3n'}} \frac{\Delta \sigma_{CP}^2 \Delta \varepsilon_{eq}^p}{\sigma_{CY} \Delta \sigma_{eq}} \right) F_m \tag{1.25}$$

式中，$\Delta \varepsilon_{eq}^p$ 为米泽斯等效塑性应变范围；$\Delta \sigma_{eq}$ 为米泽斯等效应力范围；F_m 为多轴热机加载下应力和温度相关函数。计算时可采用米泽斯等效应力值代替单轴加载应力值。

1.4.6 其他模型

Oh 等[39]在研究铁素体不锈钢的热机疲劳寿命过程中发现 Manson-Coffin 公式 $\Delta \varepsilon_p \cdot N^\beta = C$ 中的 $\log C$ 与对应的最高温度 T_{max} 有较好的线性关系，得出如下关系式：

$$\log C = m T_{max} + n \tag{1.26}$$

式中，m、n 为材料常数。

将式 (1.26) 与 $\Delta \varepsilon_p \cdot N^\beta = C$ 联立，整理得到

$$\frac{\Delta \varepsilon_p}{10^{m T_{max}}} \cdot N^\beta = 10^n \tag{1.27}$$

一些研究者试图将上述模型扩展到多轴热机加载情况中，忽略弹性应变的影响，式 (1.27) 变化为

$$\frac{\Delta \varepsilon_{eq}}{10^{m T_{max}}} \cdot N^\beta = 10^n \tag{1.28}$$

其中，等效应变为

$$\varepsilon_{eq} = \sqrt{\left(\varepsilon_t - \varepsilon_{th} \right)^2 + \frac{\left(\gamma_t \right)^2}{3}} \tag{1.29}$$

在多轴热机载荷条件下，影响多轴热机疲劳寿命的主要因素有多轴机械载荷间的相位差、温度与机械载荷间的相位差、温度变化范围、平均温度、频率、应

变保持时间、应变率、平均应力、应变幅以及材料本身特性等，因此在多轴热机疲劳载荷下，多轴机械载荷间同相与非同相加载、机械载荷与温度同步变化及氧化作用会使多轴热机疲劳损伤过程变得十分复杂，且疲劳-蠕变-氧化在多轴热机载荷条件下存在交互耦合作用。

综上所述，多轴热机载荷下损伤与单轴条件下有很大不同。现如今所研究的热机疲劳大多针对单轴情况，对于符合工程实际的多轴热机疲劳问题，还需要更多研究工作。

参 考 文 献

[1] Duga J J, Buxbaum R W, Rosenfield A R, et al. Fracture costs US \$119 billion a year, says study by battelle/NBS[J]. International Journal of Fracture, 1983, 23(3): R81-R83.

[2] Dennis A, Cruse T. Cost benefits from improved hot section life prediction technology[C]. The 15th Joint Propulsion Conference, Las Vegas, 1979.

[3] Halford G R. Low-Cycle Thermal Fatigue[R]. Cleveland: NASA, 1986.

[4] Boas W, Honeycombe R W K. Thermal fatigue of metals[J]. Nature, 1944, 153: 494-495.

[5] Millenson M B, Manson S S. Investigation of Rim Cracking in Turbine Wheels with Welded Blades[R]. Cleveland: NACA, 1947.

[6] Weeton J W. Mechanisms of Failure of High Nickel-Alloy Turbojet Combustion Liners[R]. Cleveland: NACA, 1949.

[7] Wetenkamp H R, Sidebottom O M, Schrader H. Effect of Brake Shoe Action on Thermal Cracking and on Failure of Wrought Steel Railway Car Wheels[R]. Champagin-Urabana: University of Illinois, Urbana, 1950.

[8] Manson S. Behavior of Materials Under Conditions of Thermal Stress[R]. Cleveland: NACA, 1953.

[9] Thielsch H. Thermal fatigue and thermal shock[R]. Helmut Thielsch: Welding Research Council Bulletin, 1954.

[10] Coffin L F Jr, Wesley R P. Apparatus for study of effects of cyclic thermal stresses on ductile metals[J]. Journal of Fluids Engineering, 1954, 76(6): 923-930.

[11] Coffin L F Jr. A study of the effects of cyclic thermal stresses on a ductile metal[J]. Journal of Fluids Engineering, 1954, 76(6): 931-949.

[12] Boresi A P. Thermal stress: P. P. Benham and R.D. Hoyle(eds.), Sir Isaac Pitman and Sons Ltd., London, 1964. X + 382 pages, price: 90s[J]. Nuclear Engineering and Design, 1967, 6(4): 394.

[13] Manson S S. Fatigue: A complex subject-some simple approximations[J]. Experimental Mechanics, 1965, 5: 193-226.

[14] Manson S S. Thermal Stress and Low-Cycle Fatigue[M]. New York: McGraw-Hill, 1966.

[15] Halford G R, Manson S S. Application of a Method of Estimating High-Temperature Low-Cycle Fatigue Behavior of Materials[R]. Cleveland: NASA, 1967.

[16] Manson S S, Halford G R, Spera D A. The role of creep in high temperature low cycle fatigue[M]//Smith A I, Nicolson A M. Advances in Creep Design. New York: Halsted Press, 1971: 229-249.

[17] Halford G R, Hirschberg M H, Manson S S. Creep-fatigue analysis by strain range partitioning[C]. National Pressure Vessel and Piping Conference, San Francisco, 1971.

[18] Milled A K. A realistic model for the deformation behavior of high-temperature materials[M]//Carden A E, McEvily A J, Wells C H. Fatigue at Elevated Temperatures. West Conshohocken: ASTM International, 1973: 613-624.

[19] Taira S, Fujino M, Haji T. A method for life prediction of thermal fatigue by isothermal fatigue testing[C]. Symposium on Mechnical Behavior of Materials: Society of Materials Science, Kyoto, 1974: 257-264.

[20] Bressers J, Rémy L, Steen M, et al. Fatigue under thermal and mechanical loading: Mechanisms, mechanics and modelling[C]. Proceedings of the Symposium, Petten, 1995.

[21] 王建国, 王连庆, 唐俊武. 金属材料热机械疲劳试验研究的现状[J]. 北京科技大学学报, 1997, 19(1): 1-6.

[22] 王海清. 金属材料轴向热-机械疲劳试验方法[C]. 第四届全国热疲劳学术会议, 武汉, 1994.

[23] 中国航空综合技术研究所, 北京航空材料研究院. 金属材料热机械疲劳试验方法: GJB 6213—2008[S]. 北京: 国防科工委军标出版发行部, 2008.

[24] 全国钢标准化技术委员会. 金属材料 疲劳试验 应变控制热机械疲劳试验方法: GB/T 33812—2017[S]. 北京: 中国标准出版社, 2017.

[25] Fleury E, Ha J S. Thermomechanical fatigue behaviour of nickel base superalloy IN738LC Part 2–Lifetime prediction[J]. Materials Science and Technology, 2001, 17(9): 1087-1092.

[26] Ostergren W J. A damage function and associated failure equations for predicting hold time and frequency effects in elevated temperature, low cycle fatigue[J]. Journal of Testing and Evaluation, 1976, 4(5): 327-339.

[27] Henderson P J. The use of strain range partitioning in thermo-mechanical fatigue[J]. Scripta Materialia, 1996, 34(12): 1839-1844.

[28] Nazmy M Y. High temperature low cycle fatigue partitioning[J]. Metallurgical Transactions A–Physical Metallurgy and Materials Science, 1983, 14(3): 449-461.

[29] Halford G R, Manson S S. Life prediction of thermal-mechanical fatigue using strainrange partitioning[C]. Symposium on Thermal Fatigue of Materials and Components, New Orleans, 1976: 239-254.

[30] Miller M P, McDowell D L, Oehmke R L T, et al. A life prediction model for thermomechanical

fatigue based on mieroerack propagation[M]//Sehitoglu H. Thermomechanical Fatigue Behavior of Materials. West Conshohocken: ASTM International, 1993: 35-49.

[31] Zamrik S Y, Renauld M L. Thermo-mechanical out-of-phase fatigue life of overlay coated IN-738LC gas turbine material[M]//Sehitoglu H, Maier H J. Thermomechanical Fatigue Behavior of Materials: Third Volume. West Conshohocken: ASTM International, 2000: 119-137.

[32] 尚德广, 王德俊. 多轴疲劳强度[M]. 北京: 科学出版社, 2007.

[33] ASME. Boiler and Pressure Vessel Code[S]. New York: American Society of Mechanical Engineers, 1975.

[34] Bonacuse P J, Kalluri S. Elevated temperature axial and torsional fatigue behavior of Haynes 188[J]. Journal of Engineering Materials and Technology, 1995, 117(2): 191-199.

[35] Bonacuse P J, Kalluri S. Axial-torsional thermomechanical fatigue behavior of Haynes 188 superalloy[C]. Thermal Mechanical Fatigue of Aircraft Engine Materials, AGARD Conference Proceedings, Denver, 1996: 1-10.

[36] Socie D F. Multiaxial fatigue damage models[J]. Journal of Engineering Materials and Technology, 1987, 109(4): 293-298.

[37] Fatemi A, Socie D F. A critical plane approach to multiaxial fatigue damage including out-of-phase loading[J]. Fatigue & Fracture of Engineering Materials & Structures, 1988, 11(3): 149-165.

[38] Seifert T, von Hartrott P, Boss K, et al. Lifetime assessment of cylinder heads for efficient heavy duty engines part I: A discussion on thermomechanical and high-cycle fatigue as well as thermophysical properties of lamellar graphite cast iron GJL250 and vermicular graphite cast iron GJV450[J]. SAE International Journal of Engines, 2017, 10(2): 359-365.

[39] Oh Y J, Yang W J, Jung J G, et al. Thermomechanical fatigue behavior and lifetime prediction of niobium-bearing ferritic stainless steels[J]. International Journal of Fatigue, 2012, 40: 36-42.

第 2 章 常温多轴循环本构关系基础

描述力与形变之间的物理方程，即应力张量与应变张量的关系，称为本构关系。对于不同材料，在不同变形条件下会有不同的本构关系。循环本构理论是多轴疲劳寿命预测的基础，而多轴热机载荷下的循环本构关系是在常温循环本构理论基础上发展而形成的，因此首先需要了解常温循环本构理论。

本章首先介绍多轴循环本构理论基础知识，然后简要介绍考虑非比例附加强化的多轴循环塑性本构关系，最后举例说明多轴谱载荷下应力-应变响应的确定方法。

2.1 多轴循环塑性本构关系中的强化模型

多轴循环塑性本构关系通常采用两种强化模型，即能描述材料强度变化的等向强化，以及能描述包辛格效应（Bauschinger effect）和材料记忆特性的随动强化。

包辛格效应可以通过一个简单承受单轴压缩载荷的棒件例子来解释。棒件首先加载超过拉伸屈服强度，然后卸载并反向压缩，在压缩屈服强度之前会产生非弹性（塑性）应变。等向强化模型一般适用于大应变或单向屈服加载计算，而随动强化模型适用于大多数受小应变交变载荷的金属材料。

2.1.1 等向强化模型

等向强化也称各向同性硬化，指屈服面向各个方向均匀扩张。等向强化模型利用屈服面在尺寸上的扩张来描述由塑性应变而引起的材料强度增加，其屈服面变化后的压缩屈服极限与拉伸阶段的最大应力相等。由于等向强化模型无法模拟包辛格效应，因此不适用于循环载荷情况。

以拉扭多轴循环加载为例说明等向强化模型，如图 2.1 所示。等效应力 1 点加载时开始发生塑性流动，材料在塑性变形时微观位错相互作用，导致出现加工硬化现象。当等效应力加载到 2 点时，开始卸载到零，然后再加载，则材料会在 2 点处的新应力点屈服，且塑性变形将沿原来的应力-应变路径进行，显示出"材料记忆特性"，即材料"记忆"了原来的加载路径。当继续加载到 3 点时，等向强化会把等效应力 $\sigma_{\text{eq}}^{(3)}$ 作为材料新的屈服强度。如果此时对材料进行压缩，那么屈服会发生在等效应力为 $-\sigma_{\text{eq}}^{(3)}$ 的 4 点处。这种在塑性变形过程中屈服面向各个方向扩张，但屈服面形状和中心保持不变的假设称为等向强化模型。

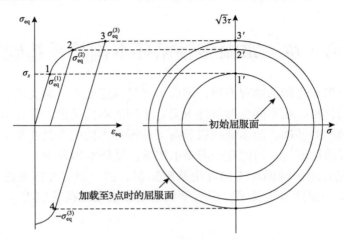

图 2.1 等向强化模型示意图

2.1.2 随动强化模型

随动强化模型是假设在塑性变形过程中，屈服面的形状和尺寸保持不变，仅整体在应力空间中平动，即仅在屈服的方向上移动，但屈服面的大小保持不变。当某个方向屈服应力增加时，其相反方向的屈服应力会减小，两个屈服极限之间的差 $2\sigma_s$ 保持不变。随动强化模型适用于大多数承受小应变循环载荷的金属材料，满足包辛格效应。

同样以拉扭多轴循环加载为例说明随动强化模型，如图 2.2(a) 所示。材料在 1 点开始屈服后进入塑性阶段，继续加载到 2 点处的等效应力为 $\sigma_{eq}^{(2)}$。塑性变形促使屈服面发生平移，这一过程屈服面不会有任何附加变化。如果卸载使等效应

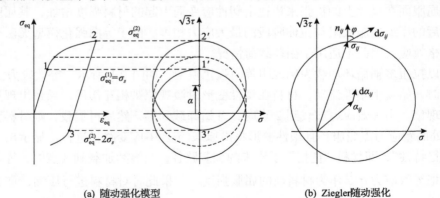

(a) 随动强化模型　　　　　　　　　　(b) Ziegler随动强化

图 2.2 随动强化示意图

力为零，然后再加载，则只有在塑性应变下屈服面才会发生移动。在相同方向重新加载，材料将会在 2 点处屈服，这与等向强化模型情况一致。但当压缩时反向屈服会发生在 3 点，其应力值为 $\sigma_{\text{eq}}^{(3)} = \sigma_{\text{eq}}^{(2)} - 2\sigma_s$，即屈服面整体发生了平移，其移动可由屈服面中心张量 α（背应力）来描述。在多轴塑性变形随动强化模型中，屈服面在应力空间中移动可由随动强化法则来定义。

图 2.2(b) 为 Ziegler 随动强化规则示意图，表示米泽斯屈服面在应力空间 $\sigma\text{-}\sqrt{3}\tau$ 中的情况，其屈服面中心由张量 α_{ij} 确定，当前应力状态由 σ_{ij} 描述。当等效应力与屈服应力相等时，σ_{ij} 则在屈服面上。定义在屈服面的 σ_{ij} 处法向量为 n_{ij}，应力增量 $\mathrm{d}\sigma_{ij}$ 与 n_{ij} 的夹角为 φ。如果 $\cos\varphi < 0$，即 $\mathrm{d}\sigma_{ij} n_{ij} < 0$，应变的变化朝向屈服面中心，加载将为弹性。如果 $\cos\varphi = 0$，即 $\mathrm{d}\sigma_{ij} n_{ij} = 0$，加载呈中性，此时尽管轴向应力和剪切应力在改变，但等效应力和等效应变仍旧不变。如果 $\cos\varphi > 0$，即 $\mathrm{d}\sigma_{ij} n_{ij} > 0$，将发生塑性加载，屈服面将发生变化。

2.2　多轴增量循环塑性本构理论

2.2.1　多轴增量塑性理论概述

在弹性范围内，应力可利用胡克(Hooke)定律由应变来确定，但在循环塑性变形过程中，应力和应变取决于加载历史，一般是利用增量塑性理论来确定应力或应变。

增量塑性理论也称塑性流动理论。材料的塑性应力-应变关系不是线性比例关系，应变不能由应力唯一确定，而与应变和应力的历史有关，即应力和应变之间没有一一对应关系。如果材料的变形历史未知，则不能只根据即时应力状态唯一地确定出塑性应变状态，且只知道最终的应变状态，也不能唯一地确定应力状态。因此，为了描述材料变形历史，本构关系要以增量形式给出。

在增量塑性理论中，弹性应力-应变增量关系通常由广义胡克定律获得：

$$\mathrm{d}\varepsilon_{ij}^{e} = \frac{1+\nu}{E}\left[\mathrm{d}\sigma_{ij} - \frac{\nu}{1+\nu}\left(\mathrm{d}\sigma_{ij} \cdot \delta_{ij}\right)\delta_{ij}\right] \tag{2.1}$$

或逆

$$\mathrm{d}\sigma_{ij} = \frac{E}{1+\nu}\left[\mathrm{d}\varepsilon_{ij}^{e} + \frac{\nu}{1-2\nu}\left(\mathrm{d}\varepsilon_{ij}^{e} \cdot \delta_{ij}\right)\delta_{ij}\right] \tag{2.2}$$

式中，ν 是泊松比；E 为弹性模量；δ_{ij} 为单位张量，其分量记为克罗内克符号，即对角线上的分量为 1，其他为 0；$\mathrm{d}\sigma_{ij}$ 和 $\mathrm{d}\varepsilon_{ij}^e$ 分别为应力与弹性应变增量的张量，其分量可表示如下：

$$\mathrm{d}\sigma_{ij} = \begin{bmatrix} \mathrm{d}\sigma_x & \mathrm{d}\tau_{xy} & \mathrm{d}\tau_{xz} \\ \mathrm{d}\tau_{yx} & \mathrm{d}\sigma_y & \mathrm{d}\tau_{yz} \\ \mathrm{d}\tau_{zx} & \mathrm{d}\tau_{zy} & \mathrm{d}\sigma_z \end{bmatrix} \tag{2.3}$$

$$\mathrm{d}\varepsilon_{ij}^e = \begin{bmatrix} \mathrm{d}\varepsilon_x^e & \mathrm{d}\varepsilon_{xy}^e & \mathrm{d}\varepsilon_{xz}^e \\ \mathrm{d}\varepsilon_{yx}^e & \mathrm{d}\varepsilon_y^e & \mathrm{d}\varepsilon_{yz}^e \\ \mathrm{d}\varepsilon_{zx}^e & \mathrm{d}\varepsilon_{zy}^e & \mathrm{d}\varepsilon_z^e \end{bmatrix} \tag{2.4}$$

在非弹性响应中，假设总应变增量 $\mathrm{d}\varepsilon_{ij}^t$ 分解为弹性应变部分和塑性应变部分，即如下关系式：

$$\mathrm{d}\varepsilon_{ij}^t = \mathrm{d}\varepsilon_{ij}^e + \mathrm{d}\varepsilon_{ij}^p \tag{2.5}$$

式中，$\mathrm{d}\varepsilon_{ij}^t$ 和 $\mathrm{d}\varepsilon_{ij}^p$ 具有与方程 (2.4) 相同的形式，上标 e 和 p 分别代表弹性和塑性。

假定塑性应变不会引起体积变化，即

$$\mathrm{d}\varepsilon_{ij}^p \cdot \delta_{ij} = 0 \tag{2.6}$$

弹性应变可分成偏应变增量 $\mathrm{d}e_{ij}$ 和平均体积应变增量 $\mathrm{d}\varepsilon_m$，即

$$\mathrm{d}\varepsilon_{ij}^e = \mathrm{d}e_{ij} + \mathrm{d}\varepsilon_m \delta_{ij} \tag{2.7}$$

式中

$$\mathrm{d}\varepsilon_m = \frac{1}{3}\mathrm{d}\varepsilon_{ij}^e \cdot \delta_{ij} \tag{2.8}$$

式 (2.3) 的应力张量还可以分解成偏应力 $\mathrm{d}S_{ij}$ 和平均静水应力 $\mathrm{d}\sigma_H$，即

$$\mathrm{d}\sigma_{ij} = \mathrm{d}S_{ij} + \mathrm{d}\sigma_H \delta_{ij} \tag{2.9}$$

$$\mathrm{d}\sigma_H = \frac{1}{3}\mathrm{d}\sigma_{ij} \cdot \delta_{ij} \tag{2.10}$$

偏应力和偏应变具有以下关系：

$$\mathrm{d}e_{ij} = \mathrm{d}S_{ij}/(2G) = \left(\mathrm{d}\sigma_{ij} - \mathrm{d}\sigma_H \delta_{ij}\right)/(2G) \tag{2.11}$$

式中，$G=E/[2(1+\nu)]$；G 为剪切弹性模量；ν 为泊松比。

平均体积应变 $\mathrm{d}\varepsilon_m$ 与平均静水应力 $\mathrm{d}\sigma_H$ 的关系为

$$\mathrm{d}\varepsilon_m = \mathrm{d}\sigma_H /(3K) \tag{2.12}$$

式中，$K=E/[3(1-2\nu)]$。

增量塑性理论能够处理非比例载荷，且计算相对简单，因此该理论已被用于许多基于应变或应变能的疲劳寿命预测模型中。

为了求解塑性应变，需要塑性增量模型。塑性增量模型主要由三个主要部分组成，即屈服函数、流动法则以及硬化法则，其中屈服函数是描述产生塑性流动的应力组合函数，流动法则是用来描述塑性变形过程中应力和塑性应变之间的关系，而硬化法则是用来描述由塑性应变导致的屈服面的变化特性。

2.2.2　屈服函数

屈服函数表示在一个六维应力空间内的超曲面。六维应力空间是以六个应力分量所构成的抽象空间，因为由六个应力分量组成，所以称为六维应力空间。六维应力空间内的任一点都代表一个确定的应力状态，屈服函数是这个空间内的一个曲面，因为它不同于普通几何空间内的曲面，所以称为超曲面。该曲面上的任意一点(称为应力点)都表示一个屈服应力状态，因此又称屈服面。

屈服面代表的是弹性极限，即高于该极限材料就会发生塑性流动。在材料的单轴应力-应变响应中，弹性极限很容易获取。然而，当存在双轴或三轴应力的多轴状态时，则必须建立一个关于塑性变形条件的准则。米泽斯(Mises)屈服准则(歪形能理论)和特雷斯卡(Tresca)屈服准则(最大剪切应力理论)已普遍用于描述屈服函数。

特雷斯卡屈服准则假设当物体任何平面上的最大剪切应力达到临界值时，就会发生流动。该准则与静水压力无关，也不考虑中间应力的影响，在平面上屈服条件为一个正六边形(图 2.3 中虚线)，有转折点，即棱角，不连续。在主应力空

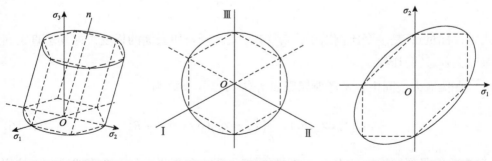

(a) 主应力空间中的屈服柱面　　　(b) 屈服柱面与π平面所截轨迹　　　(c) 屈服柱面与 $\sigma_1\sigma_2$ 面所截轨迹

图 2.3　米泽斯屈服面与屈服线(内接六边形为特雷斯卡屈服面与屈服线)

间内，屈服面为一个正六面柱体，在计算方面较为不便。

米泽斯屈服准则所代表的屈服面是一个以空间对角线为轴的圆柱体，在平面上屈服条件是一个圆，即当等效应力达到圆上的定值时，材料发生屈服。该定值与应力状态无关，即材料处于塑性状态时，其等效应力是个定值，只取决于材料变形时的性质。米泽斯屈服准则易于计算，且它的有效性已经得到大量试验数据验证。因此，在多轴循环塑性本构模型中，米泽斯屈服准则通常用于描述屈服面，其屈服函数表达式如下：

$$f = \frac{1}{2}\left[(\sigma_1 - \sigma_2)^2 + (\sigma_2 - \sigma_3)^2 + (\sigma_3 - \sigma_1)^2 \right] - \sigma_s^2 = 0 \tag{2.13}$$

式中，σ_1、σ_2、σ_3（$\sigma_1 \geqslant \sigma_2 \geqslant \sigma_3$）是主应力；$\sigma_s$ 是单轴屈服强度。如果 f 值大于零，则认为发生塑性流动。

如果用应力分量表达屈服函数，则

$$f = \sigma_x^2 + \sigma_y^2 + \sigma_z^2 - \sigma_x\sigma_y - \sigma_y\sigma_z - \sigma_z\sigma_x + 3\left(\tau_{xy}^2 + \tau_{yz}^2 + \tau_{zx}^2\right) - \sigma_s^2 = 0 \tag{2.14}$$

2.2.3　流动法则

应力和塑性应变增量之间的关系需要用本构方程来描述，这样的本构方程称为流动法则。流动法则将塑性应变增量与现有应力状态、应力和应力增量联系起来。Mises-Prager 准则规定塑性应变增量在屈服面的法向方向，Drucker[1]推导并证明了这种正交流动法则，即在塑性变形过程中塑性应变增量向量 $\mathrm{d}\varepsilon_{ij}^p$ 垂直于屈服面，其数学表达式如下：

$$\mathrm{d}\varepsilon_{ij}^p = \mathrm{d}\lambda \frac{\partial f}{\partial \sigma_{ij}} \tag{2.15}$$

式中，标量 $\mathrm{d}\lambda$ 是一个比例因子；$\partial f / \partial \sigma_{ij}$ 是米泽斯屈服面的梯度，即其垂直于屈服面在 σ_{ij} 处的切线。

在偏应力空间中，米泽斯屈服面 f_i（$i = 1, 2, \cdots, m$）为

$$f_i\left(S_{ij}, \alpha_{ij}, R_i\right) = \frac{3}{2}\left(S_{ij} - \alpha_{ij}\right)\left(S_{ij} - \alpha_{ij}\right) - R_i^2 \tag{2.16}$$

式中，α_{ij} 是屈服面 f_i 的中心；R_i 是单轴环应力-应变曲线第 i 个直线段末端的应力（图 2.4）。

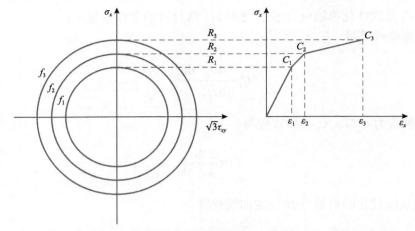

图 2.4　在拉扭应力空间中不同的屈服状态下塑性模量的计算方法示意图

确定 $\mathrm{d}\lambda$ 的表达方法如下[2]：设 $C\mathrm{d}\varepsilon_{ij}^p$ 为 $\mathrm{d}\sigma_{ij}$ 在屈服面外法线上的投影，如图 2.5 所示。由于屈服面外法线与屈服面相切的向量点积为零，因此

$$\left(\mathrm{d}\sigma_{ij} - C\mathrm{d}\varepsilon_{ij}^p\right)\frac{\partial f}{\partial \sigma_{ij}} = 0 \qquad (2.17)$$

将式(2.15)代入式(2.17)中，得

$$\left(\mathrm{d}\sigma_{ij} - C\mathrm{d}\lambda \cdot \frac{\partial f}{\partial \sigma_{ij}}\right)\frac{\partial f}{\partial \sigma_{ij}} = 0 \qquad (2.18)$$

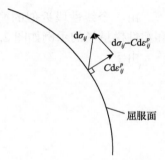

图 2.5　$\mathrm{d}\sigma_{ij}$ 在屈服面外法线上的投影 $C\mathrm{d}\varepsilon_{ij}^p$

则 $\mathrm{d}\lambda$ 可表示为

$$\mathrm{d}\lambda = \frac{1}{C}\frac{\mathrm{d}\sigma_{ij}\dfrac{\partial f}{\partial \sigma_{ij}}}{\dfrac{\partial f}{\partial \sigma_{mn}}\dfrac{\partial f}{\partial \sigma_{mn}}} \qquad (2.19)$$

则式(2.15)可写成如下形式：

$$\mathrm{d}\varepsilon_{ij}^p = \frac{1}{C_i}\frac{\mathrm{d}\sigma_{kl}\dfrac{\partial f}{\partial \sigma_{kl}}}{\dfrac{\partial f}{\partial \sigma_{mn}}\dfrac{\partial f}{\partial \sigma_{mn}}}\frac{\partial f}{\partial \sigma_{ij}} \qquad (2.20)$$

式中，C_i 是线性化单轴应力-应变近似 $i+1$ 线性段的塑性模量。

根据塑性模量一般定义[3,4]：

$$C_i = \frac{\mathrm{d}\sigma_{ij} \cdot \mathrm{d}\varepsilon_{ij}^P}{\mathrm{d}\varepsilon_{kl}^P \cdot \mathrm{d}\varepsilon_{kl}^P} \tag{2.21}$$

对于单轴应力状态，C_i 的形式变为

$$C_i = \frac{2}{3} \frac{\mathrm{d}\sigma_x}{\mathrm{d}\varepsilon_x^p} \tag{2.22}$$

C_i 可以从线性化的单轴应力-应变曲线获得

$$C_i = \frac{2}{3} \frac{R_{i+1} - R_i}{(\varepsilon_{i+1} - \varepsilon_i) - (R_{i+1} - R_i)/E} \tag{2.23}$$

由三个线性段近似的循环应力-应变曲线在轴向和扭转应力空间中的屈服面和塑性模量场的示例如图 2.4 所示[5]。

由于

$$\frac{\partial f}{\partial \sigma_{kl}} = \frac{\partial f}{\partial S_{kl}} \tag{2.24}$$

$$\frac{\partial f}{\partial \sigma_{ij}} \mathrm{d}\sigma_{ij} = \frac{\partial f}{\partial S_{ij}} \mathrm{d}S_{ij} \tag{2.25}$$

则式(2.20)可以表示为偏应力形式：

$$\mathrm{d}\varepsilon_{ij}^P = \frac{1}{C_i} \frac{\mathrm{d}S_{kl} \dfrac{\partial f}{\partial S_{kl}}}{\dfrac{\partial f}{\partial S_{mn}} \dfrac{\partial f}{\partial S_{mn}}} \frac{\partial f}{\partial S_{ij}} \tag{2.26}$$

如果将塑性应变增量用应变偏量表示：

$$\mathrm{d}\varepsilon_{ij}^P = \mathrm{d}e_{ij} - \mathrm{d}e_{ij}^e \tag{2.27}$$

根据广义胡克定律可推导出偏应力增量与偏应变增量之间的关系：

$$\frac{\mathrm{d}S_{ij}}{\mathrm{d}e_{ij}^e} = 2G \tag{2.28}$$

式中，G 为剪切弹性模量。

因此有

$$d\varepsilon_{ij}^t - \frac{1}{3}\varepsilon_{kk}^t\delta_{ij} = \frac{1}{2G}dS_{ij} + d\varepsilon_{ij}^p \tag{2.29}$$

将式(2.29)两边同乘以 $\partial f/\partial\sigma_{ij}$，并将式(2.26)代入，则

$$d\varepsilon_{ij}^t\frac{\partial f}{\partial\sigma_{ij}} - \frac{1}{3}\varepsilon_{kk}^t\frac{\partial f}{\partial\sigma_{ij}}\delta_{ij} = \frac{dS_{ij}}{2G}\frac{\partial f}{\partial\sigma_{ij}} + \frac{1}{C_i}d\sigma_{kl}\frac{\partial f}{\partial\sigma_{kl}} \tag{2.30}$$

如果屈服面函数由米泽斯屈服准则描述，则

$$\frac{\partial f}{\partial\sigma_{ij}}\delta_{ij} = 3\left(S_{ij} - \alpha_{ij}\right)\delta_{ij} = 3\left(S_{ij}\delta_{ij} - \alpha_{ij}\delta_{ij}\right) = 0 \tag{2.31}$$

那么，式(2.30)可变为

$$d\varepsilon_{ij}^t\frac{\partial f}{\partial\sigma_{ij}} = \frac{\partial f}{\partial\sigma_{ij}}d\sigma_{ij}\left(\frac{1}{2G} + \frac{1}{C_i}\right) \tag{2.32}$$

即

$$d\sigma_{ij} = \frac{2GC_i}{2G + C_i}d\varepsilon_{ij}^t \tag{2.33}$$

如果用测得的总应变作为输入，那么式(2.20)塑性应变增量可表达为

$$\Delta\varepsilon_{ij}^p = \frac{2G}{2G + C_i}\left(\Delta\varepsilon_{ij}^t \cdot n_{ij}\right)n_{ij} \tag{2.34}$$

式中，n_{ij} 为垂直于屈服面 f 向外的单位法向量，表达式为

$$\begin{aligned}
n_{ij} &= \frac{\partial f/\partial S_{ij}}{\left[\left(\partial f/\partial S_{ij}\right)\cdot\left(\partial f/\partial S_{ij}\right)\right]^{1/2}}\\
&= \frac{3\left(S_{ij} - \alpha_{ij}\right)}{\sqrt{9\left(S_{ij} - \alpha_{ij}\right)\left(S_{ij} - \alpha_{ij}\right)}}\\
&= \frac{3\left(S_{ij} - \alpha_{ij}\right)}{\sqrt{6R_i^2}}\\
&= \sqrt{\frac{3}{2}}\frac{S_{ij} - \alpha_{ij}}{R_i}
\end{aligned} \tag{2.35}$$

偏应力增量可用方程(2.28)和方程(2.34)的总应变增量表示：

$$\mathrm{d}S_{ij} = 2G\left\{\mathrm{d}\varepsilon_{ij}^{t} - \frac{1}{3}\left(\mathrm{d}\varepsilon_{ij}^{t} \cdot \delta_{ij}\right)\delta_{ij} - \left[2G/(2G+C_i)\right]\left(\mathrm{d}\varepsilon_{ij}^{t} \cdot n_{ij}\right)n_{ij}\right\} \tag{2.36}$$

对于拉扭二轴加载，式(2.15)可表示为

$$\begin{cases} \mathrm{d}\varepsilon_x^p = \mathrm{d}\lambda\dfrac{\partial f}{\partial \sigma_x} \\[2mm] \mathrm{d}\gamma_{xy}^p = \mathrm{d}\lambda\dfrac{\partial f}{\partial \tau_{xy}} \end{cases} \tag{2.37}$$

如果使用米泽斯屈服函数，则式(2.37)可表示为

$$\begin{cases} \mathrm{d}\varepsilon_x^p = 2\sigma_x\mathrm{d}\lambda \\[2mm] \mathrm{d}\gamma_{xy}^p = 6\tau_{xy}\mathrm{d}\lambda \end{cases} \tag{2.38}$$

标量 $\mathrm{d}\lambda$ 为

$$\mathrm{d}\lambda = \frac{1}{C}\frac{\sigma_x\mathrm{d}\sigma_x + 3\tau_{xy}\mathrm{d}\tau_{xy}}{3\sigma_x^2 + 18\tau_{xy}^2} \tag{2.39}$$

从式(2.39)可以看出，$\mathrm{d}\lambda$ 取决于材料塑性模量 C 和当前的应力状态。塑性模量 C 可由单轴应力-塑性应变曲线的斜率求得。在单轴状态下：

$$\mathrm{d}\varepsilon_x^p = \frac{1}{C}\frac{\sigma_x\mathrm{d}\sigma_x}{3\sigma_x^2}2\sigma_x = \frac{2}{3C}\mathrm{d}\sigma_x$$

变形后为

$$C = \frac{2}{3}\frac{\mathrm{d}\sigma_x}{\mathrm{d}\varepsilon_x^p}$$

如果用 E_p 表示材料应力-塑性应变曲线的斜率：

$$E_p = \frac{\mathrm{d}\sigma_x}{\mathrm{d}\varepsilon_x^p}$$

则塑性模量为

$$C = \frac{2}{3}E_p \tag{2.40}$$

利用 Ramberg-Osgood 应力-塑性应变方程：

$$\varepsilon_p = \left(\frac{\sigma}{K'}\right)^{\frac{1}{n'}}$$

可导出 C 为

$$C = \frac{2}{3}K'n'\left(\frac{\sigma}{K'}\right)^{\frac{n'-1}{n'}} \tag{2.41}$$

式中，K'、n' 分别为单轴循环强度系数和循环硬化指数。

拉扭加载下，可以利用一系列内含屈服面的演化来描述应力-应变关系。如图 2.6 所示，每一个屈服面圆都代表一个恒定应变强化塑性模量 C，开始时这些面圆是同心的，随后由于随动强化这些圆在不改变形状的前提下可以平行移动。在开始加载到 1 点的过程中，变形在纯弹性范围内，应力和应变之间的关系可由胡克定律来确定。超过 1 点开始发生塑性变形，其应力-应变关系用式（2.37）来确定，其中 $\mathrm{d}\lambda$ 由式（2.39）给出。如果单轴疲劳常数 K'、n' 和屈服极限 σ_s 均为已知，利用式（2.41）可得到材料塑性模量 C。

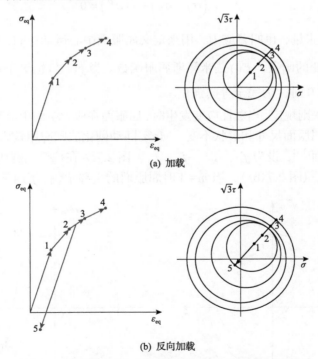

图 2.6 等效应力-应变关系模拟过程中屈服面的演化

1 点和 2 点之间发生塑性变形，如图 2.6（a）所示，内部的第一个屈服面开始激活并发生平动。当加载超过 2 点到 3 点的过程中，激活第二个屈服面。反向加载时

（图 2.6(b)），弹性过程持续到 5 点后开始产生塑性变形，这时内部的第一个屈服面又一次被激活，继续反向加载，再次激活第二个屈服面，其过程与正向加载类似。屈服面之间，C 值是常量，这样会形成一个折线形的等效应力-应变（σ_{eq}-ε_{eq}）迟滞回线。

2.2.4　硬化法则

对于循环加载，通常在大多数金属材料中观察到的包辛格效应应该包含在加载循环应力-应变响应建模中。随动强化法则通常用于描述包辛格效应。

硬化法则是用于描述塑性应变作用下屈服面发生的变化行为。分析中一般可以取屈服面随塑性应变膨胀，即等向强化，或取屈服面发生变形，即随动强化。也有些更复杂的模型，允许屈服面改变形状[6]。可以将等向硬化和随动强化相结合考虑模型的瞬态效应，如应变硬化和软化，循环剪切应变产生塑性变形导致轴向应变持续增加的棘轮效应以及应力松弛。

一般情况下，硬化法则可写成如下形式：

$$f = F\left(\sigma_{ij} - \alpha_{ij}\right) + y\left(\overline{\varepsilon}^p\right) = 0 \tag{2.42}$$

式中，α_{ij} 是一张量，也叫背应力，用来定义屈服面中心运动；$y\left(\overline{\varepsilon}^p\right)$ 是与屈服面有关的塑性应变的函数；$F(\cdot)$ 是米泽斯屈服函数。当 $y\left(\overline{\varepsilon}^p\right)$ 恒等于 σ_s^2 时，为随动强化；当 $\alpha_{ij} = 0$ 时，为完全等向强化。

随动强化法则规定，当塑性应变发生时，屈服面在应力空间中沿某个方向平移，并假设平移的屈服面尺寸和形状不变。Mróz 随动硬化法则应用较为广泛。假设存在一系列屈服面[3,4]，设为 f_1、f_2、f_i、f_m。图 2.7 为在拉扭比例加载（图 2.7(a)）与非比例加载下（图 2.7(b)），当 $m= 4$ 时屈服面的平移示例。f_i 通常称为活动面，

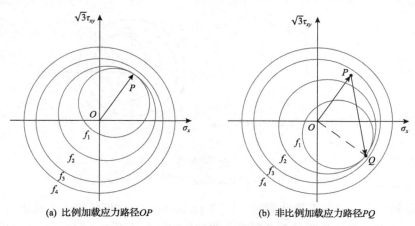

(a) 比例加载应力路径 *OP*　　　　　　(b) 非比例加载应力路径 *PQ*

图 2.7　拉扭加载下屈服面平移示意图

即当前应力状态在 f 面上。

Mróz随动硬化法则中,屈服面的中心沿着连接当前应力点和具有相同外法线方向的下一屈服面上应力点矢量方向上平行移动,如图 2.8 所示,该硬化法则的数学表达式为

$$\mathrm{d}\alpha_{ij} = \mathrm{d}\mu\left(\sigma_{ij}^{L+1} - \sigma_{ij}^{L}\right) \tag{2.43}$$

式中, σ_{ij}^{L} 为当前应力点; σ_{ij}^{L+1} 为具有相同外法线方向的下一屈服面上的应力点。

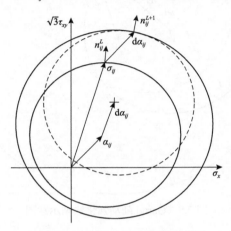

图 2.8　Mróz随动硬化法则示意图

Garud 随动强化法则示意图如图 2.9 所示[7],设应力增量 $\mathrm{d}S_{ij}$ 为 $\overline{PP'}$,直到下一个屈服面 f_{i+1} 的应力增量表示为 $\overline{PP''} = k\overline{PP'}$,其中 k 是一个正的比例系数。根据 Garud 随动硬化法则,平移的屈服面 f_i' 和 f_{i+1} 在 P_{ij}'' 处有一个公共外法线,因此,屈服面(连同 $f_1, f_2, \cdots, f_{i-1}$)沿向量 d_{ij} 移动。

更多细节详见文献[2]、[5]和[7],其中详细描述了 Mróz 和 Garud 的随动硬化法则。

在塑性变形过程中,活动屈服面移动量可由式(2.44)计算:

$$\mathrm{d}\alpha_{ij} = pd_{ij} \tag{2.44}$$

式中

$$
\begin{aligned}
d_{ij} &= \alpha_{ij}^{i''} - \alpha_{ij}^{i} \\
&= \left(\alpha_{ij}^{i+1} - \alpha_{ij}^{i}\right) + \left(\alpha_{ij}^{i''} - \alpha_{ij}^{i+1}\right) \\
&= \left(\alpha_{ij}^{i+1} - \alpha_{ij}^{i}\right) + \frac{R_{i+1} - R_i}{R_{i+1}}\left(S_{ij} + k\mathrm{d}S_{ij} - \alpha_{ij}^{i+1}\right)
\end{aligned} \tag{2.45}
$$

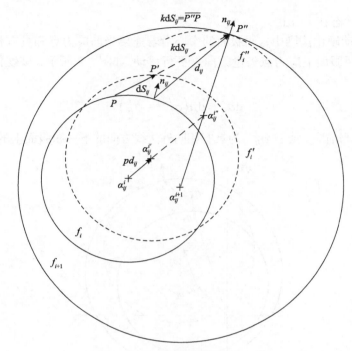

图 2.9　Garud 随动强化法则示意图

即

$$d_{ij} = \left(1 - \frac{R_i}{R_{i+1}}\right)\left(S_{ij} + k\mathrm{d}S_{ij} - \alpha_{ij}^{i+1}\right) + \left(\alpha_{ij}^{i+1} - \alpha_{ij}^{i}\right) \tag{2.46}$$

式 (2.46) 中的标量参数 k 应满足下面的屈服面：

$$f_{i+1}\left(S_{ij} + k\mathrm{d}S_{ij}, \alpha_{ij}^{i+1}, R_{i+1}\right) = 0 \tag{2.47}$$

即

$$\frac{3}{2}\left(S_{ij} + k\mathrm{d}S_{ij} - \alpha_{ij}^{i+1}\right)\left(S_{ij} + k\mathrm{d}S_{ij} - \alpha_{ij}^{i+1}\right) - R_{i+1}^2 = 0 \tag{2.48}$$

设 $z_{ij} = S_{ij} - \alpha_{ij}^{i+1}$，则式 (2.48) 可写成

$$\left(\mathrm{d}S_{ij} \cdot \mathrm{d}S_{ij}\right)k^2 + \left(2\mathrm{d}S_{ij} \cdot z_{ij}\right)k + \left(z_{ij} \cdot z_{ij} - \frac{2}{3}R_{i+1}^2\right) = 0 \tag{2.49}$$

解以上关于 k 的二次方程，并取正根

$$k = \frac{\sqrt{\left(\mathrm{d}S_{ij} \cdot z_{ij}\right)^2 - \left(\mathrm{d}S_{ij} \cdot \mathrm{d}S_{ij}\right)\left(z_{ij} \cdot z_{ij} - \frac{2}{3}R_{i+1}^2\right)} - \left(\mathrm{d}S_{ij} \cdot z_{ij}\right)}{\mathrm{d}S_{ij} \cdot \mathrm{d}S_{ij}} \qquad (2.50)$$

式 (2.44) 中的标量参数 p 也应该满足移动的屈服面：

$$f_i\left(S_{ij} + \mathrm{d}S_{ij}, \ \alpha_{ij}^i + pd_{ij}, R_i\right) = 0 \qquad (2.51)$$

即

$$\frac{3}{2}\left(S_{ij} + \mathrm{d}S_{ij} - \alpha_{ij}^i - pd_{ij}\right) \cdot \left(S_{ij} + \mathrm{d}S_{ij} - \alpha_{ij}^i - pd_{ij}\right) - R_i^2 = 0 \qquad (2.52)$$

设 $z_{ij}' = S_{ij} + \Delta S_{ij} - \alpha_{ij}^i$，取 p 的正根，即

$$p = \frac{\left(z_{ij}' \cdot d_{ij}\right) - \sqrt{\left(z_{ij}' \cdot d_{ij}\right) - \left(d_{ij} \cdot d_{ij}\right)\left(z_{ij}' \cdot z_{ij}' - 2R_i^2 / 3\right)}}{d_{ij} \cdot d_{ij}} \qquad (2.53)$$

对于曲面 $f_1, f_2, \cdots, f_{i-1}$，当 $i > 1$ 时，屈服面位移由式 (2.54) 给出：

$$\mathrm{d}\alpha_{ij}^r = S_{ij}' - \left(R_r / R_i\right)\left(S_{ij}' - \alpha_{ij}'\right) - \alpha_{ij}^r \qquad (2.54)$$

式中，$S_{ij}' = S_{ij} + \mathrm{d}S_{ij}$，$\alpha_{ij}^{i'} = \alpha_{ij}^i + \mathrm{d}\alpha_{ij}^i$，$r = 1, 2, \cdots, i-1$。

如果标量 $k < 1$，即当前应力状态下，应力增量穿过下一个屈服面 f_{i+1}，则认为应力增量到达面 f_{i+1} 后，可以考虑当前在屈服面 f_{i+1} 上新应力状态的应力增量为 $k_0\mathrm{d}S_{ij}$（图 2.10）。应力增量的剩余部分 $(1-k_0)\mathrm{d}S_{ij}$ 可被认为是作用在活动屈服面 f_{i+1} 上的新增量。k 是否小于 1，可以通过以下不等式进行判断：

$$\frac{3}{2}\left(S_{ij} + \mathrm{d}S_{ij} - \alpha_{ij}^{i+1}\right)\left(S_{ij} + \mathrm{d}S_{ij} - \alpha_{ij}^{i+1}\right) \geqslant R_{i+1}^2 \quad (2.55)$$

如果满足式 (2.55)，则 k_0 可利用式 (2.49) 和式 (2.50) 中获取 k 的相同方式计算得出，如下所示：

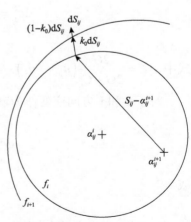

图 2.10　穿过下一个屈服面的应力增量示意图

$$\frac{3}{2}\left(S_{ij}+k_0\mathrm{d}S_{ij}-\alpha_{ij}^{i+1}\right)\left(S_{ij}+k_0\mathrm{d}S_{ij}-\alpha_{ij}^{i+1}\right)-R_{i+1}^2=0 \tag{2.56}$$

在应力已知的情况下，根据式 (2.20)，塑性应变增量在 $\mathrm{d}S_{ij}\cdot n_{ij}>0$ 的条件下经推导可得到：

$$\mathrm{d}\varepsilon_{ij}^p=\frac{1}{C_i}\left(\mathrm{d}S_{ij}\cdot n_{ij}\right)n_{ij} \tag{2.57}$$

在总应变已知的情况下，根据式 (2.34)，塑性应变增量在 $\Delta\varepsilon_{ij}^t\cdot n_{ij}>0$ 的条件下给出。

当给定总应变作为输入时，其增量可能具有以下形式：

$$\mathrm{d}\varepsilon_{ij}^t=\left(\mathrm{d}\varepsilon_x^t,\mathrm{d}\varepsilon_y^t,\mathrm{d}\varepsilon_z^t,\mathrm{d}\gamma_{xy}^t,\mathrm{d}\gamma_{yz}^t,\mathrm{d}\gamma_{xx}^t\right)^{\mathrm{T}} \tag{2.58}$$

当输入 x、y 和 z 方向轴向应变中唯一的 x 分量，并强制 y 和 z 方向应力为零时，则

$$\mathrm{d}\varepsilon_y^t-\mathrm{d}\varepsilon_y^p=\mathrm{d}\varepsilon_z^t-\mathrm{d}\varepsilon_z^p=-\nu\left(\mathrm{d}\varepsilon_x^t-\mathrm{d}\varepsilon_x^p\right) \tag{2.59}$$

根据式 (2.34) 和式 (2.59)，$\Delta\varepsilon_y^t$ 和 $\Delta\varepsilon_z^t$ 可由式 (2.60) 得到：

$$\mathrm{d}\varepsilon_y^t=\mathrm{d}\varepsilon_z^t=\frac{\mathrm{d}\varepsilon_x^t\left(n_x\xi-\nu\right)+\xi\eta}{1-2n_y\xi} \tag{2.60}$$

式中，$\xi=\dfrac{2G}{2G+C_i}\left(n_y+\nu n_x\right)$；$\eta=\mathrm{d}\gamma_{xy}^t n_{xy}+\mathrm{d}\gamma_{yz}^t n_{yz}+\mathrm{d}\gamma_{zx}^t n_{zx}$。

对于 x 和 y 方向应变作为输入，且 z 方向应力为零的情况，则

$$\mathrm{d}\varepsilon_z^e=-\frac{\nu}{1-\nu}\left(\mathrm{d}\varepsilon_x^e+\mathrm{d}\varepsilon_y^e\right) \tag{2.61}$$

或

$$\mathrm{d}\varepsilon_z^t-\mathrm{d}\varepsilon_z^p=-\frac{\nu}{1-\nu}\left(\mathrm{d}\varepsilon_x^t-\mathrm{d}\varepsilon_x^p+\mathrm{d}\varepsilon_y^t-\mathrm{d}\varepsilon_y^p\right) \tag{2.62}$$

根据式 (2.34) 和式 (2.62)，$\Delta\varepsilon_z^t$ 能够以下列形式获得：

$$d\varepsilon_z^t = \cfrac{\dfrac{2G}{2G+C_i}\left(d\varepsilon_x^t n_x + d\varepsilon_y^t n_y + \eta\right)\left[n_z + \dfrac{\nu}{1-\nu}\left(n_x + n_y\right)\right] - \dfrac{\nu}{1-\nu}\left(d\varepsilon_x^t + d\varepsilon_y^t\right)}{1 - \dfrac{2Gn_z}{2G+C_i}\left[n_z + \dfrac{\nu}{1-\nu}\left(n_x + n_y\right)\right]} \tag{2.63}$$

当总应变中的三个分量已知时，则不需要进一步计算，塑性应变和相应的应力增量可以直接从式(2.34)和式(2.33)中计算获取。

2.3　考虑非比例附加强化的多轴循环塑性本构关系

2.3.1　非比例循环加载下的附加强化特性

1978 年，Lamba 等[8]研究发现，无氧高导热率(OFHC)铜在相同的最大等效塑性应变幅下的多轴非比例循环加载下，其循环强化程度远大于比例路径下的循环强化，这就是非比例循环加载附加强化。材料在这样的加载过程中会表现出在单轴或任何比例加载中都不存在附加的循环强化现象。图 2.11 是拉扭同相与非同相加载情况示意图[9]。

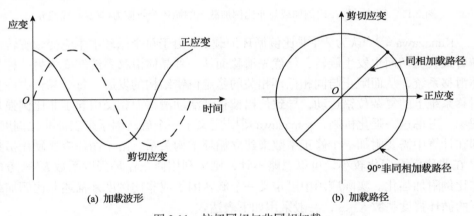

(a) 加载波形　　　　　　　(b) 加载路径

图 2.11　拉扭同相与非同相加载

已有研究表明，建立在单轴循环基础上的本构方程不能很好地预测多轴非比例循环加载下的应力-应变响应，且非比例循环附加强化会增加疲劳损伤并降低寿命。比例循环加载下的强化不能仅由简单测量应变向量的最大值、应变路径的弧长、塑性应变路径的弧长或塑性功来解释[10]。

将比例加载与非比例加载所得到的循环等效应力-应变曲线画在同一图中，如图 2.12 所示。一般对于韧性材料，90°非同相加载路径能够产生最大的非比例强化。与比例加载相比，非比例加载附加强化的程度取决于微观结构和滑移系统。

强化的程度也依赖于加载历史，对任何其他非比例加载路径，其循环应力-应变曲线均介于比例加载与90°非同相加载应力-应变曲线之间。

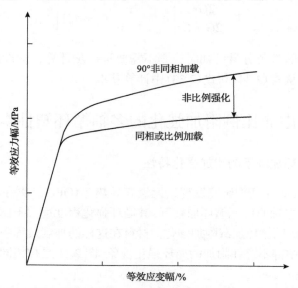

图 2.12　韧性材料在比例加载与非比例加载下的循环等效应力-应变曲线差异

　　Kanazawa 等[11]认为，在非比例循环加载下，由于每个循环中主应变轴旋转伴随着最大剪切面也发生旋转，使优先滑移面从一种晶体滑移系统转变为另一种晶体滑移系统，从而阻止与同相循环相关的稳定位错结构的发展。每个晶粒中许多滑移系统上的复杂位错运动，导致位错偏移和活动滑移面相交引起了非比例强化现象。考虑这一强化机制，Kanazawa 等[11]定义了一个旋转因子来表征非比例度，即在计算中需要附加一个修正系数来建立循环本构关系。由于循环应变硬化指数 n' 在非比例下变化较小，可以忽略不计，则可利用修正循环强度系数 K' 来考虑非比例附加强化。实际应用中可定义一个旋转因子或非比例度来描述非比例加载下的循环强度系数 K'_{nonp}，一般采用如下表达式：

$$K'_{\text{nonp}} = (1 + gF)K'_{\text{prop}} = (1 + gF)K' \tag{2.64}$$

式中，K'、K'_{prop} 分别为单轴和比例循环加载下的循环强度系数，对于一般金属材料二者一般是相等的，即 $K' = K'_{\text{prop}}$；g 为非比例交叉强化系数，可由多轴试验（90°非比例圆形路径）确定；F 为旋转因子或非比例度。

　　旋转因子定义如下[11]：

$$F = \frac{\text{与最大剪切应变面成45°的剪切应变幅}}{\text{最大剪切应变幅}}$$

$$= \left[\frac{\lambda^2 + (1+\nu)^2 - \sqrt{(1+\nu)^2 - \lambda^2 + 2\lambda(1+\nu)\cos\phi}}{\lambda^2 + (1+\nu)^2 + \sqrt{(1+\nu)^2 - \lambda^2 + 2\lambda(1+\nu)\cos\phi}} \right]^{1/2} \tag{2.65}$$

对于同相加载，由于主平面与最大剪切平面成 45°，所以 $F=0$。对于 $\phi=90°$ 非比例圆形加载路径，$\lambda = \dfrac{\gamma_a}{\varepsilon_a} = 1+\nu$，各面上的剪切应变幅相等，$F=1$。

2.3.2　双面多轴循环塑性本构模型

双面多轴循环塑性本构模型的原理是假设两个超曲面，即屈服面和极限面，通过它们的演化来反映材料流动特性和硬化或软化特性，进而预测多轴循环应力-应变关系。其理论细节如下。

总应变张量增量 $\mathrm{d}\varepsilon_{ij}^{T}$ 被分解为弹性与塑性两部分：

$$\mathrm{d}\varepsilon_{ij}^{T} = \mathrm{d}\varepsilon_{ij}^{e} + \mathrm{d}\varepsilon_{ij}^{p} \tag{2.66}$$

对各向同性且与率无关的材料，由弹性本构方程，即广义胡克定律，建立应力增量和弹性应变增量张量之间的关系：

$$\mathrm{d}\varepsilon_{ij}^{e} = \frac{1+\nu}{E}\left(\mathrm{d}\sigma_{ij} - \frac{\nu}{1+\nu}\mathrm{d}\sigma_{kk}\delta_{ij} \right) \tag{2.67}$$

为了得到应力增量张量 $\mathrm{d}\sigma_{ij}$ 与塑性应变增量张量 $\mathrm{d}\varepsilon_{ij}^{p}$ 的关系，需要三个假设：①屈服面和极限面；②相应的流动法则；③硬化法则。

屈服面特指弹性区域，而极限面描述非线性材料强化，当有效应力达到极限面时发生完全的塑性流动。屈服面与极限面一般由米泽斯屈服准则来定义，如图 2.13 所示，即

屈服面：

$$f = \frac{3}{2}\left(S_{ij} - \alpha_{ij} \right)\left(S_{ij} - \alpha_{ij} \right) - \sigma_s^{\,2} \tag{2.68}$$

极限面：

$$f_L = \frac{3}{2}S_{ij}^{L}S_{ij}^{L} - \left(\sigma_s^{L} \right)^2 \tag{2.69}$$

式中，S_{ij}、S_{ij}^{L} 分别为屈服面和极限面的偏应力张量；σ_s、σ_s^{L} 分别为两个屈服面的半径；α_{ij} 为屈服面中心的位置张量，即背应力。

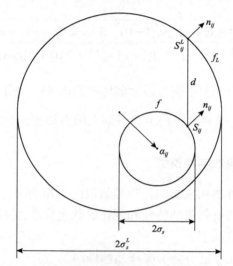

图 2.13　双面模型中屈服面与极限面的演化

当材料屈服时，由正交流动法则定义塑性流动的增量方向，即沿着垂直于屈服面的外法线方向。结合流动法则，定义弹性和塑性变形过程为：①如果当前应力状态严格控制在屈服面内侧，其过程为弹性。②如果当前应力在屈服面上，且应力增量点指向屈服面的正切平面的内侧，那么其过程为弹性，否则为塑性过程。

流动法则见前面所述，这里不再赘述。双面模型中，假设硬化模量是由屈服面中心应力点 S_{ij} 与在极限面上具有相同外法线的对应应力点 S_{ij}^L 间距离 d 的函数。d 的表达式为

$$d = \sqrt{\frac{3}{2}\left(S_{ij}^L - S_{ij}\right)\left(S_{ij}^L - S_{ij}\right)} \tag{2.70}$$

式中

$$S_{ij}^L = \frac{\sigma_s^L}{\sigma_s}\left(S_{ij} - \alpha_{ij}\right) \tag{2.71}$$

最大距离为

$$d_{\max} = 2\left(\sigma_s^L - \sigma_s\right) \tag{2.72}$$

归一化后，则

$$D = \frac{d_{\max} - d}{d_{\max}} \tag{2.73}$$

D 在 0 到 1 之间变化，当初始屈服发生时 D 等于 0，对应单轴应力为

$$\sigma = \pm\left(2\sigma_s - \sigma_s^L\right) \tag{2.74}$$

当达到极限面时，D 等于 1，其单轴应力为

$$\sigma = \pm\sigma_s^L \tag{2.75}$$

单轴应力与 D 关系如下：

$$\sigma = \pm\left[2\left(\sigma_s^L - \sigma_s\right)(D-1) + \sigma_s^L\right] \tag{2.76}$$

由式 (2.41)、式 (2.70)～式 (2.76) 可推出推广的塑性模量为

$$C = \frac{2}{3}K'n'\left[\frac{12\left(\sigma_s^L - \sigma_s\right)(D-1) + \sigma_s^L}{K'}\right]^{\frac{n'-1}{n'}} \tag{2.77}$$

采用 Mróz 随动硬化法则来描述屈服面的瞬时转化，以避免与极限面叠交。屈服面中心的移动增量在应力空间中可由式 (2.78) 描述：

$$\mathrm{d}\alpha_{ij} = \mathrm{d}u\left(S_{ij}^L - S_{ij}\right) \tag{2.78}$$

式中，$\mathrm{d}u$ 是一个正的标量。

对屈服面进行微分：

$$\mathrm{d}f = \frac{\partial f}{\partial S_{ij}}\mathrm{d}S_{ij} + \frac{\partial f}{\partial \alpha_{ij}}\mathrm{d}\alpha_{ij} = 0 \tag{2.79}$$

由米泽斯屈服准则得

$$\frac{\partial f}{\partial S_{ij}} = -\frac{\partial f}{\partial \alpha_{ij}} = 3\left(S_{ij} - \alpha_{ij}\right) \tag{2.80}$$

则连续性条件变为

$$\frac{\partial f}{\partial S_{ij}}\left(\mathrm{d}S_{ij} - \mathrm{d}\alpha_{ij}\right) = 0 \tag{2.81}$$

将式 (2.78) 代入式 (2.81) 中得

$$\mathrm{d}u = \frac{\dfrac{\partial f}{\partial S_{ij}}\mathrm{d}S_{ij}}{\dfrac{\partial f}{\partial S_{ij}}\left(S_{ij}^L - S_{ij}\right)} \tag{2.82}$$

将式(2.71)、式(2.80)、式(2.82)代入式(2.78)中，导出描述屈服面移动的背应力张量为

$$d\alpha_{ij} = \frac{\left(S_{ij}-\alpha_{ij}\right)dS_{ij}}{\left(S_{ij}-\alpha_{ij}\right)\left[S_{ij}\left(\sigma_s^L-\sigma_s\right)-\alpha_{ij}\sigma_s^L\right]}\left[S_{ij}\left(\sigma_s^L-\sigma_s\right)-\alpha_{ij}\sigma_s^L\right] \quad (2.83)$$

利用上述双面多轴循环塑性本构模型原理程序算法计算过程可详见文献[2]。程序算法主要步骤如下。

(1)拟合单轴应力-应变曲线后确定材料常数 K'、n'。

(2)计算偏应力张量：

$$dS_{ij} = d\sigma_{ij} - \frac{1}{3}\sigma_{kk}\delta_{ij}$$

(3)计算塑性模量：

$$C = \frac{2}{3}K'n'\left[\frac{\left|2\left(\sigma_s^L-\sigma_s\right)(D-1)+\sigma_s^L\right|}{K'}\right]^{\frac{n'-1}{n'}}$$

(4)计算塑性应变增量：

$$d\varepsilon_{ij}^p = \frac{3}{2C\sigma_{yc}^2}\left(S_{ij}-\alpha_{ij}\right)\left[\left(S_{kl}-\alpha_{kl}\right)d\sigma_{kl}\right]$$

(5)计算弹性应变增量：

$$d\varepsilon_{ij}^e = \frac{1+\nu}{E}\left(d\sigma_{ij}-\frac{\nu}{1+\nu}d\sigma_{kk}\delta_{ij}\right)$$

(6)计算总应变增量：

$$d\varepsilon_{ij}^T = d\varepsilon_{ij}^e + d\varepsilon_{ij}^p$$

(7)确定背应力张量：

$$d\alpha_{ij} = \frac{\left(S_{ij}-\alpha_{ij}\right)dS_{ij}}{\left(S_{ij}-\alpha_{ij}\right)\left[S_{ij}\left(\sigma_s^L-\sigma_s\right)-\alpha_{ij}\sigma_s^L\right]}\left[S_{ij}\left(\sigma_s^L-\sigma_s\right)-\alpha_{ij}\sigma_s^L\right]$$

在双面增量塑性模型中，应力-应变响应的计算取决于增量段数的多少。如果使用的增量段数太少，求解可能会变得不稳定，如果增量段数过少，则可能会出现计算出的塑性应变增量大于总应变增量，即出现负的弹性应变增量，从而导致

应力出现负增量，使计算迅速发散并变得不稳定。足够多的增量段数量，可以使计算收敛，但正增量段数过多，反过来会增加不必要的计算机时间和计算机存储容量。如何确定合适的增量段数量，以确保计算结果的准确性和稳定性，同时避免过度计算，则是需要讨论的问题。

文献[2]讨论了增量塑性模型中的增量段数确定方法。图 2.14 中屈服面内的当前应力状态 A 处于弹性状态。如果应变变化导致应力响应不再具有弹性，则在变化过程中会出现弹性和塑性响应的组合。由于弹性响应不取决于增量的数量，当从应力点 A 到屈服面时，对应于应变变化的应力变化可直接一步确定。在应力达到屈服面后，产生塑性应变。在这种情况下，所需增量的数量取决于应变增量 $\Delta\varepsilon_{ij}$ 的大小和应变变化的非比例度。非比例度越大，所需的增量段越多。

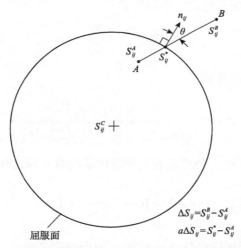

$$\Delta S_{ij}=S_{ij}^{B}-S_{ij}^{A}$$
$$a\Delta S_{ij}=S_{ij}^{*}-S_{ij}^{A}$$

图 2.14　所需增量段数取决于夹角 θ 和 S_{ij}^{B} 到屈服面的距离[2]

假设图 2.14 中应力状态 B 点在屈服面外，为了确定所需增量段数，必须考虑应变变化大小和非比例度，这个非比例度由 $\overrightarrow{AB}$ 和垂直于屈服面在 $\overrightarrow{AB}$ 的交叉点之间的夹角 θ 定义。

要确定增量数量与应变变化大小和非比例度的关系，必须确定对应于 B 点的应力状态。此外，也需要计算向量 $\overrightarrow{AB}$ 与屈服面相交处的应力状态：

$$\frac{3}{2}\Big[S_{ij}^{A}+a\Big(S_{ij}^{B}-S_{ij}^{A}\Big)-S_{ij}^{C}\Big]\Big[S_{ij}^{A}+a\Big(S_{ij}^{B}-S_{ij}^{A}\Big)-S_{ij}^{C}\Big]=\sigma_{y}^{2}$$

求解其正根，可得到缩放系数 a，则可以确定屈服面上的应力点 S_{ij}^{*}，即

$$S_{ij}^{*}=S_{ij}^{A}+a\Big(S_{ij}^{B}-S_{ij}^{A}\Big)$$

如果从 S_{ij}^A 到 S_{ij}^* 的过程是弹性的，则对应的应变张量为

$$\varepsilon_{ij}^* = a\Delta\varepsilon_{ij} + \varepsilon_{ij}^A$$

应变变化的剩余部分为 $(1-a)\Delta\varepsilon_{ij}$ 是弹塑性的，必须分解为增量以计算相应的应力增量。要确定所需增量的数量，需要以下信息。

穿过应力点 B 的屈服面半径为

$$R_B = \sqrt{\frac{3}{2}\left(S_{ij}^B - S_{ij}^C\right)\left(S_{ij}^B - S_{ij}^C\right)}$$

组合应变变化的大小与 R_B 和 R_y 的比值有关，R_y 是屈服面的半径。因此，利用下式能够给出有效应变变化大小的度量：

$$R = \frac{R_B}{R_y} = \frac{R_B}{\sigma_y}$$

角 θ 可按以下方式确定[2]：

$$\cos\theta = \frac{S_{ij}^*\left(S_{ij}^B - S_{ij}^*\right)}{\sqrt{\left(S_{mn}^* S_{mn}^*\right)\left(S_{kl}^B - S_{kl}^*\right)\left(S_{kl}^B - S_{kl}^*\right)}}$$

文献[2]给出以下经验公式来表达所需增量段数 n 与这些值的关系：

$$n = 2^{\frac{R}{4}+1}\left[(1-\cos\theta)X + Y\right]$$

式中，X 和 Y 为常数。

X 和 Y 值可通过评估多条路径的应力-应变响应来确定，包括单轴、90°非比例和其他组合非比例路径，根据经验[2]，可取 $X=20$，$Y=2$。

使用上式的确定方法可避免在比例或应变变化较小时使用过多的增量段，但在非比例或应变变化较大时可以提供更多的增量段。该方法可避免浪费计算机时间和存储空间，同时能够确保使用足够增量段来实现稳定的应力响应求解。

2.3.3 考虑瞬时非比例加载的双面多轴本构模型

研究能够描述材料非比例循环本构行为的本构方程，在疲劳研究领域中一直受到广泛重视，其核心问题是描述材料在非比例循环加载下的附加强化效应。本节主要介绍 Ellyin 等[6]提出的考虑非比例加载的多轴本构模型。

1. 考虑非比例加载的多轴本构模型原理

Ellyin 等[6]基于应力面和记忆面来描述强化法则，提出一个瞬时非比例加载下

与率无关的循环塑性本构模型，即采用随动强化和各向同性强化的屈服面、最大等效应力记忆极限面的双面本构模型。模型所定义的屈服面和记忆面如下：

$$\varphi_y = f_y\left(\sigma_{ij} - \alpha_{ij}\right) - q^2$$

$$= \frac{3}{2}\left(\overline{\sigma}_{ij} - \frac{1}{3}\overline{\sigma}_{kk}\delta_{ij}\right)\left(\overline{\sigma}_{ij} - \frac{1}{3}\overline{\sigma}_{kk}\delta_{ij}\right) - q^2 \qquad (2.84)$$

$$= \frac{3}{2}\overline{S}_{ij}\overline{S}_{ij} - q_s^2 = 0$$

式中，$\overline{\sigma}_{ij} = \sigma_{ij} - \alpha_{ij}$；$\alpha_{ij}$ 和 q 分别指屈服面的中心位置和半径。

屈服面在应力空间中移动并同时改变其尺寸。屈服面在移动过程中的改变既不遵循各向同性，也不遵循随动法则，而是遵循一个组合规则。应力记忆面由以前加载历程中所经历的最大有效应力 $\sigma_{\text{eff,max}}$ 的值定义：

$$\varphi_m = \frac{3}{2}\left(\sigma_{ij} - \frac{1}{3}\sigma_{kk}\delta_{ij}\right)\left(\sigma_{ij} - \frac{1}{3}\sigma_{kk}\delta_{ij}\right) - \sigma_{\text{eff,max}}^2$$

$$= \frac{3}{2}S_{ij}S_{ij} - \sigma_{\text{eff,max}}^2 = 0 \qquad (2.85)$$

当载荷开始从初始应力状态施加时，应力记忆面和初始屈服面重合，如图 2.15 所示[6]。此后，应力记忆面随着最大应力水平的增加而各向同性扩展，并记忆所经历的最大有效应力值。

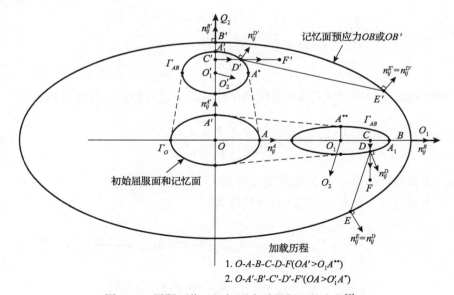

图 2.15　屈服面位于记忆面内时屈服面的演化[6]

应变记忆面也被定义为与应力记忆面平行:

$$\varphi_m = \frac{3}{2}\left(\varepsilon_{ij} - \frac{1}{3}\varepsilon_{kk}\delta_{ij}\right)\left(\varepsilon_{ij} - \frac{1}{3}\varepsilon_{kk}\delta_{ij}\right) - \varepsilon_{\text{eff,max}}^2 = 0 \tag{2.86}$$

即材料会记忆所经历的最大有效应变值。在主应变空间的八面体平面上,应变记忆表面由一个圆表示。随着最大有效应变水平的增加,该圆呈各向同性扩展。

假设总应变增量可以分解为弹性和塑性部分,弹性应变增量与应力增量关系可由广义胡克定律获取。根据塑性应变增量的法向性,塑性应变增量可写为

$$\mathrm{d}\varepsilon_{ij}^p = cg\frac{\partial f_y}{\partial \sigma_{ij}}\frac{\partial f_y}{\partial \sigma_{kl}}\mathrm{d}\sigma_{kl} \tag{2.87}$$

式中,对于 $\dfrac{\partial f_y}{\partial \sigma_{kl}}\mathrm{d}\sigma_{kl} \geqslant 0$ 且 $f_y\left(\sigma_{ij} - \alpha_{ij}\right) - q^2 = 0$,有 $c = 1$;对于 $\dfrac{\partial f_y}{\partial \sigma_{kl}}\mathrm{d}\sigma_{kl} < 0$ 且 $f_y\left(\sigma_{ij} - \alpha_{ij}\right) - q^2 < 0$,有 $c = 0$。

如果使用应力的表达形式,即式(2.87)的逆,可通过代数运算得到:

$$\begin{aligned}
\mathrm{d}\sigma_{ij} = &\left[\frac{E}{1+\nu}\left(\delta_{ik}\delta_{jl} - \frac{\nu}{1-2\nu}\delta_{ij}\delta_{kl}\right) - \frac{E}{1+\nu}\frac{cg\dfrac{\partial f_y}{\partial \sigma_{ij}}}{\dfrac{1+\nu}{E} + cg\left(\dfrac{\partial f_y}{\partial \sigma_{nm}}\dfrac{\partial f_y}{\partial \sigma_{nm}}\right)}\right.\\
&\left.\cdot\left(\frac{\partial f_y}{\partial \sigma_{kl}} + \frac{\nu}{1-2\nu}\frac{\partial f_y}{\partial \sigma_{pp}}\delta_{kl}\right)\right]\mathrm{d}\varepsilon_{kl}
\end{aligned} \tag{2.88}$$

硬化模量 g 可以由式(2.87)退化到单轴情况下进行确定,即可得到

$$g = \frac{1}{4q^2}\left(\frac{1}{E_t} - \frac{1}{E}\right) \tag{2.89}$$

式中,E 为弹性模量;E_t 为瞬时切线模量。

对于平面应力状态,式(2.88)可简化为

$$\begin{aligned}
\mathrm{d}\sigma_{\alpha\beta} = &\left[\frac{E}{1+\nu}\left(\delta_{\alpha\kappa}\delta_{\beta\gamma} - \frac{\nu}{1-\nu}\delta_{\alpha\beta}\delta_{\kappa\gamma}\right) - c\bar{h}\left(3\bar{S}_{\alpha\beta} + \frac{\nu}{1-\nu}\delta_{\alpha\beta}\bar{\sigma}_{\eta\eta}\right)\right.\\
&\left.\cdot\left(3\bar{S}_{\kappa\gamma} + \frac{\nu}{1-\nu}\delta_{\kappa\gamma}\bar{\sigma}_{\eta\eta}\right)\right]\mathrm{d}\varepsilon_{kl}, \quad \alpha,\beta,\kappa,\gamma = 1,2
\end{aligned} \tag{2.90}$$

式中

$$\overline{h} = h \frac{(1-\nu)E}{(1-\nu)E - ch(1+\nu)(1-2\nu)\overline{\sigma}_{\eta\eta}^2} \tag{2.91}$$

$$h = \frac{E}{1+\nu} \cdot \frac{g}{\dfrac{1+\nu}{E} + 6q^2} \tag{2.92}$$

屈服面的演化，即塑性变形发生时屈服面的演变，如图 2.15 所示。卸载后，如果重新加载路径仍在应力记忆表面内，则屈服面的运动方向为连接加载点 $\left(\sigma_{ij}\right)_y$ 与记忆表面 $\left(\sigma_{ij}\right)_m$ 点的向量方向，其外法线与点 $\left(\sigma_{ij}\right)_y$ 处的外法线平行，即

$$\mathrm{d}\alpha_{ij} = \mathrm{d}u \left(\left(\sigma_{ij}\right)_m - \left(\sigma_{ij}\right)_y \right) \tag{2.93}$$

上述等式中的比例系数 $\mathrm{d}u$ 可通过一致性条件确定，即当塑性变形期间加载点保持在屈服面上时，则

$$\mathrm{d}\varphi_y = \frac{\partial f_y}{\partial \sigma_{ij}} \left(\mathrm{d}\sigma_{ij} - \mathrm{d}\alpha_{ij} \right) - 2q\mathrm{d}q = 0 \tag{2.94}$$

将式 (2.93) 代入式 (2.94) 得

$$\mathrm{d}u = \frac{\dfrac{\partial f_y}{\partial \sigma_{ij}} \mathrm{d}\sigma_{ij} - 2q\mathrm{d}q}{\left(\left(\sigma_{kl}\right)_m - \left(\sigma_{kl}\right)_y \right) \dfrac{\partial f_y}{\partial \sigma_{kl}}} \tag{2.95}$$

当屈服面逐渐接近记忆面时，式 (2.93) 描述的演化规则保证两个面在加载点 A 处相切 (图 2.16[6])。在持续塑性变形后，记忆面将膨胀，屈服面也将移动。为了符合上述演化规则，两个曲面必须在加载点以公切线形式串联移动，其数学表达式为

$$\mathrm{d}\psi_{ij} = \mathrm{d}\left(\frac{\partial f_y}{\partial \sigma_{kl}} - K \frac{\partial f_m}{\partial \sigma_{kl}} \right) = 0 \tag{2.96}$$

式中，K 是一个比例因子。

然后可以从式 (2.94) 和式 (2.96) 中获得 $\mathrm{d}\alpha_{ij}$ 的表达式。

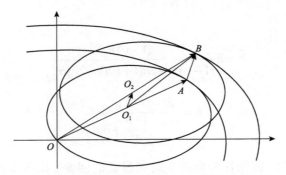

图 2.16　加载点位于记忆面上时屈服面的演化[6]

$d\alpha_{ij}$ 的九个分量和 K 共十个未知变量可由式（2.96）和式（2.94）的十个方程唯一确定。如果当前加载点位于记忆面内，即重新加载但不超过最大有效应力值时，则采用式（2.93）和式（2.95）所述的规则。当加载点接触记忆面，即单调加载或重新加载超过先前最大有效应力值时，屈服面的演变将由式（2.94）和式（2.96）确定。

对于二维拉扭的情况，屈服面的表达形式为

$$\varphi_y = f\left(\sigma_{ij} - \alpha_{ij}\right) - q^2 = \left(\sigma_x - \alpha_x\right)^2 + 3\left(\tau_{xy} - \alpha_{xy}\right)^2 - q^2 = 0 \qquad (2.97)$$

则式（2.93）和式（2.95）可以简化为

$$\begin{cases} d\alpha_x = du\left(\left(\sigma_x\right)_m - \left(\sigma_x\right)_y\right) \\ d\alpha_{xy} = du\left(\left(\tau_{xy}\right)_m - \left(\tau_{xy}\right)_y\right) \end{cases} \qquad (2.98)$$

$$du = \frac{\bar{\sigma}_x d\sigma_x + 3\bar{\tau}_{xy} d\tau_{xy} - q\,dq}{\left(\left(\sigma_x\right)_m - \left(\sigma_x\right)_y\right)\bar{\sigma}_x + 3\left(\left(\tau_{xy}\right)_m - \left(\tau_{xy}\right)_y\right)\bar{\tau}_{xy}} \qquad (2.99)$$

式中

$$\begin{cases} \bar{\sigma}_x = \sigma_x - \alpha_x \\ \bar{\tau}_{xy} = \tau_{xy} - \alpha_{xy} \end{cases} \qquad (2.100)$$

由式（2.94）和式（2.96）得

$$\begin{cases} d\alpha_x = \dfrac{1}{\sigma_x\bar{\sigma}_x + 3\tau_{xy}\bar{\tau}_{xy}}\left[\left(\sigma_x\bar{\sigma}_x + 3\bar{\tau}_{xy}\alpha_{xy}\right)d\sigma_x + 3\bar{\sigma}_x\bar{\tau}_{xy}d\tau_{xy} - \sigma_x q dq\right] \\ d\alpha_{xy} = \dfrac{1}{\sigma_x\bar{\sigma}_x + 3\tau_{xy}\bar{\tau}_{xy}}\left[\bar{\sigma}_x\bar{\tau}_{xy}d\sigma_x + \left(\alpha_{xy}\bar{\sigma}_x + 3\tau_{xy}\bar{\tau}_{xy}\right)d\tau_{xy} - \tau_{xy}q dq\right] \end{cases} \qquad (2.101)$$

因此，当加载点位于当前记忆面内时，式(2.98)适用，而当加载点位于当前记忆面上或之外时，式(2.101)适用。

2. 切线模量 E_t 的确定

切线模量 E_t 由有效应力-有效应变曲线计算得出。与屈服面演变相似，需要区分两种情况。第一种是在单调加载或重新加载超过之前最大有效应力值的情况下，E_t 直接定义为有效应力值 σ_{eff} 的函数。例如，如果单轴曲线符合 Ramberg-Osgood 应力-应变关系：

$$\frac{\varepsilon}{\varepsilon_0} = \frac{\sigma}{\sigma_0} + \alpha \left(\frac{\sigma}{\sigma_0} \right)^n \tag{2.102}$$

则切线模量 E_t 为

$$E_t = \frac{\mathrm{d}\sigma}{\mathrm{d}\varepsilon} = \frac{E}{1 + \alpha n \left(\dfrac{\sigma}{\sigma_0} \right)^{n-1}} \tag{2.103}$$

第二种是在应力记忆表面内重新加载的情况下，很明显，有效应力值不再是计算 E_t 的合适变量。对于具有 Masing 效应的材料，滞后回线可以用一条单轴循环应力-应变曲线来近似描述，即放大两倍单轴循环应力-应变曲线来描述滞后回线。如果单轴循环应力-应变滞回环表示为

$$\frac{\Delta \varepsilon}{2} = f \left(\frac{\Delta \sigma}{2} \right) \tag{2.104}$$

考虑图 2.17[6]所示的单轴卸载情况，从最大应力点 A 到点 B，卸载是弹性的，进一步卸载后，将发生反向塑性流动，屈服面将随着当前应力点移动。

从图 2.16 和图 2.17 中，可以看到一个比值：

$$r = \frac{\delta_1}{\delta_2} \tag{2.105}$$

这个比率唯一确定卸载回路上的对应点。如果当前应力点位于起始点 B，$\delta_2 = 0, r = \infty$ 且 $E_t = E$（弹性模量）。如果应力点在 D 处到达记忆面，$\delta_1 = 0, r = 0$ 且 $E_t = E_t^{(D)}$。因此，可以选择比值 r 作为变量来关联切线模量 E_t：

$$E_t = E_t \left(\sigma_{\text{eff,max}}, r \right) \tag{2.106}$$

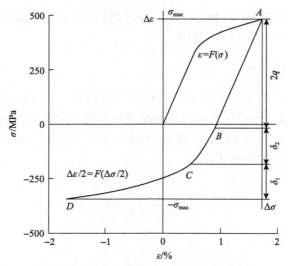

图 2.17　单轴滞后回线加载和卸载分支[6]

则有

$$E_t = \frac{E}{1 + \alpha n \left[\dfrac{\sigma_{\max} - \sigma_0}{\sigma_0 (1 + r)} \right]^{n-1}} \tag{2.107}$$

这种关系可以很容易扩展到非比例加载情况，由此测量从当前应力点 C' 到记忆面 D' 上对应点的距离 δ_1，其外部法线与点 C' 处的平行。从塑性流动开始点 B' 到点 C' 测量距离 δ_2（见图 2.18[6]），其中应力空间中两点之间的距离可由式 (2.108) 确定：

$$d = \left[\left(S_{ij}^{(2)} - S_{ij}^{(1)} \right) \left(S_{ij}^{(2)} - S_{ij}^{(1)} \right) \right]^{1/2} \tag{2.108}$$

式中，$S_{ij}^{(1)}$、$S_{ij}^{(2)}$ 分别是两个应力点的偏应力值。

3. 非比例加载瞬时强化的描述

试验数据表明，瞬时强化表现在两个方面：①弹性状态会发生变化，这与屈服面的膨胀或收缩有关；②观察结果与切线模量的变化有关，切线模量会影响应力-应变曲线的形状。仅考虑屈服面的变化，很难准确地模拟试验曲线。因此，可使用累积塑性长度 l_p 作为内变量来度量屈服面半径 q 的变化和切线模量 E_t 的变化。

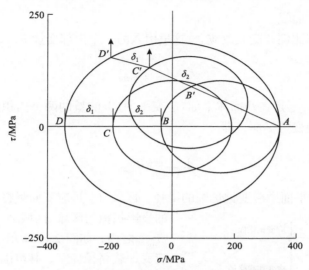

图 2.18　切线模量 E_t 作为比值 $r=\delta_1/\delta_2$ 的函数[6]

假设

$$\frac{\partial q}{\partial l_p} = \beta\left(q_{st} - q\right) \tag{2.109}$$

$$\frac{\partial E_t}{\partial l_p} = \beta\left(E_{r,st} - E_t\right) \tag{2.110}$$

式中

$$l_p = \int\left(\frac{2}{3} d\varepsilon_{ij}^p \, d\varepsilon_{ij}^p\right)^{1/2} \tag{2.111}$$

q_{st}、$E_{r,st}$ 分别是 q 和 E_t 的稳定值；系数 β 是一个材料常数。

注意，式 (2.110) 中的 E_t 也是最大有效应力 (如果加载点位于应力记忆面上) 和比值 r (当加载点位于应力记忆面内时) 的函数，即

$$E_t = E_t\left(\sigma_{eff,max}, r, l_p\right) \tag{2.112}$$

式 (2.109) 和式 (2.110) 中描述的硬化法则规定了与累积塑性长度 l_p 的特定值相对应的单轴曲线族的存在。然后根据这些曲线计算 E_t 的值。上述曲线限定在单调和稳定循环应力-应变曲线之间。当 l_p 增加时，逐渐达到稳定状态。根据材料描述 (Masing 效应或非 Masing 效应)，稳定曲线可以是循环应力-应变曲线，也可以

是稍后描述的主曲线。

为了描述非比例"交叉效应"，这里引入另一个内部变量 F，定义为

$$F = A_{\mathrm{sw}} / A_{\mathrm{mem}} \tag{2.113}$$

式中，A_{sw}、A_{mem} 是在八面体平面（应变平面）上测量的两个面积的值；A_{mem} 区域指所定义的应变记忆面，即

$$A_{\mathrm{mem}} = \pi R_{\mathrm{mem}}^2 \tag{2.114}$$

R_{mem} 是应变 $\varPi$ 平面中应变记忆圆的半径。区域 A_{sw} 是应变向量在应变 $\varPi$ 平面上的投影扫掠的区域。区域 A_{sw} 始终位于区域 A_{mem} 之内，如图 2.19 所示。F 值可以根据应变加载路径计算，其范围为

$$0 \leqslant F \leqslant 1 \tag{2.115}$$

对于比例加载路径，$F = 0$，因为 $A_{\mathrm{sw}} = 0$。对于非比例加载，有

$$\begin{cases} \varepsilon = a\cos(\omega t) \\ \gamma = \lambda a\cos(\omega t - \varphi) \end{cases} \tag{2.116}$$

当 $\varphi = \pi/2$ 且 $\lambda = \sqrt{3}$ 时，最大值 $F = 1$。式 (2.109) 和式 (2.110) 中 q_{st} 和 $E_{r,\mathrm{st}}$ 的稳定值应为 $\varepsilon_{\mathrm{eff,max}}$ 和 F 的函数，以模拟应变范围和非比例附加强化效应，即

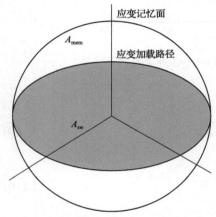

图 2.19　在八面体 $\varPi$ 平面上投影的应变记忆面[6]

$$q_{\mathrm{st}} = q_{\mathrm{st}} \left(\varepsilon_{\mathrm{eff,max}}, F \right) \tag{2.117}$$

$$E_{r,\mathrm{st}} = E_{r,\mathrm{st}} \left(\varepsilon_{\mathrm{eff,max}}, F, \sigma_{\mathrm{eff,max}}, r \right) \tag{2.118}$$

如果用简单的线性形式表达以上两个函数：

$$q_{\mathrm{st}} = (1 + \eta F) \, q_{\mathrm{st}}^{\mathrm{in}} \left(\varepsilon_{\mathrm{eff,max}} \right) \tag{2.119}$$

$$E_{r,\mathrm{st}} = (1 + \eta F) \, E_{r,\mathrm{st}}^{\mathrm{in}} \left(\varepsilon_{\mathrm{eff,max}}, \sigma_{\mathrm{eff,max}}, r \right) \tag{2.120}$$

式中，η 是反映材料非比例交叉效应的材料常数，可通过非比例多轴循环试验进行评估。函数 $q_{st}^{in}\left(\varepsilon_{eff,max}\right)$ 和 $E_{r,st}^{in}\left(\varepsilon_{eff,max},\sigma_{eff,max},r\right)$ 的正确表达式可从标准单轴增大应变范围的循环试验中获得（in 代表同相或比例加载，st 代表稳定或饱和状态）。

$E_{r,st}^{in}$ 可以由式（2.103）或式（2.107）计算。E_t 的初始值由单调曲线计算得出，E_t 在两个极限之间的演化由式（2.112）给出。注意，在这种情况下，E_t 不是 $\bar{\varepsilon}_{max}$ 的函数，因为所有循环都由唯一曲线描述。

函数 $q_{st}^{in}\left(\varepsilon_{eff,max}\right)$，即屈服面半径的稳定值，在式（2.119）中可以表示为

$$q_{st}^{in}\left(\varepsilon_{eff,max}\right)=A\bar{\varepsilon}_{max}+B \tag{2.121}$$

式中，A 和 B 是通过试验确定的材料常数。

2.4　增量塑性方法算例

以铝合金 7050-T7451 材料薄壁管试件施加的拉扭应变随机载荷加载历程为例（图 2.20），详细介绍多轴应力-应变响应数值计算步骤，其中该材料参数：泊松比为 0.33，弹性模量为 72000MPa，循环强度系数为 734.5139MPa，循环硬化指数为 0.09697。

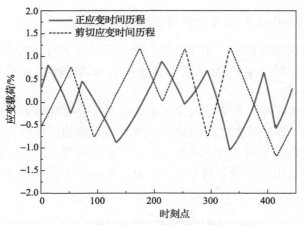

图 2.20　多轴拉扭应变随机载荷加载历程示例

1. 输入单轴循环应力-应变曲线参数

铝合金 7050-T7451 材料的单轴循环应力-应变曲线及参数由以下方程给出：

$$\varepsilon = \frac{\sigma}{E} + \left(\frac{\sigma}{K'}\right)^{1/n'} \tag{2.122}$$

式中，E、K'、n' 的值分别为 72000MPa、734.5139MPa、0.09697。

　　将该单轴循环应力-应变曲线分成若干线性段，以用作增量塑性理论求解应力响应的输入数据。本例中将曲线分成 10 个线性段，应力空间中，可对应计算出每段以米泽斯屈服面表达的塑性模量（图 2.21）。

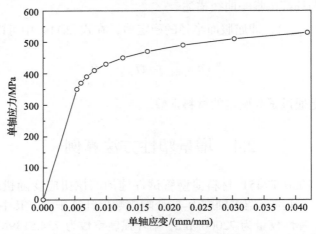

图 2.21　由 10 个屈服面对应的 10 个直线段表示的单轴循环应力-应变曲线

2. 计算单轴循环应力-应变曲线的各段塑性模量

　　材料在塑性变形过程中，塑性模量的值并不是恒定的，这是由于曲线的斜率在非弹性材料中不断发生变化，从图 2.21 显示的单轴循环应力-应变曲线中很容易看出这种变化特征。

　　在增量塑性理论中，假设塑性模量的值在两个相邻屈服面形成的每个应力空间中都是恒定的。基于图 2.21 给出的分段式近似型单轴循环应力-应变曲线，每段应力分区中的塑性模量用 C_i 表示（图 2.4），可通过式（2.22）使用单轴循环应力-应变曲线数据计算得出，将结果列于表 2.1 中，表中的 R_i 值为第 i 个直线段上端的应力值。

表 2.1　对应单轴循环应力-应变曲线计算出的各段塑性模量

ε_i	R_i/MPa	C_i/MPa
0.005339837	350	35998.530
0.005988000	370	21780.020
0.006877960	390	13520.300

续表

ε_i	R_i/MPa	C_i/MPa
0.008141909	410	8589.852
0.009971906	430	5573.439
0.012641983	450	3686.292
0.016536764	470	2481.298
0.022188074	490	1697.346
0.030321253	510	1178.464
0.041913189	530	0.00

3. 处于弹性范围内的计算过程

对于图 2.20 给出的应变波形，输入应变波形第一个加载点 $\varepsilon_x =$ 0.0033813890，$\gamma_{xy} = -0.0051005985$，第二个加载点 $\varepsilon_x = 0.0037695010$，$\gamma_{xy} =$ −0.0048520653，第三个加载点 $\varepsilon_x = 0.0041454155$，$\gamma_{xy} = -0.0046063008$。

假设第一个加载点的应力和应变在弹性范围内，则应变的其他分量如下所示：

$$\begin{cases} \varepsilon_y = \varepsilon_z = -\nu\varepsilon_x = -0.0011158584 \\ \gamma_{yz} = \gamma_{zx} = 0 \end{cases} \tag{2.123}$$

第一个加载点 σ_x 和 τ_{xy} 可以由广义胡克定律计算：

$$\begin{cases} \sigma_x = \dfrac{E}{1+\nu}\left[\varepsilon_x + \dfrac{\nu}{1-2\nu}\left(\varepsilon_x + \varepsilon_y + \varepsilon_z\right)\right] = 243.4600048474(\text{MPa}) \\ \sigma_y = \sigma_z = 0 \\ \tau_{xy} = \dfrac{E}{1+\nu}\dfrac{\gamma_{xy}}{2} = -138.0613127820(\text{MPa}) \\ \tau_{yz} = \tau_{zx} = 0 \end{cases} \tag{2.124}$$

偏应力为

$$\begin{cases} S_x = \sigma_x - \dfrac{1}{3}\sigma_x = 162.3066698983(\text{MPa}) \\ S_y = S_z = -\dfrac{1}{3}\sigma_x = -81.1533349491(\text{MPa}) \\ S_{xy} = \tau_{xy} = -138.0613127820(\text{MPa}) \\ S_{yz} = S_{xx} = 0 \end{cases} \tag{2.125}$$

由式(2.16)，第一个屈服面的函数由以下形式给出：

$$f_1\left(S_{ij},\ \alpha_{ij}^1, R_1\right) = \frac{3}{2}\left(S_{ij}-\alpha_{ij}^1\right)\left(S_{ij}-\alpha_{ij}^1\right)-R_1^2 = 0$$

即

$$f_1\left(S_{ij}\right) = \frac{3}{2}\,S_{ij}\cdot S_{ij} - 350^2 = 0 \tag{2.126}$$

式中，$\alpha_{ij}^1 = 0$，因为屈服面还没有移动，即第一个屈服面的中心仍然位于原点。将当前的应力状态式(2.125)代入式(2.126)得

$$\begin{aligned}f_1\left(S_{ij}\right) &= \frac{3}{2}\left(S_x^2 + S_y^2 + S_z^2 + 2S_{xy}^2\right) - 350^2\\ &= -6044.4477784363 < 0\end{aligned} \tag{2.127}$$

由式(2.127)可确认当前应力状态仍在第一个屈服面内，且应力状态仍处于弹性范围内，则式(2.124)的计算结果即为第一个加载点的应力响应值。

4. 非弹性范围内的计算过程

从当前应力状态，加载在第二个加载点，即给出了第二个应变增量，并假设应力状态仍处于弹性范围内：

$$\begin{cases}\mathrm{d}\varepsilon_x^t = 0.0003881120\\ \mathrm{d}\varepsilon_y^t = \mathrm{d}\varepsilon_z^t = -\nu\mathrm{d}\varepsilon_x^t = -0.33\times\mathrm{d}\varepsilon_x^t = -0.0001280770\\ \mathrm{d}\gamma_{xy}^t = 0.0002485332\end{cases} \tag{2.128}$$

$$\begin{cases}\mathrm{d}\sigma_x = \dfrac{E}{1+\mu}\left[\mathrm{d}\varepsilon_x^t + \dfrac{\mu}{1-2\mu}\left(\mathrm{d}\varepsilon_x^t + \mathrm{d}\varepsilon_y^t + \mathrm{d}\varepsilon_z^t\right)\right] = 27.9440597966(\mathrm{MPa})\\[2mm] \mathrm{d}\tau_{xy} = \dfrac{E}{1+\mu}\dfrac{\mathrm{d}\gamma_{xy}^t}{2} = 6.7272144361(\mathrm{MPa})\end{cases} \tag{2.129}$$

$$\begin{cases}\mathrm{d}S_x = \mathrm{d}\sigma_x - \dfrac{1}{3}\mathrm{d}\sigma_x = 18.6293731977(\mathrm{MPa})\\[2mm] \mathrm{d}S_y = \mathrm{d}s_z = -\dfrac{1}{3}\mathrm{d}\sigma_x = -9.3146865989(\mathrm{MPa})\\[2mm] \mathrm{d}S_{xy} = \mathrm{d}\tau_{xy} = 6.7272144361(\mathrm{MPa})\end{cases} \tag{2.130}$$

则应力空间当前点处的应力为

$$\begin{cases} \sigma_x = \sigma_x + \mathrm{d}\sigma_x = 271.4040646440(\mathrm{MPa}) \\ \tau_{xy} = \tau_{xy} + \mathrm{d}\tau_{xy} = -131.3340983459(\mathrm{MPa}) \end{cases} \tag{2.131}$$

$$\begin{cases} S_x = \dfrac{2}{3}\sigma_x = 180.9360430960(\mathrm{MPa}) \\ S_y = S_z = -\dfrac{1}{3}\sigma_x = -90.4680215480(\mathrm{MPa}) \\ S_{xy} = \tau_{xy} = -131.3340983459(\mathrm{MPa}) \end{cases} \tag{2.132}$$

将式(2.132)代入式(2.127)，则第一个屈服面函数为

$$f_1\left(S_{ij}\right) = \frac{3}{2}\left(S_x^2 + S_y^2 + S_z^2 + 2S_{xy}^2\right) - 350^2 = 2906.1024702760 > 0 \tag{2.133}$$

基于弹性响应假设计算的新应力状态下的函数式(2.133)的值大于零。这意味着当前应力状态不再处于弹性范围内，并且在式(2.129)~式(2.132)中获得的应力是不正确的，因为没有考虑非弹性效应。也就是说，如果考虑塑性变形，最终应力状态应该从 C 点变为 C' 点(图 2.22)。

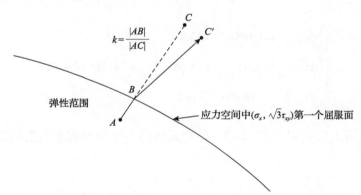

图 2.22　应力状态超出第一个屈服面后应力路径的变化示意图

由于 C' 的 σ_x 和 τ_{xy} 的值尚不清楚，为了考虑塑性变形的影响，首先需要确定由式(2.128)给出的应变增量的哪一部分属于弹性极限内，这部分在图 2.22 中用比例系数 k 来描述。

如果 $k|AC|$ 为应变增量的一部分，B 点是弹性响应的极限点，那么 $S_{ij} + k\mathrm{d}S_{ij}$ 应该满足第一个屈服面函数，即式(2.126)，其中偏应力增量由式(2.130)的应变增量来计算，具体计算形式如下：

$$\frac{3}{2}\left[\left(S_x+k\mathrm{d}S_x\right)^2+\left(S_y+k\mathrm{d}S_y\right)^2+\left(S_z+k\mathrm{d}S_z\right)^2+2\left(S_{xy}+k\mathrm{d}S_{xy}\right)^2\right]-R_1^2=0 \quad (2.134)$$

取正根:

$$k=0.6969462696 \quad (2.135)$$

现 x 方向总应变增量与剪切应变增量式 (2.128) 分为两部分:

$$\begin{cases} \mathrm{d}\varepsilon_x^t=0.0003881120=\left(\mathrm{d}\varepsilon_x^t\right)_{AB}+\left(\mathrm{d}\varepsilon_x^t\right)_{BC} \\ \qquad =k\mathrm{d}\varepsilon_x^t+(1-k)\mathrm{d}\varepsilon_x^t \\ \qquad =0.0002704932+0.0001176188 \\ \mathrm{d}\gamma_{xy}^t=0.0002485332=\left(\mathrm{d}\gamma_{xy}^t\right)_{AB}+\left(\mathrm{d}\gamma_{xy}^t\right)_{BC} \\ \qquad =k\mathrm{d}\gamma_{xy}^t+(1-k)\mathrm{d}\gamma_{xy}^t \\ \qquad =0.0001732143+0.0000753189 \end{cases} \quad (2.136)$$

式中, AB、BC 的范围见图 2.22 中定义。

那么, 有

$$\begin{cases} \left(\mathrm{d}\varepsilon_x^t\right)_{AB}=0.0002704932 \\ \left(\mathrm{d}\varepsilon_y^t\right)_{AB}=\left(\mathrm{d}\varepsilon_z^t\right)_{AB}=-\nu\left(\mathrm{d}\varepsilon_x^t\right)_{AB}=-0.0000892628 \\ \left(\mathrm{d}\gamma_{xy}^t\right)_{AB}=0.0001732143 \end{cases} \quad (2.137)$$

可以采用式 (2.124)～式 (2.129) 的方式将第一个屈服面上当前应力精确地计算出来:

$$\begin{cases} \left(\sigma_x\right)_{s1}=\sigma_x+\left(\mathrm{d}\sigma_x\right)_{AB}=\sigma_x+\dfrac{E}{1+\nu}\left[\left(\mathrm{d}\varepsilon_x^t\right)_{AB}+\dfrac{\nu}{1-2\nu}\left(\left(\mathrm{d}\varepsilon_x^t\right)_{AB}+\left(\mathrm{d}\varepsilon_y^t\right)_{AB}+\left(\mathrm{d}\varepsilon_z^t\right)_{AB}\right)\right] \\ \qquad =262.9355152474(\mathrm{MPa}) \\ \left(\tau_{xy}\right)_{s1}=\tau_{xy}+\left(\mathrm{d}\tau_{xy}\right)_{AB}=\tau_{xy}+\dfrac{E}{1+\nu}\dfrac{\left(\mathrm{d}\gamma_{xy}^t\right)_{AB}}{2} \\ \qquad =-133.3728054136(\mathrm{MPa}) \end{cases}$$

$$(2.138)$$

第一个屈服面上的偏应力为

$$\begin{cases} \left(S_x\right)_{s1} = \dfrac{2}{3}\left(\sigma_x\right)_{s1} = 175.2903434983\,(\text{MPa}) \\[2mm] \left(S_y\right)_{s1} = \left(S_z\right)_{s1} = -\dfrac{1}{3}\left(\sigma_x\right)_{s1} = -87.6451717491\,(\text{MPa}) \\[2mm] \left(S_{xy}\right)_{s1} = \left(\tau_{xy}\right)_{s1} = -133.3728054136\,(\text{MPa}) \end{cases} \tag{2.139}$$

5. 塑性应变增量的计算

由于已经激活了第一个屈服面，需要计算超过屈服面后的塑性应变增量。对于超过屈服面的应变增量，即式 (2.136) 中的 $\left(\mathrm{d}\varepsilon_x^t\right)_{BC}$ 与 $\left(\mathrm{d}\gamma_{xy}^t\right)_{BC}$，因为应力超出了第一个屈服面，所以应力-应变关系为非弹性。根据正交流动法则，增量塑性应变可以用剪切模量 G、塑性模量 C、总应变增量 $\Delta\varepsilon_{ij}^t$ 和屈服面当前点的向外单位法向量 n_{ij} 来获取。根据式 (2.35) 单位法向量 n_{ij} 的定义，其分量为

$$\begin{cases} n_x = \sqrt{\dfrac{3}{2}}\,\dfrac{\left(S_x\right)_{s1}}{R_1} = 0.6133884263 \\[3mm] n_y = \sqrt{\dfrac{3}{2}}\,\dfrac{\left(S_y\right)_{s1}}{R_1} = -0.3066942131 \\[3mm] n_z = n_y = -0.3066942131 \\[3mm] n_{xy} = \sqrt{\dfrac{3}{2}}\,\dfrac{\left(S_{xy}\right)_{s1}}{R_1} = -0.4667075983 \end{cases} \tag{2.140}$$

对于 y 与 z 方向的 BC 段总应变增量，可由式 (2.60) 给出：

$$\begin{aligned} \left(\mathrm{d}\varepsilon_y^t\right)_{BC} = \left(\mathrm{d}\varepsilon_z^t\right)_{BC} &= \dfrac{\left(\mathrm{d}\varepsilon_x^t\right)_{BC}\left(n_x\xi - \nu\right) + \xi\eta}{1 - 2n_y\xi} \\[2mm] &= -0.0000427743 \end{aligned} \tag{2.141}$$

式中

$$\begin{cases} \xi = \dfrac{2G}{2G + C_1}\left(n_y + \nu n_x\right) = -0.0626292691 \\[3mm] \eta = \left(\mathrm{d}\gamma_{xy}^t\right)_{BC} n_{xy} = -0.0000351519 \end{cases} \tag{2.142}$$

由式 (2.34) 可得 BC 段总应变增量的塑性部分：

$$\left(\mathrm{d}\varepsilon_{ij}^{p}\right)_{BC} = \frac{2G}{2G+C_{i}}\left(\left(\mathrm{d}\varepsilon_{x}^{t}\right)_{BC}n_{x}+\left(\mathrm{d}\varepsilon_{y}^{t}\right)_{BC}n_{y}+\left(\mathrm{d}\varepsilon_{z}^{t}\right)_{BC}n_{z}+\left(\mathrm{d}\gamma_{xy}^{t}\right)_{BC}n_{xy}\right)n_{ij}$$

$$(2.143)$$

式中，$\mathrm{d}\gamma_{xy}^{t}=2\mathrm{d}\varepsilon_{xy}^{t}$，$\mathrm{d}\varepsilon_{y}^{t}=\mathrm{d}\varepsilon_{z}^{t}$。

在式 (2.142) 中，剪切模量 G 为 $E/[(2(1+\nu))]$，将其代入式 (2.143)，得到 BC 段塑性应变增量：

$$\begin{cases} \left(\mathrm{d}\varepsilon_{x}^{p}\right)_{BC} = \dfrac{2G}{2G+C_{1}}\left(\left(\mathrm{d}\varepsilon_{x}^{t}\right)_{BC}n_{x}+\left(\mathrm{d}\varepsilon_{y}^{t}\right)_{BC}n_{y}+\left(\mathrm{d}\varepsilon_{z}^{t}\right)_{BC}n_{z}+\left(\mathrm{d}\gamma_{xy}^{t}\right)_{BC}n_{xy}\right)n_{x} \\ \qquad = 0.0000232949 \\ \left(\mathrm{d}\varepsilon_{y}^{p}\right)_{BC} = \left(\mathrm{d}\varepsilon_{z}^{p}\right)_{BC} = \dfrac{2G}{2G+C_{1}}\left(\left(\mathrm{d}\varepsilon_{x}^{t}\right)_{BC}n_{x}+\left(\mathrm{d}\varepsilon_{y}^{t}\right)_{BC}n_{y}+\left(\mathrm{d}\varepsilon_{z}^{t}\right)_{BC}n_{z}+\left(\mathrm{d}\gamma_{xy}^{t}\right)_{BC}n_{xy}\right)n_{y} \\ \qquad = -0.0000116474 \\ \left(\mathrm{d}\gamma_{xy}^{p}\right)_{BC} = 2\times\dfrac{2G}{2G+C_{1}}\left(\left(\mathrm{d}\varepsilon_{x}^{t}\right)_{BC}n_{x}+\left(\mathrm{d}\varepsilon_{y}^{t}\right)_{BC}n_{y}+\left(\mathrm{d}\varepsilon_{z}^{t}\right)_{BC}n_{z}+\left(\mathrm{d}\gamma_{xy}^{t}\right)_{BC}n_{xy}\right)n_{xy} \\ \qquad = -0.0000354487 \end{cases}$$

$$(2.144)$$

偏应力增量变为

$$\begin{cases} \left(\mathrm{d}S_{x}\right)_{BC} = 2G\left(\mathrm{d}e_{x}\right)_{BC} = 2G\left(\left(\mathrm{d}\varepsilon_{x}^{t}\right)_{BC}-\left(\mathrm{d}\varepsilon_{x}^{p}\right)_{BC}-\dfrac{\left(\mathrm{d}\varepsilon_{x}^{t}\right)_{BC}+\left(\mathrm{d}\varepsilon_{y}^{t}\right)_{BC}+\left(\mathrm{d}\varepsilon_{z}^{t}\right)_{BC}}{3}\right) \\ \qquad = 4.5275458647(\mathrm{MPa}) \\ \left(\mathrm{d}S_{y}\right)_{BC} = \left(\mathrm{d}S_{z}\right)_{BC} = -\dfrac{1}{2}\left(\mathrm{d}S_{x}\right)_{BC} = -2.2637729324(\mathrm{MPa}) \\ \left(\mathrm{d}S_{xy}\right)_{BC} = 2G\left(\mathrm{d}e_{xy}\right)_{BC} = G\left(\left(\mathrm{d}\gamma_{xy}^{t}\right)_{BC}-\left(\mathrm{d}\gamma_{xy}^{p}\right)_{BC}\right) = 2.9982207519(\mathrm{MPa}) \end{cases}$$

$$(2.145)$$

如果加载没有穿过第二个屈服面，则第二个加载点的应力分量最终值 (图 2.22 中 C' 点) 为

$$\begin{cases} \left(\sigma_{x}\right)_{\text{第二个加载点}} = \left(\sigma_{x}\right)_{C'} = \left(\sigma_{x}\right)_{s1}+\dfrac{3}{2}\left(\mathrm{d}S_{x}\right)_{BC} = 269.7268340445(\mathrm{MPa}) \\ \left(\tau_{xy}\right)_{\text{第二个加载点}} = \left(\tau_{xy}\right)_{C'} = \left(\tau_{xy}\right)_{s1}+\left(\mathrm{d}S_{xy}\right)_{BC} = -130.3745846617(\mathrm{MPa}) \end{cases}$$

$$(2.146)$$

$$
\begin{cases}
\left(S_x\right)_{\text{第二个加载点}} = \left(S_x\right)_{C'} = \left(S_x\right)_{s1} + \left(dS_x\right)_{BC} = 179.8178893630(\text{MPa}) \\
\left(S_y\right)_{\text{第二个加载点}} = \left(S_z\right)_{\text{第二个加载点}} = \left(S_y\right)_{C'} = \left(S_z\right)_{C'} \\
\qquad = \left(S_z\right)_{s1} + \left(dS_z\right)_{BC} = -89.9089446815(\text{MPa}) \\
\left(S_{xy}\right)_{\text{第二个加载点}} = \left(S_{xy}\right)_{C'} = \left(S_{xy}\right)_{s1} + \left(dS_{xy}\right)_{BC} = -130.3745846617(\text{MPa})
\end{cases}
$$

$$(2.147)$$

如果此应力增量已经超过了第二个屈服面，则以上计算的 C' 点的应力并不准确。下面判断此时的 C' 点是否超过了第二个屈服面：

$$
f_1\left(S_{ij}\right) = \frac{3}{2}\left(\left(S_x\right)_{C'}^2 + \left(S_y\right)_{C'}^2 + \left(S_z\right)_{C'}^2 + 2\left(S_{xy}\right)_{C'}^2\right) - 370^2
$$
$$
= -13154.8380191984 < 0
$$

$$(2.148)$$

式 (2.148) 说明，式 (2.146) 计算的 C' 点应力值未超过第二个屈服面，其结果是正确的。如果 C' 点应力值超过了第二个屈服面，要得到正确的值，必须通过激活第二个屈服面来计算，如图 2.22 所示。

6. 屈服面平移的计算

由于应力状态随施加的载荷而变化，随动硬化法则假设屈服面在应力空间中平移。根据 Garud 随动硬化法则（式 (2.44) 和式 (2.46)），式 (2.145) 的应力增量导致第一个屈服面中心发生平移，可由式 (2.149) 给出：

$$
\begin{aligned}
d\alpha_{ij}^1 &= pd_{ij} \\
&= p\left[\left(1 - \frac{R_1}{R_2}\right)\left(S_{ij} + k_0 dS_{ij} - \alpha_{ij}^2\right) + \left(\alpha_{ij}^2 - \alpha_{ij}^1\right)\right]
\end{aligned}
$$

$$(2.149)$$

式中，p 和 k_0 是常数。

式 (2.149) 中的项 $S_{ij} + k_0 dS_{ij}$ 应满足第二个屈服面函数，即式 (2.56)，如图 2.10 所示，则

$$
\frac{3}{2}\left(S_{ij} + k_0 dS_{ij}\right)\left(S_{ij} + k_0 dS_{ij}\right) - R_2^2 = 0
$$

$$(2.150)$$

即

$$
\frac{3}{2}\left[\left(\left(S_x\right)_{s1} + k_0\left(dS_x\right)_{BC}\right)^2 + \left(\left(S_y\right)_{s1} + k_0\left(dS_y\right)_{BC}\right)^2 + \left(S_z + k_0\left(dS_z\right)_{BC}\right)^2\right.
$$
$$
\left. + 2\left(\left(S_{xy}\right)_{s1} + k_0\left(dS_{xy}\right)_{BC}\right)^2\right] - R_2^2 = 0
$$

$$(2.151)$$

式中，$R_2 = 370$。

将式 (2.139) 计算的 S_{ij} 和式 (2.145) 计算的 $\mathrm{d}S_{ij}$ 代入式 (2.151) 中并求解，取方程的正根，得 $k_0 = 8.1469529892$。由于 $k_0 > 1$，说明此时没有穿过第二个屈服面。

常数 p 为 $S_{ij} + \mathrm{d}S_{ij} - pd_{ij}$ 满足第一个屈服面函数的值，参考式 (2.52) 和图 2.9，则

$$\frac{3}{2}\left(S_{ij} + \mathrm{d}S_{ij} - pd_{ij}\right)\left(S_{ij} + \mathrm{d}S_{ij} - pd_{ij}\right) - R_1^2 = 0 \tag{2.152}$$

即

$$\begin{aligned}
&\frac{3}{2}\left[\left((S_x)_{s1} + (\mathrm{d}S_x)_{BC} - pd_x\right)^2 + \left((S_y)_{s1} + (\mathrm{d}S_y)_{BC} - pd_y\right)^2 \right. \\
&\left. + \left((S_z)_{s1} + (\mathrm{d}S_z)_{BC} - pd_z\right)^2 + 2\left((S_{xy})_{s1} + (\mathrm{d}S_{xy})_{BC} - pd_{xy}\right)^2\right] - R_1^2 = 0
\end{aligned}$$

式 (2.152) 的解为 $p = 0.0898958231$，其中 $R_1 = 350$，d_{ij} 的计算如下：

$$d_{ij} = \left(1 - \frac{R_1}{R_2}\right)\left(S_{ij} + k_0\mathrm{d}S_{ij}\right) \tag{2.153}$$

$$\begin{cases}
d_x = \left(1 - \dfrac{R_1}{R_2}\right)\left(S_x + k_0\mathrm{d}S_x\right) = 11.4689755035 \\
d_y = \left(1 - \dfrac{R_1}{R_2}\right)\left(S_y + k_0\mathrm{d}S_y\right) = d_z = -5.7344877518 \\
d_{xy} = \left(1 - \dfrac{R_1}{R_2}\right)\left(S_{xy} + k_0\mathrm{d}S_{xy}\right) = -5.8889968593
\end{cases} \tag{2.154}$$

使用 $p = 0.0898958231$ 结果，由式 (2.149) 可确定第一屈服面中心的平移量：

$$\begin{cases}
\mathrm{d}\alpha_x^1 = \alpha_x^{1'} = pd_x = 1.0310129930\,(\mathrm{MPa}) \\
\mathrm{d}\alpha_y^1 = \alpha_y^{1'} = pd_y = -0.5155064965\,(\mathrm{MPa}) \\
\mathrm{d}\alpha_{xy}^1 = \alpha_{xy}^{1'} = pd_{xy} = -0.5293962199\,(\mathrm{MPa})
\end{cases} \tag{2.155}$$

则第一个屈服面平移后的新函数变为

$$f_1 = \frac{3}{2}\left(S_{ij} - \alpha_{ij}^{1'}\right)\left(S_{ij} - \alpha_{ij}^{1'}\right) - R_1^2 = 0 \tag{2.156}$$

第一个屈服面平移后，其单位法向量 n_{ij}（方程（2.35））分量为

$$\begin{cases} n_x = \sqrt{\dfrac{3}{2}} \dfrac{\left(S_x\right)_{C'} - \alpha_x^{1'}}{R_1} = 0.6256237315 \\[3mm] n_y = \sqrt{\dfrac{3}{2}} \dfrac{\left(S_y\right)_{C'} - \alpha_y^{1'}}{R_1} = -0.3128118713 \\[3mm] n_z = n_y = -0.3128118713 \\[3mm] n_{xy} = \sqrt{\dfrac{3}{2}} \dfrac{\left(S_{xy}\right)_{C'} - \alpha_{xy}^{1'}}{R_1} = -0.4543635103 \end{cases} \tag{2.157}$$

7. 第一个屈服面平移后的应力应变计算

在当前应力状态下，继续输入第三个加载点的应变增量：

$$\begin{cases} \mathrm{d}\varepsilon_x^t = \left(\varepsilon_x\right)_{\text{第三个加载点}} - \left(\varepsilon_x\right)_{\text{第二个加载点}} = 0.0003759145 \\[2mm] \mathrm{d}\gamma_{xy}^t = \left(\gamma_{xy}\right)_{\text{第三个加载点}} - \left(\gamma_{xy}\right)_{\text{第二个加载点}} = 0.0002457645 \end{cases} \tag{2.158}$$

对于 y 与 z 方向的总应变增量，可由式（2.60）给出：

$$\mathrm{d}\varepsilon_y^t = \mathrm{d}\varepsilon_z^t = \frac{\mathrm{d}\varepsilon_x^t\left(n_x\xi - \nu\right) + \xi\eta}{1 - 2n_y\xi} \tag{2.159}$$

$$= -0.0001374341$$

式中

$$\begin{cases} \xi = \dfrac{2G}{2G + C_1}\left(n_y + \nu n_x\right) = -0.0638785410 \\[3mm] \eta = \mathrm{d}\gamma_{xy}^t n_{xy} = -0.0001116664 \end{cases} \tag{2.160}$$

如果 $\mathrm{d}\varepsilon_{ij}^t n_{ij} \geqslant 0$，说明属于向屈服面外加载，则需要塑性理论方法求解，否则是向屈服面内卸载，用弹性理论计算。

由于

$$\mathrm{d}\varepsilon_x^t n_x + \mathrm{d}\varepsilon_y^t n_y + \mathrm{d}\varepsilon_z^t n_z + \mathrm{d}\gamma_{xy}^t n_{xy} = 0.000209497 > 0 \tag{2.161}$$

则需要采用塑性理论方法求解。第三个与第二个输入应变之间增量的塑性应变为

$$
\begin{cases}
\mathrm{d}\varepsilon_x^p = \dfrac{2G}{2G+C_1}\left(\mathrm{d}\varepsilon_x^t n_x + \mathrm{d}\varepsilon_y^t n_y + \mathrm{d}\varepsilon_z^t n_z + \mathrm{d}\gamma_{xy}^t n_{xy}\right)n_x \\
\qquad = 0.0000787196 \\
\mathrm{d}\varepsilon_y^p = \mathrm{d}\varepsilon_z^p = \dfrac{2G}{2G+C_1}\left(\mathrm{d}\varepsilon_x^t n_x + \mathrm{d}\varepsilon_y^t n_y + \mathrm{d}\varepsilon_z^t n_z + \mathrm{d}\gamma_{xy}^t n_{xy}\right)n_y \\
\qquad = -0.0000393598 \\
\mathrm{d}\gamma_{xy}^p = 2\times\dfrac{2G}{2G+C_1}\left(\mathrm{d}\varepsilon_x^t n_x + \mathrm{d}\varepsilon_y^t n_y + \mathrm{d}\varepsilon_z^t n_z + \mathrm{d}\gamma_{xy}^t n_{xy}\right)n_{xy} \\
\qquad = -0.0001143413
\end{cases}
\tag{2.162}
$$

第三个与第二个输入应变之间的偏应力增量为

$$
\begin{cases}
\mathrm{d}S_x = 2G\mathrm{d}e_x = 2G\left(\mathrm{d}\varepsilon_x^t - \mathrm{d}\varepsilon_x^p - \dfrac{\mathrm{d}\varepsilon_x^t + \mathrm{d}\varepsilon_y^t + \mathrm{d}\varepsilon_z^t}{3}\right) \\
\qquad = 14.2653545865(\mathrm{MPa}) \\
\mathrm{d}S_y = \mathrm{d}S_z = -\dfrac{1}{2}\mathrm{d}S_x = -7.1326772933(\mathrm{MPa}) \\
\mathrm{d}S_{xy} = 2G\mathrm{d}e_{xy} = G\left(\mathrm{d}\gamma_{xy}^t - \mathrm{d}\gamma_{xy}^p\right) = 9.7472246617(\mathrm{MPa})
\end{cases}
\tag{2.163}
$$

第三个加载点偏应力为

$$
\begin{cases}
\left(S_x\right)_{第三个加载点} = \left(S_x\right)_{第二个加载点} + \mathrm{d}S_x \\
\qquad = 194.0832439495(\mathrm{MPa}) \\
\left(S_y\right)_{第三个加载点} = \left(S_z\right)_{第三个加载点} = \left(S_y\right)_{第二个加载点} + \mathrm{d}S_y \\
\qquad = -97.0416219748(\mathrm{MPa}) \\
\left(S_{xy}\right)_{第三个加载点} = \left(S_{xy}\right)_{第二个加载点} + \mathrm{d}S_{xy} \\
\qquad = -120.6273600000(\mathrm{MPa})
\end{cases}
\tag{2.164}
$$

判断该点应力应变状态是否激活了第二个屈服面:

$$
\begin{aligned}
f_1\left(S_{ij}\right) = \frac{3}{2}\Bigg[\left(\left(S_x\right)_{第三个加载点} - \mathrm{d}\alpha_x^1\right)^2 + 2\left(\left(S_y\right)_{第三个加载点} - \mathrm{d}\alpha_y^1\right)^2 \\
+ 2\left(\left(S_{xy}\right)_{第三个加载点} - \mathrm{d}\alpha_{xy}^1\right)^2\Bigg] - R_2^2 \\
= -9773.8185637083 < 0
\end{aligned}
\tag{2.165}
$$

说明该点应力应变状态未穿过第二个屈服面, 则第三个加载点应力响应值的分量为

$$\begin{cases} (\sigma_x)_{\text{第三个加载点}} = \dfrac{3}{2}(S_x)_{\text{第三个加载点}} = 291.1248659243(\text{MPa}) \\ (\tau_{xy})_{\text{第三个加载点}} = (S_{xy})_{\text{第三个加载点}} = -120.6273600000(\text{MPa}) \end{cases} \quad (2.166)$$

继续输入新的应变增量，按以上理论计算原理，可求得每个输入应变点对应的弹塑性应力响应值。

以上算例说明了如何利用增量塑性理论方法计算弹性和非弹性范围内的多轴应力响应，该计算过程可以通过多轴应力、应变增量计算程序来实现。

图 2.23 为利用以上增量塑性理论方法计算的正应力与剪切应力响应谱与实测应力响应谱对比结果，对应的磁滞回线对比见图 2.24。可以发现，正应力与剪切

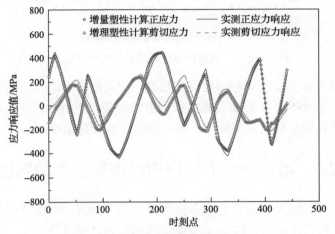

图 2.23　应力响应计算结果与实测对比

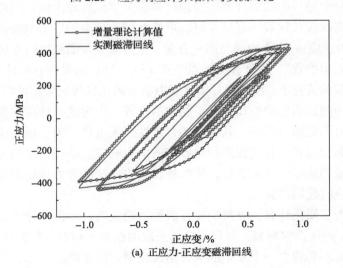

(a) 正应力-正应变磁滞回线

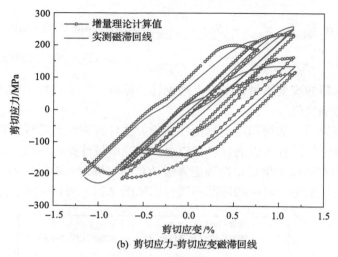

(b) 剪切应力-剪切应变磁滞回线

图 2.24　磁滞回线计算结果与实测对比

应力计算结果大部分小于实测结果，其原因可能是没有考虑非比例附加强化的影响。此外，由于循环应力-应变关系曲线用折线代替，当折线段间取值较大时，计算时使用的塑性模量值会比实际小一些，也会导致计算结果偏小。

2.5　增量塑性方法应用时需要注意的问题

以上增量塑性模型应用在变幅多轴疲劳寿命预测时，可能会遇到一些问题。首先，在重复载荷作用下，应力-应变响应必须保持数值计算稳定。由于应变历史通常较长，每个循环的数值计算误差最终可能会累积到较大值，因此如果程序计算不稳定，则在较长加载历程结束时，可能会导致预测的应力响应值出现较大误差。其次，由于应力-应变响应与路径有关，应力应变预测结果的准确性取决于应力的正确"起始位置"，即计算起始点位置不同，计算结果会有差异。

在多轴载荷情况下，加载块开始时应力状态的正确预测变得非常重要，此外，还必须正确预测屈服面中心在应力空间中的位置，因为这些计算项在用于计算实际加载块应力历史的方程中，其预测的合理性至关重要。为了预测应力和屈服面中心的正确起始位置，首先预测所设置块的应力响应。该初始预测可以通过假设应力和应变最初从零开始来进行，然后将设置块末端的应力和屈服面中心位置用作实际加载块的起始位置。

此外，为了简化计算，材料响应可假设为稳定的，即模拟计算时可不考虑瞬时硬化效应。对于众多材料，可利用较易获取的稳态下材料常数来计算应力-应变响应历程，而不必建立一个复杂的瞬态塑性模型。瞬态响应大部分发生在最初几个循环或载荷块中,因此这样的稳态假设对于重复加载荷块的应力-应变响应模拟计算,在精度要求不高的情况下,忽略瞬态材料行为是可以接受的。

参 考 文 献

[1] Drucker D C. A more fundamental approach to plastic stress-strain relations[C]. The 1st U.S. Congress of Applied Mechanics, New York, 1952: 478-491.

[2] Bannantine J A. A Variable Amplitude Multiaxial Fatigue Life Prediction Method[D]. Urbana-Champaign: University of Illinois at Urbana-Champaign, 1989.

[3] Mróz Z. On the description of anisotropic workhardening[J]. Journal of the Mechanics and Physics of Solids, 1967, 15(3): 163-175.

[4] Mróz Z. An attempt to describe the behavior of metals under cyclic loads using a more general workhardening model[J]. Acta Mechanica, 1969, 7(2): 199-212.

[5] Tipton S M. Fatigue Behavior Under Multiaxial Loading in the Presence of a Notch Methodologies For the Prediction of Life to Crack Initiation and Life Pent in Crack Propagation[D]. Stanford: Stanford University, 1985.

[6] Ellyin F, Xia Z. A rate-independent constitutive model for transient non-proportional loading[J]. Journal of the Mechanics and Physics of Solids, 1989, 37(1): 71-91.

[7] Garud Y S. A new approach to the evaluation of fatigue under multiaxial loadings[J]. Journal of Engineering Materials and Technology, 1981, 103(2): 118-125.

[8] Lamba H S, Sidebottom O M. Cyclic plasticity for nonproportional paths: Part 1—Cyclic hardening, erasure of memory, and subsequent strain hardening experiments[J]. Journal of Engineering Materials and Technology, 1978, 100(1): 96-103.

[9] 休尔施. 材料的疲劳[M]. 王中光, 等译. 北京: 国防工业出版社, 1993.

[10] Ohashi Y, Tanaka E, Ooka M. Plastic deformation behavior of type 316 stainless steel subject to out-of-phase strain cycles[J]. Journal of Engineering Materials and Technology, 1985, 107(4): 286-292.

[11] Kanazawa K, Miller K J, Brown M W. Cyclic deformation of 1% Cr-Mo-V steel under out-of-phase loads[J]. Fatigue & Fracture of Engineering Materials and Structures, 1979, 2(2): 217-228.

第3章 常温多轴低周疲劳理论

3.1 多轴疲劳的定义

从所承力处的应力状态来分析，单轴疲劳是指材料或零件在单一方向循环载荷作用下所产生的失效现象，即材料或零件只承受单向法向/剪切应力(应变)。例如，材料或零件只承受单向拉-压循环应力、弯曲循环应力或扭转循环应力。20世纪开发的简单向(单轴)应力/应变-寿命曲线方法已在预测结构疲劳失效中得到了广泛应用。然而，许多飞机、汽车、机车等的实际工程结构零部件，包括转轴、连杆、叶盘等，都涉及多轴循环应力状态。这意味着在任何一点主应力的方向都可能在加载循环期间发生变化，即为时间的函数。此外，主应力本身大小可能不再彼此成比例，从而导致多轴疲劳寿命预测变得较为复杂。

多轴疲劳一般是指在相互独立多向应力/应变作用下的疲劳。多轴疲劳发生在多轴循环加载条件下，加载过程中有两个或两个以上应力/应变分量独立地随时间发生周期性变化。这些应力/应变分量可以是同相位按比例变化，也可以是非同相按非比例变化。早期处理复杂应力状态下的多轴疲劳问题时，是基于静强度理论将多轴载荷等效成单轴状态，然后利用单轴疲劳理论处理多轴疲劳问题。这样的处理方法在处理多轴同相或比例加载下的疲劳问题时是有效的。然而很多工程的重要零部件多数在多轴非同相或非比例加载作用下工作。由于在应力应变计算、损伤计算与寿命预测过程中，直接利用静强度理论处理多轴载荷时会产生较大误差，因此国内外众多研究人员和结构强度设计者一直在努力发展和完善多轴疲劳理论。

3.2 多轴低周疲劳理论概述

热机疲劳失效通常发生在低周次大应变循环载荷情况下，因此首先要了解多轴低周疲劳理论。早期对多轴疲劳破坏的研究，一般是基于一维应力/应变状态的疲劳数据而得出经验公式，很少考察多轴疲劳破坏机理。研究者通常将静强度理论推广到多轴疲劳中去，所提出的大量多轴疲劳破坏理论，大都是经验和半经验公式[1]。

在多轴低周疲劳研究中，Yokobori 等[2-4]提出了等效应变理论。这些等效应变包括最大剪切应变[5,6]、最大法向应变[7]、八面体剪切应变[8]、米泽斯等效应变[4]、修正米泽斯等效应变[9]以及最大总应变等[10]。

这些方法基于静态屈服理论的扩展，即通过组合应变参数（等效应变）替换单轴应变寿命方程中的单轴应变来预测多轴载荷下的疲劳寿命。这种方法的最大优点是能够利用单轴疲劳数据库中提供的大量疲劳参数，通过等效应力/应变的方法来预测多轴疲劳寿命。常用等效应力/应变的计算方法是米泽斯屈服准则与特雷斯卡屈服准则，其中米泽斯屈服准则应用最为广泛。然而所有这些方法都有缺点，例如，在特雷斯卡屈服准则中，中间主应力不影响等效应力或应变，米泽斯屈服准则或特雷斯卡屈服准则均不随静水应力的变化而变化等。

3.2.1　等效应变准则

多轴疲劳理论的思想是将相互独立的多向循环应力/应变转换成单向循环应力/应变，即多轴疲劳问题转换成单轴疲劳问题。由于米泽斯屈服准则能够较好地预测静载屈服强度，人们便自然地将它应用于多轴载荷等效，并进行多轴疲劳寿命预测。如果由主应变计算米泽斯等效应变，则

$$\varepsilon_{\text{eff}} = \beta \left[\left(\varepsilon_1 - \varepsilon_2 \right)^2 + \left(\varepsilon_2 - \varepsilon_3 \right)^2 + \left(\varepsilon_3 - \varepsilon_1 \right)^2 \right]^{\frac{1}{2}} \tag{3.1}$$

式中，$\beta = \dfrac{\sqrt{2}}{2(1+\nu)}$。

对于单轴载荷，$\varepsilon_{\text{eff}} = \sqrt{2}(1+\nu)\varepsilon_1$，$\varepsilon_2 = \varepsilon_3 = -\nu\varepsilon_1$。

在弹性条件下，$\nu_e = \dfrac{1}{3}$，$\beta = \dfrac{3}{4\sqrt{2}} = 0.53$。

在完全塑性条件下，$\nu_p = \dfrac{1}{2}$，$\beta = \dfrac{\sqrt{2}}{3} = 0.47$。

对于一般弹塑性应力来说，在比例加载时可采用以下有关 β 的表达式：

$$\beta = \frac{\sqrt{2}}{2(1+\nu_{\text{eff}})}$$

式中，$\nu_{\text{eff}} = \dfrac{\nu_e \varepsilon_e + \nu_p \varepsilon_p}{\varepsilon_t}$，$\varepsilon_e$、$\varepsilon_p$ 是弹性和塑性应变，ε_t 是总应变。

基于这种思想，在低周疲劳情况下，其多轴应变-寿命方程可写成如下单轴的形式：

$$\frac{\Delta\varepsilon_{\text{eff}}}{2} = \frac{\sigma_f'}{E}\left(2N_f\right)^b + \varepsilon_f'\left(2N_f\right)^c \tag{3.2}$$

式中，$\Delta\varepsilon_{\text{eff}}$ 是外载等效应变范围；$2N_f$ 是疲劳寿命循环反复数；σ'_f 是疲劳强度系数；ε'_f 是疲劳塑性系数；b 是疲劳强度指数；c 是疲劳塑性指数。

为了准确预测多轴疲劳寿命，首先要保证式 (3.2) 在单轴的情况下疲劳寿命预测必须准确，即要保证单轴疲劳寿命曲线材料常数确定正确，然后要保证预测出的裂纹萌生方位与试验观测相符。

这种从静强度理论引用过来的方法称为等效应变寿命估算法。Sines 等[5]指出，不同等效应变间的差异并不大，对于比例加载情况，它们是有效的，且简单实用。但等效应变与寿命之间的关系缺乏物理基础。等效应变将所有的应力状态采用同样的处理方法，用这种方法来估算不同加载路径下构件的疲劳寿命时，由于等效应变是相同的，原本疲劳寿命相差较大，却估算出相同的疲劳寿命，显然是不合理的。

低周疲劳裂纹常常萌生于结构件的表面，显然，该部位的应力分布处于平面应力状态，而在表面处通常会出现非比例应变载荷情况。由于等效应变法既不能考虑应力与应变在变形过程中的相互影响，也不能反映加载路径等相关因素的影响，因而该方法不能直接用于非比例加载下的疲劳寿命估算。如果在多轴非比例载荷下采用式 (3.2) 的形式，则需要在方程的左边施加其他应变参数，且对右边的常数也需要进行相应的调整。

3.2.2　主应变准则

该准则认为疲劳裂纹是在最大主应变幅平面上形成的。对于单轴载荷，最大主应变是沿外加应力方向的轴向应变。

若将方程 (3.2) 中的轴向应变用主应变替代，则能得到一个多轴应变-寿命方程：

$$\frac{\Delta\varepsilon_1}{2} = \frac{\sigma'_f}{E}\left(2N_f\right)^b + \varepsilon'_f\left(2N_f\right)^c \tag{3.3}$$

主应变准则通常用来预测脆性材料疲劳寿命，如铸铁和高强度钢等。但对于韧性金属材料，它可能会得到不安全的寿命预测结果。

3.2.3　最大剪切应变准则

试验发现疲劳裂纹通常萌生在剪切平面上，因此最大剪切应变准则认为裂纹在最大剪切应变幅平面上萌生。

如果 $\varepsilon_1 > \varepsilon_2 > \varepsilon_3$，裂纹将会萌生于与 ε_1 的正交面成 45° 角的平面上，如图 3.1 所示。最大剪切应变可以通过主应变结合应变摩尔圆来计算得到：

$$\frac{\gamma_{\max}}{2} = \frac{\varepsilon_1 - \varepsilon_3}{2} \tag{3.4}$$

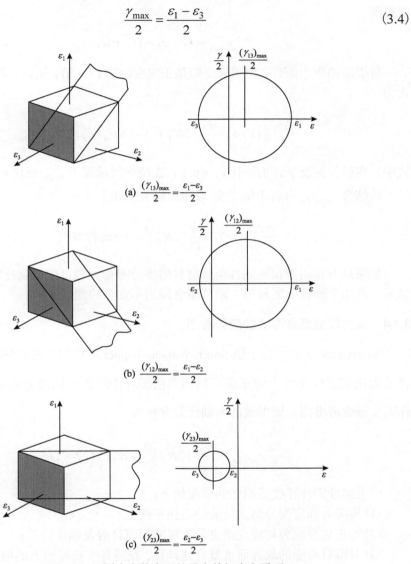

(a) $\dfrac{(\gamma_{13})_{\max}}{2} = \dfrac{\varepsilon_1 - \varepsilon_3}{2}$

(b) $\dfrac{(\gamma_{12})_{\max}}{2} = \dfrac{\varepsilon_1 - \varepsilon_2}{2}$

(c) $\dfrac{(\gamma_{23})_{\max}}{2} = \dfrac{\varepsilon_2 - \varepsilon_3}{2}$

图 3.1　不同应变状态下的最大剪切应变平面

由剪切应变幅表示应变寿命方程，则

$$\frac{\Delta\gamma}{2} = C_1 \frac{\sigma_f'}{E} \left(2N_f\right)^b + C_2 \varepsilon_f' \left(2N_f\right)^c \tag{3.5}$$

式中，常数 C_1 和 C_2 可以通过单轴应力下的疲劳寿命方程换算求得。

对于单轴应力，其轴向应变为 ε_1，主应变为 $\varepsilon_2 = \varepsilon_3 = -\nu\varepsilon_1$，那么由式 (3.4) 可

以得到

$$\gamma_{\max} = \varepsilon_1 - \varepsilon_3 = (1+\nu)\varepsilon_1$$

对于单轴应力而言，剪切应变幅是正应变幅的 $1+\nu$ 倍，所以方程 (3.5) 可以简化为

$$\frac{\Delta\gamma}{2} = (1+\nu_e)\frac{\sigma'_f}{E}\left(2N_f\right)^b + \left(1+\nu_p\right)\varepsilon'_f\left(2N_f\right)^c \tag{3.6}$$

式中，在弹性情况下，泊松比 $\nu_e \approx 0.3$；在纯塑性情况下，泊松比 $\nu_p \approx 0.5$。

若结合 $\gamma_{\max}$，可将单轴应变-寿命方程表述如下：

$$\frac{\Delta\gamma_{\max}}{2} = 1.3\frac{\sigma'_f}{E}\left(2N_f\right)^b + 1.5\varepsilon'_f\left(2N_f\right)^c \tag{3.7}$$

如果该方程用于预测韧性金属材料的疲劳寿命，则可能得到比较保守的预测结果。若用于脆性金属材料，则可能会得到不安全的预测结果。

3.2.4 应力应变混合形式的疲劳准则

Bannantine 等[11,12]将单轴 Smith-Watson-Topper 损伤模型推广到多轴疲劳中，将最大正应变幅平面上的正应变幅和当前循环中最大法向应力的乘积 $\frac{\Delta\varepsilon}{2}\sigma_{n,\max}$ 作为多轴疲劳准则，所形成的多轴疲劳方程为

$$\frac{\Delta\varepsilon}{2}\sigma_{n,\max} = \frac{\sigma'^2_f}{E}\left(2N_f\right)^{2b} + \sigma'_f\varepsilon'_f\left(2N_f\right)^{2c} \tag{3.8}$$

用上述准则计算疲劳损伤的步骤如下：
(1) 将应力和应变分解到可能的损伤平面上；
(2) 对正应变或剪切应变谱进行常规的雨流计数及损伤计算；
(3) 对所有可能的临界面重复上述计算，获得各个临界面上的损伤值，取其最大值为最后的损伤结果。

3.2.5 循环塑性功的疲劳准则

Garud[13]于 1981 年提出了塑性功理论，认为每循环塑性功 W_c 与疲劳寿命之间存在幂指数关系：

$$N_f = AW_c^r \tag{3.9}$$

$$W_c = \int_{\text{cycle}} \left(\sigma \mathrm{d}\varepsilon_p + \tau \mathrm{d}\gamma_p \right) \tag{3.10}$$

式中，A、r 为材料常数。

这一观点主要借鉴 Morrow 在 1965 年所提出的塑性功累积是产生材料不可逆损伤进而导致疲劳破坏的主要原因这一概念而产生的[14]。塑性功理论早期由 Morrow 提出后，Ostergren[15] 用这一概念成功地描述了单轴疲劳。Garud[16] 将其推广到多轴疲劳，Jordan 等[17] 将此理论修正后来预测非比例加载下的多轴疲劳寿命，取得了较好的效果。该准则是利用材料破坏时多轴塑性形变功累积等效成单轴塑性形变功累积而得到的，其中采用了米泽斯等效应力-应变和幂指数本构关系。

Garud[13,16] 指出剪切功没有拉伸功产生的损伤大，提出在剪切功形式上应用一个权因子 $\xi = 0.5$ 进行修正，具体的数学模型表达如下：

$$W_c = \int_{\text{cycle}} \left(\sigma \mathrm{d}\varepsilon_p + \xi \tau \mathrm{d}\gamma_p \right) \tag{3.11}$$

$$\Delta W_c = \Delta\sigma\Delta\varepsilon_p \frac{1-n'}{1+n'} + \xi\Delta\tau\Delta\gamma_p \frac{1-n'}{1+n'} \tag{3.12}$$

Ellyin 等[18-23] 提出了塑性应变能和总应变能理论，认为疲劳损伤是循环应变能密度的函数，其中较突出的 Ellyin-Kujawski 准则形式为

$$\Delta\sigma_{\text{eq}}\Delta\varepsilon_{\text{eq}} = K\left(2N_f\right)^c \tag{3.13}$$

式中，K、c 两参数可由单轴低周疲劳试验获取。

Glinka 等[24] 认为剪切功造成裂纹表面的滑移，而法向平均应力造成裂纹的张开或扩展，所提出的基于剪切功和法向平均应力的多轴疲劳损伤参量如下：

$$\Delta W^* = \frac{\Delta\tau}{2}\frac{\Delta\gamma}{2}\left(\frac{\sigma_f'}{\sigma_f' - \sigma_{n,\max}} + \frac{\tau_f'}{\tau_f' - \tau_{n,\max}} \right) \tag{3.14}$$

该参量结合剪切形式的 Manson-Coffin 方程可表达为

$$\Delta W^* = \left[\frac{\tau_f'^{\,2}}{G}\left(2N_f\right)^{2b_\gamma} + \tau_f'\gamma_f'\left(2N_f\right)^{b_\gamma + c_\gamma} \right]\left[1 + \frac{1}{1 - \left(2N_f\right)^{b_\gamma}} \right] \tag{3.15}$$

Ince 等[25]也从应变能观点出发，提出了一种广义应变能(generalized strain energy, GSE)形式的多轴疲劳准则：

$$W_{\text{GSE}} = W_{\gamma_e} + W_{\gamma_p} + W_{\varepsilon_n^e} + W_{\varepsilon_n^p} = f\left(N_f\right) \tag{3.16}$$

式中，W_{γ_e} 为弹性剪切应变能；W_{γ_p} 为塑性剪切应变能；$W_{\varepsilon_n^e}$ 为弹性法向应变能；$W_{\varepsilon_n^p}$ 为塑性法向应变能；N_f 为材料疲劳失效循环数。

基于广义应变能的多轴疲劳损伤准则不但包含临界面上弹性和塑性应变分量，而且包含临界面上法向和剪切应力分量。为了消除疲劳准则中的法向应力幅与剪切应变幅项，在 GSE 多轴疲劳准则的基础上，Ince 等[25]提出广义应变幅(generalized strain amplitude，GSA)形式的多轴疲劳准则：

$$W_{\text{GSA}} = \left(\frac{W_{\gamma_e}}{\tau_f'} + \frac{\Delta\gamma_p}{2} + \frac{W_{\varepsilon_n^e}}{\sigma_f'} + \frac{\Delta\varepsilon_p}{2}\right)_{\max} = f\left(N_f\right) \tag{3.17}$$

式中，σ_f' 为拉伸疲劳强度系数；τ_f' 为剪切疲劳强度系数。

塑性功理论尽管在某些情况下能够成功地描述疲劳问题，但 Fatemi 等[26]、Leese[27]、Lee 等[28]认为，塑性功是标量，不能反映多轴疲劳破坏机制。

塑性功理论有三点不足：①采用该法预测疲劳寿命时，对本构方程计算的准确性要求较高；②塑性功较小时难以进行寿命估算；③多数模型无法考虑平均应力和静水应力的影响。

3.3　多轴临界面法理论

3.3.1　临界面原理

Brown 等[29]在 20 世纪 70 年代提出临界面法，认为疲劳裂纹扩展由两个参量控制：一个是最大剪切应变，另一个是最大剪切应变所在平面上的法向应变。他们认为裂纹第 Ⅰ 阶段沿最大剪切面形成，第 Ⅱ 阶段沿垂直于最大拉应变方向扩展，并把裂纹形成分为两种情况。在组合拉伸与扭转中，主应变 ε_1 和 ε_3 平行于表面，沿着表面扩展的裂纹称为 A 型裂纹，如图 3.2 所示，对于正的双向拉伸应力，应变 ε_3 垂直于自由表面，在最大剪切应变面(自由面)上萌生进而沿纵深方向扩展的裂纹称为 B 型裂纹。

随后 Lohr 等[30]于 1980 年也给出了一个类似的方法。该方法要求确定失效破坏面及关于这个面上的应力与应变，因此具有一定的物理意义。该方法分两步进

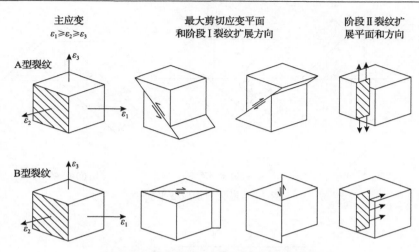

图 3.2　最大剪切和裂纹扩展方向的平面

行：①计算出疲劳临界面上的应力、应变历史；②将临界面上的应力、应变转化为控制疲劳损伤的参量。

临界面的方位通过角度来定义，该角度由平面上的法向方向与 x-y-z 坐标系的方位来确定，如图 3.3 所示。平面的定位角度 θ 定义为从 x 轴转向 y 轴，角度 ϕ 定义为从 z 轴转向 x-y 平面。

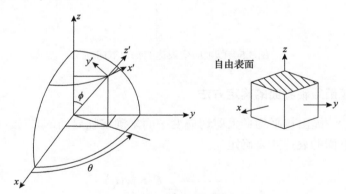

图 3.3　三维坐标下平面方位的定义

对于韧性金属材料，图 3.4 显示了三个可能的最大剪切应变平面。对于脆性金属材料，图 3.5 显示了以主应变表达的临界取向面。

临界面法的一个弱点是将所有应力和应变分解到一个面上，它暗示着裂纹形成将沿着一个单独的平面产生。实际上，在多轴非比例随机载荷下，裂纹形成可能发生在多个平面上，这依赖于主应变的瞬时方向，最终导致临界面分析结果有时会趋向于非保守。

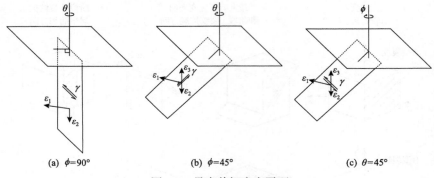

(a) $\phi=90°$ (b) $\phi=45°$ (c) $\theta=45°$

图 3.4 最大剪切应变平面

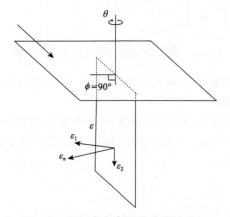

图 3.5 以主应变表达的临界取向面

3.3.2 基于权函数临界面的确定方法

Wang 等[31]提出权平均最大剪切应变平面来确定临界面的方位。临界面位向角可以通过下面的表达式来确定：

$$\overline{\theta}=\frac{1}{\displaystyle\sum_{i=1}^{n}w(t_i)}\sum_{i=1}^{n}\theta(t_i)w(t_i) \tag{3.18}$$

式中，n 为时刻点的个数；$\theta(t_i)$ 为最大剪切应变平面的位向角；$w(t_i)$ 为最大剪切应变平面的权函数，其表达式为

$$w(t_i)=\begin{cases} D_i, & \gamma_{\max}(t_i)\geqslant\dfrac{\tau_{-1}}{G} \\ 0, & \gamma_{\max}(t_i)<\dfrac{\tau_{-1}}{G} \end{cases} \tag{3.19}$$

式中，G 为剪切模量；τ_{-1} 为剪切疲劳极限；$\gamma_{\max}(t_i)$ 为时刻 t_i 的最大剪切应变；D_i 为最大剪切应变 $\gamma_{\max}(t_i)$ 的疲劳损伤。

Chen 等[32]提出了一个权函数来确定多轴变幅载荷下临界面位向角，其临界面位向角表达如下：

$$\bar{\theta}=\frac{1}{W}\sum_{i=1}^{n}\theta(t_i)w(t_i) \tag{3.20}$$

对于剪切失效模式的材料，t_i 时刻的权函数定义为

$$w(t_i)=\frac{\gamma_{ti}-\gamma_{\min}}{\gamma_{\max}-\gamma_{\min}} \tag{3.21}$$

式中，W 为在加载块时间段内 $w(t_i)$ 的总和；$\gamma_{\min}$ 为载荷块中的最小剪切应变；$\gamma_{\max}$ 为载荷块中的最大剪切应变；γ_{ti} 为 t_i 时刻的剪切应变。

以上两种方法都取得了较好的效果，其特点是在确定整个载荷时间历程临界面的过程中，需要考虑时刻点的剪切应变。

3.3.3　基于最大剪切应变范围权平均临界面的确定方法

在多轴低周疲劳中，通常在两个相互正交的最大剪切应变幅平面中取具有较大法向应变幅的那个平面作为临界面。在非比例多轴变幅载荷下，通过多轴循环计数方法提取出各个反复，然后计算每个反复的疲劳损伤，最后累积所有反复中的损伤预测出寿命。

1. 最大剪切应变范围权平均临界面的确定

对计数出的各个反复，其临界面的方位各不相同，为此文献[33]提出一种多轴变幅载荷下临界面确定方法。该方法通过权平均所有计数反复中具有最大法向应变范围的最大剪切应变范围平面位向角来确定临界面，其临界面位向角表达式如下：

$$\bar{\phi}=\frac{1}{\displaystyle\sum_{k=1}^{m}w(k)}\sum_{k=1}^{m}\phi_{\mathrm{cr}}(k)w(k) \tag{3.22}$$

$$\bar{\theta}=\frac{1}{\displaystyle\sum_{k=1}^{m}w(k)}\sum_{k=1}^{m}\theta_{\mathrm{cr}}(k)w(k) \tag{3.23}$$

式中，k 为由多轴循环计数方法计数出的反复序号；m 为计数出的反复数总和；$\phi_{cr}(k)$ 与 $\theta_{cr}(k)$ 为第 k 个反复中具有最大法向应变范围和最大剪切应变范围平面的方位角；$w(k)$ 为计数出的第 k 个反复的权函数。

权函数 $w(k)$ 表达式定义如下[33]：

$$w(k) = \frac{\Delta\gamma_{max}^{(k)}}{\Delta\gamma_{max}^{*}} \tag{3.24}$$

式中，$\Delta\gamma_{max}^{(k)}$ 为第 k 个计数反复中的最大剪切应变范围；$\Delta\gamma_{max}^{*}$ 为第 k 个反复应变-时间历程中剪切应变范围 $\Delta\gamma_{max}^{(k)}$ 中的最大值；$\Delta\gamma_{max}^{*}$ 的表达式如下：

$$\Delta\gamma_{max}^{*} = \max_{1 \leqslant k \leqslant m}\left(\Delta\gamma_{max}^{(k)}\right) \tag{3.25}$$

为了确定式(3.22)～式(3.25)中的参量，需要计算第 k 个反复应变-时间历程中，所有材料平面上的剪切应变范围。在计算过程中，角度 ϕ 和 θ 的变化分别是 0°～180°和 0°～360°。然后，可以确定最大剪切应变范围 $\Delta\gamma_{max}^{(k)}$ 及其平面的位向角，并通过计算搜索出其平面上的法向应变范围。

式(3.24)权函数 $w(k)$ 表征了第 k 个反复中具有最大法向应变范围的最大剪切应变范围平面位向角对于整个应变载荷历程中临界面位向角贡献的权重。$\Delta\gamma_{max}^{(k)}$ 越大，权函数 $w(k)$ 越大，表示第 k 个反复中的相位角对临界面的确定影响越大。在恒幅多轴正弦波载荷下各个计数出的反复中最大剪切应变范围是相等的，因而，权函数恒定等于 1，即回归到恒幅多轴载荷下临界面是固定的情况。

对于拉扭多轴载荷作用下的薄壁管件，材料破坏平面垂直于试件的表面，即 $\phi = 90°$。在这种情况下，临界面的位向角可以只通过一个角度 θ 来确定。角度 θ 的变化为 0°～180°。在一个加载反复内，有两个互相正交的材料平面上具有相同的最大剪切应变范围 $\Delta\gamma_{max}^{(k)}$。在确定了这两个相互正交的最大剪切应变范围平面之后，需要计算这两个平面上各自的法向应变范围。选取具有最大法向应变范围平面的位向角作为式(3.23)中的 $\theta_{cr}(k)$。

2. 试验验证

应用已有的四种材料试验数据，即纯钛[34]、BT9 钛合金[35]、1050 QT 钢[36]和 304L 不锈钢[36]，对基于最大剪切应变范围权平均临界面的确定方法进行验证。所有材料均在室温空气介质条件下正弦波应变控制载荷下进行试验。

1)纯钛

试验数据取自文献[34]，包括单轴拉压、纯扭、多轴比例和非比例载荷下的试验数据。应变控制的块载试验可以分为单轴变幅疲劳试验和多轴变幅疲劳试验。对于单轴变幅疲劳试验，共进行了两种不同的块载试验，分别是单轴拉压块载试验(A)和纯扭块载试验(T)。每一个载荷块的载荷幅包含两种载荷水平，包括较高的等效应变幅伴随着较低的等效应变幅，以及较低的等效应变幅伴随着较高的等效应变幅。对于多轴变幅疲劳试验，共进行了三种不同类型的块载试验，其中，块载序列 B 由两个部分构成，包括全反复正弦单轴拉压、纯扭和 90°非比例拉扭载荷路径中两种载荷路径的组合；块载序列 C 由多个部分构成，包括全反复正弦单轴拉压、纯扭和 90°非比例拉扭载荷路径的不同组合。块载序列 B 和 C 具有相同的等效应变。

基于最大剪切应变范围权平均临界面的确定方法预测的临界面位向角和试验观察到的失效平面位向角如图 3.6 所示，可以看到预测偏差大部分在 10°以内。

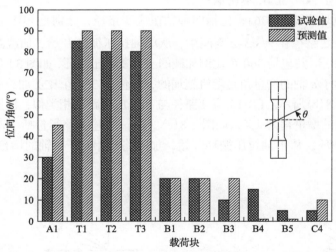

图 3.6　纯钛合金预测的临界面位向角与试验观察到的失效平面位向角的比较[34]

2)BT9 钛合金

试验数据取自文献[35]，包括单轴拉压、纯扭、多轴比例和非比例试验数据。块载序列 CL(标记为 CL1 和 CL2)包括不断地改变全反复正弦单轴拉压、纯扭和 90°非比例拉扭载荷路径。

对于 BT9 钛合金，基于最大剪切应变范围权平均临界面的确定方法预测的临界面位向角和试验观察到的失效平面位向角如图 3.7 所示，可以看到预测的临界面的位向角和试验观察到的失效平面位向角的偏差大部分在 10°以内。

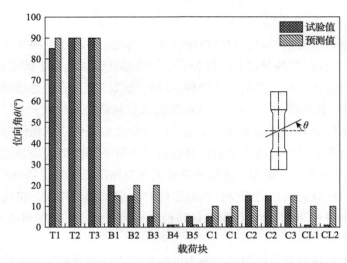

图 3.7　BT9 钛合金预测的临界面位向角与试验观察到的失效平面位向角的比较[34]

3）1050 QT 钢和 304L 不锈钢

试验数据取自文献[36]，包括四种轴扭应变路径，分别是 FRI、FRR、FRI15 和 PI。FRI 应变路径在 $\gamma/\sqrt{3}\text{-}\varepsilon$ 空间中，从单轴拉压循环开始，加载路径相对于 ε 轴的增量角为 1°，共包括 360 个比例加载的全反复轴扭循环，如图 3.8（a）所示。FRR 应变路径相对于 ε 轴的增量角是随机施加的，共包括 360 个比例加载的全反复轴扭循环，如图 3.8（b）所示。FRI15 应变路径与 FRI 应变路径相类似，区别在于加载路径相对于 ε 轴的增量角为 15°，如图 3.8（c）所示。PI 应变路径包括 360 个比例加载的脉动轴扭循环，从单轴拉压循环开始，加载路径相对于 ε 轴的增量角为 1°，如图 3.8（d）所示。

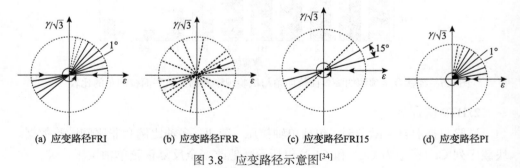

图 3.8　应变路径示意图[34]

对于 1050 QT 钢和 304L 不锈钢，基于最大剪切应变范围权平均临界面的确定方法预测的临界面位向角和试验观察到的失效平面位向角如图 3.9 所示，可以看到预测的临界面位向角和试验观察到的失效平面位向角的偏差在 15°以内。以上验证可以看出，基于最大剪切应变范围权平均临界面的确定方法能够较好地预测多轴变幅载荷下失效平面的位向。

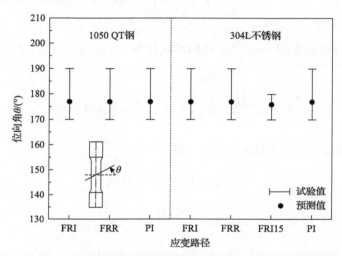

图 3.9 1050 QT 钢和 304L 不锈钢预测的临界面位向角与试验观察到的失效平面位向角的比较[34]

3.3.4 基于临界面法的多轴疲劳准则

Brown-Miller 准则是基于一系列等寿命曲线组成的 Γ 平面图来处理双轴疲劳数据[37]，其表达形式为

$$\gamma_{\max} = f(\varepsilon_n) \tag{3.26}$$

该函数关系不确定，f 随寿命的不同而变化，而且与材料的泊松比有关。对于 A 型与 B 型两种不同类型的裂纹扩展，在给定的材料和寿命下存在两个不同的函数。

对于 A 型裂纹，由 Brown-Miller 准则得到如下关系式：

$$\left(\gamma_{\max}/2g\right)^j + \left(\varepsilon_n/h\right)^j = 1 \tag{3.27}$$

式中，g、h、j 是与寿命相关的经验系数。

对于 B 型裂纹，特雷斯卡屈服准则给出偏于安全的疲劳寿命估算：

$$\gamma_{\max}/2 = C \tag{3.28}$$

对于单轴平面应力，$\varepsilon_2 = -\nu\varepsilon_1$ 和 $\varepsilon_3 = -\nu\varepsilon_1$，则最大剪切应变为

$$\gamma_{\max} = \varepsilon_1 - \varepsilon_2 = (1+\nu)\varepsilon_1$$

法向应变为

$$\varepsilon_n = \frac{\varepsilon_1 + \varepsilon_2}{2} = \frac{(1-\nu)\varepsilon_1}{2}$$

如果用剪切应变幅和法向应变幅替代传统 Manson-Coffin 应变-寿命方程左边项，则

$$\frac{\Delta\gamma_{\max}}{2} + \frac{\Delta\varepsilon_n}{2} = C_1 \frac{\sigma'_f}{E}\left(2N_f\right)^b + C_2\varepsilon'_f\left(2N_f\right)^c \tag{3.29}$$

在弹性情况下，泊松比 $\nu_e = 0.3$，则

$$\gamma_{\max} = \left(1+\nu_e\right)\varepsilon_1 = 1.3\varepsilon_1$$

$$\varepsilon_n = \frac{\left(1-\nu_e\right)\varepsilon_1}{2} = 0.35\varepsilon_1$$

即常数 C_1=1.3+0.35=1.65。同理，在塑性情况下，泊松比 $\nu_e = 0.5$，可得 C_2=1.75。

那么 Brown-Miller 应变-寿命方程可表示为

$$\frac{\Delta\gamma_{\max}}{2} + \frac{\Delta\varepsilon_n}{2} = 1.65\frac{\sigma'_f}{E}\left(2N_f\right)^b + 1.75\varepsilon'_f\left(2N_f\right)^c \tag{3.30}$$

常数 $C_1 = 1.65$ 和 $C_2 = 1.75$ 是基于疲劳裂纹萌生于最大剪切应变平面的假设而推导出的。对于复杂变幅加载，将参数 $\frac{\Delta\gamma_{\max}}{2} + \frac{\Delta\varepsilon_n}{2}$ 最大值所在的平面设为最大损伤临界面，尽管在该平面上，式(3.29)中常数 C_1 和 C_2 与式(3.30)中的对应常数会不同，但其疲劳寿命预测值与试验值吻合较好。

对于韧性金属材料，Brown-Miller 方程能够给出较好寿命的预测结果，但对于脆性金属材料，其预测结果趋于非保守。

Fatemi 等[38]提出的临界面准则是将剪切应变幅和最大法向应力进行组合形成一个多轴疲劳损伤参量，所形成的损伤参量中外加一个多轴常数来考虑最大法向应力与材料的屈服应力间的比值的影响，其损伤参量的形式如下：

$$\begin{aligned}\frac{\Delta\gamma}{2}\left(1+n\frac{\sigma_{n,\max}}{\sigma_y}\right) &= \frac{1+\nu_e}{E}\sigma'_f\left(2N_f\right)^b + \frac{n\left(1+\nu_e\right)}{2E\sigma_y}\sigma'^2_f\left(2N_f\right)^{2b} \\ &\quad + \left(1+\nu_p\right)\varepsilon'_f\left(2N_f\right)^c + \frac{n\left(1+\nu_p\right)}{2E\sigma_y}\sigma'_f\varepsilon'_f\left(2N_f\right)^{b+c}\end{aligned} \tag{3.31}$$

采用该临界面准则计算疲劳损伤时，先将应力和应变分解到最大剪切的临界面上，然后对剪切应变谱进行雨流计数和疲劳损伤计算。对于变幅多轴载荷，对所有可能的临界面重复上述计算，获得各个临界面上的损伤累积值，取其最大损伤累积值为最后损伤计算结果。对于基于剪切应变和多轴疲劳损伤模型，除了 90°的临界面以外，最大剪切应变也可能与表面成 45°，即材料以 B 型裂纹开裂。

Wang 等[39,40]根据所提出的多轴计数循环方法，建议了一种基于临界面的多轴损伤准则，所形成的应变-寿命方程表达式如下：

$$\frac{\gamma_{\max} + S(\delta\varepsilon_n)}{1 + \nu' + (1 - \nu')S} = \frac{\sigma'_f - 2\sigma_{n,\text{mean}}}{E}\left(2N_f\right)^b + \varepsilon'_f\left(2N_f\right)^c \tag{3.32}$$

式中，$\gamma_{\max}$ 为一个加载历程中的剪切应变增量；$\delta\varepsilon_n$ 为从起点至终点的连续历程区间中最大剪切应变平面上的最大法向应变变化量；S 为材料常数，可由多轴疲劳试验测得；ν' 为有效泊松比；$\sigma_{n,\text{mean}}$ 为最大剪切应变平面上的法向平均应力。经试验验证表明，该模型结合 Wang 等[39,40]提出的多轴循环计数方法来预测比例或非比例加载条件下的多轴疲劳寿命，取得了较好的效果。

3.3.5　基于损伤支配的统一型临界面多轴疲劳损伤模型

对于单轴拉压循环载荷下的低周应变疲劳寿命关系可以用 Manson-Coffin 方程表示如下：

$$\frac{\Delta\varepsilon}{2} = \frac{\sigma'_f}{E}\left(2N_f\right)^b + \varepsilon'_f\left(2N_f\right)^c \tag{3.33}$$

式中，$\Delta\varepsilon/2$ 为拉压应变幅；σ'_f 为疲劳强度系数；b 为疲劳强度指数；ε'_f 为疲劳塑性系数；c 为疲劳塑性指数；E 为弹性模量；N_f 为疲劳寿命循环数。

对于扭转循环载荷下的低周应变疲劳寿命关系，其剪切形式可表示为

$$\frac{\Delta\gamma}{2} = \frac{\tau'_f}{G}\left(2N_f\right)^{b'} + \gamma'_f\left(2N_f\right)^{c'} \tag{3.34}$$

式中，$\Delta\gamma/2$ 为剪切应变幅；τ'_f 为剪切疲劳强度系数；b' 为剪切疲劳强度指数；γ'_f 为剪切疲劳塑性系数；c' 为剪切疲劳塑性指数；G 为剪切模量；N_f 为疲劳寿命循环数。

由式(3.33)和式(3.34)可以分别计算得到单轴拉压和扭转每个循环载荷下材料的疲劳损伤值 D（其中 $D = 1/N_f$）。

该模型规定，D_ε 用来表示单轴拉压循环载荷产生的疲劳损伤值；D_γ 用来表示扭转循环载荷产生的疲劳损伤值[41,42]。

对于多轴循环载荷下的疲劳损伤估算，基于单轴拉压疲劳参数形式的多轴疲劳损伤模型[43]，定义为拉伸型疲劳损伤模型：

$$\sqrt{\varepsilon_n^{*2} + \frac{1}{3}\left(\frac{\Delta\gamma_{\max}}{2}\right)^2} = \frac{\sigma_f'}{E}\left(2N_f\right)^b + \varepsilon_f'\left(2N_f\right)^c \tag{3.35}$$

式中，$\Delta\gamma_{\max}/2$ 为最大剪切应变幅；ε_n^* 为临界面上相邻最大和最小剪切应变点之间的法向应变范围。

基于剪切疲劳参数形式的多轴疲劳损伤模型[44]，定义为剪切型疲劳损伤模型：

$$\sqrt{3\varepsilon_n^{*2} + \left(\frac{\Delta\gamma_{\max}}{2}\right)^2} = \frac{\tau_f'}{G}\left(2N_f\right)^{b'} + \gamma_f'\left(2N_f\right)^{c'} \tag{3.36}$$

在应变幅为 $\Delta\varepsilon/2$ 的单轴拉压循环载荷下，式(3.35)和式(3.36)中的临界面上的应变参量 $\Delta\gamma_{\max}/2$ 和 ε_n^* 与应变幅有如下关系：

$$\frac{\Delta\gamma_{\max}}{2} = (1+\nu)\frac{\Delta\varepsilon}{2} \tag{3.37}$$

$$\varepsilon_n^* = (1-\nu)\frac{\Delta\varepsilon}{2} \tag{3.38}$$

式中，ν 为泊松比。

在剪切应变幅为 $\Delta\gamma/2$ 的扭转循环载荷下，式(3.35)和式(3.36)中的临界面上的应变参量 $\Delta\gamma_{\max}/2$ 和 ε_n^* 与剪切应变幅的关系如下：

$$\frac{\Delta\gamma_{\max}}{2} = \frac{\Delta\gamma}{2} \tag{3.39}$$

$$\varepsilon_n^* = 0 \tag{3.40}$$

由此可见，拉伸型疲劳损伤模型在单轴拉压循环载荷下，当泊松比约为 0.5 时，能退化为单轴 Manson-Coffin 方程的形式(式(3.33))；剪切型疲劳损伤模型在扭转循环载荷下能退化为其剪切形式(式(3.34))。拉伸型疲劳损伤模型在扭转循环载荷下，将式(3.39)和式(3.40)的关系代入式(3.35)中(泊松比取 0.5)，

其表达式变化为

$$\frac{\Delta\varepsilon_{\text{eq}}^{\text{cr}}}{2} = \sqrt{\varepsilon_n^{*2} + \frac{1}{3}\left(\frac{\Delta\gamma_{\max}}{2}\right)^2} = \frac{1}{\sqrt{3}}\frac{\Delta\gamma}{2} \tag{3.41}$$

而剪切型疲劳损伤模型在单轴拉压循环载荷下，将式(3.37)和式(3.38)的关系代入式(3.36)中(泊松比取 0.5)，其表达式变化为

$$\frac{\Delta\gamma_{\text{eq}}^{\text{cr}}}{2} = \sqrt{3\varepsilon_n^{*2} + \left(\frac{\Delta\gamma_{\max}}{2}\right)^2} = \sqrt{3}\frac{\Delta\varepsilon}{2} \tag{3.42}$$

以拉扭多轴疲劳加载为例，下面描述基于损伤支配类型来选择拉伸型或剪切型的疲劳损伤计算方法的计算过程[41,42]。

第一步：对拉压循环载荷应用式(3.33)计算其产生的疲劳损伤值 D_ε。

第二步：对剪切扭转循环载荷应用式(3.34)计算其产生的疲劳损伤值 D_γ。

第三步：判断前两步计算得到的疲劳损伤值 D_ε 和 D_γ 的大小，从而判断对拉扭多轴疲劳损伤起到支配作用的损伤类型。

第四步：如果 $D_\varepsilon \geqslant D_\gamma$，拉压损伤类型起支配作用，则选择拉伸型疲劳损伤模型(式(3.35))估算疲劳损伤；如果 $D_\varepsilon < D_\gamma$，扭转损伤类型起支配作用，则选择剪切型疲劳损伤模型(式(3.36))估算疲劳损伤。

该方法的数学表达式如下：

$$\begin{cases} \dfrac{\Delta\varepsilon_{\text{eq}}^{\text{cr}}}{2} = \dfrac{\sigma_f'}{E}\left(2N_f\right)^b + \varepsilon_f'\left(2N_f\right)^c, & D_\varepsilon \geqslant D_\gamma \\[3mm] \dfrac{\Delta\gamma_{\text{eq}}^{\text{cr}}}{2} = \dfrac{\tau_f'}{G}\left(2N_f\right)^{b'} + \gamma_f'\left(2N_f\right)^{c'}, & D_\varepsilon < D_\gamma \end{cases} \tag{3.43}$$

式中

$$\frac{\Delta\varepsilon_{\text{eq}}^{\text{cr}}}{2} = \sqrt{\varepsilon_n^{*2} + \frac{1}{3}\left(\frac{\Delta\gamma_{\max}}{2}\right)^2} \tag{3.44}$$

$$\frac{\Delta\gamma_{\text{eq}}^{\text{cr}}}{2} = \sqrt{3\varepsilon_n^{*2} + \left(\frac{\Delta\gamma_{\max}}{2}\right)^2} \tag{3.45}$$

3.4　基于损伤支配的变幅多轴疲劳寿命预测方法

3.4.1　基于相对应变的多轴循环计数方法

服役中飞机、汽车、机车等的结构零部件通常承受变幅多轴循环载荷。由于多轴循环载荷与单轴变幅载荷不同，尤其在非比例载荷下，其载荷路径并不是一条直线，而是一个二维甚至三维形状的不规则路径，因此用简单的单轴循环计数方法无法对变幅多轴载荷进行直接计数。

Bannantine 等[45]基于最大疲劳损伤的材料平面(临界面)原理，提出了拉伸型或剪切型失效模式的多轴循环计数方法，即采用雨流循环计数方法对临界面上的法向应变历程或剪切应变历程进行循环计数。采用该方法进行多轴循环计数时，需要搜索大量候选材料平面来确定临界面，并确定材料的疲劳失效模式。

为了同时考虑临界面上法向分量和剪切分量在时间上的对应关系，Langlais等[46]提出用临界面上的剪切应变作为主数据通道，同时记录临界面上相应的法向应变峰谷值，进而进行多轴雨流循环计数。

此外，Carpinteri 等[47]提出一种在三维应力状态下的多轴循环计数方法。该方法首先用加权平均最大主应力方向确定临界面的位向，然后根据三维应力状态下平面上法向应力方向不变，只有大小变化，而剪切应力方向和大小都变化的特性，提出将法向应力通道定义为循环计数通道，并且同时记录剪切应力通道的信息，从而计算每个循环的最大法向应力幅值和剪切应力幅值。

Wang 等[39]针对多轴非比例加载，基于等效应变进行循环计数可能出现载荷符号丢失的问题，首次给出了米泽斯相对等效应变的概念，并提出了一种新的多轴循环计数。Meggiolaro 等[48]提出了一种六维应变空间的转换方法，并以偏应变空间中各载荷点之间的最远距离替代最大等效应变，可以有效地计数出最大半循环。在路径依赖的多轴循环计数研究方面，Dong 等[49]基于正应力和剪切应力组成的应力空间，提出了一种路径依赖的多轴循环计数方法。该方法将各载荷点在材料表面的应力分量绘制到一个二维或三维应力空间，各点之间的距离定义为相对等效应力。循环计数时，采用 Wang 等[39]提出的多轴循环计数方法，从应力历程中的起始点开始，在应力空间内找出相对于起始点的最远距离并计为一个半循环。之后，定义距离开始下降的数据点为新的起始点，在应力空间内继续进行计数，直到完成整个载荷历程的循环计数。

由于米泽斯等效应力或等效应变均为正值，其等效应变/应力-时间历程无法反映出负值，使载荷谷值点的符号丢失，造成负的循环都折返到正的循环上。为解决这一问题，Wang 等[39]提出的基于相对等效应变的多轴循环计数方法避开了等效应变/应力符号取值的问题，在变幅多轴疲劳损伤评估与寿命预测中得到了广泛应用，并已被 FE-Fatigue 等商用软件所采用。该方法首先确定应变载荷时间历程中的最大等效应变点，并以此点作为载荷时间历程的起始点重新整理载荷时间历程，然后以新的载荷时间历程起始点作为参考点依次计算每个载荷时间历程点的相对等效应变，直到相对等效应变达到最大值为止，即只计数相对等效应变从零达到最高点的半循环，取出第一个反复。对未计数载荷时间历程数据的第一个点作为参考点依次按上面步骤进行计数，直到计数出所有的反复。

Wang 等提出的多轴循环计数方法的具体过程如下。

(1)采用米泽斯屈服准则求出多轴载荷时间历程各点的等效应变 ε_{eq}，搜索载荷时间历程中的最大等效应变点，然后以该点作为新载荷时间历程的开始点，将该点之前的载荷时间数据平移到原始载荷时间历程数据的尾部，重新整理载荷时间历程。米泽斯屈服等效应变形式如下：

$$\varepsilon_{eq}\left(\varepsilon_{ij}\right) = \frac{1}{\sqrt{2}(1+\nu)}\sqrt{\left(\varepsilon_x - \varepsilon_y\right)^2 + \left(\varepsilon_y - \varepsilon_z\right)^2 + \left(\varepsilon_z - \varepsilon_x\right)^2 + \frac{3}{2}\left(\gamma_{xy}^2 + \gamma_{yz}^2 + \gamma_{zx}^2\right)}$$

$$(3.46)$$

式中，ν 为泊松比；ε_x、ε_y、ε_z 为一点的正应变分量；γ_{xy}、γ_{yz}、γ_{zx} 为一点的剪切应变分量。

(2)搜索整个载荷时间历程中最大等效应变点 ε_{ij}^r 作为第一个参考点来整理载荷历程，确定开始点与结束点，然后计算所有点相对参考点的等效应变 ε_{eq}^*：

$$\varepsilon_{eq}^* = \varepsilon_{eq}\left(\varepsilon_{ij}(t) - \varepsilon_{ij}^r\right)$$

$$(3.47)$$

(3)相对等效应变从零增大到最大点计出一个反复。若出现相对等效应变非单调增加段，则对相对等效应变历程下降开始点到与该点相对等效应变相等的点作为一个计数区间，重复步骤(2)和(3)，直至每个区间相对等效应变历程单调增加，则该区间计数完成。

(4)统计载荷历程区间相对等效应变最大点若非最后一点，该点之后的数据，置相对等效应变最大点为参考点，重复步骤(2)和(3)。

以上计数方法可以采用递归的方式来实现多轴载荷循环计数。将存储的载荷谱应力、应变历程数据的数组输入，按其循环计数原理进行计数，其流程图如图 3.10 所示。图 3.11 为某变幅拉扭多轴应变-时间历程，其多轴循环计数结果为 8个反复，见图 3.12。

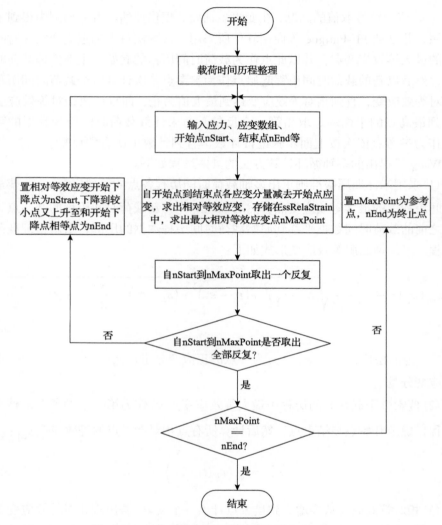

图 3.10   Wang 等提出的多轴循环计数方法流程图

3.4.2   基于依赖载荷路径的多轴循环计数方法

文献[50]在 Wang 等提出的相对等效应变计数方法的基础上，提出了一种基于依赖载荷路径的多轴循环计数方法。下面以拉扭随机多轴载荷为例，说明这种多轴循环技术方法的计数过程。该方法的计数过程包括以下六个步骤。

(1)将拉扭两个应变分量($\varepsilon(t)$ 和 $\gamma(t)$)的载荷投影到 $\gamma/\sqrt{3}\text{-}\varepsilon$ 平面，在该平面上的任意两时刻点之间的距离可表示为

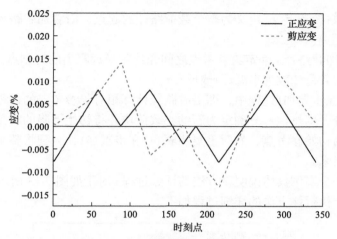

图 3.11　某变幅拉扭多轴应变-时间历程

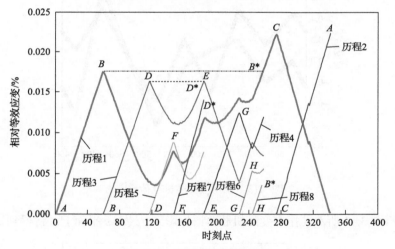

图 3.12　多轴循环计数结果

$$\varepsilon_{\mathrm{dis}}(t)=\sqrt{\left(\varepsilon(t)-\varepsilon(t_R)\right)^2+\frac{1}{3}\left(\gamma(t)-\gamma(t_R)\right)^2} \tag{3.48}$$

式中，$\varepsilon(t)$ 为 t 时刻的正应变；$\gamma(t)$ 为 t 时刻的剪切应变；$\varepsilon(t_R)$ 为 t_R 时刻的正应变；$\gamma(t_R)$ 为 t_R 时刻的剪切应变。

（2）对于在 $\gamma/\sqrt{3}$-ε 平面上的整个载荷历程路径，计算每个时刻点与任何其他时刻点之间的距离，并记录下与每个时刻点的最远距离。

（3）搜索整个拉扭载荷谱中距离最远的两个时刻点，并按照载荷谱时刻顺序，将取得最远距离的时刻序号最小的点定义为初始参考点 t_A。

(4)将初始参考点 t_A 定义为整个载荷路径的起点,沿着加载路径计算各点相对于 t_A 点的距离。

(5)沿着加载路径,确定与参考点之间先达到最远距离的时刻点,则将参考点与该点之间的载荷计数为半循环(或反复)。

(6)如果在步骤(5)过程中,即沿着路径计算相对于参考点的过程中出现了距离下降的部分,则将该部分确定为新的小载荷块并将初始下降的时刻点定义为该小载荷块新的初始参考点,然后重复步骤(4)和步骤(5),直到将整个载荷的全部半循环计数出来。

下面用一个实例具体说明该方法的计数过程。对于如图 3.13 所示[50]拉扭应变随机载荷谱,执行该方法的详细过程如下。

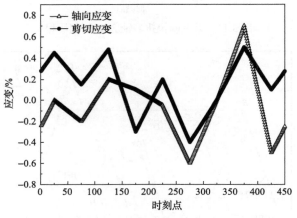

图 3.13   拉扭应变随机载荷谱[50]

(1)将图 3.13 所示拉扭应变随机载荷谱投影到 $\gamma/\sqrt{3}\text{-}\varepsilon$ 平面上,将得到如图 3.14

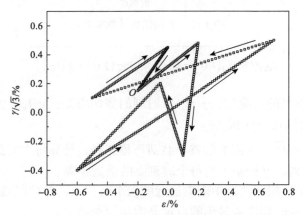

图 3.14 $\gamma/\sqrt{3}\text{-}\varepsilon$ 平面上拉扭应变随机载荷谱路径[50]

所示的载荷谱路径[50]，加载方向为从 O 点沿箭头方向。

（2）按照式（3.48），计算得到每个时刻点相对于整个载荷谱其他时刻点的距离，并求出离每个时刻点的最大距离值，如图 3.15 所示。

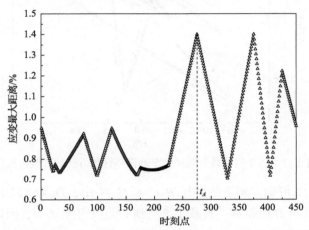

图 3.15　每个时刻点相对于整个载荷谱其他时刻点的最大距离值[50]

（3）按照时刻先后顺序，确定取得最大值的时刻点 t_A（图 3.15[50]），将 t_A 定义为初始参考点，重新排列载荷谱顺序，将 t_A 时刻前的载荷移动到后面（如图 3.16 所示），载荷路径变化为从 t_A 时刻开始（对应于图 3.17[50]中的 A 点）。

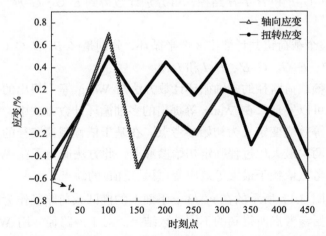

图 3.16　t_A 时刻为起始点重新排列后的拉扭应变随机载荷谱[50]

（4）按照基于依赖载荷路径的多轴循环计数方法，对于图 3.17 加载路径[50]，从 A 点开始沿着箭头方向计算相对于 A 点的距离，可以得到整个载荷谱中 B 点离 A 点的距离最大，因此将 A–B 计数为半循环。

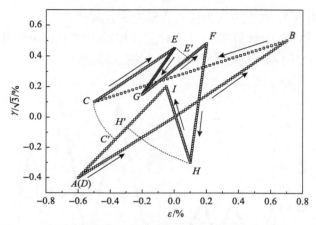

图 3.17　基于依赖载荷路径的多轴循环计数方法的计数过程[50]

(5) 由图 3.17 可知，剩下的路径 B–C–E–G–F–H–I–D 又将以 B 点作为初始参考点，在 C 点处与 B 点距离一直减小，直到 C' 点又开始增加，因此，将 B–C–C'–D 计数为半循环。

(6) 由于在 C 点处与 B 点的距离开始减小，将 C–E–G–F–H–I–C' 作为新的小载荷块，C 点作为新的初始参考点，根据计数规则，将 C–E–E'–F 和 F–H–H'–C' 分别计数为半循环。

(7) 剩下 E–G–E' 和 H–I–H' 路径，可分别计数得到 E–G、G–E'、H–I 和 I–H' 四个半循环。

(8) 至此整个载荷谱共计数出 8 个半循环，分别是 A–B、B–C–C'–D、C–E–E'–F、F–H–H'–C'、E–G、G–E'、H–I 和 I–H'。

将基于依赖载荷路径的多轴循环计数方法与 Wang 等[39]提出的多轴循环计数方法进行对比可以发现，在 Wang 等提出的多轴循环计数方法中，整个载荷历程的最大米泽斯等效应变定义为初始参考点。在基于依赖载荷路径的多轴循环计数方法中，通过两次最大化过程确定初始参考点，此方法避免了在 Wang 等提出的方法中初始参考点依赖于最大等效应变（总是正值）的缺点。

下面将如图 3.17 所示的在 $\gamma/\sqrt{3}$-ε 平面上的椭圆载荷路径作为例子，解释两种方法确定初始参考点所得到的不同计数结果。对于该路径，用 Wang 等提出的方法将确定点 A' 作为初始参考点，并计数出 A'–B 和 B–A' 两个半循环；用基于依赖载荷路径的多轴循环计数方法，则会将点 A 或点 B 作为初始参考点，并计数出 A–B 和 B–A 两个半循环。对于如图 3.18[50]所示的在 $\gamma/\sqrt{3}$-ε 平面上的椭圆载荷路径，可以发现基于依赖载荷路径的多轴循环计数方法计数的结果是更合理的。

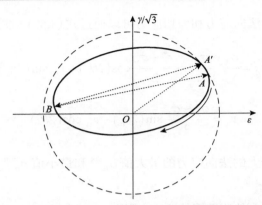

图 3.18　Wang 等提出的多轴循环计数方法与基于依赖载荷路径的多轴循环计数方法的对比[50]

3.4.3　临界面上疲劳损伤参量的确定

对于随机多轴载荷，通过循环计数方法计数出半循环后，应用基于损伤支配类型的多轴疲劳损伤估算方法估算疲劳损伤及寿命需要确定临界面上疲劳损伤参量。与轴向成 θ 角度方向的平面上的法向应变与剪切应变的表达式为

$$\varepsilon_\theta = \frac{\varepsilon_x + \varepsilon_y}{2} + \frac{\varepsilon_x - \varepsilon_y}{2}\cos(2\theta) + \frac{\gamma_{xy}}{2}\sin(2\theta) \tag{3.49}$$

$$\frac{\gamma_\theta}{2} = \frac{\varepsilon_x - \varepsilon_y}{2}\sin(2\theta) - \frac{\gamma_{xy}}{2}\cos(2\theta) \tag{3.50}$$

对于计数出来的半循环载荷，其临界面上的应变和应力参量可以通过下面的步骤得到。

（1）输入应变和应力载荷时间历程。

（2）在 0°～180° 内每间隔 1° 计算一遍剪切应变范围和法向应变范围。

（3）在计算的 180 个剪切应变范围中搜索取得最大值的平面，并比较这些平面上的法向应变范围，取具有较大法向应变范围的最大剪切平面为临界面，确定临界面角度 θ_c。

（4）搜索该临界面上取得最大和最小剪切应变值的时刻点，定义为 t_1 和 t_2，并确定出最大剪切应变幅 $\Delta\gamma_{\max}/2$。

（5）在临界面上搜索 t_1 和 t_2 时刻之间的最大和最小法向应变值，计算得到临界面上的法向应变历程参量 ε_n^*：

$$\varepsilon_n^* = \max_{t_1 \leqslant t \leqslant t_2} \varepsilon_{\theta_c}(t) - \min_{t_1 \leqslant t \leqslant t_2} \varepsilon_{\theta_c}(t) \tag{3.51}$$

(6)临界面上的法向应力和剪切应力可以通过式(3.52)和式(3.53)计算得到：

$$\sigma_n = \frac{\sigma_x + \sigma_y}{2} + \frac{\sigma_x - \sigma_y}{2}\cos(2\theta_c) + \tau_{xy}\sin(2\theta_c) \tag{3.52}$$

$$\tau_n = \frac{\sigma_x - \sigma_y}{2}\sin(2\theta_c) - \tau_{xy}\cos(2\theta_c) \tag{3.53}$$

(7)搜索临界面上的法向应力的最大值 $\sigma_n^{\max}$ 和最小值 $\sigma_n^{\min}$ 以及剪切应力的最大值 $\tau_n^{\max}$ 和最小值 $\tau_n^{\min}$。

(8)确定临界面上的法向平均应力 σ_n^{mean}：

$$\sigma_n^{\mathrm{mean}} = \frac{\sigma_n^{\max} + \sigma_n^{\min}}{2} \tag{3.54}$$

通过上述步骤，可以得到临界面上的最大剪切应变幅、法向应变历程参量和法向平均应力，从而可以组合得到多轴疲劳损伤参量，并代入损伤模型中计算出疲劳损伤。

3.4.4　变幅/随机多轴载荷下疲劳寿命预测方法流程

在循环加载历程中，要对每一个循环所产生的疲劳损伤进行累积。在变幅多轴加载下，应用最广泛的是线性累积损伤理论，即 Miner 定理，该理论的最大局限性是不能考虑加载顺序的影响。通过对高-低和低-高加载顺序下的损伤情况研究发现，疲劳损伤总是以非线性方式累积。在疲劳寿命的初始部分，由于小裂纹刚刚萌生，损伤的累积速度很慢。裂纹一旦形成，随着尺寸的增长裂纹扩展的速度会加快。随着应力幅的增大，损伤累积速度加快，损伤才逐渐趋于线性方式累积。因此，在精度要求较高的情况下，损伤累积应采用非线性疲劳损伤累积模型。但由于非线性损伤累积模型中一般含有多个材料常数，形式较为复杂。因此，在满足工程实际要求的前提下，尽可能选用简单实用的 Miner 线性损伤累积模型。

变幅/随机载荷下疲劳寿命预测方法主要包括循环计数、疲劳损伤计算和损伤累积，其寿命预测历程如下。

(1)利用循环计数方法，如基于依赖载荷路径的多轴循环计数方法或基于相对等效应变的循环计数方法，进行计数。

(2)用基于损伤支配类型的多轴疲劳损伤估算方法来估算疲劳损伤。

(3)用 Miner 定理累积疲劳损伤，从而预测出寿命。

变幅/随机载荷下疲劳寿命预测方法具体流程如图 3.19 所示。

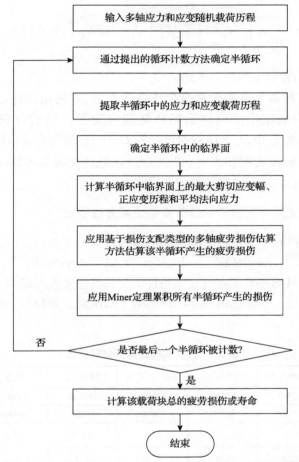

图 3.19　变幅/随机载荷下疲劳寿命预测方法流程图[42]

3.4.5　基于损伤支配类型的多轴疲劳损伤估算方法

在随机多轴载荷下，疲劳损伤模型应考虑到平均应力的影响。对于临界面多轴疲劳损伤模型，Fatemi 等[38]用临界面上的最大法向应力来考虑平均应力的影响；Wang 等[40]用临界面上的法向平均应力来考虑其影响。采用临界面上的法向平均应力来考虑平均应力的影响。

考虑平均应力的拉伸型多轴疲劳损伤模型表示为

$$\sqrt{\varepsilon_n^{*2} + \frac{1}{3}\left(\frac{\Delta\gamma_{\max}}{2}\right)^2} = \frac{\sigma_f' - 2\sigma_n^{\mathrm{mean}}}{E}\left(2N_f\right)^b + \varepsilon_f'\left(2N_f\right)^c \tag{3.55}$$

考虑平均应力的剪切型多轴疲劳损伤模型表示为

$$\left(1+\frac{\sigma_n^{\text{mean}}}{\sigma_f'}\right)\sqrt{3\varepsilon_n^{*2}+\left(\frac{\Delta\gamma_{\text{max}}}{2}\right)^2}=\frac{\tau_f'}{G}\left(2N_f\right)^{b'}+\gamma_f'\left(2N_f\right)^{c'} \tag{3.56}$$

式中，σ_n^{mean} 为临界面上的法向平均应力。

基于损伤支配类型的多轴疲劳损伤估算方法，当用循环计数方法计数出半循环后，首先应确定出法向应变幅和剪切应变幅；然后分别用式（3.33）和式（3.34）计算得到 D_ε 和 D_γ；最后通过判断 D_ε 和 D_γ 的大小来确定选择考虑平均应力的拉伸型多轴疲劳损伤模型（式（3.55））还是选择考虑平均应力的剪切型多轴疲劳损伤模型（式（3.56））来估算疲劳损伤。

3.4.6　基于损伤支配类型的多轴疲劳寿命预测方法验证

选用六种材料对基于损伤支配类型的多轴疲劳寿命预测方法进行验证，分别为 SNCM630 钢[51]、S460N 钢[52]、Inconel718 钢[53]、S45C 钢[54]、纯钛和 BT9 钛合金[35]。所有材料均在室温空气介质条件下正弦波应变控制载荷下进行试验，包括单轴拉压、纯扭、多轴比例和非比例载荷下的试验，其拉压与纯扭疲劳材料常数见表 3.1[35,51-54]。

表 3.1　拉压和纯扭疲劳材料常数

材料	SNCM630 钢	S460N 钢	Inconel718 钢	S45C 钢	纯钛	BT9 钛合金
E/MPa	196000	208500	208500	186000	112000	118000
G/MPa	77000	80200	77800	70600	40000	43000
ε_f'	1.54	0.1572	2.67	0.359	0.548	0.278
σ_f'	1272	834	1640	932	647	1180
b	−0.073	−0.0793	−0.06	−0.0985	−0.033	−0.025
c	−0.823	−0.4927	−0.82	−0.519	−0.646	−0.665
γ_f'	1.51	0.213	18.0	0.198	0.417	0.180
τ_f'	858	529	2146	685	485	881
b'	−0.061	−0.0955	−0.148	−0.12	−0.069	−0.082
c'	−0.706	−0.418	−0.922	−0.36	−0.523	−0.470

1. SNCM630 钢

试验数据取自文献[51]，包括单轴拉压、纯扭、多轴比例和非比例加载下的试验数据。具体试验数据结果见表 3.2。试验结果与预测值的比较见图 3.20[42]，其误差分散带基本在 2 倍因子之内。

表 3.2　SNCM630 钢疲劳寿命试验结果[51]

$\Delta\varepsilon/2$ /%	$\Delta\gamma/2$ /%	ϕ /(°)	N_f /循环
0.994	—	—	369
0.794	—	—	591
0.597	—	—	1614
0.496	—	—	2596
0.391	—	—	3958
0.293	—	—	30529
0.232	—	—	231112
—	1.700	—	720
—	1.411	—	1104
—	0.898	—	2769
—	0.789	—	9859
—	0.692	—	23092
—	0.580	—	48613
—	0.538	—	162566
0.300	0.450	0	4489
0.600	0.900	0	1042
0.300	0.450	90	2727
0.600	0.900	90	559

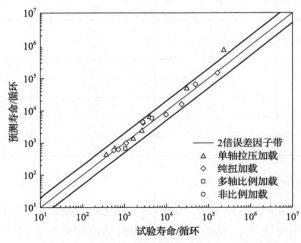

图 3.20　SNCM630 钢疲劳试验寿命值与预测寿命值的比较[42]

2. S460N 钢

试验数据取自文献[52]，包括单轴拉压、纯扭、多轴比例和非比例加载下的试验数据。具体试验数据结果见表 3.3。试验结果与预测值的比较见图 3.21，其误差分散带基本在 2 倍因子之内。

表 3.3　S460N 钢疲劳寿命试验结果[52]

$\Delta\varepsilon/2$ /%	$\Delta\gamma/2$ /%	ϕ /(°)	N_f /循环
0.5	—	—	1630
0.33	—	—	7690
0.22	—	—	50100
0.22	—	—	33100
0.50	—	—	1600
—	0.43	—	382500
—	1.0	—	1820
—	0.45	—	23000
—	0.45	—	30000
0.173	0.3	0	31100
0.104	0.18	0	521000
0.144	0.25	0	130300
0.173	0.3	90	39670
0.173	0.3	90	22800
0.231	0.4	90	6570
0.144	0.25	90	47140
0.144	0.25	90	51900
0.104	0.18	90	574600
0.144	0.25	90	30000
0.404	0.7	90	540

3. Inconel718 钢

试验数据取自文献[53]，包括单轴拉压、纯扭、多轴比例和非比例试验数据，具体试验数据结果见表 3.4。试验结果与预测值的比较见图 3.22，其误差分散带基本在 2 倍因子之内。

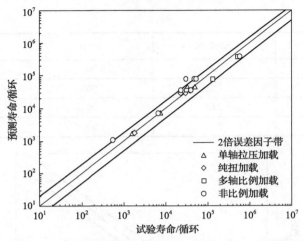

图 3.21 S460N 钢疲劳试验寿命值与预测寿命值的比较[42]

表 3.4 Inconel718 钢疲劳寿命试验结果[53]

$\Delta\varepsilon/2$ /%	$\Delta\gamma/2$ /%	ϕ /(°)	N_f /循环
1.0	—	—	1230
1.0	—	—	1330
0.5	—	—	14200
0.5	—	—	13400
—	1.76	—	1690
—	1.76	—	1670
—	0.87	—	10600
—	0.87	—	12900
—	0.54	—	41400
—	0.54	—	45200
—	0.43	—	131000
—	0.38	—	223000
0.71	1.23	0	1370
0.71	1.23	0	1580
0.35	0.61	0	12900
0.35	0.61	0	12100
0.15	0.27	0	178000
0.15	0.27	0	323000

续表

$\Delta\varepsilon/2$ /%	$\Delta\gamma/2$ /%	ϕ /(°)	N_f /循环
0.71	1.23	90	565
0.71	1.23	90	560
0.35	0.62	90	5810
0.35	0.62	90	5150

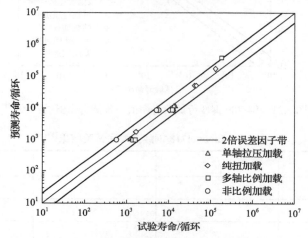

图 3.22　Inconel718 钢疲劳试验寿命值与预测寿命值的比较[42]

4. S45C 钢

试验数据取自文献[54]，包括单轴拉压、纯扭、多轴比例和非比例加载下的试验数据。具体试验数据结果见表 3.5。试验结果与预测值的比较见图 3.23，其误差分散带基本在 2 倍因子之内。

表 3.5　S45C 钢疲劳寿命试验结果

$\Delta\varepsilon/2$ /%	$\Delta\gamma/2$ /%	ϕ /(°)	N_f /循环
2.5	—	—	110
1.0	—	—	852
0.5	—	—	3383
0.4	—	—	5514
1.5	—	—	421
0.4	—	—	8933
0.3	—	—	22071

续表

$\Delta\varepsilon/2$ /%	$\Delta\gamma/2$ /%	ϕ /(°)	N_f /循环
1.5	—	—	407
—	1.5	—	1151
—	1.5	—	1761
—	1.5	—	1771
—	0.9	—	5644
—	0.8	—	14930
—	0.6	—	19260
—	0.5	—	78774
—	0.4	—	177707
—	0.3	—	886700
0.6	0.52	0	2278
0.9	0.82	0	568
0.72	0.65	0	1366
0.36	0.65	0	4647
0.9	0.41	0	1181
0.6	0.55	90	1617
0.6	0.55	45	1631
0.9	0.41	90	678
1.8	0.82	22.5	215
1.8	0.82	45	191

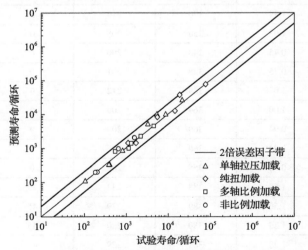

图 3.23　S45C 钢疲劳试验寿命值与预测寿命值的比较[42]

5. 纯钛

试验数据取自文献[35]，包括单轴拉压、纯扭、多轴比例和非比例加载下的试验数据，具体试验数据结果见表 3.6。试验结果与预测值的比较见图 3.24，其误差分散带基本在 2 倍因子之内。

表 3.6　纯钛疲劳寿命试验结果[35]

$\Delta\varepsilon/2$ /%	$\Delta\gamma/2$ /%	$\Delta\sigma/2$ /MPa	$\Delta\tau/2$ /MPa	ϕ /(°)	N_f /循环
1.68	—	535	—	—	150
1.15	—	520	—	—	415
1.07	—	509	—	—	781
0.83	—	500	—	—	1070
0.61	—	485	—	—	3215
—	1.91	—	303	—	441
—	1.91	—	300	—	470
—	1.56	—	297	—	910
—	1.56	—	294	—	953
—	1.21	—	279	—	2045
—	1.21	—	276	—	2100
0.78	1.34	375	218	0	310
0.78	1.34	374	214	0	316
0.78	1.34	370	214	0	315
0.59	1.03	356	208	0	1031
0.55	0.75	348	200	0	1504
0.55	0.75	348	201	0	1580
0.82	1.07	369	212	0	452
0.78	1.00	364	209	0	500
0.72	0.94	360	209	0	803
0.72	0.94	360	207	0	822
0.72	0.94	358	206	0	920
0.87	1.50	388	234	45	200
0.87	1.50	389	239	45	211
0.71	1.23	380	230	45	368
0.71	1.23	383	229	45	372
0.53	0.95	367	222	45	890

续表

$\Delta\varepsilon/2$ /%	$\Delta\gamma/2$ /%	$\Delta\sigma/2$ /MPa	$\Delta\tau/2$ /MPa	ϕ /(°)	N_f /循环
0.53	0.95	372	225	45	931
1.10	1.91	528	304	90	192
1.10	1.91	527	302	90	199
0.90	1.56	516	296	90	293
0.90	1.56	516	298	90	301
0.70	1.21	488	285	90	710
0.70	1.21	490	286	90	733

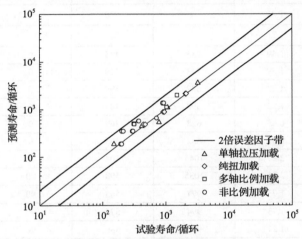

图 3.24　纯钛疲劳试验寿命值与预测寿命值的比较[42]

6. BT9 钛合金

试验数据取自文献[35]，包括单轴拉压、纯扭、多轴比例和非比例加载下的试验数据，具体试验数据结果见表 3.7。试验结果与预测值的比较见图 3.25，其误差分散带基本在 2 倍因子之内。

表 3.7　BT9 钛合金疲劳寿命试验结果[35]

$\Delta\varepsilon/2$ /%	$\Delta\gamma/2$ /%	$\Delta\sigma/2$ /MPa	$\Delta\tau/2$ /MPa	ϕ /(°)	N_f /循环
1.90	—	1041	—	—	62
1.60	—	1035	—	—	131
1.30	—	1013	—	—	299
1.00	—	978	—	—	960
0.70	—	871	—	—	4890

$\Delta\varepsilon/2$ /%	$\Delta\gamma/2$ /%	$\Delta\sigma/2$ /MPa	$\Delta\tau/2$ /MPa	ϕ /(°)	N_f /循环
—	2.25	—	594	—	174
—	2.25	—	582	—	204
—	1.73	—	557	—	411
—	1.95	—	577	—	499
—	1.73	—	555	—	584
—	1.58	—	544	—	1738
—	1.21	—	520	—	3545
—	1.21	—	518	—	4000
0.92	1.59	735	425	0	125
0.92	1.59	743	429	0	167
0.71	1.22	687	399	0	307
0.71	1.22	698	404	0	380
0.49	0.85	628	360	0	1101
0.49	0.85	632	365	0	1393
1.30	2.25	1045	604	90	68
1.30	2.25	1035	598	90	68
1.00	1.73	977	565	90	105
1.00	1.73	994	575	90	178
0.70	1.21	919	486	90	277
0.70	1.21	901	514	90	290

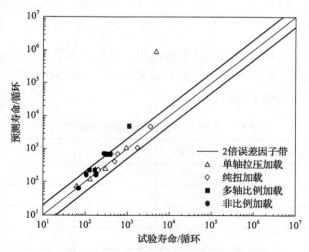

图 3.25　BT9 钛合金疲劳试验寿命值与预测寿命值的比较[42]

3.5　基于能量-临界面法的多轴疲劳寿命预测方法

3.5.1　基于广义应变能的多轴疲劳损伤参量

多轴疲劳损伤参量应该考虑平均应力、非比例循环硬化等因素。Ince 等[25]基于应变能观点提出了一种 GSE 形式的多轴疲劳损伤参量：

$$W_{\mathrm{GSE}} = \left(\tau_{\max} \frac{\Delta\gamma_e}{2} + \frac{\Delta\tau}{2} \frac{\Delta\gamma_p}{2} + \sigma_{n,\max} \frac{\Delta\varepsilon_e}{2} + \frac{\Delta\sigma}{2} \frac{\Delta\varepsilon_p}{2} \right)_{\max} = f_1\left(N_f\right) \quad (3.57)$$

式中，$\tau_{\max}$ 为最大剪切应力；$\sigma_{n,\max}$ 为最大法向应力；$\Delta\gamma_e/2$ 为弹性剪切应变幅；$\Delta\varepsilon_e/2$ 为弹性法向应变幅；$\Delta\tau/2$ 为剪切应力幅；$\Delta\sigma/2$ 为法向应力幅；$\Delta\gamma_p/2$ 为塑性剪切应变幅；$\Delta\varepsilon_p/2$ 为塑性法向应变幅；N_f 为材料疲劳失效循环数。

GSE 多轴疲劳损伤参量不但包含了临界面上的弹性和塑性应变分量，还包含了临界面上的法向和剪切应力分量，从而可以考虑非比例循环应变硬化对疲劳寿命的影响。平均应力对疲劳寿命的影响可以通过损伤参量中临界面上的最大法向应力来考虑。GSE 多轴疲劳损伤模型将损伤最大的材料平面定义为临界面。

Ince 等[25]通过对 GSE 多轴疲劳损伤参量中的剪切应变能项和法向应变能项分别除以相应的剪切应力幅和法向应力幅，得到了由 GSA 形式表示的多轴疲劳损伤模型：

$$W_{\mathrm{GSA}} = \left(\frac{\tau_{\max}}{\tau'_f} \frac{\Delta\gamma_e}{2} + \frac{\Delta\gamma_p}{2} + \frac{\sigma_{n,\max}}{\sigma'_f} \frac{\Delta\varepsilon_e}{2} + \frac{\Delta\varepsilon_p}{2} \right)_{\max} = f_2\left(N_f\right) \quad (3.58)$$

式中，σ'_f 为拉伸疲劳强度系数；τ'_f 为剪切疲劳强度系数。

将式(3.58)与式(3.57)比较发现，GSA 模型中塑性法向应变幅和塑性剪切应变幅对疲劳损伤的贡献已被平均处理。根据这个发现，Yu 等[55]对式(3.58)中的塑性应变项分别用相应的剪切应力修正系数 $\tau_{\max}/\tau'_f$ 和法向应力修正系数 $\sigma_{n,\max}/\sigma'_f$ 进行了修正，以此考虑平均应力对塑性剪切应变和塑性法向应变的影响。修正后的广义应变幅(MGSA)模型如下：

$$W_{\mathrm{MGSA}} = \left(\frac{\tau_{\max}}{\tau'_f} \frac{\Delta\gamma}{2} + \frac{\sigma_{n,\max}}{\sigma'_f} \frac{\Delta\varepsilon}{2} \right)_{\max} = f_3\left(N_f\right) \quad (3.59)$$

式中，$\Delta\gamma/2$ 为剪切应变幅；$\Delta\varepsilon/2$ 为法向应变幅。

GSE、GSA 和 MGSA 三种形式的广义多轴疲劳损伤模型都不包含任何权系数，方便应用。根据文献[25]和文献[55]提供的数据，GSE、GSA 和 MGSA 三种模型在不同材料上得到了成功验证，并且三种模型均能够同时考虑平均应力和非比例循环硬化对疲劳寿命的影响。

3.5.2　基于能量-临界面法的多轴疲劳损伤参量

基于广义疲劳损伤参量，文献[56]提出以临界面上等效应变幅(effective strain amplitude, ESA)的形式定义一种新的多轴疲劳损伤参量。ESA 多轴疲劳损伤参量的表达形式定义为

$$W_{\text{ESA}} = k_{\text{eq}}^{\tau} \frac{\Delta \gamma_{\text{eq}}^{\text{cr}}}{2} \tag{3.60}$$

式中，k_{eq}^{τ} 为等效剪切应力修正系数；$\Delta \gamma_{\text{eq}}^{\text{cr}}/2$ 为等效剪切应变幅。

临界面上剪切应变幅和法向应变幅对应的剪切应力修正系数 k_{τ} 和法向应力修正系数 k_{σ} 可以分别表达为

$$k_{\tau} = \frac{\tau_{\max}}{\tau_f'} \tag{3.61}$$

$$k_{\sigma} = \frac{\sigma_{n,\max}}{\sigma_f'} \tag{3.62}$$

基于米泽斯屈服准则和式(3.61)、式(3.62)，ESA 多轴疲劳损伤参量中定义的等效剪切应力修正系数 k_{eq}^{τ} 可以表示为

$$k_{\text{eq}}^{\tau} = k_{\tau} + \frac{k_{\sigma}}{\sqrt{3}} = \frac{\tau_{\max}}{\tau_f'} + \frac{\sigma_{n,\max}}{\sqrt{3}\sigma_f'} \tag{3.63}$$

根据 Basquin 单轴纯扭转疲劳寿命方程，处于纯剪切应力状态的剪切应力幅与疲劳失效循环数之间的关系如下：

$$\tau_{\max} = \frac{\Delta \tau}{2} = \tau_f' \left(2N_f\right)^{b'} \tag{3.64}$$

式中，b' 为剪切疲劳强度指数。

ESA 多轴疲劳损伤参量是基于剪切疲劳失效准则提出的。由于在纯剪切疲劳情况下，最大剪切应变范围所在材料平面上的最大法向应力为零，因此 ESA 多轴疲劳损伤参量中定义的等效剪切应力修正系数 k_{eq}^{τ} 与疲劳失效循环数之间的关系

可表示为

$$k_{\mathrm{eq}}^{\tau} = \frac{\tau_{\max}}{\tau'_f} + \frac{\sigma_{n,\max}}{\sqrt{3}\sigma'_f} = \left(2N_f\right)^{b'} \tag{3.65}$$

式中，k_{eq}^{τ} 是数值为非负的代数值。

为了考虑非比例附加强化的影响，等效剪切应变幅可利用文献[44]提出的表达式，其多轴疲劳损伤模型表达式为

$$\frac{\Delta\gamma_{\mathrm{eq}}^{\mathrm{cr}}}{2} = \sqrt{3\varepsilon_n^{*2} + \left(\frac{\Delta\gamma_{\max}}{2}\right)^2} = \frac{\tau'_f}{G}\left(2N_f\right)^{b'} + \gamma'_f\left(2N_f\right)^{c'} \tag{3.66}$$

式中，$\Delta\gamma_{\max}/2$ 为临界面上最大剪切应变幅；ε_n^* 为临界面上最大剪切应变范围折返点之间的法向应变幅度范围；γ'_f 为剪切疲劳塑性系数；c' 为剪切疲劳塑性指数。

将式(3.65)中的等效剪切应力修正系数 k_{eq}^{τ} 和式(3.42)中的等效剪切应变幅 $\Delta\gamma_{\mathrm{eq}}^{\mathrm{cr}}/2$ 分别代入式(3.60)，则 ESA 多轴疲劳损伤参量与材料疲劳失效循环数 N_f 之间的关系可以表示为

$$W_{\mathrm{ESA}} = \left(\frac{\tau_{\max}}{\tau'_f} + \frac{\sigma_{n,\max}}{\sqrt{3}\sigma'_f}\right)\sqrt{3\varepsilon_n^{*2} + \left(\frac{\Delta\gamma_{\max}}{2}\right)^2} = \frac{\tau'_f}{G}\left(2N_f\right)^{2b'} + \gamma'_f\left(2N_f\right)^{b'+c'} \tag{3.67}$$

在纯剪切疲劳中，临界面上的法向应变参数 ε_n^* 和法向应力参数 $\sigma_{n,\max}$ 均为零。因此，式(3.64)可以进一步简化为

$$\mathrm{ESA} = \frac{\tau_{\max}}{\tau'_f}\frac{\Delta\gamma_{\max}}{2} = \frac{\tau'_f}{G}\left(2N_f\right)^{2b'} + \gamma'_f\left(2N_f\right)^{b'+c'} \tag{3.68}$$

相对应于式(3.67)中的损伤参数 ε_n^*，同样可以找到临界面上最大剪切应变范围 $\Delta\gamma_{\max}$ 折返点之间的最大法向应力 $\sigma_{n,\max}^*$。将式(3.67)中的损伤参数 $\sigma_{n,\max}$ 替换为损伤参数 $\sigma_{n,\max}^*$，则可以得到一个修正的等效应变幅(MESA)模型，其表达式为

$$W_{\mathrm{MESA}} = \left(\frac{\tau_{\max}}{\tau'_f} + \frac{\sigma_{n,\max}^*}{\sqrt{3}\sigma'_f}\right)\sqrt{3\varepsilon_n^{*2} + \left(\frac{\Delta\gamma_{\max}}{2}\right)^2} = \frac{\tau'_f}{G}\left(2N_f\right)^{2b'} + \gamma'_f\left(2N_f\right)^{b'+c'} \tag{3.69}$$

为了对比说明所提出的 ESA 模型和 MESA 模型在损伤参数确定上的差异，

相关损伤参数在一个多轴计数循环内的定义如图 3.26 所示。

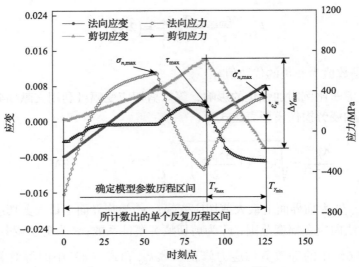

图 3.26　疲劳损伤参数示意图[56]

如果将式 (3.36) 的两边同时乘以剪切疲劳强度系数 τ'_f , 则可以得到一个等效应变能 (effective strain energy, ESE) 形式的多轴疲劳损伤模型。ESE 模型同时具备能量和临界面的概念, 具体表达式如下:

$$W_{ESE} = \left(\tau_{max} + \frac{\sigma^*_{n,max} \tau'_f}{\sqrt{3}\sigma'_f} \right) \sqrt{3\varepsilon^{*2}_n + \left(\frac{\Delta\gamma_{max}}{2} \right)^2} = \frac{\tau'^2_f}{G}\left(2N_f\right)^{2b'} + \tau'_f\gamma'_f\left(2N_f\right)^{b'+c'}$$

(3.70)

相对应于式 (3.69), 纯剪切应力状态时 ESE 模型的表达式可以简化为

$$W_{ESE} = \tau_{max}\frac{\Delta\gamma_{max}}{2} = \frac{\tau'^2_f}{G}\left(2N_f\right)^{2b'} + \tau'_f\gamma'_f\left(2N_f\right)^{b'+c'}$$

(3.71)

其损伤参量示意图如图 3.27 所示。

基于能量-临界面法的 ESE 多轴疲劳损伤模型中, 将损伤参量表示为临界面上等效剪切应变能的形式。临界面被定义为经历最大剪切应变范围的材料平面。ESE 模型的物理意义可以解释为临界面上疲劳裂纹萌生过程中所消耗的剪切应变能和法向应变能总和。由于疲劳损伤参量中同时包含了剪切应力和应变分量以及法向应力和应变分量, 不仅可以更加清楚地描述临界面上剪切分量有助于裂纹萌生而法向分量加速裂纹扩展的物理机制, 而且还能够同时反映非比例循环硬化和平均应力对疲劳寿命的影响。

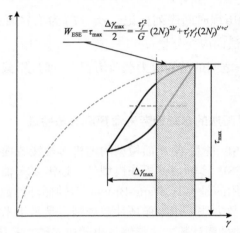

图 3.27　纯扭转疲劳的 ESE 损伤参量示意图[56]

基于能量-临界面法的 ESE 多轴疲劳损伤模型中，损伤参数 $\tau_{\max}$、$\sigma^*_{n,\max}$、ε^*_n 和 $\Delta\gamma_{\max}/2$ 在经历最大剪切应变范围的临界材料平面上确定。对于随机多轴加载路径，首先需要通过多轴循环计数方法进行循环计数，然后针对每一个计数循环内的多轴载荷历程确定临界面上相应的疲劳损伤参数。每一个多轴计数循环的临界面和临界面上相应的疲劳损伤参数确定过程如下。

（1）对于每一个计数反复/循环内的多轴应变载荷时间历程，计算各数据点在 $0°\sim90°$ 各材料平面上的剪切应变，步长可取 $1°$。

（2）求得 $0°\sim90°$ 每一个材料平面上的剪切应变范围，并获得最大剪切应变范围 $\Delta\gamma_{\max}$ 及其所在材料平面对应的方位角 $\theta_{\max}$ 和 $90°+\theta_{\max}$。

（3）分别计算该循环内多轴应变载荷历程在 $\theta_{\max}$ 和 $90°+\theta_{\max}$ 方位角对应的材料平面上的法向应变范围 $\Delta\varepsilon_{\theta_{\max}}$ 和 $\Delta\varepsilon_{90°+\theta_{\max}}$，将较大法向应变范围所在的材料平面定义为临界面，对应的方位角记为 θ_{cr}。

（4）找到临界面上最大剪切应变范围 $\Delta\gamma_{\max}$ 对应的两个相邻折返点的时间序列号，并分别记为 $T_{\gamma_{\min}}$ 和 $T_{\gamma_{\max}}$。

（5）截取 $T_{\gamma_{\min}}$ 到 $T_{\gamma_{\max}}$ 之间的多轴应力和应变载荷历程，利用斜截面公式计算各数据点在临界材料平面上的法向应力和应变载荷历程，并通过下面两个表达式分别确定临界面上的疲劳损伤参数 ε^*_n 和 $\sigma^*_{n,\max}$：

$$\varepsilon^*_n = \max\left(\varepsilon_{\theta_{\mathrm{cr}}}(T)\right)\Big|_{T_{\gamma_{\min}}}^{T_{\gamma_{\max}}} - \min\left(\varepsilon_{\theta_{\mathrm{cr}}}(T)\right)\Big|_{T_{\gamma_{\min}}}^{T_{\gamma_{\max}}} \tag{3.72}$$

$$\sigma^*_{n,\max} = \max\left(\sigma_{\theta_{\mathrm{cr}}}(T)\right)\Big|_{T_{\gamma_{\min}}}^{T_{\gamma_{\max}}} \tag{3.73}$$

式中，T 为多轴载荷历程时间序列标记；$\sigma_{\theta_{cr}}(T)$ 为临界面上的法向应力分量；$\varepsilon_{\theta_{cr}}(T)$ 为临界面上的法向应变分量。

(6)在 $T_{\gamma_{\min}}$ 到 $T_{\gamma_{\max}}$ 之间的剪切应力载荷历程上，通过斜截面公式确定临界面上的最大剪切应力 $\tau_{\max}$。

3.5.3 基于能量-临界面法的多轴疲劳寿命预测方法验证

为了实现基于 ESE 能量-临界面模型的随机多轴疲劳损伤评估，除了上述基于能量-临界面法的 ESE 多轴疲劳损伤模型外，还需要多轴循环计数方法和损伤累积规则。工程中常用的是 WB（Wang-Brown）多轴循环计数和 Miner 定理。

WB 多轴循环计数方法采用半循环计数规则，是基于米泽斯相对等效应变概念提出来的。WB 多轴循环计数方法能够计出随机多轴加载历程中的最大半循环，因此准确性相对比较高，具体计数过程参见文献[39]。

Miner 定理认为疲劳损伤与材料所经历的载荷循环数呈正比例关系，载荷历程中的每一个循环所产生的疲劳损伤可以单独计算，并能够进行线性累加。大量研究表明，Miner 定理具有形式简单和计算方便的优点，因此在工程中得到了广泛应用。在基于 WB 多轴循环计数方法的随机多轴疲劳损伤评估中，载荷历程的总疲劳损伤可以通过 Miner 定理对每一个计数半循环的疲劳损伤进行累加得到，其表达式如下：

$$D_{\text{total}} = \sum_{k=1}^{n} \frac{1}{2N_{f,k}} \qquad (3.74)$$

式中，n 为载荷历程计数得到的半循环总数；$N_{f,k}$ 为载荷历程中第 k 个计数循环对应的疲劳寿命循环数；D_{total} 为载荷历程的总疲劳损伤。

选用 7050-T7451 铝合金薄壁管试件在变幅或随机多轴载荷下的低周疲劳试验数据对基于 ESE 能量-临界面模型的随机多轴疲劳损伤评估算法进行验证。7050-T7451 铝合金在多轴载荷下以剪切疲劳破坏为主导，具有明显的非比例循环应变硬化行为，其疲劳性能参数如表 3.8 所示。疲劳试验均采用应变载荷块加载的控制方式，其随机多轴应变加载路径如表 3.9 所示。

表 3.8 7050-T7451 铝合金疲劳性能参数

疲劳性能参数(拉伸)	σ_f' /MPa	b	ε_f'	c
	602.7	−0.0457	0.587	−0.8206
疲劳性能参数(扭转)	τ_f' /MPa	b'	γ_f'	c'
	399.28	−0.0755	0.6088	−0.6021

表 3.9 7050-T7451 铝合金随机多轴应变加载路径

编号	应变	应变载荷块(应变/%)								应变路径图
A146	ε	−0.053	0.431	0.321	−0.385	−0.181	0.404	0.034	0.059*	
	γ	−0.203	0.966	1.023	0.182	0.097	0.375	0.969	0.981*	
	ε	0.439	0.274	−0.166	−0.139	−0.002	−0.446	−0.419	−0.067	
	γ	−0.291	−0.452	−0.143	−0.101	−0.415	−0.984	−0.995	−0.234	
A286	ε	−0.561	0.807	−0.228	0.453	0.042	−0.876	−0.109	0.887*	
	γ	−1.167	−0.247	0.765	0.020	−0.746	0.183	1.159	0.036*	
	ε	−0.036	0.695	−1.043	0.655	−0.561				
	γ	1.158	−0.736	1.177	−0.559	−1.167				
A289	ε	−0.142	0.304	0.286	−0.279	−0.259	0.448	0.414	0.417*	
	γ	0.904	−0.678	−0.697	0.699	0.716	−0.491	−0.515	0.508*	
	ε	−0.392	0.271	0.254	−0.289	−0.269	0.123	0.112	0.149*	
	γ	0.532	−0.328	−0.337	0.339	0.349	−0.151	−0.163	0.162*	
	ε	−0.143	−0.017	0.152	0.146	−0.135				
	γ	0.173	0.019	−0.910	−0.921	0.828				
A291	ε	0	0	0	0	0	0	0	0*	
	γ	−0.002	−1.151	0.755	−0.752	1.156	0.038	1.148	0.735*	
	ε	0	0	0.692	−0.516	0.813	−0.211	0.459	0.884*	
	γ	1.143	0.002	0	0	0	0	0	0*	
	ε	0.892	−0.005	0.675	−1.006	−0.167				
	γ	0	0	0	0	0				
A299	ε	−0.002	−1.016	0.901	−0.749	0.751	−0.570	0.588	0.413*	
	γ	0	0	0	0	0	0	0	0*	
	ε	0.438	0	0	0	0	0	0	0*	
	γ	0	0.557	−0.529	0.730	−0.712	0.923	−0.900	1.109*	
	ε	0	0							
	γ	−1.112	−0.140							
A293	ε	0.447	−0.089	0.632	0.256	0.607	−0.370	0.136	−0.141	
	γ	0.374	0.762	0.220	−0.363	−0.117	0.177	0.565	0.040*	
	ε	0.461	0.066	0.338	−0.589	−0.079	−0.347	0.298	0.041*	
	γ	−0.553	0.756	0.608	0.413	0.578	0.219	−0.566	0.309*	
	ε	0.656	−0.209	0.485	−0.404	0.451				
	γ	−0.036	−0.364	−0.767	−0.421	0.356				

续表

编号	应变	应变载荷块(应变/%)								应变路径图
A297	ε	0.085	−1.036	0.963	−0.812	0.809	−0.617	0.629	0.448*	
	γ	−0.129	0.592	−0.571	−0.764	−0.749	0.947	−0.930	1.129*	
	ε	0.484	0.083							
	γ	−1.122	−0.121							

*表示接下一行的 ε 或 γ。

　　表 3.9 所示的 7 个 7050-T7451 铝合金拉扭随机多轴应变加载疲劳试验细节参见文献[57]。利用基于 ESE 能量-临界面模型的随机多轴疲劳损伤评估算法对其寿命进行了预测，试验与预测结果对比如图 3.28 所示。同时，为了对比分析 ESE 能量-临界面模型的预测能力，在图 3.28 中也给出了 ESA 应变-临界面模型的预测结果。在损伤评估时采用相同的多种循环计数方法和损伤累积规则。试验与预测结果表明，ESA 和 MESA/ESE 模型均能够提供较好的预测能力，预测结果基本在 2 倍因子之内。

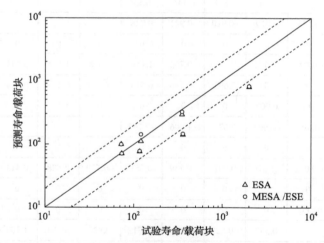

图 3.28　ESA 和 MESA/ESE 模型的 7050-T7451 铝合金预测与试验寿命比较[56]

3.6　基于权平均最大剪切应变范围平面的疲劳寿命预测方法

3.6.1　基于权平均最大剪切应变范围平面的疲劳寿命预测流程

　　临界面通常定义为具有最大法向应变幅的最大剪切应变幅所在平面，在恒幅疲劳载荷下，临界面是个固定的平面，但在随机多轴载荷下，每个循环中最大剪切应变幅所在的平面都可能发生变化，导致整个多轴载荷时间历程中的临界面并不唯一，给临界面的选取带来了不确定性。在随机多轴载荷下，为了考虑每个循环中临界面的贡献，文献[33]提出了权平均最大剪切应变范围平面作为损伤计算用的临界面来预测疲劳寿命。

基于权平均最大剪切应变范围平面的多轴变幅载荷下的疲劳寿命预测方法的步骤如下：

(1)采用多轴循环计数方法进行计数；

(2)基于式(3.22)和式(3.23)权函数方法确定临界面位向角；

(3)计算临界面上的疲劳损伤参量；

(4)通过多轴疲劳损伤模型来计算每个反复的疲劳损伤；

(5)通过损伤累积法则进行损伤累积并预测寿命。

对于临界面的位向角，利用式(3.22)~式(3.25)计算获取，具体步骤详见文献[33]。

对于临界面上的疲劳损伤计算，Fatemi 等[26]提出了一个基于应力和应变的损伤模型(即 FS 模型)，在该模型中，最大剪切平面上的法向应力 $\sigma_{n,\max}$ 可以考虑非比例循环硬化的影响。FS 模型的表达式如下：

$$\frac{\Delta\gamma_{\max}}{2}\left(1+k\frac{\sigma_{n,\max}}{\sigma_y}\right)=\frac{\tau_f'}{G}\left(2N_f\right)^{b_0}+\gamma_f'\left(2N_f\right)^{c_0} \tag{3.75}$$

式中，G 为剪切模量；τ_f' 为剪切疲劳强度系数；γ_f' 为剪切疲劳塑性系数；b_0 为剪切疲劳强度指数；c_0 为剪切疲劳塑性指数；σ_y 为循环屈服强度；k 为材料参数，其表达式为

$$k=\left[\frac{\dfrac{\tau_f'}{G}\left(2N_f\right)^{b_0}+\gamma_f'\left(2N_f\right)^{c_0}}{\left(1+v_e\right)\dfrac{\sigma_f'}{G}\left(2N_f\right)^{b}+\left(1+v_p\right)\varepsilon_f'\left(2N_f\right)^{c}}-1\right]\frac{2\sigma_y}{\sigma_f'\left(2N_f\right)^{b}} \tag{3.76}$$

在每个计数反复的疲劳损伤确定之后，整个变幅载荷序列的疲劳损伤可以通过 Miner 定理进行累积计算，从而给出疲劳寿命预测值。

3.6.2　基于权平均最大剪切应变范围平面的疲劳寿命预测方法验证

采用 7050-T7451 铝合金薄壁管试件拉扭多轴变幅疲劳试验进行验证，试验数据取自文献[42]，变幅疲劳试验的应变载荷历程如图 3.29 所示。所有试验均采用拉扭引伸计进行控制并在室温条件下完成，试验结果列于表 3.10。

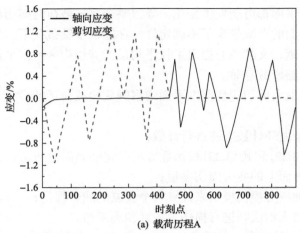

(a) 载荷历程A

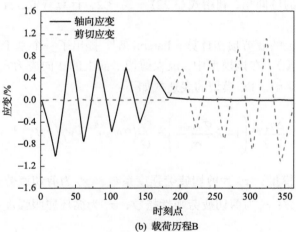

(b) 载荷历程B

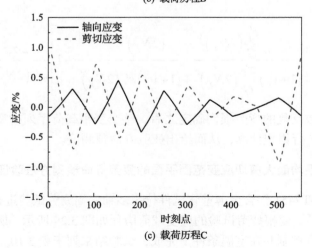

(c) 载荷历程C

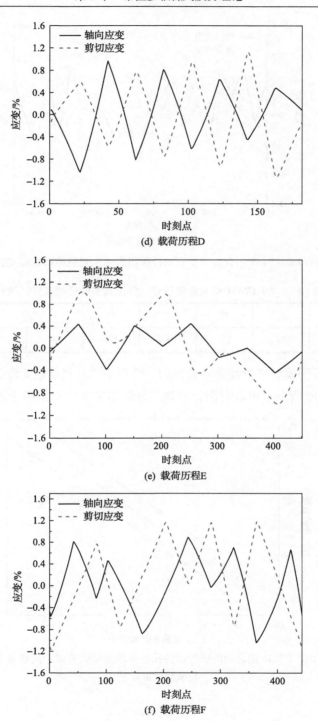

(d) 载荷历程D

(e) 载荷历程E

(f) 载荷历程F

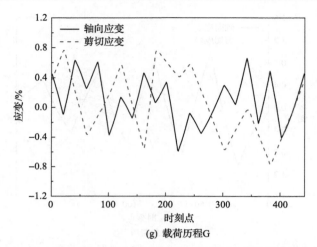

(g) 载荷历程G

图 3.29　7050-T7451 铝合金薄壁管试件拉扭多轴变幅疲劳试验应变载荷历程

表 3.10　7050-T7451 铝合金薄壁管试件拉扭多轴变幅疲劳试验结果

加载路径	A	B	C	D	E	F	G
试验结果/载荷块	72	120	1998	116	350	73	358

采用 FS 损伤模型进行疲劳寿命预测，模型中的材料常数 k 取值为 1，寿命预测结果如图 3.30 所示，可以看出，其误差分散带基本在 2 倍因子以内。

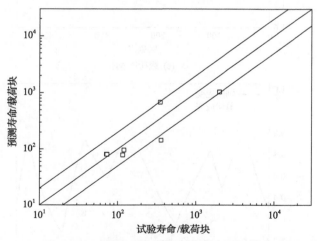

图 3.30　7050-T7451 铝合金薄壁管试件拉扭多轴变幅疲劳试验的疲劳寿命预测值
与试验值的比较

参 考 文 献

[1] Garud Y S. Multiaxial fatigue: A survey of the state of the art[J]. Journal of Testing and Evaluation, 1981, 9(3): 165-178.

[2] Yokobori T, Yamanouchi H, Yamamoto S. Low cycle fatigue of thin-walled hollow cylindrical specimens of mild steel in uni-axial and torsional tests at constant strain amplitude[J]. International Journal of Fracture Mechanics, 1965, 1(1): 3-13.

[3] Taira S, Inoue J, Takashashi M. Low cycle fatigue under multiaxial stresses[J]. Transactions of the Japan Society of Mechanical Engineers, 1968, 34(258): 255-260.

[4] Pascoe K J, de Villiers J R. Low cycle fatigue of steels under biaxial straining[J]. Journal of Strain Analysis, 1967, 2(2): 117-126.

[5] Sines G, Ohgi G. Fatigue criteria under combined stresses or strains[J]. Journal of Engineering Materials and Technology, 1981, 103(2): 82-90.

[6] Andrews J H, Ellison E G. A testing rig for cycling at high biaxial strains[J]. Journal of Strain Analysis, 1973, 8(3): 168-175.

[7] Libertiny G Z. Short-life fatigue under combined stresses[J]. Journal of Strain Analysis, 1967, 2(1): 91-95.

[8] Zamrik S Y, Goto T. The use of octahedral shear strain in biaxial low cycle fatigue[C]. Interamerican Conference on Materials Technology, San Antonio, 1968: 551-562.

[9] Lefebvre D F. Hydrostatic Pressure effect on the life prediction in biaxial low-cycle fatigue[C]. Proceedings of 2nd International Conference on Multiaxial Fatigue, Sheffield, 1985: 511-533.

[10] Zamrik S Y, Frishmuth R E. The effects of out-of-phase biaxial-strain cycling on low-cycle fatigue[J]. Experimental Mechanics, 1973, 13(5): 204-208.

[11] Bannantine J A. A Variable Amplitude Multiaxial Fatigue Life Prediction Method[D]. Urbana-Champaign: University of Illinois at Urbana-Champaign, 1989.

[12] Bannantine J A, Socie D F. A variable amplitude multiaxial fatigue life prediction model. In: Fatigue under biaxial and multiaxial loading[C]. Third International Conference on Biaxial/Multiaxial Fatigue, Stuttgart, 1989: 1-20.

[13] Garud Y S. A new approach to the evaluation of fatigue under multiaxial loadings[J]. Journal of Engineering Materials and Technology, 1981, 103(2): 118-125.

[14] Morrow J. Internal Friction, Damping, and Cyclic Plasticity[M]. West Conshohocken: ASTM International, 2009.

[15] Ostergren W J. A damage fundation hold time and frequency effects in elevated temperature low cycle fatigue[J]. Journal of Testing and Evaluation, 1967, 4: 327-339.

[16] Garud Y S. Multiaxial Fatigue of Metals[D]. Stanford: Stanford University, 1981.

[17] Jordan E H, Brown M W, Miller K J. Fatigue under severe nonproportional loading[M]//Miller K J. Multiaxial Fatigue. West Conshohocken: ASTM International, 1985: 569-585.

[18] Ellyin F, Valaire B. High-strain multiaxial fatigue[J]. Journal of Engineering Materials and Technology, 1982, 104(3): 165-173.

[19] Lefebvre D, Neale K W, Ellyin F. A criterion for low-cycle fatigue failure under biaxial states of stress[J]. Journal of Engineering Materials and Technology, 1981, 103(1): 1-6.

[20] Ellyin F, Valaire B. Development of fatigue failure theories for multiaxial high strain conditions[J]. Solid Mechanics Archives, 1985, 10: 45-48.

[21] Ellyin F. Recent developments in predicting multiaxial fatigue failure[J]. Res Mechanica, 1988, 25: 3-23.

[22] Golos K, Ellyin F. A total strain energy density theory for cumulative fatigue damage[J]. Journal of Pressure Vessel Technology, 1988, 110(1): 36-41.

[23] Ellyin F, Kujawski D. Plastic strain energy in fatigue failure[J]. Journal of Pressure Vessel Technology, 1984, 106(4): 342-347.

[24] Glinka G, Wang G, Plumtree A. Mean stress effects in multiaxial fatigue[J]. Fatigue & Fracture of Engineering Materials & Structures, 1995, 18(7/8): 755-764.

[25] Ince A, Glinka G. A generalized fatigue damage parameter for multiaxial fatigue life prediction under proportional and non-proportional loadings[J]. International Journal of Fatigue, 2014, 62: 34-41.

[26] Fatemi A, Socie D F. A critical plane approach to multiaxial fatigue damage including out-of-phase loading[J]. Fatigue & Fracture of Engineering Materials & Structures, 1988, 11(3): 149-165.

[27] Leese G E. Engineering significance of recent multiaxial research[M]//Solomon H D, Halford G R, Kaisand L R, et al. Low Cycle Fatigue. West Conshohocken: ASTM International, 1988: 861-873.

[28] Lee Y L, Chiang Y J. Fatigue predictions for components under biaxial reversed loading[J]. Journal of Testing & Evaluation, 1991, 19: 359-367.

[29] Brown M W, Miller K J. A theory for fatigue failure under multiaxial stress-strain conditions[J]. Proceedings of the Institution of Mechanical Engineers, 1973, 187: 745-755.

[30] Lohr R D, Ellison E G. A simple theory for low cycle multiaxial fatigue[J]. Fatigue & Fracture of Engineering Materials & Structures, 1980, 3: 1-17.

[31] Wang L, Wang D J. Life prediction approach for random multiaxial fatigue[J]. Chinese Journal of Mechanical Engineering, 2005, 18(1): 145-148.

[32] Chen X, Jin D, Kim K S. A weight function-critical plane approach for low-cycle fatigue under variable amplitude multiaxial loading[J]. Fatigue and Fracture of Engineering Materials and

Structures, 2006, 29: 331-339.

[33] Tao Z Q, Shang D G, Liu H, et al. Life prediction based on weight-averaged maximum shear strain range plane under multiaxial variable amplitude loading[J]. Fatigue & Fracture of Engineering Materials & Structures, 2016, 39(7): 907-920.

[34] Shamsaei N, Gladskyi M, Panasovskyi K, et al. Multiaxial fatigue of titanium including step loading and load path alteration and sequence effects[J]. International Journal of Fatigue, 2010, 32: 1862-1874.

[35] Shamsaei N, Gladskyi M, Panasovskyi K, et al. Multiaxial fatigue of titanium including step loading and load path alteration and sequence effects[J]. International Journal of Fatigue, 2010, 32(11): 1862-1874.

[36] Shamsaei N, Fatemi A, Socie D F. Multiaxial fatigue evaluation using discriminating strain paths[J]. International Journal of Fatigue, 2011, 33(4): 597-609.

[37] Brown M W, Miller K J. High temperature low cycle biaxial fatigue of two steels[J]. Fatigue and Fracture of Engineering Materials and Structures, 1979, 1(2): 217-229.

[38] Fatemi A, Kurath P. Multiaxial fatigue life predictions under the influence of mean-stresses[J]. Journal of Engineering Materials and Technology-Transactions of the ASME, 1988, 110(4): 380-388.

[39] Wang C H, Brown M W. Life prediction techniques for variable amplitude multiaxial fatigue-part 1: Theories[J]. ASME Journal of Engineering Materials and Technology, 1996, 118(3): 367-370.

[40] Wang C H, Brown M W. Life prediction techniques for variable amplitude multiaxial fatigue: Part 2: Comparison with experimental results[J]. Journal of Engineering Materials and Technology, 1996, 118(3): 371-374.

[41] Chen H, Shang D G, Bao M. Selection of multiaxial fatigue damage model based on the dominated loading modes[J]. International Journal of Fatigue, 2011, 33(5): 735-739.

[42] 陈宏. 随机多轴载荷下疲劳损伤在线监测及寿命评估系统研究[D]. 北京: 北京工业大学, 2013.

[43] Shang D G, Wang D J. A new multiaxial fatigue damage model based on the critical plane approach[J]. International Journal of Fatigue, 1998, 20(3): 241-245.

[44] Shang D G, Sun G Q, Deng J, et al. Multiaxial fatigue damage parameter and life prediction for medium-carbon steel based on the critical plane approach[J]. International Journal of Fatigue, 2007, 29(12): 2200-2207.

[45] Bannantine J A, Socie D F. A multiaxial fatigue life estimation technique[M]//Mitchell M R, Landgraf R W. Advances in Fatigue Lifetime Predictive Techniques. West Conshohocken: ASTM International, 1992: 249-275.

[46] Langlais T E, Vogel J H, Chase T R. Multiaxial cycle counting for critical plane methods[J]. International Journal of Fatigue, 2003, 25(7): 641-647.

[47] Carpinteri A, Spagnoli A, Vantadori S. A multiaxial fatigue criterion for random loading[J]. Fatigue & Fracture of Engineering Materials & Structures, 2003, 26(6): 515-522.

[48] Meggiolaro M A, de Castro J T P. An improved multiaxial rainflow algorithm for non-proportional stress or strain histories-Part II: The Modified Wang-Brown method[J]. International Journal of Fatigue, 2012, 42: 194-206.

[49] Dong P S, Wei Z G, Hong J K. A path-dependent cycle counting method for variable-amplitude multi-axial loading[J]. International Journal of Fatigue, 2010, 32(4): 720-734.

[50] Chen H, Shang D G, Liu E T. Multiaxial fatigue life prediction method based on path-dependent cycle counting under tension/torsion random loading[J]. Fatigue & Fracture of Engineering Materials & Structures, 2011, 34(10): 782-791.

[51] Han C, Chen X, Kim K S. Evaluation of multiaxial fatigue criteria under irregular loading[J]. International Journal of Fatigue, 2002, 24(9): 913-922.

[52] Jiang Y Y, Hertel O, Vormwald M. An experimental evaluation of three critical plane multiaxial fatigue criteria[J]. International Journal of Fatigue, 2007, 29(8): 1490-1502.

[53] Socie D F, Kurath P, Koch J. A multiaxial fatigue damage parameter[C]. Biaxial and Multiaxial Fatigue, London, 1989: 535-549.

[54] Kim K S, Park J C, Lee J W. Multiaxial fatigue under variable amplitude loads[J]. Journal of Engineering Materials and Technology, 1999, 121(3): 286-293.

[55] Yu Z Y, Zhu S P, Liu Q, et al. Multiaxial fatigue damage parameter and life prediction without any additional material constants[J]. Materials, 2017, 10(8): 923.

[56] Xue L, Shang D G, Li D H, et al. Equivalent energy-based critical plane fatigue damage parameter for multiaxial LCF under variable amplitude loading[J]. International Journal of Fatigue, 2020, 131: 105350.

[57] Chen H, Shang D G, Tian Y J, et al. Comparison of multiaxial fatigue damage models under variable amplitude loading[J]. Journal of Mechanical Science and Technology, 2012, 26(11): 3439-3446.

第4章 多轴热机疲劳试验技术

4.1 热机疲劳试验概述

试验技术是理论模型检验、探究规律、改进设计等所需要的手段之一。20世纪70年代，人们发现采用等温疲劳方法预测变温环境下结构热端部件疲劳寿命并不能够取得保守的结果，于是提出了热机疲劳的概念。热机疲劳是一种机械载荷耦合温度载荷的低周疲劳行为，其作用更接近高温变温与交变机械载荷耦合作用下热端结构实际工况，如航空发动机、高超声速飞行器、汽轮机、高铁车轮和制动器压缩机等热端零部件的工作状态。由于热机疲劳试验系统能够模拟热端零部件的实际工作环境，且热机疲劳试验比低周疲劳试验要复杂得多，其温度变化控制、加热速率控制、机械载荷与热载荷相位控制，以及总应变中提取热应变和机械应变成分等方面的技术均要求较高，因此开发热机疲劳试验技术对热机疲劳损伤建模、探究损伤演化规律、改进结构寿命预测技术等方面具有重要的理论和工程实际意义。

常规等温疲劳试验不需要温度循环，而在热机疲劳加载过程中，温度需要处于循环状态，因此热机疲劳试验系统需要机械加载和温度循环加载两个闭合回路，且两个控制闭合回路产生的机械加载和温度循环加载反馈数据能够同步采集。

早期限于当时设备和试验条件的限制，在实验室中无法模拟载荷与温度循环下热端部件的实际工作环境。1974年，日本京都大学Taira[1]总结了金属材料热机疲劳试验标准方法，到了20世纪80年代后期，随着试验设备与技术的快速发展，热机疲劳试验研究工作在国际上普遍展开。进入到20世纪90年代，由于计算机技术的迅猛发展，在实验室中实现机械应变与温度的同步变化成为可能，这使热机疲劳研究得到了迅速发展。1995年首次召开了国际热机械疲劳学术会议，此后在2007年和2010年国际标准化组织(International Organization for Standardization, ISO)和美国材料实验协会(American Society of Testing Materias, ASTM)等标准化组织陆续推出了一些参考试验标准[2,3]，如ASTM E2368—2010和ISO 12111标准以及EUR22281实施规范等，规定了应变控制热机疲劳试验的标准实施规程。我国在1985年开始对热机疲劳相关试验技术进行研究，并在2008年和2017年分别推出了国家军用标准GJB 6213—2008《金属材料热机械疲劳试验方法》[4]和国家标准GB/T 33812—2017《金属材料 疲劳试验 应变控制热机械疲劳试验方法》[5]。上述标准均适用于单轴加载下的热机疲劳[6,7]。

　　由于各种航空航天飞行器、压力容器、核电站以及发电设施等的一些关键零部件通常不仅承受多轴（多向）循环机械载荷的作用，还承受循环温度载荷作用，因此多轴热机疲劳也逐渐开展起来，例如，1984 年美国航空航天局（National Aeronautics and Space Administration, NASA）就已经开始进行高温合金材料多轴应力状态下热机疲劳行为研究。目前根据航空航天等领域试验技术方面的需要，我国高校和研究院所等单位联合制定出多轴热机疲劳试验方法的国家标准[8]。

　　比较典型的多轴热机疲劳试验系统主要有两种，即拉扭多轴热机疲劳试验系统和双向拉压多轴热机疲劳试验系统。这两种多轴热机疲劳试验系统均采用较为先进的液压伺服控制系统、配套电感热循环加热系统，可以进行拉扭（可加内压）、双轴拉压等多轴热机疲劳测试。

4.2　拉扭多轴热机疲劳试验系统

　　对于拉扭多轴热机疲劳，一般采用薄壁管试件进行疲劳试验。试验过程中可单独施加同步或不同步的拉扭循环载荷，并配以热循环系统。拉扭多轴热机疲劳试验系统主要包括机械载荷控制系统及温度载荷控制系统，两种载荷控制系统搭配施加多轴热机载荷，以确保试验顺利正确进行。热机载荷控制系统主要由机架、温度与载荷控制系统、力测量系统、应变测量系统等组成。典型拉扭多轴热机疲劳试验系统如图 4.1 所示，该试验系统可实现任意波形不同热机械相位角的拉扭多轴加载。

图 4.1　典型拉扭多轴热机疲劳试验系统

　　试验系统中的机械载荷闭环控制过程为：在试验机操作过程中感测受控参量，并把这个信息传递给控制器；控制器把参量的瞬时值同参量的给定值进行比较，控制器自动调节传动系统，把要求的激振与实际传给试样的激振间的差值减小到可以接受的程度。利用专用拉扭复合引伸计(图 4.2)，机械载荷系统可以输出四个通道，即两个载荷(力和扭矩)通道、两个应变(位移和扭转角)通道。

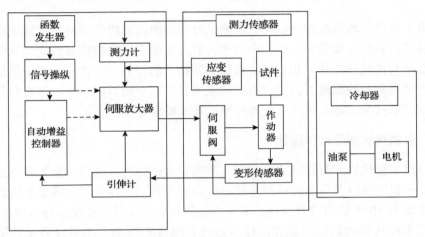

图 4.2　拉扭多轴热机疲劳试验机械载荷系统原理图

　　温度载荷控制系统主要由温度控制系统、感应线圈、测温元件等组成。各元件共同组成热循环加载闭环回路，即热疲劳闭环回路，如图 4.3 所示。感应线圈

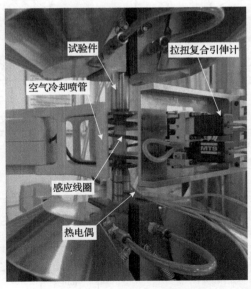

图 4.3　拉扭多轴热机疲劳试验温度载荷控制系统

采用高频感应加热的原理由温度控制系统控制对试件进行加热，由空气冷却喷管实现降温。测温元件通常为热电偶，通过测量温度并反馈回系统确保施加温度满足试验要求。温度控制系统和空气冷却喷管可以实现温度的精确控制。

4.3　拉扭多轴热机疲劳试件设计与加工要求

由于材料单轴热机疲劳试验只能测试材料的单向热机疲劳性能，其试验方法无法满足材料同时承受独立的轴向与扭转载荷下的多轴热机疲劳性能测试要求，此外温度与机械载荷非同相，机械载荷非同相下的材料疲劳性能无法用单轴热机疲劳测试得到的数据进行描述，因此特别需要针对金属材料承受拉扭组合载荷的特点制定单独的多轴热机疲劳试件与测试技术要求规范。

4.3.1　多轴热机疲劳试件设计

拉扭多轴热机疲劳是以圆形截面的薄壁管为试样进行试验。为了避免循环载荷下的不稳定性以及采集的试验数据直接可利用性，试样壁厚应满足平均直径与壁厚比值为 10:1 的薄壁管准则。对于多晶体材料，应保证壁厚部分至少存在 10 个晶粒来保持各向同性。推荐试样示意图如图 4.4 所示，图中符号及其说明见表 4.1[6,8]。试样设计时，应保证同心度，避免附加弯曲应力。

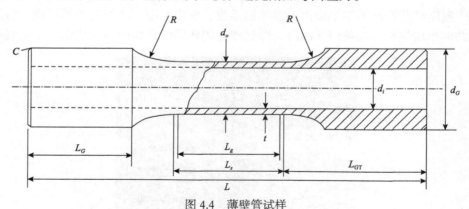

图 4.4　薄壁管试样

表 4.1　薄壁管试样的尺寸要求

名称	单位	尺寸要求
试样引伸计标距段的壁厚 t	mm	$0.5(d_o - d_i)$
试样引伸计标距段的外径 d_o	mm	$14t \pm 3t$
试样引伸计标距段的内径 d_i	mm	$0.85d_o \pm 0.04d_o$

续表

名称	单位	尺寸要求
试样夹持端的外径 d_G	mm	$1.6d_o \pm 0.4d_o$
倒角 C	(°)	45°
过渡弧段半径 R	mm	$3.2d_o \pm 0.4d_o$
试样全长 L	mm	$8.5d_o \pm 1.5d_o$
夹持端长度 L_G	mm	$2d_o \pm 0.3d_o$
夹持端和过渡段总长度 L_{GT}	mm	$3.5d_o \pm 0.5d_o$
试样中间平直段的长度 L_s	mm	$1.5d_o \pm 0.5d_o$
试样引伸计标距段的长度 L_g	mm	$0.9d_o \pm 0.3d_o$
d_o 和 d_i 的同心度	mm	$\pm 0.015t$
壁厚 t 的典型取值范围	mm	2.0 ± 0.5

4.3.2　多轴热机疲劳试件加工要求

试样加工时可能会在试样表面引入残余应力,从而影响试验结果。残余应力可能来源于加工过程中的热梯度、材料变形相关的应力或显微结构的变化。高温试验时残余应力影响较小,因为在开始的热循环中残余应力已部分或全部释放,然而还是要在加工最终阶段通过适当的方法减小其影响,尤其是在最终的抛光阶段。对于较硬材料,应首选磨削方法而非刀具加工(车或铣)。试样内表面应研磨并抛光,以防止疲劳裂纹在试样内表面萌生。试样的引伸计标距段的内表面与外表面应从一端到另一端一次性加工成型。

材料显微组织的改变可能与机械加工引起的温升和变形有关。温升和变形可能造成试样发生相变或更常见的表面再结晶,直接后果是被测材料原始状态的改变,使试验结果无效,因此应采取足够的措施避免此类情况的发生。

某些元素或化合物的出现会破坏一些材料的力学性能,典型的例子是氯元素对钢材或钛合金的影响,因此应避免使用含这类元素或化合物的产品(切削冷却液等),建议保存试样之前去除试样表面的油污并清洗干净。

半成品或构件试验材料的取样操作可能对试验结果产生重要的影响,因此取样时需要充分了解具体状况。

给出的试验报告尽可能附有一张取样图,并清楚地标明各个试样的位置,半成品的加工方向特征(如轧制、挤压方向等),以及各个试样的标记。试样在整个准备过程都应有唯一性标识。标识可以采用任何可靠的方法标记在试样上,但要求标识在加工过程中不会消失,且标识的存在不影响试验结果。一般情况下,标识分别标记在试样两头的端面上。

试样表面状态会对试验结果产生影响，这种影响通常与试样的表面粗糙度、存在的残余应力、材料显微组织的变化、污染物的介入等因素有关。因此，需要尽可能将上述因素的影响降至最低。

试样表面状态质量通常用表面粗糙度或同等意义的参量表征（如试件的粗糙度或不平度）。表面粗糙度对试验结果的影响在很大程度上与试验条件有关，试样的表面腐蚀或非弹性变形会降低其影响。建议任何试验条件的试样平行段内外表面粗糙度 R_a 小于 0.2μm，可以使用磨粒流工艺对内表面进行抛光。

另一个未在表面粗糙度中考虑的是存在于局部的加工划痕。加工的最后工序是去除所有环向划痕。建议在磨削之后对试样进行纵向抛光。在低倍（约 20 倍）下检查试样应没有环向划痕。如果在试样表面粗加工完成后再进行热处理，应在热处理后对试样表面进行抛光。如果不能抛光，则热处理应在真空环境或惰性气体保护条件下进行，以避免试样氧化，同时去除热处理引起的应力。

对于非多晶体材料（如单晶材料和定向凝固材料），管状试样的壁厚应足够大，以保证充分包含该材料的典型微观结构。通常在包含扭转循环载荷下，疲劳寿命与管状试样的内外径之比 d_i/d_o 有关。因此，应注意比较材料相同但具有明显不同内外径比值试样的疲劳寿命。承受拉扭热机疲劳载荷时，在内外径比值的标准取值范围内试样疲劳寿命的差别不应过大。

4.4　常温拉扭多轴低周疲劳试验技术

多轴热机疲劳试验是在常温拉扭多轴低周疲劳试验技术基础之上发展起来的，因此首先需要熟悉常温拉扭多轴低周疲劳试验技术及规程[6,9]。

4.4.1　拉扭多轴低周疲劳术语

1. 轴向应变

参考工程应变中的轴向应变，将轴向应变定义为长度的变化量与原长度的比值，计算式为

$$\varepsilon = \Delta L_g / L_g \tag{4.1}$$

式中，ΔL_g 为引伸计标距段长度的伸长量；L_g 为引伸计标距段的长度。

2. 剪切应变

剪切应变由加载在圆柱形试样上的扭矩产生，参考工程剪切应变。除剪切位

移不一样外，其他都类似于轴向应变，剪切位移 ΔL_s 与引伸计标距方向垂直而非平行(图 4.5)。剪切应变计算式为

$$\gamma = \Delta L_s / L_g \tag{4.2}$$

剪切应变与相对引伸计标距方向的扭转角之间关系为

$$\gamma = \tan\psi \tag{4.3}$$

式中，ψ 为沿着引伸计标距方向的扭转角。

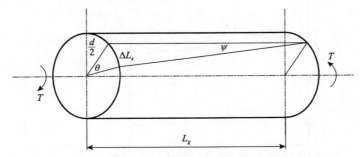

图 4.5　扭矩作用下圆柱形试样引伸计标距内的扭转截面

如果用弧度 θ、圆柱试样外径 d，以及引伸计标距段的长度 L_g 来表达剪切应变，则

$$\gamma = (d/2)\theta / L_g \tag{4.4}$$

式中，θ 为剪切位移 ΔL_s 对应的扭转角，ΔL_s 通过使用校准的扭转引伸计可以直接测量，或者由弧长公式 $\Delta L_s = (d/2)\theta$ 求得；θ 值通过旋转变量差动变压器直接测量。

3. 双轴应变幅值比

剪切应变幅值与轴向应变幅值的比计算式为

$$\lambda = \gamma_a / \varepsilon_a \tag{4.5}$$

式中，γ_a 为剪切应变幅值；ε_a 为轴向应变幅值。

4. 轴向应变和剪切应变之间的相位角 φ

轴向应变波形与剪切应变波形之间的相位角记为 φ，这两个波形为相同类型，如同为三角波或同为正弦波。

5. 同相(比例)拉扭复合疲劳试验

对于对称循环作用的轴向和剪切应变波形，如果轴向应变波形最大值与剪切应变波形最大值同时达到，则相位角 $\varphi = 0°$，这种轴向应变和剪切应变相位角为零的试验称为同相(比例)拉扭复合疲劳试验(图 4.6)。

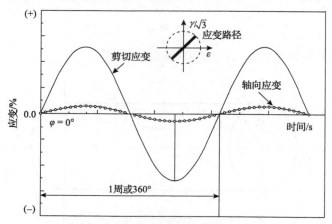

图 4.6　轴向与剪切应变波形同相(比例)机械加载(MIP)

6. 非同相(非比例)拉扭复合疲劳试验

对于对称循环作用的轴向和剪切应变波形，如果轴向应变波形最大值与剪切应变波形最大值不同时达到，则相位角 $\varphi \neq 0°$。与同相加载不同，在任一时刻，剪切应变与轴向应变呈非比例关系。图 4.7 为 $\varphi = 90°$ 的非同相(非比例)拉扭复合疲劳试验加载波形。

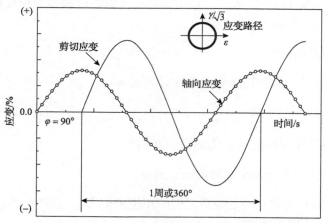

图 4.7　轴向与剪切应变波形非同相(非比例)机械加载(MOP)

7. 剪切应力

此处剪切应力指工程剪切应力,是由于薄壁管试样受到扭矩 T 作用而产生的。推荐采用剪切应力均匀分布假设,作用在中径的剪切应力与扭矩的关系为

$$\tau = \frac{16T}{\pi\left(d_o^2 - d_i^2\right)(d_o + d_i)} \tag{4.6}$$

式中,τ 为剪切应力;d_o、d_i 为试样的外径与内径。

在弹性加载情况下,在引伸计标距段内试样内外径范围内直径为 d 的位置,其剪切应力 τ 可以由式(4.7)计算得到:

$$\tau = \frac{16Td}{\pi\left(d_o^4 - d_i^4\right)} \tag{4.7}$$

为了建立材料循环剪切应力-应变关系曲线,可以在相同的加载条件下,在薄壁管同一个位置通过测定剪切应变和剪切应力来确定。

4.4.2　拉扭多轴低周疲劳试验所用符号

拉扭多轴低周疲劳试验所用符号及说明见表 4.2。

表 4.2　拉扭多轴低周疲劳试验所用符号及说明

符号	说明	单位
b	轴向疲劳强度指数	—
b_γ	扭转疲劳强度指数	—
c	轴向疲劳塑性指数	—
c_γ	扭转疲劳塑性指数	—
d_G	试样夹持端外径	mm
d_i	试样标距段内径	mm
d_o	试样标距段外径	mm
E	弹性模量	GPa
F	轴向力	N
G	剪切弹性模量	GPa
K'	轴向循环强度系数	MPa
K'_γ	扭转循环强度系数	MPa

续表

符号	说明	单位
L	试样全长	mm
L_G	试样夹持端长度	mm
L_g	试样引伸计标距段长度	mm
n'	轴向循环应变硬化指数	—
n'_γ	扭转循环应变硬化指数	—
N_f	失效循环数(疲劳寿命)	—
R_γ	剪切应变比	—
R_ε	轴向应变比	—
R_σ	轴向循环应力比	—
R_τ	剪切循环应力比	—
S_t	试样有效横截面积	mm^2
T	扭矩	N·m
t	试样引伸计标距段壁厚	mm
γ	剪切应变	—
γ_a	剪切应变幅值	—
$\Delta\gamma$	剪切应变范围值	—
γ_e	剪切弹性应变	—
$\Delta\gamma_e$	剪切弹性应变范围值	—
γ'_f	剪切疲劳塑性系数	—
γ_p	剪切塑性应变	—
$\Delta\gamma_p$	剪切塑性应变范围值	—
ε	轴向应变	—
ε_a	轴向应变幅值	—
$\Delta\varepsilon$	轴向应变范围	—
ε_e	轴向弹性应变	—
$\Delta\varepsilon_e$	轴向弹性应变范围值	—
ε'_f	轴向疲劳塑性系数	—

续表

符号	说明	单位
ε_p	轴向塑性应变	—
$\Delta\varepsilon_p$	轴向塑性应变范围值	—
λ	双轴应变幅值比	—
σ	轴向应力	MPa
$\Delta\sigma$	轴向应力范围值	MPa
σ'_f	轴向疲劳强度系数	MPa
τ	剪切应力	MPa
$\Delta\tau$	剪切应力范围值	MPa
τ'_f	扭转疲劳强度系数	MPa
φ	轴向应变和剪切应变之间的相位角	(°)

4.4.3　拉扭多轴低周疲劳试验要求及过程

通常多轴载荷所导致的变形与损伤机制较为独特，与单轴加载条件下的损伤机制有很大不同。由于大多数工程构件都受到多轴循环载荷作用，有必要描述这种模式下材料的变形和疲劳行为。掌握多轴损伤特性可以可靠地预测工程部件的疲劳寿命。拉扭复合载荷是多轴力系统中的几种可能类型之一，本质上是双轴载荷。

由于薄壁管试样的应力状态在整个试验截面上是恒定的，在主应力或应变空间，拉扭组合加载比平面双轴加载更为方便。以应变作为控制量，对金属管薄壁试样同时施加以轴向和扭向循环载荷，进而测定该材料疲劳性能，可用于获取均匀材料在同相（比例）与非同相（非比例）拉扭组合载荷条件下的疲劳寿命和循环变形数据。

拉扭多轴低周疲劳试验要在能够施加拉压和扭转载荷的试验系统上进行。试验系统应具有足够的轴向刚度和扭转刚度，使得试验系统能够减小试验框架在额定最大轴向力和扭矩下的变形。试验机应满足现行国家标准中轴向疲劳试验要求及扭转疲劳试验要求。

用于夹持试样的夹具应具有一定的耐用性，因此夹具的设计在很大程度上取决于试样的设计。典型液压夹头装置和具有光滑圆柱形夹持部位的试样结合使用，可以较好地满足对中性和轴向刚度要求。对于其他类型的固定装置（如具有螺纹连接端试样固定的装置），若符合对中性准则，也可使用。但相对于具有光滑圆柱形夹持部位的试样，具有螺纹连接端的试样较难满足对中性准则的要求，因此应优先选择具有光滑圆柱形夹持部位的试样。

试验机测力系统应按现行国家标准进行静态校准，确保动态力测量误差不超过所需测力范围的±1%。引伸计应按现行国家标准进行检定/校准，要符合要求。

轴向和扭向滞后环及轴向力/应变和扭矩/剪切应变随时间的变化，应采用数字采集系统对循环试验数据进行采集。数据采集应根据具体加载路径确定采集频率，以避免四个通道响应信号产生削峰损失现象。

拉扭多轴低周疲劳试验要求及流程如下。

1. 试验条件

对于室温试验，一般在 10～35℃ 进行。对温度要求严格的试验，试验温度应为 23℃±5℃。对于高温试验，温度一般不超过 1200℃，试样引伸计标距段内的温度变化应不超过 5℃，或在名义试验绝对温度的 1% 以内，取两者中的较大者。如有任何超出试验要求极限的温度冲击，应将所有这些温度值记录在试验报告中。

2. 试样尺寸测量

薄壁管试样引伸计标距部分的内径和外径应至少进行三次测量（两端和中间）。为确保同心度，应附加三次相应的测量。由测量结果计算得到的平均值作为试样计算尺寸用于试验控制和试验数据的后处理。

对于高温试验，由室温下测量数据算得的平均值应利用热膨胀系数修正得到试验温度下的试样尺寸，并用计算得到的高温下尺寸评估试验控制参数以及用于试验数据的后处理。热膨胀系数可以在进行疲劳测试前通过测量每个试样得到，或通过材料手册查得。

3. 试样安装

试样应在不受任何轴向或扭向预载荷的情况下安装在试验机上。在安装接触型引伸计或其他接触型仪器时应尽量避免划伤试样内外表面。

4. 轴向和剪切应变的计算

为精确控制试验，轴向应变和剪切应变值都应以试样的引伸计标距段为准计算得出。剪切应变在试样的薄壁截面沿径向成线性变化，应以试样的外径为准，用式(4.4)计算得出。

5. 加载控制模式

拉扭复合（同相和非同相）疲劳试验应在应变控制下进行。为了进行应变控制下单轴拉压疲劳试验，扭转通道控制器应在零扭矩状态。在进行应变控制下的扭转疲劳试验时，轴向通道控制器应在零载荷状态。

6. 指令波形检查

拉扭应变的指令波形可为三角波或正弦波。对于室温试验，为防止薄壁管试样由于塑性变形而过热，加载波形的应变率(三角波)或频率(正弦波)应足够低。试验中所采用的应变率或频率一般不能使试样温度增高超过 5℃，或超过名义绝对试验温度的 1%，取两者较大者。对于非同相拉扭复合试验，轴向波形与扭转波形之间应有一定的相位角，且扭转波形滞后于轴向波形。

对于金属材料，疲劳寿命可能与应变率或频率相关。例如，应变率相差 10 倍或以上，可能会产生不同的疲劳寿命数据。因此，为建立上述情况下的疲劳寿命关系，试验中所采用的应变率或频率应和其他数据一并列出。

在一定温度下，一些材料的疲劳寿命可能与加载波形(如三角波或正弦波)有一定的相关性。由于三角波波形能够产生恒定的有效应变率，为了准确地描述拉扭复合加载下材料的循环变形行为，一般认为三角波比正弦波更为合适。

7. 试验监测

材料所表现的初始循环变形取决于试验开始时的加载程序。同一系列的所有疲劳试验都应从相同的方向开始。例如，在拉扭复合加载试验中，轴向加载波形通常开始于拉伸方向(正向)，扭转加载波形通常开始于剪切应变正方向。图 4.6 和图 4.7 分别给出了拉扭同相、非同相试验开始时的加载波形。对于较大应变幅度试验，为防止产生过冲现象或者引伸计与试样之间产生滑动，轴向与剪切应变分别在 10 循环内达到各自最终的稳定应变幅即可。

在试验过程中需监测各试验控制变量(试样温度，轴向与扭向通道指令波形)，且各控制变量应满足以下要求。

(1)所控制的应变幅度变化范围不能超过各自通道名义值的 1%。

(2)在拉扭复合加载疲劳试验中，轴向与扭向应变波形之间的相位角相对于预设值的偏移量不能超过 3°。

(3)试样温度变化范围不应超过 5℃，或名义试验温度的 1%，取两者中的较大者。

若试验过程中任一控制变量偏离其相应的规定极限范围，则畸变数据应在试验报告中进行说明。

8. 试验数据记录

在疲劳试验最初的 10 循环内，应记录其轴向力、轴向应变、扭矩和剪切应变来研究材料的初始循环硬化/软化。在整个疲劳试验过程中，上述控制变量都应以对数循环间隔的方式进行相应记录(如循环数 10、20、50、100、200、500、1000、2000、5000 等)。

通常在试验的最后阶段，当试样表面出现目视可见裂纹时，应适当减小数据记录的循环间隔以更好地检测试样失效现象。

9. 试样失效的确定

与单轴拉压试验不同，纯扭转疲劳试验中试样通常不会分离成两块。载荷下降百分比方法、基于循环应力-应变行为(硬化或软化)方法或表面复型技术都可用于定义试样失效。

(1)载荷下降百分比方法：当试样加载载荷相对于先前记录的轴向或扭向数据峰值下降 5%或 10%时，认为试样已失效。

(2)基于循环应力-应变行为(硬化或软化)方法：通过考虑材料的循环硬化或软化行为来定义试样失效。通常对于恒幅拉扭复合疲劳试验，在绝大部分疲劳寿命内，载荷范围相对于循环数曲线关系的斜率是一个常数(零或者对于循环硬化材料为一较小的正数，对于循环软化材料为一负数)。此时失效定义为轴向载荷或扭转载荷范围相对于循环数的曲线(其斜率与材料在试验主要部分中表现出的斜率相同)与比实际硬化或软化曲线低 10%的曲线相交时的载荷值。

(3)表面复型技术：用乙酰纤维素薄膜复制试样引伸计标距内表面，以预定的循环间隔中断疲劳试验后检查薄膜是否存在表面裂纹。通过观察到的最长裂纹(通常为 0.1mm 或 1.0mm)来确定试样失效。

10. 数据处理和分析

(1)弹塑性载荷条件下的轴向和剪切应力-应变关系曲线。

在弹塑性加载条件下，轴向和剪切应变由弹性和塑性部分组成：

$$\frac{\Delta \varepsilon}{2} = \frac{\Delta \varepsilon_e}{2} + \frac{\Delta \varepsilon_p}{2} \tag{4.8}$$

轴向循环应力-应变关系可由轴向的 Ramberg-Osgood 应力-应变公式描述：

$$\frac{\Delta \varepsilon}{2} = \frac{\Delta \sigma}{2E} + \left(\frac{\Delta \sigma}{2K'} \right)^{\frac{1}{n'}} \tag{4.9}$$

(2)剪切循环应力-应变曲线。

剪切循环应力-应变关系也可由扭向的 Ramberg-Osgood 应力-应变公式描述：

$$\frac{\Delta \gamma}{2} = \frac{\Delta \gamma_e}{2} + \frac{\Delta \gamma_p}{2} \tag{4.10}$$

$$\frac{\Delta\gamma}{2} = \frac{\Delta\tau}{2G} + \left(\frac{\Delta\tau}{2K_\gamma'}\right)^{\frac{1}{n_\gamma'}}$$ (4.11)

（3）轴向、剪切应变幅值与疲劳寿命关系。

通过分别使用轴向及剪切的应力幅值范围和弹性模量计算，总的轴向应变范围/剪切应变范围可以区分为弹性和塑性部分。在拉压和纯扭转载荷条件下，描述轴向或剪切应变与疲劳寿命的关系可利用 Manson-Coffin 方程来表达。

轴向应变与疲劳寿命的关系可由轴向的 Manson-Coffin 方程表达：

$$\frac{\Delta\varepsilon}{2} = \frac{\sigma_f'}{E}\left(2N_f\right)^b + \varepsilon_f'\left(2N_f\right)^c$$ (4.12)

剪切应变与疲劳寿命的关系也可由扭向的 Manson-Coffin 方程表达：

$$\frac{\Delta\gamma}{2} = \frac{\tau_f'}{G}\left(2N_f\right)^{b_\gamma} + \gamma_f'\left(2N_f\right)^{c_\gamma}$$ (4.13)

这些轴向和扭转疲劳寿命的关系可单独或结合起来使用，以预测拉扭复合载荷下的疲劳寿命。

4.5　拉扭多轴热机疲劳试验技术

4.5.1　拉扭多轴热机疲劳术语

1. 拉扭热机疲劳

拉扭热机疲劳指同时存在轴向机械应变循环、剪切应变循环和温度循环的疲劳行为。

2. 轴向应力

轴向应力指按室温下原始横截面积计算的轴向上的应力分量，圆管试样的轴向应力 σ 与轴向力 F 的关系为

$$\sigma = \frac{4F}{\pi\left(d_o^2 - d_i^2\right)}$$ (4.14)

3. 轴向总应变

轴向总应变 ε_{tot} 指轴向机械应变和轴向热应变的代数和，计算式为

$$\varepsilon_{\text{tot}} = \varepsilon_m + \varepsilon_{\text{th}} \tag{4.15}$$

4. 轴向机械应变 ε_m

轴向机械应变 ε_m 指独立于温度，并与试样上施加的与轴向力有关的轴向应变。

5. 轴向热应变 ε_{th}

轴向热应变 ε_{th} 指由温度变化产生的自由膨胀所对应的轴向应变。

6. 同相位

在相同频率下，轴向机械应变循环与温度循环相位差为 0°的相位关系，或轴向机械应变循环与剪切应变循环相位差为 0°的相位关系。

7. 非同相位

在相同频率下，轴向机械应变循环与温度循环相位差不为 0°的相位关系，或轴向机械应变循环与剪切应变循环相位差不为 0°的相位关系。

4.5.2　拉扭多轴热机疲劳试验所用符号

拉扭多轴热机疲劳试验所用符号及说明见表 4.3。

表 4.3　拉扭多轴热机疲劳试验所用符号及说明

符号	说明	单位
d_G	试样夹持端外径	mm
d_i	试样引伸计标距段内径	mm
d_o	试样引伸计标距段外径	mm
E	弹性模量	MPa
F	轴向力	N
G	剪切模量	MPa
L	试样全长	mm
L_G	试样夹持端长度	mm
L_{GT}	夹持端和过渡段总长度	mm
L_g	试样引伸计标距段长度	mm
ΔL_g	引伸计标距段长度的变化量	mm
L_s	试样中间平直段的长度	mm

续表

符号	说明	单位
M	扭矩	N·m
N_f	失效循环数	周或循环
$2N_f$	失效反复数	反复数
n	循环数	周或循环
R	过渡弧段半径	mm
R_a	表面粗糙度	μm
T	温度	℃
t	试样引伸计标距段的壁厚	mm
γ	剪切应变	mm/mm 或%
ε	轴向应变	mm/mm 或%
ε_m	轴向机械应变	mm/mm 或%
ε_{th}	轴向热应变	mm/mm 或%
$\Delta\varepsilon_{th}$	轴向热应变范围	mm/mm 或%
ε_{tot}	轴向总应变	mm/mm 或%
σ	轴向应力	MPa
τ	剪切应力	MPa

4.5.3　拉扭多轴热机疲劳试验要求及过程

1. 拉扭多轴热机疲劳试验要求

拉扭多轴热机疲劳试验应在平稳起动且力和扭矩过零时无反向间隙的拉扭试验机上进行。试验机可以是液压、电子或机械加载的，并应能按照指定的波形控制轴向应变和剪切应变。横梁处于工作位且加载链准确对中(平行和同心)时，载荷机架应有较高的侧向刚度。整个加载链(包括轴向力传感器、扭矩传感器、拉杆/夹具和试样)应有较高的侧向刚度以减小试样的弯曲。

1) 轴向力、扭矩测量系统要求

轴向力传感器应适合于试验过程中施加的轴向力，扭矩传感器应适合于试验过程中施加的扭矩。轴向力传感器、扭矩传感器应能够进行温度补偿，且零点漂移或温度敏感度的变化不超过满量程的 0.002%/℃。

2) 加载链的同轴度要求

试验机架，包括夹具，应使用一个试样进行校正，该试样的几何形状应尽可能与试验中带拉扭引伸计的试样相似。允许的最大试验机弯曲应变不大于零载时50 微轴向应变或所加轴向机械应变的 5%，二者取较大者。上述校正应于每 12 个月或者有下列情形时进行：

(1)作为新机服役检测的一部分；

(2)试样的事故性破坏之后，除非能说明同轴度不受影响；

(3)对加载链进行任何调整。

3)试样夹持装置要求

夹持装置在试验过程中传递循环轴向力值和扭矩值给试样应没有反向间隙，其几何特性应能确保同轴度满足加载链的同轴度要求。最好的设计方案是尽量将机械连接数降到最小。

夹持装置应确保一系列后续试样同轴度的重复性。夹持装置的材料应选择在整个试验条件范围都能够正常工作的材料。

4)应变测量系统要求

应使用拉扭引伸计测量试样的轴向应变和剪切应变。拉扭引伸计应适合于长试验周期下测量动态应变量，并且有最小的漂移、滑动或仪器的滞后。

应直接测量试样标距长度的轴向变形量和扭向变形量。拉扭引伸计的传感器应防止由热波动引起的漂移。鉴于拉扭热机疲劳试验温度的瞬时特性，推荐对拉扭引伸计施行主动冷却，保证试验过程中拉扭引伸计的传感器部分保持恒温。接触式拉扭引伸计的动态设计应保证在与其接触的试样区域发生侧向或角度移动时，拉扭引伸计接触点或刀口处不发生滑动。拉扭引伸计的接触压力和操作时的力应足够小，以避免损伤试样表面并在与拉扭引伸计接触或刀口部位引起疲劳裂纹萌生。

5)加热系统要求

加热系统应能提供系列拉扭热机疲劳试验的最大加热和冷却速率。为了减小直接感应加热系统产生的试样径向温度梯度，建议选择频率足够低的加热装置(一般在几百赫兹范围或更低)。这将有助于减弱加热过程中的趋肤效应。

试验过程中应使用热电偶、高温计、红外测温装置或其他温度测量装置测量试样温度。对于热电偶，应保证其与试样的直接接触，并且不会在触点处发生失效，常用的附着方法是在标距外以点焊或捆绑和压套的方法将热电偶固定在试样表面上。

如果用光学高温计测量标距部分的温度，应采取措施标定出试验持续过程中试样热辐射可能的变化。可行的方法包括双色高温计和试样表面预氧化处理。

6)试验监控仪器要求

推荐采用能进行数字采集和处理轴向力、扭矩、轴向变形、扭向变形、温度和循环数据的自动化系统。数据点的采样频率应能够确保迟滞回线尤其是反转区域的正确表征。不同的数据采集方法将会影响每一回线所需的数据点数，一般每一回线需要 200 个点。也可选择其他能够测量相同数据的模拟系统，但应包括如下装置。

(1)两个 *X-Y* 记录仪：一个用于记录轴向力、轴向变形和温度的迟滞回线，另一个用于记录扭矩、扭向变形和温度的迟滞回线；

(2)一个连续记录仪，用于记录几个与时间相关的参数，即轴向力、轴向变形、扭矩、扭向变形和温度；

(3)每个信号的峰值检测装置；

(4)循环计数器等。

记录仪可以用能以照片或模拟形式重现记录信号的存储装置取代。这些装置记录信号的速率应大于记录仪的最大转动速率，并且允许暂存记录随后以较慢的速率回放。

7)试验机检查和校准要求

应定期检查试验机和其控制及测量系统，特别是以下每一个传感器和其相关的电器应作为一个单元校准。

(1)轴向力测量系统应按照现行国标进行校准，其准确度应为 1 级或优于 1 级；

(2)扭矩测量系统应满足现行国标要求并进行校准，其准确度应为 1 级或优于 1 级；

(3)温度测量系统应按照现行有关标准进行校准；

(4)热电偶应按照现行有关标准进行校准；

(5)引伸计应按照现行有关标准进行校准，其准确度应为 1 级或优于 1 级。

每个系列试验之前应检查拉扭引伸计的原始标距，利用分流电阻或其他合适的方法对轴向力传感器、扭矩传感器和拉扭引伸计进行确认，并且对热电偶或高温计进行确认。

8)试样尺寸要求

以圆形截面的薄壁管为试样进行试验。为了避免循环载荷下的不稳定性，试样的壁厚应满足平均直径与壁厚的比值为 10:1 的薄壁管准则。对于多晶体材料，应保证壁厚部分至少存在 10 个晶粒来保持各向同性。

试样的具体尺寸要求见图 4.4 和表 4.1。

试样引伸计标距段内表面与外表面应从一端到另一端一次加工成型，要求如下。

(1)研磨：在离最终尺寸还差 0.1mm 时，应以每道工序不超过 0.005mm 的磨削量研磨。

(2)抛光：对于最终的 0.025mm，用逐级降低粒度的砂纸对试样进行抛光；建议最后的抛光方向平行于试样的轴向。

(3)管状试样应仔细加工内孔。

最终精加工完成后应对试样的尺寸进行检查，采用的检查方法应不改变试样的表面状态。

此外，热处理应不改变被测材料的显微结构特征。热处理及精加工的详情应在试验报告中注明。

所制备后的试样应妥善存放以避免遭受任何损害（如接触刮伤或氧化等）。建议采用单独的盒子或带封头的管保存试样。在一些特定情况下，有必要将试样存放在真空瓶或者放有硅胶的干燥器中，并尽量减少对试样的拿取操作，以避免损伤。

2. 拉扭多轴热机疲劳试验过程

1) 试验环境检查

拉扭热机疲劳试验本身是一种复杂的试验，试验结果的准确性与采用的试验方法及环境有关。试验应在以下合适的环境下进行：

(1)恒定的环境温度；

(2)最小的大气污染（如灰尘、化学蒸汽等）；

(3)没有能够影响试验机控制和数据采集的外部电信号；

(4)最小的外部机械振动。

2) 试样安装

试样应安装就位并以最小外力夹紧，注意在安装接触式拉扭引伸计时，不应划伤管状试样标距段内外表面。

3) 温度控制装置检查

温度循环在整个试验过程中应保持稳定。在零载荷条件下温度循环的任一给定温度点 T，热应变 ε_{th} 的滞后不应大于相应的热应变范围 $\Delta\varepsilon_{th}$ 的 5%。

整个试验期间，控温装置（如热电偶）在循环内任何给定时刻显示的温度与预设值的偏离不应超过±5℃或者稳定温度（即已建立温度的动态平衡）范围值的±1%，取较大者。非控温传感器在循环内任何给定时刻显示的温度不应超过稳定温度值的±3℃。

拉扭热机疲劳试验开始加载之前，轴向、径向、环向的温度梯度应该在零载荷热循环条件下测量并优化。标距段热循环的温度梯度应当与拉扭热机疲劳试验循环的相同。

试样标距段在循环期间任何给定时刻允许的轴向最大显示温度梯度应为以下值的较大者：2%ΔT 或 10℃；其中，ΔT 是动态条件下测得的温度循环范围（单位：℃）。目前没有标准方法用于温度测量装置的动态标定，因此与非静态条件下要求相关的所有温度都在静态下进行标定。

建议检查和限制轴向标距段内试样厚度方向的温度梯度（也就是径向梯度）。这种梯度在使用高的温度变化速率时特别受关注。管状试样径向温度梯度可以通过同一轴向位置内外表面附着的热电偶测量得到。在循环过程中也可以用光学高温计测量表面温度梯度。

4）轴向机械应变和剪切应变控制

轴向机械应变和剪切应变的循环波形应在整个试验过程中保持恒定。轴向机械应变 $\varepsilon_m = \varepsilon_{\text{tot}} - \varepsilon_{\text{th}}$，在循环的任一时刻不应偏离轴向机械应变范围要求值的 2%。轴向机械应变范围的要求值根据总应变和补偿热应变之间的差得到。轴向机械应变和温度都应在整个试验期间保持循环稳定，在整个试验过程中都能保持同步，不允许有累积误差。

剪切应变在循环的任一时刻不应偏离剪切应变范围要求值的 2%。

5）轴向热应变补偿

为了得到需要的轴向机械应变，应当在试验中主动补偿由温度产生的轴向热应变。有以下几种方法可以用来补偿产生的轴向热应变。这些方法取决于特定的试验装置和控制软硬件。然而最主要的目的是在循环内给定点提供足够精确的轴向热应变补偿，并由此准确地控制轴向机械应变。常用的两种方法如下所述。

方法 1：试验开始前通过记录（在零负荷下）轴向热应变的自由膨胀作为试样温度的函数补偿轴向热应变。这里的温度循环应与随后的拉扭热机疲劳试验的温度循环相同。这些补偿可以拟合成适当的代数方程或函数段（典型的一个升温部分的函数、一个降温部分的函数），其中温度是独立变量。这些函数关系之后用于计算拉扭热机疲劳试验即时的补偿应变。补偿关系可以用式（4.16）表示：

$$\varepsilon_{\text{tot}} = \varepsilon_m(t) + \varepsilon_{\text{th}}(T) \tag{4.16}$$

式中，T 为 t 时刻的温度。

方法 2：试验开始前通过记录在零负荷下轴向热应变的自由膨胀作为循环时间的函数补偿轴向热应变。这里的温度循环与随后的拉扭热机疲劳试验的温度循环相同。这些记录值在循环期间相应的时间被调用。补偿关系式如式（4.17）所示：

$$\varepsilon_{\text{tot}} = \varepsilon_m(t) + \varepsilon_{\text{th}}(t) \tag{4.17}$$

注意：$\varepsilon_{\text{th}}(t)$ 不是常数。

方法 2 没有提供轴向机械应变的闭环控制，如果试样温度与期望值不一致，可能会导致明显的过应变。通常不能十分精确地得到自由轴向热应变范围，将其分成等时间的或与温度相关的增量，在后续补偿计算就利用该恒定增量值。这种方法不能解释正常的非线性膨胀，也不能解释试验过程中的温度滞后。方法 1 在试验过程中出现温度问题时，会减小对试样的损伤。

轴向热应变补偿的精度应在拉扭热机疲劳试验开始之前检查，检查的方法是采用轴向机械应变控制模式使试样在零轴向机械应变下承受温度循环。这里应该用轴向热应变补偿方法对温度产生的轴向热应变进行主动补偿。

在循环过程中，产生的最大可接受的轴向应力应由试验的峰值轴向机械应变及相应弹性模量计算，两个温度下发生的最大和最小轴向应力计算如下：

$$\sigma_{\max} = 2\%\varepsilon_{\max,m} \cdot E, \quad T 在 \varepsilon_{\max,m} 时 \tag{4.18}$$

$$\sigma_{\min} = 2\%\varepsilon_{\min,m} \cdot E, \quad T 在 \varepsilon_{\min,m} 时 \tag{4.19}$$

可接受应力不大于 $(\sigma_{\max} - \sigma_{\min}) / 2$。

零轴向机械应变下测量的温度循环产生的轴向应力绝对值不应超过上面确定的可接受轴向应力范围，确保在正式试验过程中控制的轴向机械应变范围精度在2%轴向机械应变范围之内。

6) 轴向机械应变和剪切应变、轴向机械应变和温度的相位差设置

在整个试验过程中，轴向机械应变和剪切应变的相位差在循环期间的任一时刻漂移不应超过期望相位3°。用于评估轴向机械应变和温度相位差的温度值应是热循环过程的响应值(反馈值)，而不应是指令值。当轴向机械应变和温度使用各自独立的时钟控制时，用以下方法来评估轴向机械应变和温度之间的相位。

(1) 用于评估轴向机械应变和温度相位差的轴向机械应变由循环期间的瞬时总应变减去补偿的轴向热应变计算得到：

$$\varepsilon_m = \varepsilon_{\text{tot}} - \varepsilon_{\text{th}}$$

(2) 整个试验过程，轴向机械应变和温度的相位差在循环期间的任一时刻漂移不应超过期望相位5°。

试验过程中要特别注意温度相位的响应变化。建议测量同一时刻的轴向机械应变和温度来测定相位漂移，并与起始循环比较得到相位漂移量。应当在整个试验过程检测相位的漂移。

典型的加载波形有以下四种，示意图见图4.8～图4.11。

(1) 轴向机械应变循环和剪切应变循环同相，轴向机械应变循环与温度循环同相(MIPTIP)；

(2) 轴向机械应变循环和剪切应变循环同相，轴向机械应变循环与温度循环180°非同相(MIPTOP^{180})；

(3) 轴向机械应变循环和剪切应变循环90°非同相，轴向机械应变循环与温度循环同相(MOP^{90}TIP)；

(4) 轴向机械应变循环和剪切应变循环90°非同相，轴向机械应变循环与温度

循环 180°非同相（MOP⁹⁰TOP¹⁸⁰）。

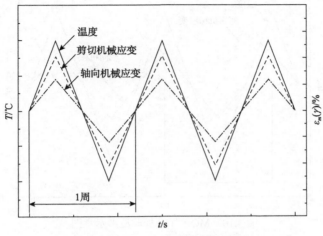

图 4.8　MIPTIP 加载波形示意图

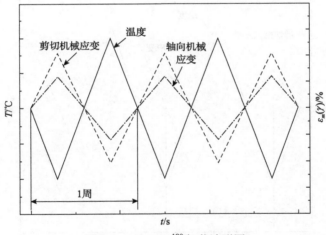

图 4.9　MIPTOP¹⁸⁰ 加载波形图

加载波形也可为其他相位关系。

7）指令波形检查

轴向机械应变、剪切应变和温度的波形在试验过程中应保持重复不变。在一项试验或试验计划中经常希望采用相同的循环周期，这样在试验过程中轴向机械应变（剪切应变）范围的变化必将导致轴向机械应变（剪切应变）速率的变化。建议同一系列试验轴向机械应变（剪切应变）的速率变化不应超过 5 倍。

8）试验先期测量

应至少检查室温和循环最高温度下的拉伸和压缩模量值、剪切模量值，确保

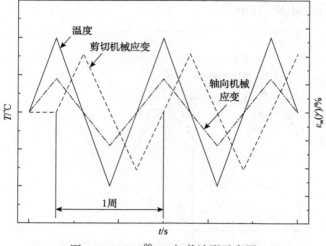

图 4.10　MOP^{90}TIP 加载波形示意图

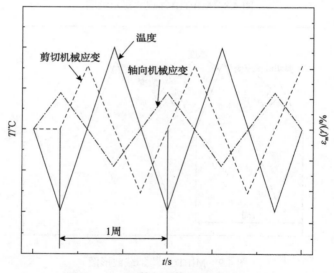

图 4.11　MOP^{90}TOP^{180} 加载波形示意图

拉扭引伸计没有滑动并处于良好的工作状态。这样确定的模量值不应超过已知模量值的 5%，如果模量值超过已知模量值的 10%，则不能继续进行试验。此外，应测量和记录整个拉扭热机疲劳循环温度范围的热膨胀。在与拉扭热机疲劳试验相同的热循环条件下，应在控制载荷为零的状态下测量达到动态温度平衡时每根试样的热膨胀量。

　　9) 试验执行

　　轴向机械应变和剪切应变开始加载后，轴向机械应变和剪切应变应逐渐接近它的最小绝对值，当达到循环中所对应的温度时，立即开始加载给定相位的拉扭热机疲劳循环。对于总应变幅较大的试验，为了防止过冲，可经过几个循环后逐渐将轴向机械应变和剪切应变增加到试验所需的应变幅。对于呈现不连续屈服现象的材料可逐级增加应变幅。

10) 试验监控

应监控整个试验过程的试样温度、轴向总应变和剪切应变等控制变量。轴向机械应变和剪切应变应按前面所述的要求进行控制，试验温度条件应按前述的要求控制。

11) 试样失效判据

采用以下判据之一确定试样失效。

(1) 当试样在标距以内分离或断裂成两半时，则认为试样失效。记录所有失效位置。

(2) 当试验轴向力(扭矩)下降到稳定的峰值轴向力(扭矩)的某一规定值(常在5%～50%)认为试样失效。

(3) 试样表面的复型技术可以用于判定试样的失效(热机疲劳)。这种方法需要在预定的循环间隔中断疲劳试验，做试样表面的复型，如使用醋酸纤维膜。随后检查用膜连接起来的表面裂纹，当观察到的最大裂纹长到规定的长度(一般在0.1～1mm)时，判定为失效。

对于试件寿命的确定，同一系列试验应采用相同失效判据。

当满足选定的试验结束条件时终止试验。为了减小试样和裂纹表面的腐蚀和氧化，以便试验后的检查，只要试验终止，应当立即停止加热。如果由失效判据得出不是试样断开，应尽力确保终止试验期间不要过载。

建议对失效试样进行后续的金相和断口分析，由此确认各种失效机理，并有助于了解无效试验结果的非正常现象。

12) 试验中断

如果试验中断，试验重起时应保证没有明显温度、轴向力或轴向机械应变、扭矩或剪切应变的过冲。在中断应变控制的拉扭热机疲劳试验之前，记录最后三个循环的最大和最小轴向力、扭矩。试验中断之后，将试样冷却到室温之前记录几个自由的热循环(在零载荷控制下)并注明最大最小应变值。轴向热应变范围不应改变，但由于标距的改变可能会漂移。卸除拉扭引伸计之前应记录室温应变值，并标记拉扭引伸计在试样上的位置。试样经过复型并仔细地重新安装试样之后，拉扭引伸计应安装在相应标记的位置，手工调节到拉扭引伸计卸除之前相同的应变值。然后重新开始热循环，轴向热应变应与先前记录的切断机械应变后的应变值一致。调整拉扭引伸计直到与轴向热应变符合。重新启动时的轴向力值、扭矩值应与中断试验之前的相一致。可用拉扭引伸计小量微调帮助达到先前的轴向力值、扭矩值。

13)试验数据记录

可以测量试样弹性模量、剪切模量与温度的函数关系。试样的轴向热应变和温度的关系可用图表的形式来表达。

弹性模量 E 和剪切模量 G 可以用如下的方法测定。

(1)在温度稳定条件下,用循环拉伸和压缩载荷控制的三角波(或正弦波),测量每个温度的弹性模量 E。

(2)在温度稳定条件下,用循环扭矩载荷控制的三角波(或正弦波),测量每个温度的剪切模量 G。

(3)施加的轴向力值或扭矩值不超过最高温度下材料屈服等效应力的20%,应力循环的频率不小于 0.1Hz。每个温度的模量至少通过 5 循环来确定。

(4)需要的测量数与试验温度范围和试验温度下应力(或应变)范围的大小有关。建议测量温度循环中最小、平均和最大温度的模量,或以不使模量变化超过5%的温度间隔测量模量,取其中效果较优者。

4.6　双轴平面热机疲劳试验技术

4.6.1　双轴平面热机疲劳试验系统

双轴平面热机疲劳试验系统带有伺服液压四个作动器,可独立控制,两对相对作动器组合形成两个垂直轴,如图 4.12 所示,两对相互垂直的作动器加载轴线在双轴平面试验机中心的平面内相互垂直相交。该试验系统配置使用试样的几何形状为十字形,这种试样的设计方法可使其在平面应力状态下的应力分布均匀。

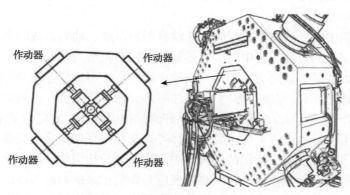

图 4.12　双轴平面热机疲劳试验系统

试件可在具有四个夹持装置的伺服液压双轴平面试验机上进行双轴疲劳试验。配套的控制器可对双轴提供平移和变形控制，从而进行低周疲劳测试、高循环疲劳测试、热机疲劳测试以及断裂力学测试。

4.6.2　双轴平面热机疲劳试件

Pascoe 等[10]早期设计出十字形双轴疲劳试件，如图 4.13 所示，并开展双轴平面低周疲劳试验研究。十字形试样的形状能够在双轴正交引伸计测量的平面范围内实现应力均匀分布，从而确保裂纹在应变规定区域内萌生和扩展[11-14]。在十字形双轴疲劳试件制作过程中，通常将厚板材料腐蚀成十字形试样用的板，然后磨成十字形试样形状，其中中间部分是通过车削加工的[10]。为了防止由车削导致的表面粗糙度较大而产生裂纹，试样需要在测量区域进行机械研磨和抛光。典型的十字形双轴疲劳试件中央具有直径为 15mm 的圆形测量平面，其厚度可减薄至 1.6mm[12]。

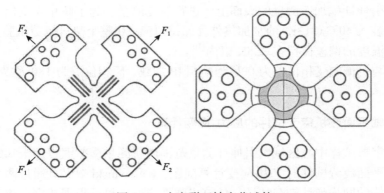

图 4.13　十字形双轴疲劳试件

4.6.3　双轴平面热机疲劳试验加热系统

温度由十字试样中心一侧的 K 型热电偶测量。热电偶的两根导线分别焊接到十字形试样中心的表面上，如图 4.14 所示，彼此之间的距离为 1mm。在十字试样的另一侧使用电感应线圈进行加热，该线圈由高频发电机供电。为了获得更高的冷却速率，夹具持续水冷却。在每次热机疲劳试验开始时，一般通过 3～10 个零机械载荷的纯温度循环，并使用二次函数逼近了一个稳定循环的热应变，通过计算总应变减去热应变获取机械应变，然后在机械应变控制下进行热机疲劳试验。

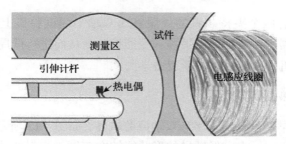

图 4.14　双轴平面热机疲劳试验加热示意图

4.6.4　双轴平面热机疲劳试验测量系统

用高温拉伸计测量区域内两个轴的应变。引伸计放置在测量区域的一侧，即在十字形试样的测量侧连接了两套测量传感器。在引伸计的中间，焊接了 K 型热电偶来测量温度，通常将带状热电偶包在试样表面上[15]，并用氧化硅陶瓷织物固定在试样测量区中心，如图 4.14 所示，从而进行温度测量。将带有四个陶瓷棒的双轴正交引伸计施加于测量的表面上，进行应变测量。为了防止应变信号漂移，引伸计可装入 40℃（313K）的水加热外壳保持恒温。在整个热机疲劳试验期间，温度与控制温度的偏差保持在±2.5K 以内[10]。

温度与机械应变相位差为 0°称为同相 IP 加载，而相位差为 180°称为异相 OP 加载。

4.6.5　双轴平面热机疲劳试件的应力-应变计算

在十字形试样中心区域，引伸计测量范围内所测量横截面积是未知的。为了解决双轴平面疲劳试件的应力-应变计算问题，Kulawinski 等[11-14]通过两个加载轴的迟滞回线的同步弹性卸载特性，估算出弹性应变，最后根据胡克定律分别计算出两个加载轴方向上的应力。计算原理如图 4.15 所示，两个轴的拉伸和压缩弹性应变 $\varepsilon_{1/2}^{\text{el-}T/C}$ 和塑性应变 $\varepsilon_{1/2}^{\text{pl-}T/C}$ 可由弹性卸载路径外推来确定。由于引伸计测量区域为平面应力状态，假设材料为各向同性，则根据胡克定律，测量面在两个加载轴方向上的拉伸和压缩应力分别为[11]

$$\sigma_1^{T/C} = \frac{E(\varepsilon_1^{\text{el-}T/C} + \nu_{\text{el}}\varepsilon_2^{\text{el-}T/C})}{1 - \nu_{\text{el}}^2} \tag{4.20}$$

$$\sigma_2^{T/C} = \frac{E(\varepsilon_2^{\text{el-}T/C} + \nu_{\text{el}}\varepsilon_1^{\text{el-}T/C})}{1 - \nu_{\text{el}}^2} \tag{4.21}$$

式中，$\varepsilon_1^{\text{el-}T/C}$、$\varepsilon_2^{\text{el-}T/C}$ 分别为两个轴的拉伸或压缩弹性应变。

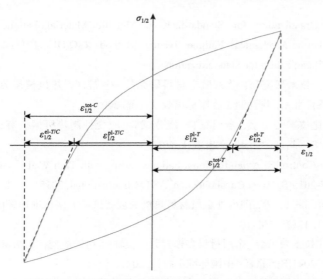

图 4.15　双轴平面热机疲劳试件应力-应变计算原理

双轴等效应变计算式为[9]

$$\Delta\varepsilon_{eq} = \frac{\Delta\varepsilon_1^{tot}}{1-v_{eff}^2}\Big[\big(1+v_{eff}^2-v_{eff}\big)\big(1+\Phi^2\big)-\Phi\big(1+v_{eff}^2-4v_{eff}\big)\Big]^{\frac{1}{2}} \qquad (4.22)$$

式中，v_{eff} 为有效泊松比；Φ 为双轴应变比（2 轴与 1 轴的应变比），其表达式如下：

$$\Phi = \frac{\Delta\varepsilon_{tot2}}{\Delta\varepsilon_{tot1}} \qquad (4.23)$$

式中，$\Delta\varepsilon_{tot2}$ 为 2 轴应变范围；$\Delta\varepsilon_{tot1}$ 为 1 轴应变范围。

有效泊松比表达如下[9]：

$$v_{eff} = \frac{v_{el}\big(\big|\varepsilon_1^{el}\big|+\big|\varepsilon_2^{el}\big|\big)+v_{pl}\big(\big|\varepsilon_1^{pl}\big|+\big|\varepsilon_2^{pl}\big|\big)}{\big|\varepsilon_1^{el}\big|+\big|\varepsilon_2^{el}\big|+\big|\varepsilon_1^{pl}\big|+\big|\varepsilon_2^{pl}\big|} \qquad (4.24)$$

参 考 文 献

[1] Taira S. Contribution to the standardization of testing method for thermal fatigue[C]. Proceedings of the 1974 Symposium on Mechanical Behavior of Materials, Kyoto, 1974: 493-513.

[2] ASTM. Standard Practice for Strain Controlled Thermomechanical Fatigue Testing: ASTM E2368-2010[S]. West Conshohocken: ASTM International, 2010.

[3] International Organization for Standardization. Metallic Materials-Fatigue Testing Strain-Controlled Thermo-Mechanical Fatigue Testing Method: ISO/DIS 12111-2007[S]. Geneva: International Organization for Standardization.

[4] 中国航空综合技术研究所, 北京航空材料研究院. 金属材料热机械疲劳试验方法: GJB 6213—2008[S]. 北京: 国防科工委军标出版发行部, 2008.

[5] 全国钢标准化技术委员会. 金属材料 疲劳试验 应变控制热机械疲劳试验方法: GB/T 33812—2017[S]. 北京: 中国标准出版社, 2017.

[6] ASTM. Strain-Controlled Axial-Torsional Fatigue Testing with Thin Walled Tubular Specimens: ASTM E2207-2015[S]. West Conshohocken: ASTM International, 2015.

[7] 余伟炜, 王勇, 薛飞, 等. 国内外金属材料热机械疲劳试验方法标准比较[J]. 理化检验(物理分册), 2011, 47(2): 102-106.

[8] 全国钢标准化技术委员会. 金属材料多轴疲劳试验轴向-扭转应变控制热机械疲劳试验方法: GB/T 41154—2021[S]. 北京: 中国标准出版社, 2021.

[9] 全国钢标准化技术委员会. 金属材料 多轴疲劳试验 轴向-扭转应变控制方法: GB/T 40410—2021[S]. 北京: 中国标准出版社, 2021.

[10] Pascoe K J, de Villiers J R. Low cycle fatigue of steels under biaxial straining[J]. Journal of Strain Analysis, 1967, 2(2): 117-126.

[11] Kulawinski D, Weidner A, Henkel S, et al. Isothermal and thermo-mechanical fatigue behavior of the nickel base superalloy Waspaloy™ under uniaxial and biaxial-planar loading[J]. International Journal of Fatigue, 2015, 81: 21-36.

[12] Kulawinski D, Henkel S, Holländer D, et al. Fatigue behavior of the nickel-base superalloy Waspaloy™ under proportional biaxial-planar loading at high temperature[J]. International Journal of Fatigue, 2014, 67: 212-219.

[13] Kulawinski D, Nagel K, Henkel S, et al. Characterization of stress-strain behavior of a cast TRIP steel under different biaxial planar load ratios[J]. Engineering Fracture Mechanics, 2011, 78(8): 1684-1695.

[14] Kulawinski D, Ackermann S, Glage A, et al. Biaxial low cycle fatigue behavior and martensite formation of a metastable austenitic cast TRIP steel under proportional loading[J]. Steel Research International, 2011, 82(9): 1141-1148.

[15] Beck T, Hähner P, Kühn H J, et al. Thermo-mechanical fatigue-the route to standardisation ("TMF-Standard" project)[J]. Materials and Corrosion, 2006, 57(1): 53-59.

第5章 多轴热机疲劳损伤特性

在热机载荷作用下,材料通常会产生疲劳损伤、蠕变损伤、氧化损伤。疲劳损伤是由循环机械载荷引起的,蠕变损伤和氧化损伤则与时间密切相关。在多轴热机载荷下,多轴机械载荷分量的大小与温度的高低对材料循环变形行为及疲劳寿命都会产生不同的影响,且多轴载荷分量之间的相互作用也会使材料产生不同的损伤。在不同的热相位角、机械相位角、载荷频率、载荷应变范围以及温度范围下,材料的循环特性、力学性能也会发生改变,导致疲劳损伤、蠕变损伤,甚至氧化损伤等占比有很大的不同。通过多轴热机疲劳试验研究,了解材料在多轴热机载荷作用下的损伤特性,查明材料的损伤机理,从而为多轴热机疲劳损伤定量计算打下基础。

本章首先介绍不同温度下缺口件单轴疲劳裂纹萌生与扩展特性,论述温度对疲劳裂纹扩展特性的影响规律,然后介绍恒幅多轴热机载荷下 GH4169 高温合金材料的应力-应变响应特性及寿命变化规律,论述多轴热机载荷下不同热相位角、不同机械相位角加载下的循环变形行为、寿命变化特性以及温度变化对机械平均应力的影响。最后结合疲劳断口微观观测,介绍不同类型的损伤机理。

5.1 不同温度下疲劳裂纹萌生与扩展

5.1.1 不同温度下高温合金疲劳裂纹萌生与扩展试验

试样材料为镍基高温合金 GH4169,该材料在 –253～700℃的温度范围内具有良好的抗氧化、耐腐蚀性能,能够制造如涡轮盘、轴、叶片、涡轮轴和压气机轴等各种形状复杂的零部件,因此广泛应用于航空发动机、燃气轮机等热端结构。

试件取材于直径为 25mm 的热轧棒材,经加工成毛坯并进行热处理。标准热处理为将材料在 950～980℃的温度范围内根据需要选择一定温度,温度偏差为 ±10℃,保温 1h 并进行固溶处理,在 720℃±10℃温度下时效处理 8h 后,以每小时 50℃±10℃的速率炉冷至 620℃,最后空冷至室温,其机械性能如表 5.1 所示。

毛坯在经过热处理后,加工成带有缺口的薄壁管状试样,其中光滑薄壁管状试样的中心标距段内直径为 10mm,外直径为 12mm,在标距段的中心位置开有一个直径为 3mm 的圆孔,以便于进行裂纹扩展试验时确定裂纹萌生的位置,也便于裂纹扩展试验过程中主裂纹的确定以及裂纹尺寸的观察与记录,其形状及尺寸如图 5.1 所示。

表 5.1   镍基高温合金 GH4169 在不同温度下的机械性能[1]

品种规格	温度/℃	弹性模量/GPa	泊松比	$\sigma_{p0.2}$/MPa	σ_b/MPa
	20	204	0.3	1050	1280
$d \leqslant 30\text{mm}$ 的轧棒	500	175	0.32	930	1130
	650	165	0.325	860	1000

注: $\sigma_{p0.2}$ 表示屈服极限; σ_b 表示抗拉强度。

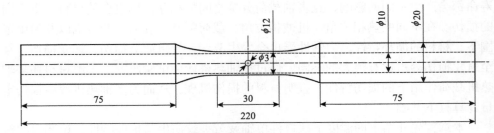

图 5.1   带缺口薄壁管状试样的形状及尺寸(单位: mm)

试验分别在 360℃、550℃、650℃下对带有缺口的薄壁管状试样进行单轴疲劳试验,所施加的轴向载荷波形为三角波。采用应力控制的方式对试样进行试验,加载频率为 0.05Hz,应力比 $R = -1$。缺口试样在 360℃、550℃、650℃下试验的具体加载参数如表 5.2 所示。为了减小试验误差,在试验开始时需要对试件进行预热,即在施加机械载荷前将试样升温至一定温度,避免试验开始时温度的突变影响试验结果。试验进行到预定循环后中断试验,待试样温度冷却至室温后去除感应线加热线圈,对试样进行覆膜复型处理。

表 5.2   缺口试样在 360℃、550℃、650℃下的试验加载参数

温度/℃	最大名义应力/MPa	试验寿命/循环
360	397.7	2907
550	445.6	1335
650	410.4	352

为了观察记录试验过程中疲劳裂纹的萌生与扩展情况,试验进行到一定循环后需要暂停试验,记录并观察裂纹的萌生与扩展情况。由于裂纹在萌生阶段与小裂纹扩展阶段裂纹尺寸很小,很难观察到,因此为了对裂纹数据进行记录,试验采用表面裂纹复型法[2,3],如图 5.2 所示,即对试样表面进行覆盖醋酸纤维薄膜,再通过电子显微镜观察已复制微裂纹的薄膜,以达到观测试样表面裂纹的目的。

在整个试验过程中虽然中断了试验，但是载荷并没有达到材料的屈服极限，可以认为中断试验为试样表面覆膜对试验结果没有明显影响[4]，因此可以忽略不计。

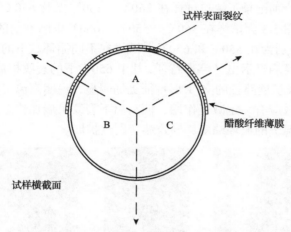

图 5.2　薄壁管缺口试样表面裂纹复型法

为了对缺口试样在不同温度、不同循环数下的疲劳裂纹扩展情况进行记录与观测，在试验进行到预定的循环数后中断试验，利用复型法使用醋酸纤维薄膜对试样表面产生的裂纹进行覆膜记录，然后通过电子显微镜系统对薄膜上记录的疲劳裂纹进行追踪与测量。复型具体操作步骤如下。

（1）将薄壁管状试样按操作规程安装在疲劳试验机上，安装过程中不要使试件承受任何轴向或扭向预载荷。

（2）按照预定设置对试样进行加热后，夹持并施加机械载荷进行疲劳试验。在试验达到预定的循环数后中断试验并将试样降至室温。

（3）对试样重新施加不超过最大试验载荷 80%的静态载荷，使裂纹处于完全张开状态，将醋酸纤维薄膜放置在试样表面的合适位置，用丙酮将薄膜软化，使其轻轻粘贴在试样表面。

（4）使用吹风机将其慢慢吹干，待其干燥后，将薄膜轻轻地从试样表面取下。在贴膜复型时需要小心谨慎，避免孔洞、褶皱等问题的出现。

（5）取下经过一定试验循环后记录试样表面形貌的薄膜，将其平整地放置在玻璃片上。注意将薄膜的方向、反正以及对应的试验循环数做好标记，方便与其他薄膜进行对比。

（6）使用光学显微镜对薄膜进行观察，并通过计算机测量系统对裂纹的位置、尺寸等情况进行记录。

（7）观察完成后，继续进行加载试验，重复以上操作。

5.1.2　不同温度下疲劳裂纹萌生与扩展特性

　　通过复型法分别记录了缺口试样在 360℃、550℃以及 650℃下的疲劳裂纹萌生与扩展情况。图 5.3 为试样在 360℃、550℃、650℃下断裂前的裂纹扩展情况。图 5.4 和图 5.5 分别为在 550℃和 650℃下试样在不同循环数下的裂纹扩展情况，二者裂纹扩展路径均显示出 Z 字形特征，其中 650℃下的裂纹扩展路径相对平直，而 550℃下的裂纹扩展路径的 Z 字形特征更加明显，说明高温可能对裂纹扩展过程中的尖端钝化效应有一定减轻作用，使高温下裂纹扩展加快。这种钝化减轻作用应该来自于高温下的循环蠕变，导致蠕变裂纹扩展。

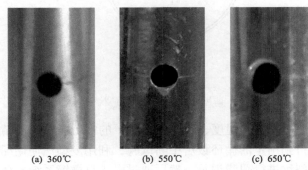

(a) 360℃　　　　　　(b) 550℃　　　　　　(c) 650℃

图 5.3　试样在 360℃、550℃、650℃下断裂前的裂纹扩展情况

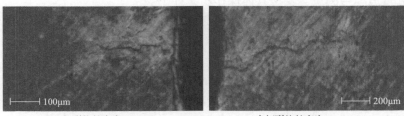

左侧裂纹长度为393.34μm　　　　　　　右侧裂纹长度为625.5μm

(a) N=500循环

左侧裂纹长度为1744.47μm

右侧裂纹长度为1957.86μm

(b) N=750循环

左侧裂纹长度为2417.4μm

右侧裂纹长度为3017.13μm

(c) N=950循环

图 5.4　550℃下缺口试样在不同循环数下裂纹扩展情况

左侧裂纹长度为2517.11μm

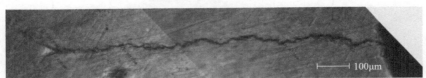

右侧裂纹长度为1656.25μm

(a) N=240循环

左侧裂纹长度为3951.32μm

右侧裂纹长度为3202.61μm

(b) N=280循环

图 5.5　650℃下缺口试样在不同循环数下裂纹扩展情况[2]

　　为了对裂纹扩展进行定量观测，在进行试验前将试样做好上下端的标志。试验在刚开始时可以进行相对较多的循环再中断试验，然后通过复型法观察试样表面裂纹，以减少贴膜次数。在能够观察到裂纹或者裂纹扩展到一定长度后，需要减少加载循环数，以便能够更准确地对裂纹扩展情况进行记录并观察。

取三个典型加载参数，如表 5.2 所示。在名义应力幅为 445.6MPa 的情况下，缺口试样在 550℃下的试验寿命为 1335 循环，而在名义应力幅为 410.4MPa 的情况下，缺口试样在 650℃下的试验寿命仅为 352 循环，可见温度对试样的疲劳寿命有着很大的影响。环境温度从 550℃升高到 650℃，通过观察不同循环数下的裂纹长度，如图 5.4 和图 5.5 所示，可以发现，在裂纹扩展长度基本相同的情况下，650℃下试件的循环数是 550℃下的 26%，可见温度对镍基高温合金材料的疲劳裂纹扩展起到明显加快作用。

图 5.6 为通过复型记录裂纹长度与循环数的关系绘制成的缺口试样在 360℃、550℃与 650℃下表面裂纹长度随循环数的变化情况。可以看出，尽管 550℃下的最大名义应力大于 650℃下的最大名义应力，但在 400 循环后相同循环数在 550℃下的裂纹长度却远远小于 650℃下的裂纹长度，即达到一定的温度后试样表面裂纹扩展随着温度的升高会急剧加快，说明温度对疲劳裂纹的扩展有着很大的影响。

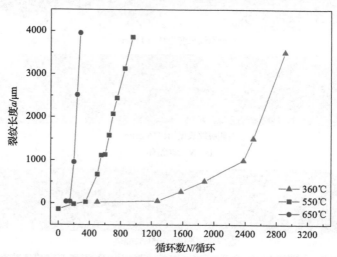

图 5.6　不同温度下表面裂纹长度随循环数的变化规律[2]

图 5.7 为试样在 360℃、550℃与 650℃下裂纹扩展速率随应力强度因子范围的变化曲线。从中也可以进一步说明温度对裂纹扩展速率有着显著影响。在 550℃下试样的裂纹扩展速率相对 360℃下的扩展速率有着明显的加快，在 650℃下试样的裂纹扩展速率又进一步加快。在相同应力强度因子作用下，疲劳裂纹扩展速率随着温度升高而加快的现象表明，高温下疲劳裂纹扩展不但包括纯疲劳裂纹扩展，还包括由温度、时间以及载荷等因素共同作用使材料发生蠕变甚至氧化导致的裂纹扩展。

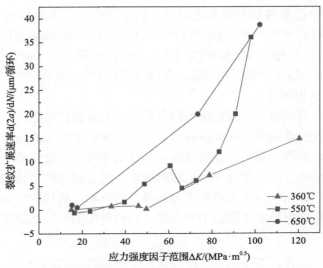

图 5.7 不同温度下裂纹扩展速率随应力强度因子范围的变化[2]

5.2 不同载荷模式下多轴热机疲劳特性

5.2.1 试验材料与试件

利用 GH4169 高温合金进行多轴热机疲劳试验研究，试样中心标距段内、外直径分别为 10mm 和 12mm，标距段长度为 30mm。光滑薄壁管件的形状及尺寸如图 5.8 所示。

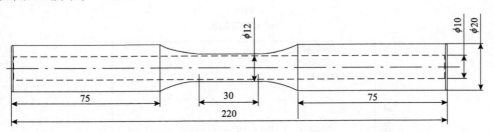

图 5.8 光滑薄壁管件的形状及尺寸(单位：mm)

5.2.2 恒幅多轴热机疲劳试验加载类型

1. 加载波形

多轴拉扭热机试验需要控制三种类型的加载波和两种类型的相位差，三种加载波分别为轴向应变、剪切应变和温度。两种相位差分别为热相位差和机械相位差。机械相位角和热相位角之间的不同组合产生了多种拉扭热机疲劳试验类型。主要加载类型有四种：①MIPTIP：机械相位角同相和热相位角同相试验；②MIPTOP^{180}：机械相位角同相和热相位角 180°反相试验；③MOP^{90}TIP：机械相位角 90°非同相和热相位角同相试验；④MOP^{90}TOP^{180}：机械相位角 90°非同相和热相位角 180°反相试验。

多轴热机疲劳试验不仅需要施加轴向及扭转方向的机械循环，还需要施加温度循环，为实现温度载荷与机械载荷同步变化，试验中温度波形与机械载荷波形应相同。在多轴热机试验中，受高温影响，应变率可能会对试验结果产生一定的影响；同时为消除温度变化速率对试验的影响，试验设计的热机试验加载波形为三角波。试验中，以轴向机械波形作为参考，调整相应的扭转机械波形相位角和温度波形相位角，可形成不同的加载类型。四种典型加载类型的具体加载波形如图 5.9 所示。

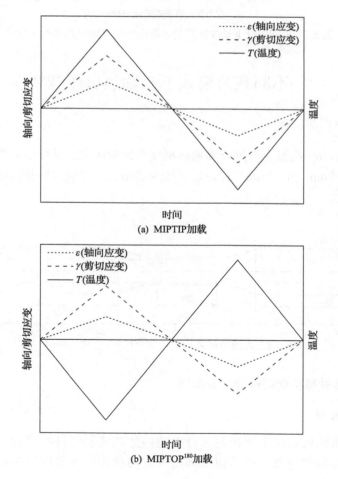

(a) MIPTIP加载

(b) MIPTOP^{180}加载

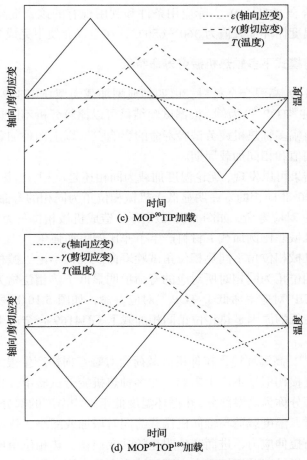

图 5.9   多轴热机疲劳试验四种加载波形示意图

2. 加载类型

多轴热机疲劳试验机械载荷采用应变控制，为了考查不同因素的影响，第一类试验采用相同米泽斯等效应变，不同机械相位角及温度相位角，以研究不同机械相位角与温度相位角的变化对热机循环行为及寿命影响；第二类试验采用不同加载频率作为对照，研究加载频率的影响；第三类采用机械相位角相同，不同剪切应变幅值与轴向应变幅值比值 λ 的对照试验，研究不同剪切应变幅值与轴向应变幅值比值对试验影响。

GH4169 合金的熔化温度为 1260～1320℃，由于温度超过合金熔点的 1/2 时，材料一般会产生明显的蠕变损伤，因此试验设计需要考虑材料产生蠕变损伤和氧化损伤的循环加载温度，以便通过相应的试验结果来分析多轴热机疲劳损伤机制。

根据镍基高温合金 GH4169 实际应用条件和利用现有的该合金高温单轴疲劳数据，试验设计温度循环加载值为 360～650℃，在空气介质下完成各项试验。

5.2.3 不同载荷模式下多轴热机疲劳寿命特征

对于 GH4169 高温合金材料，以四种典型加载类型(MIPTIP、MIPTOP[180]、MOP[90]TIP、MOP[90]TOP[180])为例，根据试验结果可以比较分析不同热相位角及不同机械相位角对恒幅多轴热机疲劳试验寿命的影响[5,6]。以上四种加载类型具有相同等效机械应变幅值和相同加载周期。

比较试验结果可以发现，无论温度加载为同相还是反相，当热相位角相同时，机械相位角为 90°非同相的寿命明显低于机械相位角为同相的寿命，即 MOP[90] 对应寿命低于 MIP 对应寿命，如图 5.10(a)所示。造成机械相位角为 90°非同相时寿命低的原因是机械非比例加载下材料产生了非比例附加强化。

比较相同机械相位角不同热相位角试验寿命发现，不论机械相位角为同相还是非同相，热相位角为同相时所对应的寿命值明显低于热相位角为反相时所对应的寿命值，即 TIP 对应寿命低于 TOP[180] 对应寿命，如图 5.10(b)所示。造成热相位角同相时寿命低的原因是热相位角同相加载下 GH4169 合金产生了蠕变损伤，甚至氧化损伤。

研究表明[5,6]，高温环境下拉伸机械载荷会对蠕变损伤产生很大影响，而压缩机械载荷对蠕变损伤似乎不产生影响。在多轴热机疲劳试验中，将热循环温度超过平均温度的部分称为高温部分，热循环温度低于平均温度的部分称为低温部分。热相位角同相时，温度载荷与轴向机械载荷同时增加或减小，热循环高温部分对应轴向机械载荷拉伸应力，进而产生明显的蠕变损伤。热相位角反相时热循环高温部分对应轴向机械载荷压缩应力，而压缩应力的作用基本不会产生蠕变损伤，此时轴向拉伸应力与热循环低温部分同时作用，由于温度较低，也不会产生较大的蠕变损伤。

为了进一步研究多轴载荷及热循环对疲劳寿命的影响，将多轴热机疲劳寿命与单轴热机疲劳寿命进行比较，同时将多轴热机疲劳寿命与等温多轴疲劳寿命进行比较。图 5.11(a)所示以 TOP[180] 为例，当热相位角相同时单轴加载(U-TOP[180])寿命与 MIP 加载寿命基本相同，而 MOP[90] 加载寿命明显低于单轴加载寿命和 MIP 加载寿命。这表明等效应变与单轴应变相同的多轴加载下，机械相位角同相时多轴载荷对疲劳寿命无明显影响，机械相位角非同相时多轴载荷作用下产生明显的非比例附加强化现象。

等温多轴疲劳试验的温度分别为 360℃ 和 650℃。当机械加载相同时，以 MOP[90] 为例进行寿命比较，如图 5.11(b)所示，360℃温度加载下等温疲劳寿命最长，其次为 TOP[180] 加载下多轴热机疲劳寿命，然后为 TIP 加载下多轴热机疲劳寿命，而 650℃温度加载下等温疲劳寿命最短，其原因为 360℃温度作用下的等温多轴疲劳损伤中，由于温度较低，没有多少蠕变损伤产生，而 650℃等温多轴疲劳中会产生严重的蠕变损伤。结合不同热相位角下的寿命比较可以发现，热机循环下所产生的蠕变损伤是造成寿命缩短的主要因素。

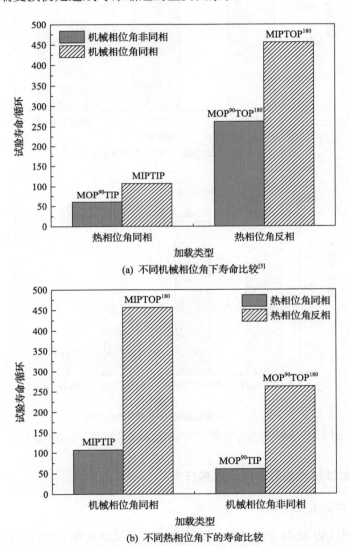

(a) 不同机械相位角下寿命比较[5]

(b) 不同热相位角下的寿命比较

图 5.10　相同等效应变幅下不同机械相位角及热相位角加载下寿命比较[5]

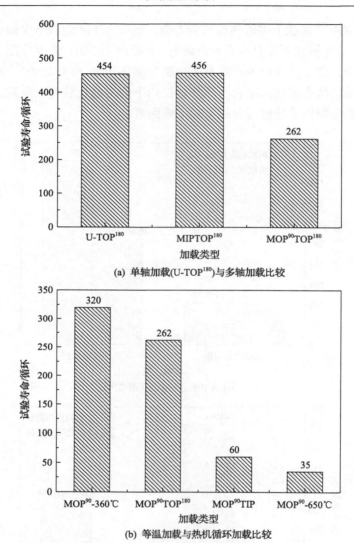

(a) 单轴加载(U-TOP[180])与多轴加载比较

(b) 等温加载与热机循环加载比较

图 5.11　相同等效应变幅下不同机械载荷及热载荷下寿命比较[5]

5.2.4　恒幅多轴热机加载下循环变形行为

1. 不同加载类型下循环应力变化

对于 GH4169 高温合金材料，四种多轴热机试验加载类型的轴向及剪切循环应力峰值变化如图 5.12 所示。试验结果表明，对于机械相位角同相加载的试验，不论是轴向应力峰值还是剪切应力峰值整个试验过程中表现出循环软化现象；而对于机械相位角非同相加载的试验，在初始几循环会表现为循环硬化，但之后同样开始表现为循环软化并一直持续到试样失效。另外，从图中可以看出，尽管热相位角为同相加载时试样寿命都比较短，但是循环软化速率却比较快，应力峰值迅速下降；在热相位角反相加载情况下，循环软化现象则没有同相加载时那么明显，应力峰值下降缓慢。结合多轴热机试验的寿命分析，造成热相位角同相时应力峰值迅速下降的原因是材料产生了蠕变。

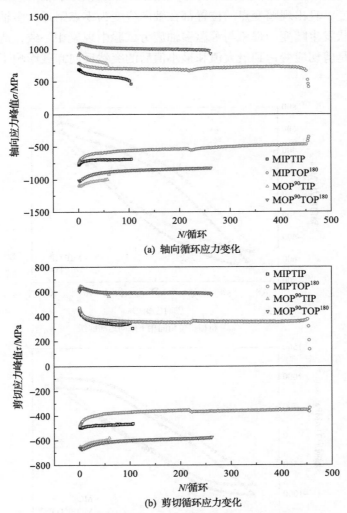

图 5.12　不同加载类型的轴向及剪切循环应力峰值变化比较[5]

2. 不同加载类型下循环应力-应变特性

恒幅多轴热机试验中四种加载类型所对应的轴向与剪切应力-应变迟滞回线

如图 5.13 所示。试验结果表明，四种加载类型的轴向应力-应变迟滞回线都出现了明显的非对称性。当热相位角为同相时，不论机械相位角同相还是反相迟滞回线都表现出负的平均应力；而热相位角为反相时，迟滞回线表现出正的平均应力。另外，当机械相位角为同相加载时，如图 5.13（a）所示，迟滞回线比较光滑，形状规则；而当机械相位角为非同相加载时，如图 5.13（b）所示，轴向迟滞回线形状出现明显的畸变，且出现畸变点的位置都在轴向应变为零点附近。多轴热机试验中迟滞回线形状发生畸变的现象与等温多轴疲劳试验中现象相一致，造成这种现象的原因可能是剪切应变达到最大值和最小值后的突然反向卸载影响了轴向分量的弹塑性变形。

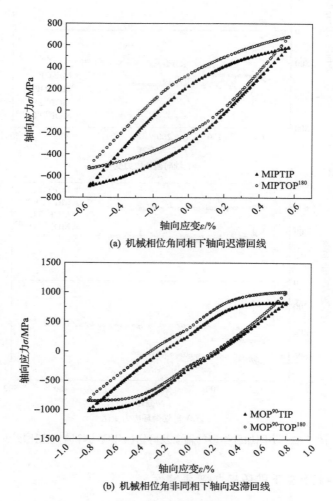

(a) 机械相位角同相下轴向迟滞回线

(b) 机械相位角非同相下轴向迟滞回线

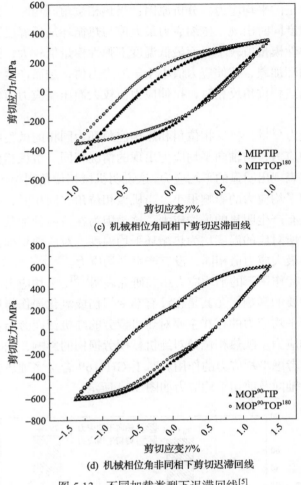

(c) 机械相位角同相下剪切迟滞回线

(d) 机械相位角非同相下剪切迟滞回线

图 5.13　不同加载类型下迟滞回线[5]

四种加载类型所对应的剪切应力-应变迟滞回线与轴向迟滞回线不同，只有机械相位角和热相位角都为同相的试验中剪切滞后环表现出负的平均应力，而其他三种加载类型的试验中均没有表现出明显的平均应力。剪切应力-应变迟滞回线形状与轴向相似，如图 5.13（c）所示，机械相位角为同相时迟滞回线形状规则，无任何畸变，而机械相位角为非同相时迟滞回线形状同样出现了畸变现象，如图 5.13（d）所示，其原因与轴向迟滞回线畸变原因相同，当轴向应变达到最大值和最小值后的突然反向卸载影响了剪切分量的弹塑性变形。

5.2.5　恒幅多轴热机加载下平均应力效应

对于轴向应力分量，当热相位角为同相时，产生负的平均应力；当热相位角为反相时，产生正的平均应力。分析原因：当热相位角同相时，拉伸最大应力值与热循环最高温度同时出现，压缩应力最大值与热循环最低温度同时出现。热循环最高温度下弹性模量值较小，而最低温度下弹性模量值较大，因此对于应变控制的完全对称循环加载，拉伸应力值小于压缩应力值，进而产生负的平均应力。相同的原因，当热相位角反相时，拉伸应力值较大而压缩应力值较小，产生正的平均应力[6]。

对于剪切应力分量，机械相位角和热相位角都为同相的试验中，剪切滞后环表现出负的平均应力，与轴向平均应力出现的情况相同。机械相位角同相，热相位角反相时没有表现出明显的平均应力，这说明机械相位角同相热相位角反相时，温度载荷对剪切平均应力的影响很小。当机械相位角非同相时，不论热相位角同相还是反相都没有产生明显的平均应力，这是因为在这两种加载条件下，剪切应力达到最大值时所对应的温度均为热循环平均温度，对应剪切弹性模量值相同，因而两个方向的最大应力值相同，没有产生平均应力。

单轴热机载荷作用下的平均应力相关研究表明[7-9]，平均应力的产生对热机疲劳寿命会产生重要的影响，尤其是在没有蠕变损伤或氧化损伤作用时，影响非常严重，这也说明平均应力的存在主要对热机疲劳的纯机械疲劳损伤产生影响。因此，可以用平均应力反映热相位角对纯机械疲劳损伤的影响，同时在热机疲劳寿命预测时应充分考虑平均应力的作用。对于 GH4169 合金多轴热机试验，四种加载类型所对应的轴向及剪切平均应力如图 5.14 所示。

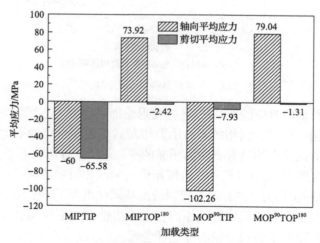

图 5.14   不同加载类型下轴向及剪切平均应力[6]

5.3　不同载荷模式下多轴热机疲劳微观断口分析

5.3.1　不同机械相位角加载下微观断口分析

为进一步确定恒幅多轴热机载荷下的疲劳损伤机制，分析不同加载类型对疲劳损伤及裂纹萌生与扩展的影响，利用扫描电镜对相同加载参数不同加载类型的疲劳试样断口进行微观观察[5]。

对于 GH4169 高温合金，微观断口显示，不同的机械相位角比较并没有明显的区别特征。比较图 5.15 中的各种不同加载类型下的微观断口形貌可以发现，当热相位角为反相时，机械相位角同相加载和非同相加载条件下都没有明显的沿晶断裂出现，即没有蠕变损伤产生。而当热相位角相同时，机械相位角非同相加载下寿命明显低于同相加载下寿命。由此可以推断，机械相位角非同相时材料产生了非比例附加强化现象。因此，在预测多轴热机寿命时，进行纯机械疲劳损伤的计算，应充分考虑机械相位角非比例加载下材料产生的非比例附加强化影响。

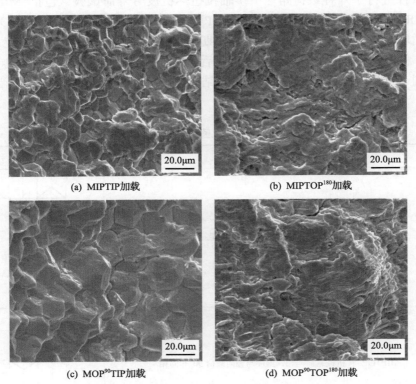

(a) MIPTIP加载

(b) MIPTOP[180]加载

(c) MOP[90]TIP加载

(d) MOP[90]TOP[180]加载

图 5.15　不同加载类型下微观断口形貌[5]

5.3.2　不同热相位角加载下微观断口分析

比较图 5.15 中不同热相位角下的微观断口可以发现，不论机械相位角为同相还是非同相，当热相位角同相加载时，试样中主要断裂方式都为沿晶断裂；而当热相位角反相加载时，试样中都无沿晶裂纹出现，主要断裂方式都为穿晶断裂。因此，可以推断，不论机械相位角为同相还是非同相(90°相位角)，当热相位角为同相时，多轴热机载荷作用下产生了蠕变损伤或者存在明显的蠕变-疲劳损伤交互作用。当热相位角反相时，没有明显的蠕变损伤产生，主要损伤形式为机械疲劳损伤。这也充分解释了热相位角同相时寿命明显低于反相时寿命的现象。因此，在多轴热机疲劳寿命预测模型的建立过程中应考虑到热相位角变化所产生的疲劳损伤机制。

5.3.3　高温多轴热机加载下氧化行为

为了查明材料的多轴热机疲劳加载下的氧化行为，文献[7]～[9]对 GH4169 薄壁管件进行了六种载荷路径下多轴拉扭热机疲劳寿命试验，包括 MIPTIP、MIPTOP^{90}、MIPTOP^{180}、MOP^{90}TIP、MOP^{90}TOP^{90} 和 MOP^{90}TOP^{180}，如表 5.3 所示。温度循环的范围是 360～650℃，加载周期为 120s，失效准则规定为峰值应力相对于循环稳定阶段下降了 30%。试件失效后，通过扫描电子显微镜和透射电子显微镜分别观察断口微观形貌与材料的微观结构，并利用能量散射 X 射线分析断口的成分。

表 5.3　多轴热机疲劳试验加载波形

加载类型	加载波形
MIPTIP：机械载荷同相，温度与轴向载荷同相	
MIPTOP^{90}：机械载荷同相，温度与轴向载荷 90°非同相	

续表

加载类型	加载波形
MIPTOP^{180}：机械载荷同相，温度与轴向载荷 180°非同相	
MOP^{90}TIP：机械载荷 90°非同相，温度与轴向载荷同相	
MOP^{90}TOP^{90}：机械载荷 90°非同相，温度与轴向载荷 90°非同相	
MOP^{90}TOP^{180}：机械载荷 90°非同相，温度与轴向载荷 180°非同相	

　　图 5.16 为等效机械应变幅均为 0.8%、温度为 360~650℃、循环周期均为 120s 下不同多轴热机加载类型下的疲劳寿命变化情况。可以发现，多轴热机载荷路径中的热相位角和机械相位角对疲劳寿命有较大的影响。对于机械相位角相同的情况，热相位角影响下的寿命顺序为：MIPTOP^{90}>MIPTOP^{180}>MIPTIP，MOP^{90}TOP^{90}>MOP^{90}TOP^{180}>MOP^{90}TIP。对于热相位角相同的情况，机械相位角影响下的寿命顺序为：MIPTIP>MOP^{90}TIP，MIPTOP^{90}>MOP^{90}TOP^{90}，MIPTOP^{180}>MOP^{90}TOP^{180}。当热相位角同相时，疲劳寿命较短，且当机械相位角 90°非同相时寿命会进一步缩短，即 MOP^{90}TIP 加载路径下的疲劳寿命最短。

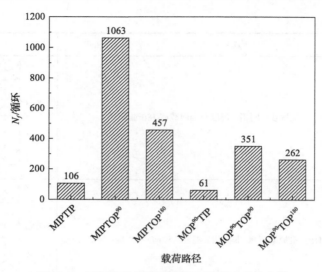

图 5.16　不同多轴热机加载类型下的疲劳寿命[9]

MIPTOP[180] 多轴热机加载下的宏观断口形貌如图 5.17 所示，可以看到裂纹扩展区域存在氧化现象。此外，所有加载情况下都存在氧化残骸，如图 5.18 所示，表明高温热机疲劳载荷下会存在氧化损伤行为。

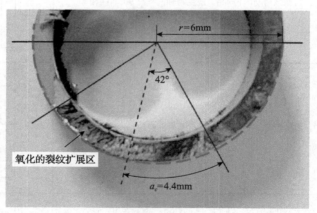

图 5.17　MIPTOP[180] 多轴热机加载下的宏观断口形貌[9]

$\Delta\varepsilon_{eq}/2 = 0.8\%$，　$\lambda_{\varepsilon} = 1.73$，　$\Delta T = 360 \sim 650℃$，　$t = 120s$

如图 5.18 所示断口形貌表明，对于相同类型的机械加载路径，主要断裂机制会随着热相位角的变化而变化。在 MIPTIP 和 MOP[90]TIP 热机载荷路径下，如图 5.18（a）和（c）所示，表现出明显的沿晶断裂（蠕变损伤）形貌特征。然而，在 MIPTOP[180] 和 MOP[90]TOP[180] 热机载荷下，如图 5.18（b）和（d）所示，出现了明显的疲劳裂纹，即展示出明显的穿晶断裂起主导作用的疲劳损伤行为。这些不同多轴热机载荷类

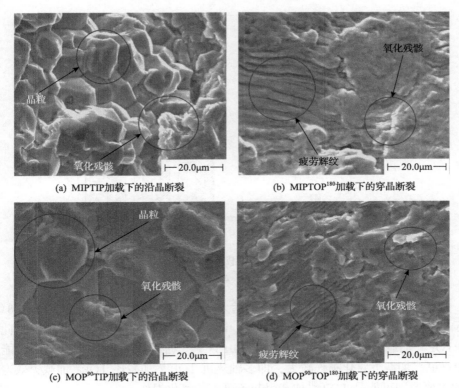

图 5.18　多轴热机疲劳断口形貌[9]

$\Delta \varepsilon_{eq}/2 = 0.8\%$, $\lambda_{\varepsilon} = 1.73$, $\Delta T = 360 \sim 650°C$, $t = 120s$

型的断口形貌特征表明，沿晶断裂（疲劳损伤）主要发生在高拉伸应力和高温同时作用下的多轴热机载荷路径中，即 MIPTIP 和 MOP^{90}TIP 载荷路径；而在高拉伸应力和高温不同时作用下的多轴热机载荷路径下的断口形貌中，即 MIPTOP^{180} 和 MOP^{90}TOP^{180} 载荷路径，疲劳条纹非常明显，没有观察到可见的晶界形态，这表明在这两种载荷条件下疲劳损伤起主导作用，蠕变损伤很小可以忽略。此外，图 5.18 中的所有多轴热机载荷路径中都能够观察到氧化物碎片形貌特征，这表明在所有载荷条件下都存在氧化行为。

　　为了分析多轴热机加载下的氧化损伤程度，对不同加载情况下断口氧原子含量进行了定量分析，如图 5.19 所示。可以看出，机械相位角 90°非同相下比同相下氧化更严重，对比其氧含量，MOP^{90}TIP>MIPTIP，MOP^{90}TOP^{180}>MIPTOP^{180}。热相位角 180°反相下比同相下氧化更严重，对比氧含量，MIPTOP^{180}>MIPTIP，MOP^{90}TOP^{180}>MOP^{90}TIP。

　　结合图 5.16 中不同多轴热机加载路径下的疲劳寿命变化特征可以发现，在MIPTOP^{90} 和 MIPTOP^{180} 加载下，尽管相同的机械载荷导致疲劳损伤理论上是相等

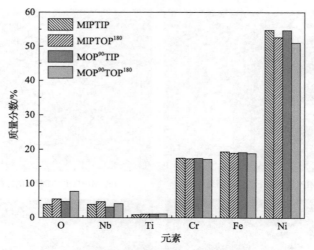

图 5.19　多轴热机加载下的断口化学成分[7]

$\Delta\varepsilon_{eq}/2 = 0.8\%$，$\lambda_g = 1.73$，$\Delta T = 360\sim650℃$，$t = 120s$

的，但 MIPTOP^{90} 加载下的失效寿命却远大于 MIPTOP^{180} 加载下寿命。图 5.18（b）显示 MIPTOP^{180} 加载下穿晶断裂主导，说明没有明显的蠕变损伤产生。因此，MIPTOP^{90} 加载下的失效寿命远大于 MIPTOP^{180} 加载下寿命的主要原因可能是 MIPTOP^{180} 加载下氧化损伤较大，即多轴热机 TOP^{180} 加载比 TOP^{90} 加载失效寿命低的主要原因可能是 TOP^{180} 加载引起了更多的氧化损伤。

　　研究表明[10]，氧化损伤的程度同样依赖于应力和温度的大小，考虑到非比例附加硬化会导致应力响应增大，因此非比例附加硬化可能是导致机械相位角非同相下氧化损伤加大的主要原因之一。此外，在热相位角 180° 反相下，由于应力响应的温度依赖性引起了拉伸平均应力，而拉伸变形过程中的氧化物开裂、正的平均应力等因素组合有助于加速裂纹萌生和扩展[11]，导致热相位角非同相下氧化损伤加大，失效寿命降低[12,13]。

　　以上现象表明，机械相位角非同相和热相位角非同相下氧化严重的现象有必要在多轴热机疲劳损伤定量分析中加以考虑。

参 考 文 献

[1]　《中国航空材料手册》编委会. 中国航空材料手册[M]. 北京: 中国标准出版社. 2001.

[2]　王海潮. 多轴热机械载荷下基于短裂纹扩展的全寿命预测方法研究[D]. 北京: 北京工业大学, 2021.

[3]　丁传富, 刘建中, 胡本润, 等. 金属材料疲劳小裂纹扩展速率试验方法编制说明[J]. 材料工程, 2001, 29（4）: 40-43, 47.

[4]　Jordon J B, Bernard J D, Newman J C. Quantifying microstructurally small fatigue crack growth

in an aluminum alloy using a silicon-rubber replica method[J]. International Journal of Fatigue, 2012, 36(1): 206-210.

[5] Li F D, Shang D G, Zhang C C, et al. Thermomechanical fatigue life prediction method for nickel-based superalloy in aeroengine turbine discs under multiaxial loading[J]. International Journal of Damage Mechanics, 2019, 28(9): 1344-1366.

[6] 李芳代. 多轴恒幅热机循环变形行为及疲劳寿命预测研究[D]. 北京: 北京工业大学, 2018.

[7] Li D H, Shang D G, Zhang C C, et al. Thermo-mechanical fatigue damage behavior for Ni-based superalloy under axial-torsional loading[J]. Materials Science and Engineering: A, 2018, 719: 61-71.

[8] Li D H, Shang D G, Cui J, et al. Fatigue-oxidation-creep damage model under axial-torsional thermo-mechanical loading[J]. International Journal of Damage Mechanics, 2020, 29(5): 810-830.

[9] 李道航. 多轴热机械疲劳损伤机理与寿命预测研究[D]. 北京: 北京工业大学, 2021.

[10] Vöse F, Becker M, Fischersworring-Bunk A, et al. An approach to life prediction for a nickel-base superalloy under isothermal and thermo-mechanical loading conditions[J]. International Journal of Fatigue, 2013, 53: 49-57.

[11] Nagesha A, Kannan R, Srinivasan V S, et al. Dynamic strain aging and oxidation effects on the thermomechanical fatigue deformation of reduced activation ferritic-martensitic steel[J]. Metallurgical and Materials Transactions A, 2016, 47(3): 1110-1127.

[12] Schallow P, Christ H J. High-temperature fatigue behaviour of a second generation near-γ titanium aluminide sheet material under isothermal and thermomechanical conditions[J]. International Journal of Fatigue, 2013, 53: 15-25.

[13] Prasad K, Sarkar R, Rao K B S, et al. A critical assessment of cyclic softening and hardening behavior in a near-α titanium alloy during thermomechanical fatigue[J]. Metallurgical and Materials Transactions A, 2016, 47(10): 4904-4921.

第 6 章　多轴热机循环本构关系

6.1　高温循环本构模型概述

在进行高超声速飞行器、航空发动机、燃气轮机、高压容器等热端结构设计时，由于零部件受载形式为高温变温和机械循环下的力热耦合动载荷，因此高温下结构热变形与疲劳破坏是这类结构零部件的主要失效形式。由于这些零部件在服役中大多数承受多轴热机载荷，因此发展高温下的多轴热机循环本构关系理论对这类零部件的结构强度设计十分重要。此外，研究高温多轴热机疲劳寿命预测方法的一个重要基础就是材料在高温下的多轴热机循环应力-应变关系，即高温多轴热机循环本构关系。

在高温环境下，金属材料通常会产生较为明显的黏性，在其应力-应变关系中表现为率相关性，即加载速率对应力-应变之间的关系会产生明显影响，而常温下循环应力-应变关系模型通常以弹塑性理论为基础，无法考虑材料在高温下的率相关性。因此，合理的高温循环本构模型既要考虑率相关性，又要适合于描述循环载荷下的塑性行为，即需要同时考虑材料在循环载荷中表现出的黏性与塑性。能同时考虑二者的模型可以分为两类，即黏塑性非统一型本构模型与黏塑性统一本构模型，前者将材料的黏性应变与塑性应变分开考虑，后者将黏性应变与塑性应变统一成非弹性应变来进行计算。

构建高温下循环本构模型的方法主要有三类：第一类是不考虑材料黏性的弹塑性循环应力-应变关系方法；第二类是分开考虑材料黏性与塑性的黏塑性非统一本构理论方法；第三类是统一考虑黏性与塑性为材料非弹性的黏塑性统一本构理论方法。

6.1.1　不考虑材料黏性的弹塑性本构模型

高温下多轴循环应力-应变响应模拟的一种常用传统方法是利用该温度下的单轴疲劳试验数据，即循环稳定时的应力幅与应变幅数据，获得该温度下的单轴循环应力-应变曲线，然后利用弹塑性模型，如多线性随动(运动)硬化模型求解[1,2]。如果将单轴循环应力-应变曲线运用到多轴循环载荷下，需要考虑材料的屈服准则以及各向同性硬化和随动硬化特性。屈服准则表示材料在应力空间中纯弹性变形范围的边界，在形状上表现为屈服面，常用的米泽斯屈服准则所表示的屈服面形状为主应力空间中以静水压力轴为轴线的圆柱面。对于各向同性硬化，是指屈服面在主应力空间中以静水压力轴为轴线的均匀扩张，即米泽斯屈服圆柱面半径的增大。对于随动硬化，则指屈服表面位置的移动，即新的屈服面中心相对于主应力空间原点的偏移量。这种模拟方法具有简便快捷的优点，通常也可以较为准确地得到稳定阶段(通常在半寿命附近)的多轴迟滞回线。该方法的缺点有三个：一是需要大量高温下的单轴应力-应变疲劳试验数据，即需要获取较为准确的单轴循环应力-应变曲线；二是由于使用稳定循环下的单轴应力-应变关系曲线，只能模拟稳定阶段的多轴应力-应变迟滞回线；三是不能考虑高温材料的率相关性，即不能描述加载速率发生变化情况下的迟滞回线。

6.1.2　黏塑性非统一本构模型

在高温与机械载荷共同作用下，材料同时呈现出较强的黏性与塑性，因此一些学者在研究材料循环本构关系时，将塑性应变与黏性应变分开进行考虑，建立了黏塑性非统一型本构模型，如 Kichenin[3] 提出的基于流变模型的双层黏塑性模型。所建立的双层黏塑性模型能够考虑高温下金属材料存在黏塑性特性，对应的流变体示意图如图 6.1 所示[4]。该模型将应力分解为上支路所示的弹黏性部分与下支路所示的弹塑性部分，总弹性模量 E 定义为

$$E = K_p + K_v \tag{6.1}$$

式中，K_p 和 K_v 分别为模型的下分支塑性部分弹性模量与上分支黏性部分弹性模量。

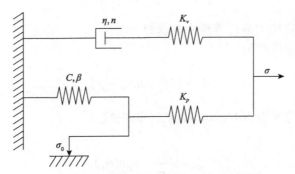

图 6.1　双层黏塑性模型的流变体示意图[4]

模型对应一维单轴形式的表达式如下：

$$\sigma = \sigma_p + \sigma_v \tag{6.2}$$

式中，σ 为总应力，即可测得的真实应力；σ_p 为塑性应力，即图 6.1 中的下分支

部分的应力；σ_v 为黏性应力，即图 6.1 中的上分支部分的应力。

塑性应力 σ_p 的计算如下：

$$\sigma_p = K_p(\varepsilon - \varepsilon_p) \tag{6.3}$$

式中，K_p 为塑性分支，即下分支的弹性模量；ε 为总应变，即可测得的真实应变；ε_p 为塑性应变。

黏性应力 σ_v 的计算如下：

$$\sigma_v = K_v(\varepsilon - \varepsilon_v) \tag{6.4}$$

式中，K_v 为黏性分支，即上分支的弹性模量；ε_v 为黏性应变。

塑性应变 ε_p 与塑性应力 σ_p，黏性应变 ε_v 与黏性应力 σ_v 均有相关的增量形式演化方程，从而形成了应力与应变状态存在相互影响的力学演化模型，其各自对应演化方程参数见图 6.1 中两支路分别对应的标注。

模型的屈服面函数为

$$f(\sigma, \chi) = |\sigma - \chi| - \sigma_0 \tag{6.5}$$

式中，σ_0 为初始屈服应力；χ 为背应力。

背应力率为

$$\dot{\chi} = C\dot{\varepsilon}_p - \beta\chi|\dot{\varepsilon}_p| \tag{6.6}$$

式中，C 和 β 为背应力演化方程中的参数。

模型的塑性应变率为

$$\dot{\varepsilon}_p = |\dot{\varepsilon}_p|\,\mathrm{sgn}(\sigma_p - \chi) \tag{6.7}$$

模型的黏性应变率由 Norton-Hoff 定律来描述：

$$\dot{\varepsilon}_v = \left(\frac{\sigma_v}{\eta}\right)^n \mathrm{sgn}(\sigma_v) \tag{6.8}$$

式中，η 与 n 为 Norton-Hoff 定律方程中的参数；$\mathrm{sgn}(x)$ 为符号函数，即

$$\mathrm{sgn}(x) = \begin{cases} 1, & x > 0 \\ 0, & x = 0 \\ -1 & x < 0 \end{cases}$$

双层黏塑性模型最初是在聚乙烯建模的背景下提出的,后来已成功地用于模拟铸钢[4]、灰铸铁[5]及铝硅合金[6]等材料的疲劳特性。

6.1.3　黏塑性统一本构模型

黏塑性统一本构理论是以内变量理论为基础,利用一套变形方程描述材料所有的非弹性变形行为,如应力松弛、蠕变、包辛格效应等。这种本构理论初始形成于 20 世纪 60 年代,并逐渐发展成以现代统一塑性理论为基础的各种黏塑性统一本构模型。内变量理论是用于描述材料连续变形过程的理论,其原理是通过在变形中引进内变量来记录材料的热力学历史,从而记录材料的微观结构变化。因此,基于内变量理论的黏塑性统一本构模型,可被认为联系高温下材料微观与宏观变形的理论纽带,从而能够较为合理地模拟材料在高温下的变形行为。

典型统一本构模型理论可以分为两类:一类是不使用经典强度理论中的屈服准则,而是通过引进内变量来完善热力学框架;另一类是仍然保留屈服准则。这两类典型的统一本构模型都具有两个共同的特点:一是将材料的应变增量分为弹性应变增量和非弹性应变增量两个部分;二是认为与材料应力相关的基本内变量有两个,分别描述材料的各向同性硬化行为和随动硬化行为。几种典型的黏塑性统一本构模型的主要区别可概括为三点:一是流动方程的形式不同,主要有双曲函数、幂函数和指数函数三种形式;二是基本内变量演化的方式不同;三是材料参数的定义与物理含义不同。

Chaboche 模型[7,8]作为少有保留屈服准则的统一本构模型中的代表性模型,该模型在塑性屈服准则的基础上,通过引入黏塑性势函数来定义非弹性应变率和应力状态的关系,将各向同性硬化内变量与非线性随动硬化内变量引入非弹性应变率方程中,以此来描述材料非弹性本构关系。模型不仅能够模拟循环塑性行为,如随动硬化和各向同性硬化,而且能够模拟黏塑性行为,如应变率相关性和应力松弛效应,从而能够对很多金属以及合金材料的本构关系进行较为精确的预测。1990 年,Lemaitre 等[9]进行了进一步讨论,此后该模型被广泛用于描述不同材料在高温和热机载荷下的循环黏塑性本构关系[10-20]。

6.2　Chaboche 黏塑性统一本构模型理论

1983 年,Chaboche 等[7]以塑性应变张量和累积塑性应变为硬化变量,通过讨论经典的各向同性硬化和随动硬化准则,并利用与当前塑性应变张量和累积塑性应变相关的内变量描述了各向同性硬化和随动硬化现象,提出用非线性随动硬化的概念来描述材料在承受循环载荷时的非线性塑性行为。这种综合考虑各向同性硬化和随动硬化的模型几乎可以通用地描述金属或合金的单调或循环力学行为,而对一些在高温下表现出明显与蠕变性能相关的黏塑性行为材料，如 316 不锈钢和高温合金等材料，则可将塑性和蠕变现象用一个黏塑性应变来统一描述[8]。

Chaboche 黏塑性统一本构模型以增量理论的形式构建。在模型中，规定符号"·"表示对时间求微分，即某参量相对于时间的变化速率，也可理解为该参量在某时间点对应于微小时间的微小变化量，如应变率 $\dot{\varepsilon}$ 表示应变 ε 相对于时间的变化速率。

在等温小变形条件下，应变相对于时间的变化速率可分解为弹性部分与塑性（黏塑性或非弹性）部分：

$$\dot{\varepsilon} = \dot{\varepsilon}_e + \dot{\varepsilon}_p \tag{6.9}$$

式中，$\dot{\varepsilon}$ 为应变率张量；$\dot{\varepsilon}_e$ 为弹性应变率张量；$\dot{\varepsilon}_p$ 为塑性应变率张量。

当卸载或承受较小机械载荷时，材料处于弹性变形范围，塑性应变率 $\dot{\varepsilon}_p$ 为 0，即和弹性应变率的值相等，则应力率可由广义胡克定律来计算：

$$\dot{\sigma} = E\dot{\varepsilon}_e \tag{6.10}$$

式中，$\dot{\sigma}$ 为应力率张量；E 为一系列弹性常数组成的弹性矩阵，其独立弹性常数只有两个。

对于应变加载条件和增量本构关系模型，需要对每一个应变率 $\dot{\varepsilon}$ 求出对应的应力率 $\dot{\sigma}$。在弹性范围内，由式 (6.9) 和式 (6.10) 可直接求出应力率，但在塑性范围，需要先求出塑性应变率 $\dot{\varepsilon}_p$，再利用式 (6.9) 和式 (6.10) 确定出应力率。

对于 Chaboche 黏塑性统一模型，如果要计算塑性应变率 $\dot{\varepsilon}_p$，首先需要计算累积塑性应变 p 相对于时间的变化速率，即累积塑性应变率 $\dot{p}$，再由流动法则计算 $\dot{\varepsilon}_p$。累积塑性应变率 $\dot{p}$ 相当于多轴塑性应变率 $\dot{\varepsilon}_p$ 的模，在 Chaboche 黏塑性统一模型中，利用下面的指数方程来计算 $\dot{p}$：

$$\dot{p} = \left(\frac{2}{3}\mathrm{d}\varepsilon_p\mathrm{d}\varepsilon_p\right)^{1/2} = \left\langle\frac{f}{Z}\right\rangle^n \tag{6.11}$$

$$\langle x \rangle = \begin{cases} x, & x > 0 \\ 0, & x \leqslant 0 \end{cases}$$

式中，Z 和 n 为材料在某温度下的黏性参数，可由蠕变试验或应力松弛试验拟合得到。f 为屈服函数，即判定在当前载荷下材料是否处于弹性范围的边界条件，在高温条件下，当其值大于 0 时，表示材料超出弹性范围而进入黏塑性；当其值等于 0 时，在应力空间中表示一曲面；当其值小于 0 时，在应力空间中表示在曲面内，即材料处于弹性状态。

Chaboche 黏塑性统一模型采用米泽斯屈服准则，即屈服函数可以写成如下形式：

$$f = J(\boldsymbol{\sigma} - \boldsymbol{\chi}) - R - k \leqslant 0 \tag{6.12}$$

$$J(\boldsymbol{\sigma} - \boldsymbol{\chi}) = \left[\frac{3}{2}(\boldsymbol{\sigma}' - \boldsymbol{\chi}')(\boldsymbol{\sigma}' - \boldsymbol{\chi}') \right]^{1/2} \tag{6.13}$$

式中，R 为各向同性硬化引起的拖曳应力，即各向同性硬化量，其 R 值会随着累积黏塑性应变 p 值而变化，引起屈服面的扩张或收缩，从而引起各向同性硬化的现象，如图 6.2 所示；k 是材料对应某温度下模型的材料参数，表示初始屈服面尺寸的大小，但在黏塑性中初始屈服应力很难精确定义，因此用一个材料参数来代替；$\boldsymbol{\chi}$ 为应力空间中的屈服面中心，表示运动硬化引起的背应力。

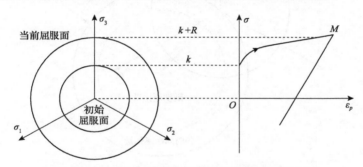

图 6.2　各向同性硬化下材料常数的含义

在循环加载过程中，$\boldsymbol{\chi}$ 会随着塑性应变和累积塑性应变的值而变化，描述屈服面的整体移动，从而引起随动硬化现象，因此 $\boldsymbol{\chi}$ 也被称成随动硬化的背应力；$J(\boldsymbol{\sigma} - \boldsymbol{\chi})$ 为应力状态相对于屈服面中心的应力不变量，$\boldsymbol{\sigma}'$ 和 $\boldsymbol{\chi}'$ 分别为应力张量 $\boldsymbol{\sigma}$ 和 $\boldsymbol{\chi}$ 的偏张量。

应力偏张量与随动硬化背应力偏张量的计算如下：

$$\boldsymbol{\sigma}' = \boldsymbol{\sigma} - \frac{1}{3}\mathrm{tr}(\boldsymbol{\sigma})\boldsymbol{I} \tag{6.14}$$

$$\boldsymbol{\chi}' = \boldsymbol{\chi} - \frac{1}{3}\mathrm{tr}(\boldsymbol{\chi})\boldsymbol{I} \tag{6.15}$$

式中，$\boldsymbol{I}$ 表示二阶单位张量；$\mathrm{tr}()$ 表示求某二阶张量的主对角线元素之和。

将式 (6.12) 代入式 (6.11)，则累积塑性应变率 $\dot{p}$ 为

$$\dot{p} = \left\langle \frac{J(\boldsymbol{\sigma} - \boldsymbol{\chi}) - R - k}{Z} \right\rangle^n \tag{6.16}$$

在受载过程中材料超出弹性状态后，根据米泽斯屈服准则，以静水应力轴为法线，屈服面在主应力空间中的形状如图 6.3 所示。图中的各向同性硬化量由 R 引起，随动硬化量由 $\boldsymbol{\chi}$ 引起，但由于应力空间的转换，二者的具体数值并不固定，即需要计算。

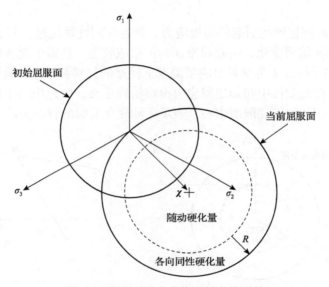

图 6.3　屈服面在主应力空间中的形状

Chaboche 黏塑性统一模型采用关联流动法则，即认为塑性势能面和屈服面具有相同的形状，即塑性应变率总是沿着当前屈服面的外法线方向，从而可以获得塑性应变率 $\dot{\boldsymbol{\varepsilon}}_p$ 的具体计算式：

$$\dot{\boldsymbol{\varepsilon}}_p = \frac{3}{2} \dot{p} \frac{\boldsymbol{\sigma}' - \boldsymbol{\chi}'}{J(\boldsymbol{\sigma} - \boldsymbol{\chi})} \tag{6.17}$$

获取 $\dot{\boldsymbol{\varepsilon}}_p$ 后，就可以由式 (6.9) 和式 (6.10) 计算出应力率 $\dot{\boldsymbol{\sigma}}$。

通过计算获取应力率后，由于增量算法需要重复进行，而针对下一个微小时间增量的计算要用到各向同性硬化量 R 和随动硬化量 $\boldsymbol{\chi}$，因此需要根据模型规定的演化公式计算二者增量以保证模型算法的连续性和完整性。

为了描述材料循环加载下的随动硬化行为，即表达屈服面在应力空间中移动，使用随动硬化量(背应力) $\boldsymbol{\chi}$ 来描述其加载面的瞬时位置，如图 6.3 所示。如果要正确表达加载方向的变化、热机械循环载荷等，则必须使用相应的模型。最简单的是 Prager 的线性随动硬化模型[21]，该模型中随动硬化量的演化与塑性应变的演化是共线的。因此，随动硬化量与塑性应变的关系可表达为

$$\chi = \frac{2}{3} c \boldsymbol{\varepsilon}_p \tag{6.18}$$

$$\dot{\chi} = \frac{2}{3} c \dot{\boldsymbol{\varepsilon}}_p \tag{6.19}$$

式中，c 表示线性梯度的材料常数。

Frederick 等[22]最初提出的模型给出了更好的描述，该模型引入了动态恢复项：

$$\dot{\chi} = \frac{2}{3} c \dot{\boldsymbol{\varepsilon}}_p - \beta \chi \dot{p} \tag{6.20}$$

式中，β 为材料常数。

式(6.20)中右侧第一项对应 Prager 线性准则，是关于非弹性应变率的线性方程；第二项为非线性时间恢复项，可以考虑载荷方向的改变，从而提高硬化法则描述迟滞回线的能力。

Frederick 等提出的非线性随动法则能够对包辛格效应、循环硬化曲线、循环应力-应变曲线等进行正确的模拟。在黏塑性应变范围小于 1% 的有限情况下，非线性随动量可用以下最简单的形式进行表达[23-25]：

$$\dot{\chi}_i = C_i \left(\frac{2}{3} a_i \dot{\boldsymbol{\varepsilon}}_p - \chi_i \dot{p} \right) \tag{6.21}$$

式中，a_i 为随动硬化参数，具有应力量纲，表征随动硬化量（背应力）χ 的稳态值，即在非弹性区域的应力饱和值；下标 i 表示随动硬化分量个数；C_i 为 χ 相对于累积塑性应变 p 演化速度且与 a_i 共同表征 χ 稳态值的各向同性硬化参数。

背应力 χ 的演化与塑性应变率 $\dot{\boldsymbol{\varepsilon}}_p$ 和累积塑性应变率 $\dot{p}$ 均有关，且通常需要两个或两个以上的随动硬化分量叠加，以尽可能较好地模拟迟滞回线曲线段。含有两个随动硬化分量的演化公式可表达如下[23]：

$$\chi = \chi_1 + \chi_2 \tag{6.22}$$

运动硬化项 χ_1 描述了非弹性变形的瞬态区域，而 χ_2 描述了当 χ_1 达到 a_1 的稳态值时，在更大非弹性下的稳态行为。因此，可假设在 χ_2 所划分的区域内 χ_1 和 R 对硬化影响较小，可认为 k 和 σ_v 与 $\dot{\boldsymbol{\varepsilon}}_p$ 无关。

各向同性硬化量 R 的演化过程只与累积黏塑性应变率 $\dot{p}$ 有关，增量形式的表达式为

$$\dot{R} = b(Q - R)\dot{p} \tag{6.23}$$

式中，Q 为各向同性硬化参数，表征各向同性硬化量 R 的稳态值；b 为各向同性硬化参数，表征 R 相对于累积塑性应变 p 的演化速度。

由于 R 只和累积塑性应变率 $\dot{p}$ 有关，式(6.23)作为微分方程可直接分离变量，利用 $R|_{p=0} = 0$ 的边界条件通过积分得到变量 R 和 p 的一一对应关系：

$$R = Q(1 - \mathrm{e}^{-bp}) \tag{6.24}$$

Chaboche 黏塑性统一本构模型中的系列方程需要确定 11 个与温度相关的参数，即 E、ν、K、n、k、C_1、C_2、a_1、a_2、Q、b。

6.3　高温单轴循环加载下黏塑性统一本构模型

本节以高温镍基合金材料 GH4169 薄壁管试件为对象，基于黏塑性统一本构理论，论述高温下单轴黏塑性本构模型具体建立过程和模型中系列参数的具体确定方法。

6.3.1　单轴加载下黏塑性统一本构模型建立

以薄壁管试件为分析对象，在笛卡儿坐标系中，对于各向同性材料应变增量张量具有 6 个独立分量，若规定薄壁管试件的轴向，即下标 x 代表单轴加载方向，那么下标 y 与 z 代表垂直轴向的两个直角坐标方向，因此应变增量张量表达式为

$$\Delta\boldsymbol{\varepsilon} = \begin{bmatrix} \Delta\varepsilon_x & \Delta\varepsilon_{xy} & \Delta\varepsilon_{xz} \\ \Delta\varepsilon_{yx} & \Delta\varepsilon_y & \Delta\varepsilon_{yz} \\ \Delta\varepsilon_{zx} & \Delta\varepsilon_{zy} & \Delta\varepsilon_z \end{bmatrix} \tag{6.25}$$
$$= (\Delta\varepsilon_x, \Delta\varepsilon_y, \Delta\varepsilon_z, \Delta\varepsilon_{xy}, \Delta\varepsilon_{xz}, \Delta\varepsilon_{yz})$$

式中，$\Delta\varepsilon_x$、$\Delta\varepsilon_y$、$\Delta\varepsilon_z$ 为三个正应变增量分量，下标表示其方向；$\Delta\varepsilon_{xy}$、$\Delta\varepsilon_{xz}$、$\Delta\varepsilon_{yz}$ 为三个剪切应变增量分量，下标分别表示剪切应变所在平面法向和剪切应力指向的方向。

同理，应力张量 $\boldsymbol{\sigma}$ 可以表示为

$$\boldsymbol{\sigma} = (\sigma_x, \sigma_y, \sigma_z, \sigma_{xy}, \sigma_{xz}, \sigma_{yz}) \tag{6.26}$$

式中，σ_x、σ_y、σ_z 为三个正应力分量，下标表示其方向；σ_{xy}、σ_{xz}、σ_{yz} 为三个剪切应力分量，下标分别表示剪切应力所在平面法向应力和剪切应力指向的

方向。

随动硬化背应力张量 $\boldsymbol{\chi}$ 可以表示为

$$\boldsymbol{\chi} = (\chi_x, \chi_y, \chi_z, \chi_{xy}, \chi_{xz}, \chi_{yz}) \tag{6.27}$$

式中，χ_x、χ_y、χ_z 分别对应背应力的三个正应力分量；χ_{xy}、χ_{xz}、χ_{yz} 分别对应背应力的三个剪切应力分量。

在单轴轴向（x 方向）应变加载过程中，由于薄壁管厚度方向与圆周方向会产生相应的压缩变形，而薄壁管试件在受载过程中不存在剪切应变，因此其应变状态为

$$\boldsymbol{\varepsilon} = (\varepsilon_x, -\nu\varepsilon_x, -\nu\varepsilon_x, 0, 0, 0) \tag{6.28}$$

式中，ν 为泊松比。

薄壁管试件标距段内的应力响应是单向应力状态，即

$$\boldsymbol{\sigma} = (\sigma_x, 0, 0, 0, 0, 0) \tag{6.29}$$

由偏应力计算式（6.14）可得单轴加载下的偏应力状态：

$$\boldsymbol{\sigma}' = \left(\frac{2}{3}\sigma_x, -\frac{1}{3}\sigma_x, -\frac{1}{3}\sigma_x, 0, 0, 0 \right) \tag{6.30}$$

$$\sigma_y' = \sigma_z' \tag{6.31}$$

式（6.31）说明在单轴加载下黏塑性统一本构模型中下标 y 和 z 具有完全对称性，即

$$\Delta\varepsilon_y^p = \Delta\varepsilon_z^p \tag{6.32}$$

$$\chi_y = \chi_z \tag{6.33}$$

金属材料具有体积不可压缩性，则三个方向的塑性正应变增量之和为 0：

$$\Delta\varepsilon_x^p + \Delta\varepsilon_y^p + \Delta\varepsilon_z^p = 0 \tag{6.34}$$

由式（6.32）和式（6.34）可得出

$$\Delta\varepsilon_y^p = \Delta\varepsilon_z^p = -\frac{1}{2}\Delta\varepsilon_x^p \tag{6.35}$$

因此，薄壁管试件标距段的塑性应变张量可表示为

$$\Delta\boldsymbol{\varepsilon}_p = \left(\Delta\varepsilon_x^p, -\frac{1}{2}\Delta\varepsilon_x^p, -\frac{1}{2}\Delta\varepsilon_x^p, 0, 0, 0 \right) \tag{6.36}$$

由累积塑性应变增量公式可推导出，单轴载荷下的累积塑性应变增量 Δp 值与加载方向的塑性应变增量分量值相等：

$$\Delta p = \sqrt{\frac{2}{3}\Delta\boldsymbol{\varepsilon}_p \Delta\boldsymbol{\varepsilon}_p} = \left|\Delta\varepsilon_x^p\right| \tag{6.37}$$

由式 (6.21) 和式 (6.22) 可知，各个方向背应力分量之间比值与塑性应变增量分量之间比值为一一对应相等的关系。因此，在单轴载荷下，类似式 (6.36) 可推导出随动硬化背应力 $\boldsymbol{\chi}$ 张量表达式：

$$\boldsymbol{\chi} = \left(\chi_x, -\frac{1}{2}\chi_x, -\frac{1}{2}\chi_x, 0, 0, 0\right) \tag{6.38}$$

则

$$\boldsymbol{\chi}' = \left(\chi_x - 0, -\frac{1}{2}\chi_x - 0, -\frac{1}{2}\chi_x - 0, 0, 0, 0\right)$$

即可以看出 $\boldsymbol{\chi}$ 与自身偏量 $\boldsymbol{\chi}'$ 相等的特性：

$$\boldsymbol{\chi}' = \boldsymbol{\chi} \tag{6.39}$$

将式 (6.38)、式 (6.39) 和式 (6.30) 代入式 (6.13) 中可以得到单轴状态下应力不变量 $J(\boldsymbol{\sigma} - \boldsymbol{\chi})$ 的计算式：

$$J(\boldsymbol{\sigma} - \boldsymbol{\chi}) = \sqrt{\frac{3}{2}(\boldsymbol{\sigma}' - \boldsymbol{\chi}')(\boldsymbol{\sigma}' - \boldsymbol{\chi}')} = \left|\sigma_x - \frac{3}{2}\chi_x\right| \tag{6.40}$$

将式 (6.21) 中的 x 分量单独列出并进行适当变形：

$$\frac{3}{2}\dot{\chi}_{i,x} + \frac{3}{2}C_i\chi_{i,x}\dot{p} = C_i a_i \dot{\varepsilon}_x^p \tag{6.41}$$

为了表达方便和计算式的简化，在单轴载荷下，将 x 轴方向背应力表示为

$$\chi_i = \frac{3}{2}\chi_{i,x} \tag{6.42}$$

$$\chi = \sum_i \chi_i = \frac{3}{2}\chi_x \tag{6.43}$$

将式 (6.42) 代入式 (6.41)，可以得到随动硬化微分方程的单轴形式：

$$\dot{\chi}_i = C_i(a_i \dot{\varepsilon}_p - \chi_i \dot{p}) \tag{6.44}$$

将式(6.43)代入式(6.40)，可以得到 x 方向单轴加载时应力不变量：

$$J(\boldsymbol{\sigma} - \boldsymbol{\chi}) = |\sigma - \chi| \tag{6.45}$$

将式(6.45)和式(6.12)代入式(6.11)，可以得到单轴加载时累积塑性应变增量 $\dot{p}$ 的计算式：

$$|\dot{\varepsilon}_p| = \dot{p} = \left\langle \frac{|\sigma - \chi| - R - k}{Z} \right\rangle^n \tag{6.46}$$

将式(6.46)进行适当变形，可以得到单轴载荷下的轴向黏塑性应力计算公式：

$$\sigma = \chi + \left(R + k + Z\dot{p}^{1/n} \right)\mathrm{sgn}(\sigma - \chi) \tag{6.47}$$

而对于各向同性硬化微分方程，单轴与多轴公式并无差别：

$$\dot{R} = b(Q - R)\dot{p} \tag{6.48}$$

式(6.44)~式(6.48)构成了单轴黏塑性模型的完整计算构架，从而实现了单轴形式的累积塑性应变率、黏塑性应力、随动硬化变量和各向同性硬化变量的计算。

6.3.2　单轴加载下黏塑性统一本构模型算法

基于增量算法理论的黏塑性统一本构关系，在建模过程中，针对不同加载方式，模型的具体算法和具体表达式会有所不同。在高温单轴循环载荷下，黏塑性统一本构关系可以采用两种方式来计算，即隐式算法和显式算法。两种算法区别在于对非弹性载荷步的求解。

图 6.4 为高温单轴载荷下黏塑性本构模型核心的隐式算法流程图，对于给定的载荷增量 $\Delta\varepsilon$，首先需要求解弹性试算应力 σ^{tr}，然后利用其值进行黏塑性判断，其判断依据为单轴状态下的屈服函数：

$$f(\sigma) = |\sigma - \chi| - R - k \tag{6.49}$$

式中，$f(\sigma)$ 为单轴载荷下以应力为自变量的屈服函数。

判定当前所计算的 $\Delta\varepsilon$ 载荷子步含有黏塑性的依据为

$$\begin{cases} f(\sigma^{\mathrm{tr}}) > 0 \\ f(\sigma^{\mathrm{tr}}) > f(\sigma) \end{cases} \tag{6.50}$$

式中，σ^{tr} 为弹性试算应力，其计算方式见图 6.4 中的说明；σ 为 $\Delta\varepsilon$ 载荷子步起始点应力值。

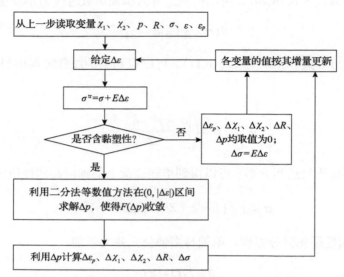

图 6.4　高温单轴载荷下黏塑性本构模型核心的隐式算法流程图[26]

若判定载荷子步中不含黏塑性，则取 σ^{tr} 为算得的应力值，各塑性相关变量增量值均为 0。

若判定载荷子步中含有黏塑性，则需要用到如下收敛判别条件：

$$F(\Delta p) = \sigma + E(\Delta\varepsilon - \mathrm{sgn}(\Delta\varepsilon)\Delta p)$$
$$- \left\{ \chi(\Delta p) + \left[R(\Delta p) + k + Z\left(\frac{\Delta p}{\Delta t}\right)^{1/n} \right] \mathrm{sgn}(\sigma - \chi) \right\} \tag{6.51}$$

式中，$\chi(\Delta p)$、$R(\Delta p)$ 分别为 Δp 对应随动硬化量与各向同性硬化量按各自微分方程的求解值；$F(\Delta p)$ 为所定义的收敛性判别函数，其值小于接近 0 的某上限时认为求解此载荷子步过程收敛；Δt 为对应 $\Delta\varepsilon$ 的载荷子步施加时间。

利用数值方法，可在 $(0, |\Delta\varepsilon|)$ 区间内求解累积非弹性应变增量 Δp 的值使得收敛性判别函数的值小于规定的接近 0 某上限值。利用解得的 Δp，可依次计算出各变量的增量值 $\Delta\varepsilon_p$、$\Delta\chi_1$、$\Delta\chi_2$、ΔR、$\Delta\sigma$，此时将各待求变量按其增量更新即可完成黏塑性载荷子步的求解。

图 6.5 为高温单轴载荷下黏塑性本构模型核心的显式算法流程图，与隐式算法思路基本相同，即对于给定的应变载荷增量，先判定载荷子步是否含有黏塑性。若不含黏塑性，其求解方法与隐式相同，即利用胡克定律进行求解。

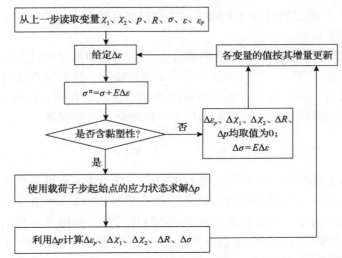

图 6.5　高温单轴载荷下黏塑性本构模型核心的显式算法流程图[26]

若载荷子步含有黏塑性，显式算法与隐式算法有两点不同。第一个不同点是显式算法的黏塑性判定条件是利用载荷子步起始点的应力状态为依据进行判定：

$$\begin{cases} f(\sigma) > 0 \\ f(\sigma^{tr}) > f(\sigma) \end{cases} \tag{6.52}$$

第二个不同点是显式算法是直接利用载荷子步起始点的应力状态求解累积非弹性应变增量 Δp：

$$\Delta p = \left\langle \frac{f(\sigma)}{Z} \right\rangle^n \Delta t \tag{6.53}$$

显式算法中算得的 Δp 值若超过 $|\Delta\varepsilon|$，则认为此载荷子步为完全黏塑性状态，此时 Δp 取值为 $|\Delta\varepsilon|$。利用解得的 Δp，可依次计算出各变量的增量值 $\Delta\varepsilon_p$、$\Delta\chi_1$、$\Delta\chi_2$、ΔR、$\Delta\sigma$，将各待求变量按其增量更新便可完成黏塑性载荷子步的求解。

6.3.3　高温塑性统一本构模型参数确定

在温度为 650℃下，以镍基高温合金 GH4169 材料为例[26,27]，说明黏塑性统一本构模型参数确定方法。

对于 Chaboche 通用黏塑性统一本构模型，需要拟合 11 个材料常数（模型参数），包括弹性常数 E 和 ν，各向同性硬化参数 k、Q、b，随动硬化参数 a_1、a_2、C_1、C_2，黏性参数 Z 和 n。这些参数可通过拟合单轴试验数据来确定。

弹性模量 E 可以通过前 1/4 圈的直线段斜率直接获得，泊松比 ν 可以通过相关材料数据手册获取。

对于各向同性硬化参数，循环屈服应力 k 的初始值通常被认为小于前 1/4 周偏离线性段的起始点[13]，所以应首先估计 k 的初始值，然后对其进行修改，以便对试验数据进行较好的拟合。依据测得的单轴峰值试验数据，在式(6.24)的基础上叠加一项来描述峰值应力随累积循环呈线性软化趋势的现象：

$$R = Q(1 - \mathrm{e}^{-bp}) - \mathrm{kr} \cdot p \tag{6.54}$$

式中，p 为每个循环的二倍塑性应变的累积值；Q 为各向同性非线性软化现象的稳定值，即代表第一个迟滞回线和稳定迟滞回线之间的应力幅值之差；kr 为各向同性线性软化的斜率。试验数据显示出循环软化行为，如图 6.6 所示，意味着参数 Q 和 kr 为负值。各向同性参数 b 和 kr 决定了软化行为的速度，拟合试验数据由式(6.54)确定。

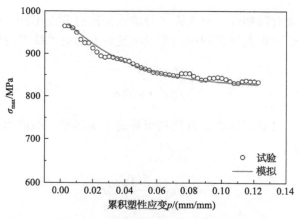

图 6.6　各向同性硬化参数的确定

采用拟合各向同性硬化参数的模拟结果如图 6.6 所示，其中累积塑性应变计算为二倍塑性应变范围的累积值。

关于随动硬化，只需要两组非线性随动硬化参数即可较好地描述非直线段，所需的随动硬化参数 a_1、a_2、C_1、C_2 可以通过应变控制试验的前 1/4 循环的非直线段拟合得到。非直线段被分为过渡区域和大塑性应变区域，对式(6.44)积分可以得到：

$$\chi_i = a_i(1 - \mathrm{e}^{-C_i \varepsilon_p}), \quad i=1,2 \tag{6.55}$$

在非直线段的大塑性应变区域，χ_1 被认为十分接近其饱和值 a_1，即相对于塑

性应变 ε_p 的增长率为零，即

$$\chi = \chi_1 + \chi_2 = a_1(1 - e^{-C_1\varepsilon_p}) + a_2(1 - e^{-C_2\varepsilon_p})$$
$$= a_1 + a_2(1 - e^{-C_2\varepsilon_p}) \tag{6.56}$$

将式(6.56)代入式(6.47)得到

$$\sigma = a_1 + a_2(1 - e^{-C_2\varepsilon_p}) + \left(R + k + Z\dot{p}^{1/n}\right)$$

对塑性应变 ε_p 求导，得到

$$\frac{\partial \sigma}{\partial \varepsilon_p} - \frac{\partial R}{\partial \varepsilon_p} = a_2 C_2 e^{-C_2\varepsilon_p} \tag{6.57}$$

对式(6.57)等号两端取 e 为底的对数，得到

$$\ln\left(\frac{\partial \sigma}{\partial \varepsilon_p} - \frac{\partial R}{\partial \varepsilon_p}\right) = \ln(a_2 C_2) - C_2\varepsilon_p \tag{6.58}$$

基于大应变区域的试验数据，绘制以 $\ln\left(\dfrac{\partial \sigma}{\partial \varepsilon_p} - \dfrac{\partial R}{\partial \varepsilon_p}\right)$ 为纵坐标、塑性应变 ε_p 为横坐标的散点图，如图 6.7 所示，并拟合出一条直线。根据式(6.58)，可得到该直线的斜率 C_2，进而可以根据该直线的截距得到 a_2。

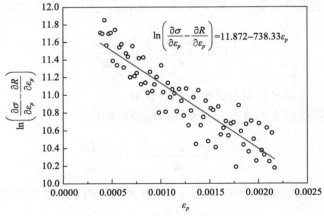

图 6.7　随动硬化参数 C_2 和 a_2 的拟合[26]

在非弹性变形的瞬态区域，即过渡区域，背应力 χ_1 和 χ_2 相对于塑性应变 ε_p 的增长率均不可忽略。类似于式 (6.58)，在过渡区域可导出以下关系式：

$$\ln\left(\frac{\partial\sigma}{\partial\varepsilon_p}-\frac{\partial R}{\partial\varepsilon_p}-\frac{\partial\chi_2}{\partial\varepsilon_p}\right)=\ln(a_1C_1)-C_1\varepsilon_p \tag{6.59}$$

利用非弹性变形的瞬态区域（小塑性应变区域）数据点，如图 6.8 所示，拟合一条直线，从而可以得到 C_1 和 a_1 值。

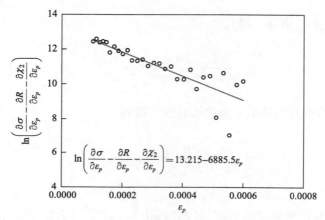

图 6.8　随动硬化参数 C_1 和 a_1 的拟合[26]

对于黏性参数 K 和 n，根据单轴试验在第一段最大拉应变保持时间内的应力松弛试验数据，以及以相似材料为参照的两黏性参数的合理取值范围，K 和 n 可采用最小二乘法拟合获取。在第一段保持时间内，式 (6.11) 可写为

$$\left(\frac{\sigma-\chi-R-k}{Z}\right)^n=\frac{\mathrm{d}p}{\mathrm{d}t} \tag{6.60}$$

式中，χ、R、k 由之前拟合的参数均可获取。

根据累积塑性应变的含义，在第一段保持时间内，有

$$\frac{\mathrm{d}p}{\mathrm{d}t}=\frac{\mathrm{d}(\Delta\varepsilon/2-\sigma/E)}{\mathrm{d}t}=-\frac{1}{E}\frac{\mathrm{d}\sigma}{\mathrm{d}t} \tag{6.61}$$

由式 (6.60) 和式 (6.61) 可以得到以 σ 和 t 为可分离变量的微分方程：

$$\left(\frac{\sigma-\chi-R-k}{Z}\right)^n=-\frac{1}{E}\frac{\mathrm{d}\sigma}{\mathrm{d}t} \tag{6.62}$$

其边界条件为

$$\sigma\big|_{t=t_0} = \sigma_{\max} \qquad (6.63)$$

式中，t_0 为保持时间的起始点；$\sigma_{\max}$ 为对应保持时间起始点的峰值应力。

对式 (6.62) 求解可得保持时间内应力随时间变化的函数：

$$\sigma = \left[\frac{E(t_0-t)(1-n)}{Z^n} + (\sigma_{\max} - k - R - \chi)^{1-n} \right]^{1/(1-n)} + k + R + \chi \qquad (6.64)$$

取部分应力松弛数据点，根据式 (6.64) 利用最小二乘法拟合黏性参数 Z 和 n，得到的最优参数模拟的应力松弛数据与试验数据的对比如图 6.9 所示。

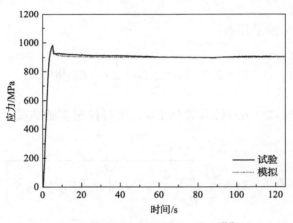

图 6.9　黏性参数 Z 和 n 的拟合[26]

综上，表 6.1 中为最终确定的 GH4169 合金在 650℃的所有黏塑性统一本构模型参数数值。

表 6.1　黏塑性模型在 650℃的材料参数

E/MPa	ν	k/MPa	Q/MPa	b	kr	a_1/MPa	C_1	a_2/MPa	C_2	$Z/(\mathrm{MPa \cdot s^{1/n}})$	n
164500	0.325	635	−160	8.27	20	79.7	6885.5	194.0	738.3	500	3.41

6.4　高温拉扭多轴加载下黏塑性统一本构模型

本节以高温镍基合金 GH4169 材料为对象，基于黏塑性统一本构理论，针对高温下多轴拉扭加载进行建模，详细论述多轴黏塑性本构模型建立过程和模型中的系列参数确定方法[26,27]。

6.4.1 多轴拉扭加载下黏塑性统一本构模型分析

基于拉扭多轴载荷下试件的约束和受载形式，可以推出各应力相关多轴变量的基本状态。拉扭多轴载荷下，试件表面单元的应力状态与偏应力状态为

$$\boldsymbol{\sigma} = \begin{bmatrix} \sigma_x & \sigma_{xy} & 0 \\ \sigma_{xy} & 0 & 0 \\ 0 & 0 & 0 \end{bmatrix} \tag{6.65}$$

$$= (\sigma_x, 0, 0, \sigma_{xy}, 0, 0)$$

$$\boldsymbol{\sigma}' = \left(\frac{2}{3}\sigma_x, -\frac{1}{3}\sigma_x, -\frac{1}{3}\sigma_x, \sigma_{xy}, 0, 0 \right) \tag{6.66}$$

其背应力与背应力偏量相等：

$$\boldsymbol{\chi}' = \boldsymbol{\chi} = \left(\chi_x, -\frac{1}{2}\chi_x, -\frac{1}{2}\chi_x, \chi_{xy}, 0, 0 \right) \tag{6.67}$$

将式 (6.66) 与式 (6.67) 代入式 (6.13)，可得拉扭多轴载荷下的应力不变量计算式：

$$J(\boldsymbol{\sigma} - \boldsymbol{\chi}) = \frac{\sqrt{3}}{2} \sqrt{\left[3\left(\frac{2}{3}\sigma_x - \chi_x \right)^2 + 2(\sigma_{xy} - \chi_{xy})^2 \right]} \tag{6.68}$$

在拉扭多轴载荷条件下，可以结合应变张量分析来描述模型的实现过程。模型实现的总体过程可简述为两步：①应变载荷被细分为时间相关的微小应变增量 $\Delta\boldsymbol{\varepsilon}$；②对每一个载荷子步，对应每一个微小应变增量，计算对应的应力增量 $\Delta\boldsymbol{\sigma}$。

多轴载荷条件下黏塑性统一本构模型计算每个载荷子步的过程可表述为：在每个载荷步的起始点，需要解出式 (6.12) 所表述的屈服函数值 f，并依此进行如下判断：若 $f<0$，则此载荷子步被认定为弹性，否则被认定为非弹性。

对于弹性载荷子步，应变增量被认为是完全弹性的，应力增量可以基于胡克定律进行计算：

$$\Delta\boldsymbol{\varepsilon}_e = \Delta\boldsymbol{\varepsilon} = (\Delta\varepsilon_x, -\nu\Delta\varepsilon_x, -\nu\Delta\varepsilon_x, \Delta\varepsilon_{xy}, 0, 0) \tag{6.69}$$

$$\Delta\boldsymbol{\sigma} = \boldsymbol{E}\Delta\boldsymbol{\varepsilon}_e \tag{6.70}$$

$$\boldsymbol{E} = \begin{bmatrix} M & \lambda & \lambda & 0 & 0 & 0 \\ \lambda & M & \lambda & 0 & 0 & 0 \\ \lambda & \lambda & M & 0 & 0 & 0 \\ 0 & 0 & 0 & G & 0 & 0 \\ 0 & 0 & 0 & 0 & G & 0 \\ 0 & 0 & 0 & 0 & 0 & G \end{bmatrix} \tag{6.71}$$

式中，M、λ、G 为弹性常数，其中 M 为约束模量，λ 为拉梅常数，G 为剪切模量，三者都可以由弹性模量 E 和泊松比 ν 导出。

至此，完成了弹性载荷子步的各应力分量增量计算方法的表述。

对于非弹性载荷步，应变增量 $\Delta\boldsymbol{\varepsilon}$ 被分解为弹性部分 $\Delta\boldsymbol{\varepsilon}_e$ 和塑性部分 $\Delta\boldsymbol{\varepsilon}_p$：

$$\Delta\boldsymbol{\varepsilon} = \Delta\boldsymbol{\varepsilon}_e + \Delta\boldsymbol{\varepsilon}_p \tag{6.72}$$

基于黏塑性模型，首先计算塑性应变增量 $\Delta\boldsymbol{\varepsilon}_p$，继而可获取弹性应变增量 $\Delta\boldsymbol{\varepsilon}_e$。使用显式 Euler 算法计算 $\Delta\boldsymbol{\varepsilon}_p$，即使用加载步起始点的应力值进行计算，其计算式如下：

$$\Delta p = \left(\frac{J(\boldsymbol{\sigma} - \boldsymbol{\chi}) - R - k}{Z} \right)^n \Delta t \tag{6.73}$$

$$\Delta\boldsymbol{\varepsilon}_p = \frac{3}{2} \Delta p \frac{\boldsymbol{\sigma}' - \boldsymbol{\chi}'}{J(\boldsymbol{\sigma} - \boldsymbol{\chi})} \tag{6.74}$$

式中，Δt 为载荷子步所占用的时间。

然后需要先计算弹性应变增量在加载方向的分量，并利用泊松比得出弹性应变增量 $\Delta\boldsymbol{\varepsilon}_e$ 的计算公式：

$$\Delta\varepsilon_x^e = \Delta\varepsilon_x - \Delta\varepsilon_x^p \tag{6.75}$$

$$\Delta\boldsymbol{\varepsilon}_e = (\Delta\varepsilon_x^e, -\nu\Delta\varepsilon_x^e, -\nu\Delta\varepsilon_x^e, \Delta\varepsilon_{xy} - \Delta\varepsilon_{xy}^p, 0, 0) \tag{6.76}$$

应力增量 $\Delta\boldsymbol{\sigma}$ 可以基于式(6.70)进行计算。此外，还需计算背应力和各向同性硬化量在 Δt 时间内的增量：

$$\Delta R = b(Q - R)\Delta p \tag{6.77}$$

$$\Delta\boldsymbol{\chi}_i = C_i \left(\frac{2}{3} a_i \Delta\boldsymbol{\varepsilon}_p - \boldsymbol{\chi}_i \Delta p \right) \tag{6.78}$$

最后，R、χ_i 和 $\boldsymbol{\sigma}$ 需要根据各自的增量进行更新。至此完成了非弹性载荷子步各变量计算方法的描述。

6.4.2 多轴拉扭加载下黏塑性统一本构模型算法

显式算法运算结构简单，且针对本节所做单轴试验取相同载荷步长时的模拟效果而言，显式算法的计算精度优于隐式算法，因此在模拟拉扭多轴加载时采用显式算法。

拉扭多轴载荷下的显式算法与单轴时的思路相同，只是具体的计算形式不同。屈服函数的求解变为

$$f(\boldsymbol{\sigma}) = J(\boldsymbol{\sigma} - \boldsymbol{\chi}) - R - k \tag{6.79}$$

黏塑性判别条件变为

$$\begin{cases} f(\boldsymbol{\sigma}) > 0 \\ f(\boldsymbol{\sigma}^{\mathrm{tr}}) > f(\boldsymbol{\sigma}) \end{cases} \tag{6.80}$$

类似计算 Δp 的公式也是将式(6.53)中的 $f(\sigma)$ 替换为 $f(\boldsymbol{\sigma})$ 获得。另一个明显不同在于，在单轴加载下，利用解得的 Δp 计算 $\Delta\varepsilon_p$ 时只需直接加减即可，而在拉扭多轴加载时，要利用多轴公式(6.74)进行计算。高温多轴拉扭加载下本构模型核心部分显式算法流程见图6.10。

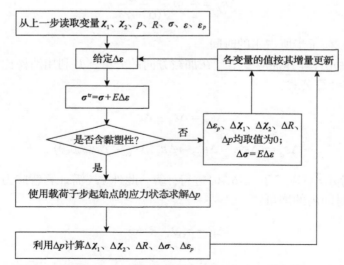

图6.10 高温多轴拉扭加载下本构模型核心部分显式算法流程图[26]

6.5　考虑多轴非比例硬化的黏塑性统一本构模型

镍基高温合金在非比例加载时，表现出明显的非比例硬化现象，且非比例度越大，硬化现象越明显。在同一种加载路径下，应变加载幅值越大，即迟滞回线的塑性应变值越大，非比例硬化值也越大。基于上述试验现象，本节论述能够描述非比例硬化现象的黏塑性统一本构模型[27]。

6.5.1　考虑多轴非比例硬化的黏塑性统一本构模型中非比例硬化参数的确定方法

试验研究发现，多轴非比例加载疲劳试验中的循环峰值应力值在前一个或几个循环内迅速增大，且硬化量与加载应变幅值呈正相关关系，之后呈现出与单轴和比例载荷下类似的循环软化现象。这说明，材料以某种较大的速度发生了非比例硬化现象，且硬化迅速达到某一饱和值，而这一饱和值与加载应变幅值相关，因此多轴非比例硬化是一种材料在随动硬化性质上的改变，并将之理解为非线性随动幅度的整体扩大。因为随动硬化量与塑性应变量呈正相关关系，当加载应变幅较小时，塑性应变较小，材料所表现出的非比例硬化量较小，反之大应变幅下较大的塑性应变会导致较大的非比例硬化量。

传统描述非比例加载下本构关系的方法为修正循环强度系数法。Kanazawa等[28]考虑非比例加载下位错积塞并相互影响而产生强化的机制，将 Romberg-Osgood 方程中的循环强度系数进行修正：

$$K'_{\text{nonp}} = (1 + gF)K' \tag{6.81}$$

式中，K'_{nonp} 和 K' 分别为非比例加载下和单轴加载下的循环强度系数；g 为交叉硬化系数，该系数与材料和温度相关；F 为旋转因子，与加载路径有关。

Kanazawa 等[28]利用如下公式计算旋转因子：

$$F = \frac{\Delta\gamma_{45}}{\Delta\gamma_{\text{max}}} \tag{6.82}$$

式中，$\Delta\gamma_{\text{max}}$ 为加载过程中计算各个平面上的剪切应变范围后取到的最大值；$\Delta\gamma_{45}$ 为与最大剪切应变范围平面成 45°平面上的剪切应变范围。

类比上述理论，考虑非比例硬化的随动硬化参数可以写成如下形式：

$$\mathrm{d}a_i = \beta\big[(1 + AF)a_{io} - a_i\big]\mathrm{d}p \tag{6.83}$$

式中，β 为非比例硬化参数，表征非比例硬化速度；A 为非比例硬化参数，表征非比例硬化幅度；F 为旋转因子，与加载路径有关；a_i 为表征随动硬化幅度的变量，非比例硬化导致其数值改变；a_{io} 为不考虑非比例硬化时的随动硬化参数初值。

依据斜截面剪切应变计算公式，可以算出 45° 和 90° 三角波加载下的旋转因子 F，继而可以依据试验数据拟合得到非比例硬化参数 A 和 β。以镍基高温合金材料 GH4169 为例，在 650℃ 的非比例硬化参数数值见表 6.2。

表 6.2 GH4169 合金在 650℃ 的非比例硬化参数

A	β	F	
		45°	90°
0.693	150	0.552	0.866

6.5.2 考虑多轴非比例硬化的黏塑性统一本构模型中峰值应力的模拟效果

三个 90° 非比例试件的峰值应力模拟效果见图 6.11～图 6.13。可以看出，考虑非比例硬化现象的新模型较原模型对应力峰值的模拟均有所改进。观察对比新模型前几个循环的非比例硬化量，发现应变幅较小试件的硬化量也较小。分析原模型对两个试件模拟效果较差的原因，发现由于未能考虑非比例强化效应，模拟的试验峰值小于试验值导致模拟的累积塑性应变大于试验值，这使得模型所模拟的循环软化效应大于试验，从而使得模拟的峰值进一步减小，进而形成较大的累积模拟误差。

两个 45° 非比例试件峰值应力的模拟效果见图 6.14 和图 6.15，二者等效应变幅均为 0.8% 而加载速率不同。与相同等效应变幅的 45° 非比例加载试验相比较，发现轴向和扭向非比例硬化量均明显偏小，而考虑非比例硬化的新模型较好地描述了这一试验现象。

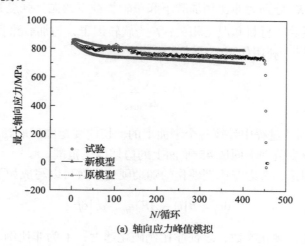

(a) 轴向应力峰值模拟

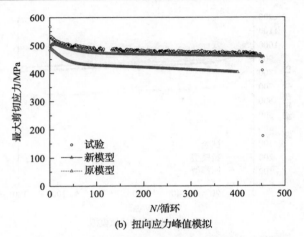

(b) 扭向应力峰值模拟

图 6.11　90°非比例较小加载下应力峰值模拟结果[27]

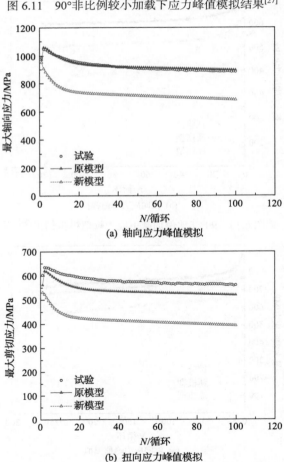

(a) 轴向应力峰值模拟

(b) 扭向应力峰值模拟

图 6.12　90°非比例较大加载下应力峰值模拟结果[27]

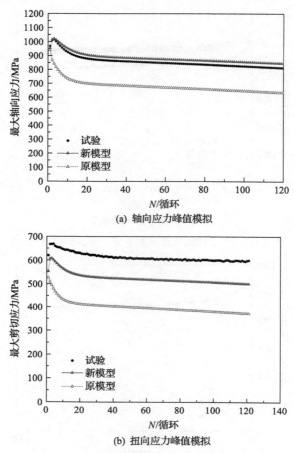

(a) 轴向应力峰值模拟

(b) 扭向应力峰值模拟

图 6.13　90°非比例加载下应力峰值模拟结果[27]

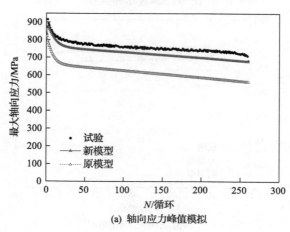

(a) 轴向应力峰值模拟

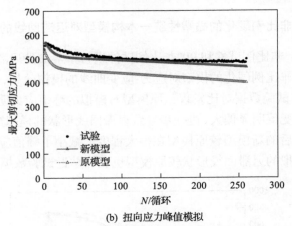

(b) 扭向应力峰值模拟

图 6.14　45°非比例加载下应力峰值模拟结果[27]

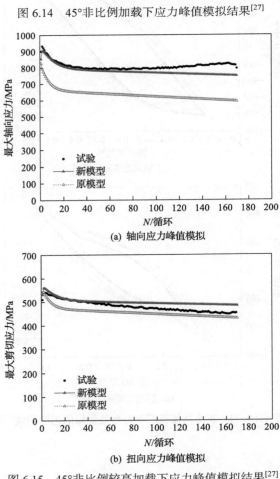

(a) 轴向应力峰值模拟

(b) 扭向应力峰值模拟

图 6.15　45°非比例较高加载下应力峰值模拟结果[27]

6.5.3 考虑多轴非比例硬化的黏塑性统一本构模型对迟滞回线的模拟效果

分别选取 45°非比例试件和 90°非比例试件进行半寿命处迟滞回线的模拟，考察原模型和考虑非比例硬化的模型对应力-应变曲线的模拟效果，结果如图 6.16～图 6.18 所示。与试验数据对比发现，原模型对模拟的峰值应力明显低于试验值，从而使得塑性应变值明显偏大，进一步导致迟滞回线形状的模拟产生了较大偏差。考虑非比例硬化后的新模型较原模型在很大程度上减小了峰值应力和塑性应变的模拟误差，所模拟的迟滞回线形状较原模型也更加贴近试验数据。

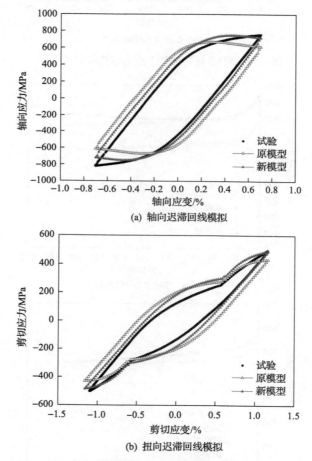

(a) 轴向迟滞回线模拟

(b) 扭向迟滞回线模拟

图 6.16　45°非比例加载下半寿命处模拟的迟滞回线[27]

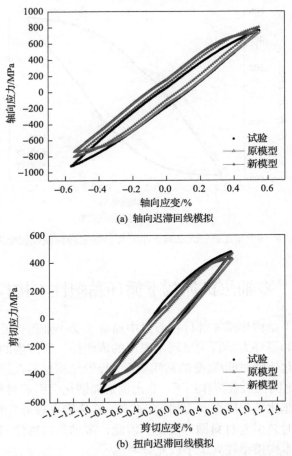

(a) 轴向迟滞回线模拟

(b) 扭向迟滞回线模拟

图 6.17　90°非比例较小加载下半寿命处的迟滞回线模拟结果

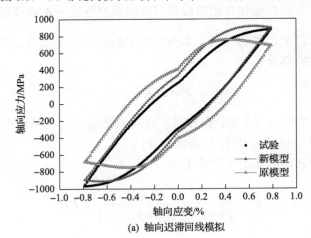

(a) 轴向迟滞回线模拟

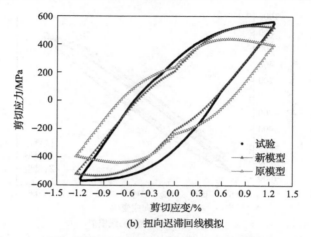

(b) 扭向迟滞回线模拟

图 6.18　90°非比例较大加载下半寿命处的迟滞回线模拟结果[27]

6.6　多轴热机加载下循环黏塑性本构模型

航空发动机等结构热端零部件在服役中通常承受多轴热机疲劳载荷。在此环境下，结构材料的循环力学行为呈现出温度的依赖性，所产生的蠕变损伤和氧化损伤的累积会引起依赖时间/温度的黏性变形，导致结构材料在持续高温期间发生应力松弛。在非比例机械载荷作用下，非比例附加硬化会引起材料应力响应增大，且增加量随载荷非比例程度提高而加大。此外，在应变率较低且特定温度条件下，会发生动态应变时效引起材料循环硬化。因此，多轴热机特性需要在多轴热机加载下循环黏塑性本构模型建立中予以充分考虑[29]。

6.6.1　考虑多轴非比例硬化与动态应变时效的黏塑性统一本构模型

在小变形条件下，黏塑性统一本构方程中的总应变率张量 $\dot{\varepsilon}_t$ 被分为弹性部分和非弹性(黏塑性)部分：

$$\dot{\varepsilon}_t = \dot{\varepsilon}_e + \dot{\varepsilon}_{\text{in}} \tag{6.84}$$

式中，"·"表示对时间的求导，即相对于时间的增量；$\dot{\varepsilon}_e$ 为弹性应变率张量；$\dot{\varepsilon}_{\text{in}}$ 为非弹性应变率张量(包括黏性与塑性部分)。

应力率张量 $\dot{\sigma}$ 由广义胡克定律求得

$$\dot{\sigma} = \frac{E}{(1+\nu)}\dot{\varepsilon}_e + \frac{\nu E}{(1+\nu)(1-2\nu)}(\dot{\varepsilon}_e \boldsymbol{I})\boldsymbol{I} \tag{6.85}$$

式中，E 为弹性模量；ν 为泊松比；I 为二阶单位张量。

泊松比 ν 表示为

$$\nu = \frac{E - 2G}{2G} \tag{6.86}$$

式中，G 为剪切模量。

非弹性应变率张量 $\dot{\varepsilon}_{\text{in}}$ 表示为

$$\dot{\varepsilon}_{\text{in}} = \frac{3}{2} \dot{p} \frac{\sigma' - \chi'}{J(\sigma - \chi)} \tag{6.87}$$

式中，σ 为应力张量；χ 为背应力张量；σ' 为应力偏张量；χ' 为背应力偏张量；$J(\sigma - \chi)$ 为 $\sigma - \chi$ 的米泽斯等效应力；$\dot{p}$ 为累积非弹性应变率。

累积非弹性应变率 $\dot{p}$ 可由式 (6.11) 求得，该式是率依赖的黏塑性方程，可以考虑循环力学行为中的时间依赖性，如高温保载下的应力松弛现象。

屈服函数的值 f 可由式 (6.12) 求得。当 $f > 0$ 时，意味着材料发生非弹性屈服。

拖曳应力率 $\dot{R}$ 可由式 (6.23) 求得，该各向同性硬化规则表达式用于描述屈服面的缩放，可以表达材料在疲劳加载下的循环硬化/软化行为。

基于 Chaboche 本构模型[25]，为了考虑非比例附加硬化和动态应变时效对材料循环力学行为的影响，文献 [29] 提出背应力偏张量 χ'：

$$\chi' = \chi_1' + \chi_2' \tag{6.88}$$

$$\dot{\chi}_i' = C_i \left[\frac{2}{3} (1 + \Phi F) a_i \dot{\varepsilon}_{\text{in}} - L \chi_i' \dot{p} \right] \tag{6.89}$$

式中，a_i ($i = 1, 2$) 为 χ_i' 的等效应力的稳定值；C_i ($i = 1, 2$) 为表征 χ_i' 的等效应力达到稳定值的速度；Φ 为非比例硬化系数；F 为旋转因子；L 为动态应变时效影响因子。

随动硬化规则式 (6.89) 用于描述屈服面的移动，可以考虑材料的包辛格效应。

旋转因子 F 可由式 (6.82) 求得。在随机多轴加载下，旋转因子 F 可由应变载荷历程确定，即主应变轴旋转的特征信息可由旋转因子 F 来表征，因此旋转因子 F 可以用于表达非比例附加硬化程度的路径依赖性。非比例硬化系数 Φ 可由拟合非比例循环加载下的一组应力-应变数据获得。

热机多轴载荷下背应力偏张量 χ_i' 的含义如图 6.19 所示，背应力偏张量 χ_i' 的等效应力稳定值 a_i 被一个大于 1 的无量纲量 $(1 + \Phi F)$ 扩大，即可表征由非比例附加硬化引起的应力响应的增加，而旋转因子 F 可以在不同的多轴载荷路径下自动改变，以描述非比例附加硬化程度的路径依赖性。

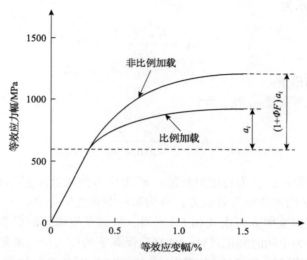

图 6.19　比例和非比例加载下的循环应力-应变曲线[29]

随动硬化规则式(6.89)右端第二项为动态恢复项，该项通过减小动态恢复量来考虑动态应变时效引起的循环硬化，如图 6.20 所示，通过在动态恢复项中施加动态应变时效影响因子 L 来考虑多轴热机载荷对应力-应变响应的影响。常数 L 可通过拟合单轴热机疲劳试验的应力-应变数据获取。

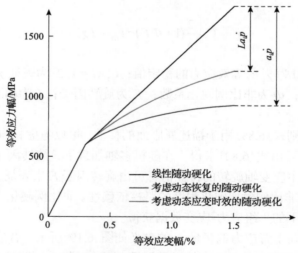

图 6.20　不同随动硬化规则下的循环应力-应变曲线[29]

6.6.2　考虑多轴非比例硬化与动态应变时效的黏塑性统一本构模型中常数识别

对于考虑多轴非比例硬化与动态应变时效的黏塑性统一本构模型中的随动硬化规则，需要识别材料常数为旋转因子 F、非比例硬化系数 Φ 和动态应变时效影响因子 L。这些材料常数由应变控制的单轴等温疲劳试验数据确定，通过步进方法进行识别[11,26]。弹性模量 E 和初始屈服面尺寸 k 由前 1/4 圈的应力-应变数据识别，如图 6.21 所示，弹性模量 E 是初始线性阶段的斜率，初始屈服面尺寸 k 是开始偏离初始线性阶段的点的应力值。剪切模量 G 可取自材料手册。如图 6.22 所示，拖曳应力 R 的渐近值 Q 与表征拖曳应力 R 达到渐近值 Q 的速度常数 b 通过拖曳应力 R-累积非弹性应变 p 曲线识别。常数 Q 是拖曳应力 R 的渐近值，速度常数 b 由拟合试验数据获得。识别出的渐近值 Q 是负值，意味着各向同性硬化规则用于模拟材料循环软化。随动硬化一般分为两个阶段：第一个是非弹性应变过渡阶段，第二个是大的非弹性应变阶段。如图 6.23 所示，渐近值 a_2 和速度常数 C_2 由第二阶段 $\ln(\partial\sigma/\partial\varepsilon_{in} - \partial R/\partial\varepsilon_{in})$-$\varepsilon_{in}$ 曲线的截距和斜率识别，渐近值 a_1 和速度常数 C_1 由第一阶段 $\ln(\partial\sigma/\partial\varepsilon_{in} - \partial R/\partial\varepsilon_{in} - \partial\chi_2/\partial\varepsilon_{in})$-$\varepsilon_{in}$ 曲线的截距和斜率识别。黏塑性系数 K 和黏塑性指数 n 由拟合第一圈的应力-应变数据获得。为了实现高温非等温的多轴热机本构模拟，这里分别确定了 360℃、505℃和 650℃下的基本材料常数，并将其表达成了温度的函数，如表 6.3 所示。

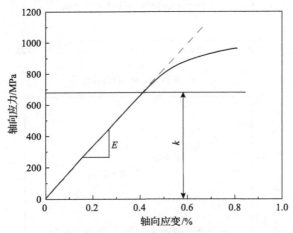

图 6.21　弹性模量 E 和初始屈服面尺寸 k 的识别[30]

旋转因子 F 由多轴应变历程一个循环的数据识别，机械相位角在 0°、45°和 90°下的旋转因子 F 分别为 0.000、0.552 和 0.866，说明旋转因子 F 可以表征非比例附加硬化程度的路径依赖性。旋转因子 F 在机械相位角 0°时等于 0，说明对渐近值 a_i 的扩大在比例加载下会被消除。非比例硬化系数 Φ 由拟合高温拉扭 90°加

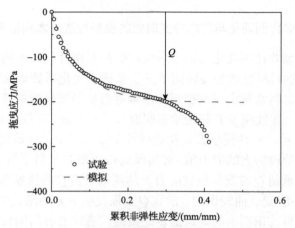

图 6.22　拖曳应力 R 的渐近值 Q 和达到渐近值 Q 的速度常数 b 的识别[30]

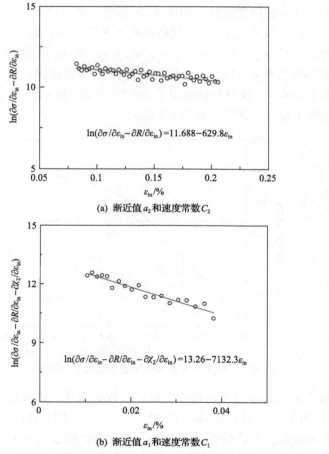

图 6.23　渐近值 a_2 和速度常数 C_2 以及渐近值 a_1 和速度常数 C_1 的识别[30]

表 6.3　多个温度下 GH4169 的本构模型材料常数及与温度的关系函数[30]

变量	T			关于温度的函数
	360℃	505℃	650℃	
k/MPa	700	695	677	$k=-0.0793T+730.72$
E/MPa	180000	174500	164500	$E=-53.4480T+199991.00$
G/MPa	69600	65800	61900	$G=-26.4890T+79140.00$
Q/MPa	−112.52	−178.51	−200.58	$Q=-0.3037T-10.52$
b	15.25	13.94	13.35	$b=-0.0066T+17.49$
a_1/MPa	112.08	100.22	80.45	$a_1=-0.1091T+152.66$
C_1	6440.50	6700.93	7132.30	$C_1=2.3855T+5553.20$
a_2/MPa	225.53	211.72	189.16	$a_2=-0.1254T+272.14$
C_2	547.24	577.75	629.80	$C_2=0.2847T+441.16$
$Z/(\text{MPa·s}^{1/n})$	530	520	500	$Z=-0.1034T+568.91$
n	3.25	3.30	3.40	$n=0.0005T+3.06$

载下的应力-应变数据获得，得到的值为 0.363。动态应变时效影响因子 L 由拟合单轴热机疲劳试验应力-应变数据获得，其值为 0.7。

6.6.3　考虑多轴非比例硬化与动态应变时效的黏塑性统一本构模型试验验证

图 6.24~图 6.27 对比了多轴热机加载下模拟和试验半寿命应力-应变数据，并分别用考虑多轴非比例硬化与动态应变时效的黏塑性统一本构模型和原始 Chaboche 模型进行对比。可以看出，考虑多轴非比例硬化与动态应变时效的黏塑性统一本构模型比原始模型呈现了更好的拟合，说明考虑多轴非比例硬化与动态应变时效的黏塑性统一本构模型可以用于描述多轴热机加载下材料的循环力学行为。此外，图 6.24 中 MIPTIP 加载下机械载荷是比例的，因此没有引起非比例附加硬化。由图 6.25~图 6.27 可知，90°非比例机械载荷会引起非比例附加硬化，较低应变率和特定 600~650℃ 的温度条件会引起动态应变时效造成材料循环硬化。考虑多轴非比例硬化与动态应变时效的黏塑性统一本构模型可以考虑非比例附加硬化和动态应变时效的影响，能够给出更好的预测结果。

为了量化本构模型的预测误差，采用一个相对误差评估方法来计算模拟和试验的应力范围之间的误差。表 6.4 可以显示出，多轴热机疲劳加载下原始模型的相对误差是−20.27%~−6.98%，考虑多轴非比例硬化与动态应变时效的黏塑性统一本构模型的相对误差是−1.51%~7.64%。

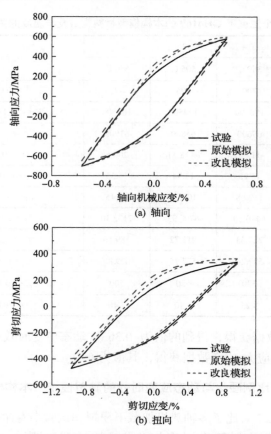

(a) 轴向

(b) 扭向

图 6.24 MIPTIP 加载下模拟和试验半寿命应力-应变数据对比[30]

$\Delta\varepsilon_{eq}/2 = 0.8\%$，$\lambda_\varepsilon = 1.73$，$\Delta T = 360 \sim 650\,℃$，$t = 120\,\text{s}$

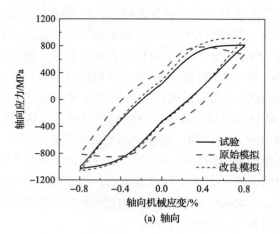

(a) 轴向

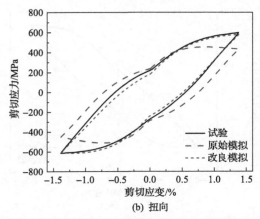

(b) 扭向

图 6.25　MOP^{90}TIP 加载下模拟和试验半寿命应力-应变数据对比[30]

$\Delta\varepsilon_{\mathrm{eq}}/2 = 0.8\%$，$\lambda_{\varepsilon} = 1.73$，$\Delta T = 360 \sim 650$℃，$t = 120$s

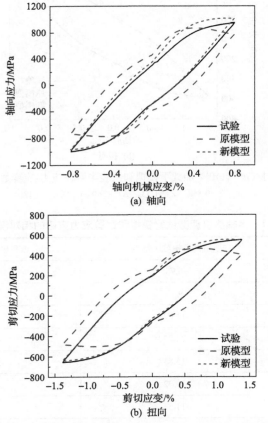

图 6.26　MOP^{90}TOP^{90} 加载下模拟和试验半寿命应力-应变数据对比[30]

$\Delta\varepsilon_{\mathrm{eq}}/2 = 0.8\%$，$\lambda_{\varepsilon} = 1.73$，$\Delta T = 360 \sim 650$℃，$t = 120$s

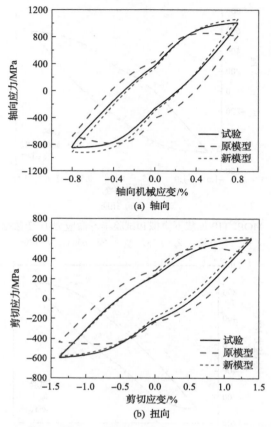

图 6.27　MOP⁹⁰TOP¹⁸⁰ 加载下模拟和试验半寿命应力-应变数据对比[30]

$\Delta\varepsilon_{eq}/2 = 0.8\%$，　$\lambda_g = 1.73$，　$\Delta T = 360 \sim 650℃$，　$t = 120s$

表 6.4　多轴热机疲劳试验模拟和试验应力范围的相对误差[30]

载荷路径	原始模型相对误差/%	改良模型相对误差/%
图 6.24(a)	−6.98	1.48
图 6.24(b)	−9.73	−1.07
图 6.25(a)	−11.02	7.64
图 6.25(b)	−20.27	−1.51
图 6.26(a)	−15.83	1.88
图 6.26(b)	−19.72	−0.97
图 6.27(a)	−11.55	6.89
图 6.27(b)	−18.67	0.46

对于变幅多轴热机疲劳加载情况，当变幅多轴热机载荷处于可引起动态应变时效的较低应变率和特定温度范围时，要考虑动态应变时效对应力-应变响应的影响。动态应变时效影响因子 L 在一定应变率范围内可能是一个恒定的值，建议识别多个应变率下的常数 L，并将其表达为应变率的阶梯函数。

参 考 文 献

[1] Sun G Q, Shang D G. Prediction of fatigue lifetime under multiaxial cyclic loading using finite element analysis[J]. Materials & Design, 2010, 31(1): 126-133.

[2] 陈建华. 高温缺口件多轴弹塑性有限元分析与寿命预测研究[D]. 北京: 北京工业大学, 2005.

[3] Kichenin J. Comportement Thermomécanique du Polyéthyléne. Application Aux Structures Gaziéres[D]. Palaiseau: École Polytechnique, 1992.

[4] Ohmenhäuser F, Schwarz C, Thalmair S, et al. Constitutive modeling of the thermo-mechanical fatigue and lifetime behavior of the cast steel 1.4849[J]. Materials & Design, 2014, 64: 631-639.

[5] Charkaluk E, Bignonnet A, Constantinescu A, et al. Fatigue design of structures under thermomechanical loadings[J]. Fatigue & Fracture of Engineering Materials & Structures, 2002, 25(12): 1199-1206.

[6] Thalmair S, Thiele J, Fischersworring-Bunk A, et al. Cylinder heads for high power gasoline engines-thermomechanical fatigue life prediction[C]. SAE 2006 World Congress & Exposition, Detroit, 2006: 1-10.

[7] Chaboche J L, Rousselier G. On the plastic and viscoplastic constitutive equations: Part I: Rules developed with internal variable concept[J]. Journal of Pressure Vessel Technology, 1983, 105(2): 153-158.

[8] Chaboche J L, Rousselier G. On the plastic and viscoplastic constitutive equations: Part II: Application of internal variable concepts to the 316 stainless steel[J]. Journal of Pressure Vessel Technology, 1983, 105(2): 159-164.

[9] Lemaitre J, Chaboche J L. Mechanics of Solid Materials[M]. Cambridge: Cambridge University Press, 1990.

[10] Tong J, Vermeulen B. The description of cyclic plasticity and viscoplasticity of waspaloy using unified constitutive equations[J]. International Journal of Fatigue, 2003, 25(5): 413-420.

[11] Tong J, Zhan Z L, Vermeulen B. Modelling of cyclic plasticity and viscoplasticity of a nickel-based alloy using Chaboche constitutive equations[J]. International Journal of Fatigue, 2004, 26(8): 829-837.

[12] Zhan Z L, Fernando U S, Tong J. Constitutive modelling of viscoplasticity in a nickel-based superalloy at high temperature[J]. International Journal of Fatigue, 2008, 30(7): 1314-1323.

[13] Saad A A, Hyde C J, Sun W, et al. Thermal-mechanical fatigue simulation of a P91 steel in a temperature range of 400-600℃[J]. Materials at High Temperatures, 2011, 28(3): 212-218.

[14] Barrett R A, O'Donoghue P E, Leen S B. An improved unified viscoplastic constitutive model for strain-rate sensitivity in high temperature fatigue[J]. International Journal of Fatigue, 2013, 48: 192-204.

[15] Zhou C, Chen Z, Lee J W, et al. Implementation and application of a temperature-dependent Chaboche model[J]. International Journal of Plasticity, 2015, 75: 121-140.

[16] Ramezansefat H, Shahbeyk S. The Chaboche hardening rule: A re-evaluation of calibration procedures and a modified rule with an evolving material parameter[J]. Mechanics Research Communications, 2015, 69: 150-158.

[17] Hosseini E, Holdsworth S R, Kühn I, et al. Temperature dependent representation for Chaboche kinematic hardening model[J]. Materials at High Temperatures, 2015, 32(4): 404-412.

[18] Wali M, Chouchene H, Ben Said L, et al. One-equation integration algorithm of a generalized quadratic yield function with Chaboche non-linear isotropic/kinematic hardening[J]. International Journal of Mechanical Sciences, 2015, 92: 223-232.

[19] Mohanty S, Soppet W K, Majumdar S, et al. Chaboche-based cyclic material hardening models for 316 SS-316 SS weld under in-air and pressurized water reactor water conditions[J]. Nuclear Engineering and Design, 2016, 305: 524-530.

[20] Mohammadpour A, Chakherlou T N. Numerical and experimental study of an interference fitted joint using a large deformation Chaboche type combined isotropic-kinematic hardening law and mortar contact method[J]. International Journal of Mechanical Sciences, 2016, 106: 297-318.

[21] Prager W. Recent developments in the mathematical theory of plasticity[J]. Journal of Applied Physics, 1949, 20(3): 235-241.

[22] Frederick C O, Armstrong P J. A mathematical representation of the multiaxial bauschinger effect[J]. Materials at High Temperatures, 2007, 24(1): 1-26.

[23] Chaboche J L. Viscoplastic constitutive equations for the description of cyclic and anisotropic behaviour of metals[J]. Bulletin de l' Academie Polonaise des Sciences—Serie des Sciences Techniques, 1977, 25(1): 39-48.

[24] Cailletaud G, Chaboche J L. Macroscopic description of the microstructural changes induced by varying temperature: Example of in100 cyclic behaviour[C]. International Conference on Mechanical Behaviour of Material, Cambridge, 1980: 23-32.

[25] Chaboche J L, Dang-Van K, Cordier G. Modelization of the strain memory effect on the cyclic hardening of 316 stainless steel[C]. International Association for Structural Mechanics in Reactor Technology, Berlin, 1979: 1-10.

[26] 王巨华. 高温多轴加载下循环应力应变关系研究[D]. 北京: 北京工业大学, 2017.

[27] Wang J H, Shang D G, Li D H. Visco-plastic constitutive model considering non-proportional hardening at elevated temperature under multiaxial loading[J]. Materials at High Temperatures, 2018, 35(5): 469-481.

[28] Kanazawa K, Miller K J, Brown M W. Cyclic deformation of 1% Cr-Mo-V steel under out-of-phase loads[J]. Fatigue & Fracture of Engineering Materials and Structures, 1979, 2(2): 217-228.

[29] Li D H, Shang D G, Li Z G, et al. Unified viscoplastic constitutive model under axial-torsional thermo-mechanical cyclic loading[J]. International Journal of Mechanical Sciences, 2019, 150: 90-102.

[30] 李道航. 多轴热机械疲劳损伤机理与寿命预测研究[D]. 北京: 北京工业大学, 2021.

第7章　多轴热机损伤定量表征方法

航空发动机和高超声速飞行器等热端零部件，在飞行起落大循环中，会承受离心载荷、温度载荷、气动载荷等作用，这样的起落循环往往使热端零部件薄弱部位萌生裂纹，最终导致多轴热机疲劳破坏。如果忽略温度载荷的影响，疲劳寿命评估则会相对简单。然而，热端零部件除了机械载荷循环引起的疲劳损伤外，还存在高温蠕变损伤和氧化损伤，且温度荷载也循环变化，导致发生力-热耦合载荷情况下的疲劳破坏。

由于热机疲劳试验耗时长、费用昂贵，因此很多情况下采用最高工作温度下的等温疲劳或蠕变试验数据进行力-热耦合下的损伤评估与寿命预测。然而，热机疲劳在损伤机理、循环应力-应变关系、裂纹萌生与扩展特性等方面与高温等温疲劳情况并不一致。在相同加载应变幅下，热机疲劳寿命与等温疲劳寿命有时会相差很大。此外，热端零部件承载基本都是多轴载荷模式，与单轴热机疲劳相比，多轴热机疲劳各种损伤定量表征更为复杂。

本章主要介绍多轴热机载荷下的各种损伤定量表征方法，包括多轴疲劳损伤、多轴蠕变损伤和多轴氧化损伤。

7.1　多轴低周疲劳损伤定量表征方法

长时间服役中的各种机械结构零部件多数承受独立的多轴（多向）交变载荷作用，会造成不可逆转的疲劳损伤，导致结构零部件发生突然断裂。早在1871年，Wöhlor便提出了应力-寿命曲线。1954年，Coffin[1]和Manson[2]先后提出了应变-寿命方程来预测疲劳断裂前的使用寿命。由此发展起来的疲劳强度理论及其相应的动强度设计方法逐渐取代了传统的静强度设计方法。目前疲劳强度设计方法在处理外部载荷为独立的多轴交变应力或应变问题时，主要采用静强度理论方法，包括米泽斯等效强度理论、最大主应力理论、最大剪切理论或特雷斯卡准则、塑性功方法[3-6]、临界损伤面方法[7]等用来评估机械零部件/结构件强度或预测寿命。然而静强度理论处理方法所存在的最大问题是：在变幅多轴非同相（同步）外部载荷下，该理论不能准确描述其等效应力-应变关系，无法准确确定等效应力、应变幅度和平均等效应力[7]。由米泽斯屈服准则等效/合成的应力、应变，有时无法形成像单轴循环载荷下较为规则的封闭迟滞回环，只能强制将经典的静力学理论经过各种修正进行应力-应变关系计算。因此，如何基于静强度理论，在交变弹塑性复杂应力、应变状态下建立能够准确表述多轴动载应力状态下的强度理论,并能退化到静强度形式,而不是将静强度理论经过各种不同的修正推广到循环载荷下的处理方法,是多轴疲劳理论发展和完善过程中的难点问题。

本节首先分析临界面上的应变变化特性,然后介绍基于临界面的等效应变幅的计算方法和多轴低周疲劳损伤表征方法。

7.1.1　基于临界面的等效应变幅确定方法

1. 一维单轴应变循环载荷情况

以承受单轴薄壁管件为分析对象,如图 7.1 所示。由斜截面公式,任意截面上剪切应变幅与法向应变范围分别为

$$\frac{\Delta\gamma_\theta}{2} = \frac{\Delta\varepsilon_x - \Delta\varepsilon_y}{2}\sin(2\theta) - \frac{\Delta\gamma_{xy}}{2}\cos(2\theta) \tag{7.1}$$

$$\Delta\varepsilon_\theta = \frac{\Delta\varepsilon_x + \Delta\varepsilon_y}{2} + \frac{\Delta\varepsilon_x - \Delta\varepsilon_y}{2}\cos(2\theta) + \frac{\Delta\gamma_{xy}}{2}\sin(2\theta) \tag{7.2}$$

式中,$\Delta\varepsilon_x$、$\Delta\varepsilon_y$ 分别为 x 和 y 方向的正应变范围;$\Delta\gamma_{xy}$ 为剪切应变范围。

注:不同国家教材中,式(7.1)与式(7.2)中对剪切应变正负号的定义会有所不同。

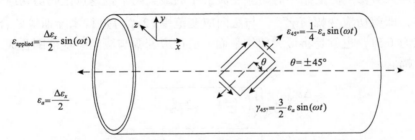

图 7.1　薄壁管在轴向循环载荷下最大剪切平面的应变状态

在塑性应变起主导作用的低周疲劳情况下,如果取泊松比 ν 为 0.5,则在一维(单轴)循环应变幅($\Delta\varepsilon_x / 2$)下,任意角度 θ 截面上的剪切应变幅为

$$\frac{\Delta\gamma_\theta}{2} = (1+\nu)\frac{\Delta\varepsilon_x}{2}\sin(2\theta) = \frac{3}{2}\frac{\Delta\varepsilon_x}{2}\sin(2\theta) \tag{7.3}$$

式(7.3)对 θ 求导后取零,可以获得剪切应变幅为最大时的 θ_{max} 值,即

$$3\frac{\Delta\varepsilon_x}{2}\cos(2\theta) = 0 \tag{7.4}$$

则在 −90° 到 90° 范围内，当 θ 为 ±45° 方位时，所在的面为最大剪切平面，那么在最大剪切应变幅平面上的法向应变幅为

$$\frac{\Delta\varepsilon_{\pm45°}}{2} = \frac{\Delta\varepsilon_x/2 + \Delta\varepsilon_y/2}{2} + \frac{\Delta\varepsilon_x/2 - \Delta\varepsilon_y/2}{2}\cos(2\theta) + \frac{\Delta\gamma_{xy}/2}{2}\sin(2\theta)$$
$$= \frac{(1-\nu)}{2}\frac{\Delta\varepsilon_x}{2} = \frac{1}{4}\frac{\Delta\varepsilon_x}{2} \tag{7.5}$$

如果外载循环应变为角频率 ω 的正弦波，即

$$\varepsilon_{\text{applied}} = \frac{\Delta\varepsilon_x}{2}\sin(\omega t) \tag{7.6}$$

则最大剪切平面上剪切应变与法向应变均为正弦波载荷，即

$$\gamma_{\pm45°} = \frac{3}{2}\frac{\Delta\varepsilon_x}{2}\sin(\omega t) \tag{7.7}$$

$$\varepsilon_{\pm45°} = \frac{1}{4}\frac{\Delta\varepsilon_x}{2}\sin(\omega t) \tag{7.8}$$

考虑到米泽斯强度理论是在静载条件下提出的，因此可将最大剪切平面上循环剪切应变波形中的最大两个折返点区间，即单调加载或卸载区间，作为研究对象，把最大剪切平面上循环剪切应变波形中的最大两个折返点区间剪切应变范围的一半，即剪切应变幅值 $\gamma_{45°}^a$，与法向应变范围（$2\varepsilon_{45°}^a$）进行米泽斯等效合成（泊松比取为 0.5），也就是将最大剪切平面上剪切应变幅与法向应变范围合成一个等效应变幅。

$$\frac{\Delta\varepsilon_{\text{eq}}^{\text{cr}}}{2} = \sqrt{\frac{1}{3}\left(\gamma_{45°}^a\right)^2 + \left(2\varepsilon_{45°}^a\right)^2}$$
$$= \sqrt{\frac{1}{3}\left(\frac{3}{2}\frac{\Delta\varepsilon_x}{2}\right)^2 + \left[2\left(\frac{1}{4}\frac{\Delta\varepsilon_x}{2}\right)\right]^2} \tag{7.9}$$
$$= \frac{\Delta\varepsilon_x}{2}$$

可以发现，单轴加载下，在最大剪切应变平面上，剪切应变幅值与法向应变范围合成的等效应变幅与外载应变幅是相等的。

以上最大剪切平面上等效应变计算结果可以得出这样的结论：一维（单轴）低周循环加载情况下，在最大剪切平面上，可以利用米泽斯屈服准则将剪切应变幅与法向应变范围进行合成，其等效应变幅值即为外载应变幅值。

2. 二维拉扭应变循环载荷情况

1) 比例循环加载情况

以承受轴向与扭转应变加载的薄壁管试件为例, 其中 x 轴为试样轴向加载方向, z 轴与试样的外法线平行。如果施加的二维应变载荷为比例加载 (轴向与剪切应变之间的相位差为零), 如图 7.2 所示, 其应力、应变状态可以由以下平面应力状态来描述, 即可直接以幅值表示其应变状态。

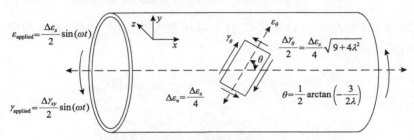

图 7.2　比例拉扭加载下薄壁管最大剪切平面上的应变状态

对于服从米泽斯屈服准则的材料, 如果用 λ 表示轴向与剪切应变幅的比值 $\lambda = \Delta\gamma_{xy}/\Delta\varepsilon_x$, 在比例加载过程中, 任意时刻其值都会保持不变, 其应变状态可表示如下:

$$\boldsymbol{\varepsilon} = \begin{bmatrix} \varepsilon_{xx} & \varepsilon_{xy} & 0 \\ \varepsilon_{yx} & \varepsilon_{yy} & 0 \\ 0 & 0 & \varepsilon_{zz} \end{bmatrix} = \begin{bmatrix} \varepsilon_x & \dfrac{1}{2}\gamma_{xy} & 0 \\ \dfrac{1}{2}\gamma_{yx} & -\nu\varepsilon_x & 0 \\ 0 & 0 & -\nu\varepsilon_x \end{bmatrix} = \varepsilon_x \begin{bmatrix} 1 & \dfrac{1}{2}\lambda & 0 \\ \dfrac{1}{2}\lambda & -\nu & 0 \\ 0 & 0 & -\nu \end{bmatrix} \tag{7.10}$$

外载施加的米泽斯等效应变幅为

$$\frac{\Delta\varepsilon_{\mathrm{eq}}^{\mathrm{applied}}}{2} = \left(1 + \frac{1}{3}\lambda^2\right)^{1/2} \frac{\Delta\varepsilon_x}{2} \tag{7.11}$$

在大应变低周疲劳情况下, 如果泊松比 ν 取为 0.5, 则在二维拉扭循环载荷下, 任意截面上剪切应变幅为

$$\begin{aligned}
\frac{\Delta\gamma_\theta}{2} &= \frac{\Delta\varepsilon_x - \Delta\varepsilon_y}{2}\sin(2\theta) - \frac{\Delta\gamma_{xy}}{2}\cos(2\theta) \\
&= \frac{(1+\nu)\Delta\varepsilon_x}{2}\sin(2\theta) - \frac{\lambda}{2}\Delta\varepsilon_x\cos(2\theta) \\
&= \frac{3}{4}\Delta\varepsilon_x\sin(2\theta) - \frac{\lambda}{2}\Delta\varepsilon_x\cos(2\theta)
\end{aligned} \tag{7.12}$$

式 (7.12) 对 θ 求导后取零，即可获得剪切应变幅为最大时 $\theta_{\max}$ 的值：

$$\frac{3}{2}\Delta\varepsilon_x\cos(2\theta)+\lambda\Delta\varepsilon_x\sin(2\theta)=0 \tag{7.13}$$

$$\theta_{\max}=\frac{1}{2}\arctan\left(-\frac{3}{2\lambda}\right) \tag{7.14}$$

则可得在 $\theta=\dfrac{1}{2}\arctan\left(-\dfrac{3}{2\lambda}\right)$ 方位时，所在的面为最大剪切平面。

将式 (7.14) 代入式 (7.1) 和式 (7.2) 中可得最大剪切应变幅平面上的剪切应变幅与法向应变范围：

$$\begin{aligned}\frac{\Delta\gamma_{\max}}{2}&=\frac{3}{4}\Delta\varepsilon_x\sin(2\theta_{\max})-\frac{\lambda}{2}\Delta\varepsilon_x\cos(2\theta_{\max})\\&=\frac{3}{4}\Delta\varepsilon_x\frac{3}{\sqrt{9+4\lambda^2}}+\frac{\lambda}{2}\Delta\varepsilon_x\frac{2\lambda}{\sqrt{9+4\lambda^2}}\\&=\frac{\Delta\varepsilon_x}{4}\sqrt{9+4\lambda^2}\end{aligned} \tag{7.15}$$

$$\begin{aligned}\Delta\varepsilon_n&=\frac{\Delta\varepsilon_x}{4}+\frac{3}{4}\Delta\varepsilon_x\cos(2\theta_{\max})+\frac{\lambda}{2}\Delta\varepsilon_x\sin(2\theta_{\max})\\&=\frac{\Delta\varepsilon_x}{4}\end{aligned} \tag{7.16}$$

以某正应变与剪切应变相位差为 0 的比例加载为例，在临界面上，剪切应变与法向应变的波形如图 7.3 所示。可以看出，临界面上的剪切应变与法向应变也是同相位的。

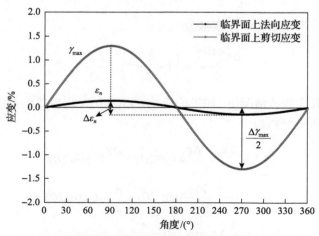

图 7.3　比例拉扭加载下最大剪切平面上剪切应变与法向应变波形

按一维单轴加载情况的方法进行应变等效处理，即将最大剪切平面上相邻最大剪切应变折返点间的剪切应变幅与法向应变范围用米泽斯屈服准则合成一个等效应变：

$$
\begin{aligned}
\frac{\Delta \varepsilon_{eq}^{cr}}{2} &= \sqrt{\frac{1}{3}\left(\frac{\Delta \gamma_{max}}{2}\right)^2 + \left(\Delta \varepsilon_n\right)^2} \\
&= \sqrt{\frac{1}{3}\left(\frac{\Delta \varepsilon_x}{4}\sqrt{9+4\lambda^2}\right)^2 + \left(\frac{\Delta \varepsilon_x}{4}\right)^2} \\
&= \left(1+\frac{1}{3}\lambda^2\right)^{1/2}\frac{\Delta \varepsilon_x}{2} \\
&= \frac{\Delta \varepsilon_{eq}^{applied}}{2}
\end{aligned}
\tag{7.17}
$$

即在比例加载下，利用米泽斯屈服准则，由最大剪切平面上剪切应变幅和法向应变范围所合成的等效应变幅与外载应变幅也是相等的。

2）非比例循环加载情况

如果施加的二维应变载荷为非比例循环加载，以正弦载荷波形为例，如图 7.4 所示，其正向与剪切外载波形分别表达如下：

$$
\varepsilon_{applied} = \frac{\Delta \varepsilon_x}{2}\sin(\omega t)
\tag{7.18}
$$

$$
\begin{aligned}
\gamma_{applied} &= \frac{\Delta \gamma_{xy}}{2}\sin(\omega t - \varphi) \\
&= \frac{\lambda \Delta \varepsilon_x}{2}\sin(\omega t - \varphi)
\end{aligned}
\tag{7.19}
$$

式中，φ 是正应变与剪切应变波形的相位差；λ 是剪切应变幅与正应变幅的比值。

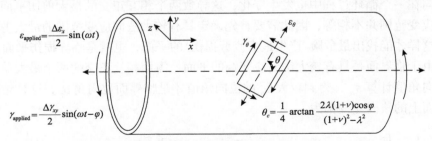

图 7.4　非比例拉扭加载下临界面上应变状态示意图

将式（7.18）、式（7.19）代入应变斜截面公式中，可得任意截面上法向和剪切应变：

$$\varepsilon_\theta = \frac{1}{2}\frac{\Delta\varepsilon_x}{2}\left\{\begin{array}{l}\left[(1-\nu)+(1+\nu)\cos(2\theta)+\lambda\sin(2\theta)\cos\varphi\right]^2 \\ +\left[\lambda\sin(2\theta)\sin\varphi\right]^2\end{array}\right\}^{1/2}\sin(\omega t-\xi) \qquad (7.20)$$

$$\gamma_\theta = \frac{1}{2}\Delta\varepsilon_x\left\{\left[(1+\nu)\sin(2\theta)-\lambda\cos(2\theta)\cos\varphi\right]^2+\left[\lambda\cos(2\theta)\sin\varphi\right]^2\right\}^{1/2}\sin(\omega t+\eta)$$

$$(7.21)$$

式中

$$\xi = \arctan\left\{\lambda\sin(2\theta)\sin\varphi\big/\left[(1-\nu)+(1+\nu)\cos(2\theta)+\lambda\sin(2\theta)\cos\varphi\right]\right\} \qquad (7.22)$$

$$\eta = \arctan\left\{\lambda\cos(2\theta)\sin\varphi\big/\left[(1+\nu)\sin(2\theta)-\lambda\cos(2\theta)\cos\varphi\right]\right\} \qquad (7.23)$$

由于临界面是最大剪切应变幅所在平面，故将式(7.21)中的 γ_θ 对 θ 求导，即

$$\frac{\partial\gamma_\theta}{\partial\theta} = 0 \qquad (7.24)$$

由式(7.24)可得最大剪切平面所在的位向角 θ_c :

$$\theta_c = \frac{1}{4}\arctan\frac{2\lambda(1+\nu)\cos\varphi}{(1+\nu)^2-\lambda^2} \qquad (7.25)$$

则最大剪切应变幅为

$$\frac{\Delta\gamma_{\max}}{2} = \frac{\Delta\varepsilon_x}{2}\left\{\left[(1+\nu)\sin(2\theta_c)-\lambda\cos(2\theta_c)\cos\varphi\right]^2+\left[\lambda\cos(2\theta_c)\sin\varphi\right]^2\right\}^{1/2} \qquad (7.26)$$

在 $-90°$ 到 $90°$ 范围内，满足式(7.26)的 θ_c 值有四个，对应两对形成两个正交平面。

在非比例循环载荷下，主应变与最大剪切应变不但改变值的大小，而且其作用方向在一个循环过程中也发生变化，这导致两个相互正交的最大剪切平面上的法向应变范围并不相等，因此需要首先确定具有较大法向应变范围的最大剪切平面，这样才能找出最危险(产生最大疲劳损伤)的平面，也就是临界损伤平面。

由于临界面是具有较大法向应变幅的平面，需用相互正交的两个最大剪切平面位向角值计算 ε_n ，得到较大 ε_n 的位向角值才是临界面位向角 θ_c ，这种情况下临界面上的法向应变幅为

$$\frac{\Delta\varepsilon_n}{2} = \frac{1}{2}\varepsilon_{xx}\left\{\left[2(1+\nu)\cos^2\theta_c-2\nu+\lambda\sin(2\theta_c)\cos\varphi\right]^2+\left[\lambda\sin(2\theta_c)\sin\varphi\right]^2\right\}^{1/2} \qquad (7.27)$$

图 7.5 为非比例正弦波加载下临界面上剪切应变与法向应变波形。可以看出，

临界面上的剪切应变与法向应变是非同相的，其相位差为 $\xi + \eta$。由于剪切应变与法向应变存在相位差，临界面上相邻最大剪切应变折返点间的法向应变范围并不是法向应变波形的总范围，而是一个比法向应变总范围小的值，表示为 ε_n^{*} [8]。

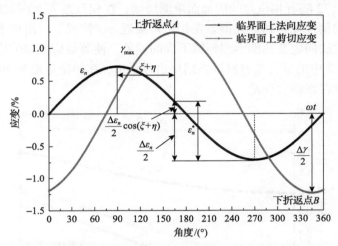

图 7.5　非比例正弦波加载下临界面上剪切应变与法向应变波形

通过前面一维单轴或二维多轴比例循环载荷情况的分析计算发现，在最大剪切平面上，剪切应变幅与法向应变范围可以由米泽斯屈服准则合成一个等效应变幅，其值与外载应变幅（单轴情况）或外载米泽斯等效应变幅（多轴情况）相等。如果将这一原理推广应用到多轴非比例载荷下，即在临界面上将相邻最大剪切应变折返点间的法向应变范围 ε_n^{*} 与剪切应变幅用米泽斯屈服准则进行等效，即可获得多轴非比例循环载荷下的等效应变幅[9,10]，即

$$\frac{\Delta \varepsilon_{\mathrm{eq}}^{\mathrm{cr}}}{2} = \left[\varepsilon_n^{*2} + \frac{1}{3}\left(\frac{\Delta \gamma_{\max}}{2} \right)^2 \right]^{1/2} \tag{7.28}$$

在图 7.5 中的[A, B]区间，相邻最大剪切应变折返点间的法向应变范围 ε_n^{*} 可计算如下：

$$\begin{aligned} \varepsilon_n^{*} &= \frac{\Delta \varepsilon_n}{2} + \frac{\Delta \varepsilon_n}{2} \sin(90° + \xi + \eta) \\ &= \frac{\Delta \varepsilon_n}{2} + \frac{\Delta \varepsilon_n}{2} \cos(\xi + \eta) \\ &= \frac{\Delta \varepsilon_n}{2} \left[1 + \cos(\xi + \eta) \right] \end{aligned} \tag{7.29}$$

以等效应变幅为 1.0%情况为例，随着相位差的增加，临界面上最大剪切应变幅、法向应变幅、法向应变程和由式(7.28)合成的等效应变幅的变化规律如图 7.6 所示。可以看出，在外载等效应变相同的情况下，由式(7.28)给出的临界面上等效应变幅 $\Delta\varepsilon_{eq}^{cr}/2$ 随着相位差的增加而单调增加，在相位差为 90°的情况下达到最大值，即非比例强化达到最大值。在相位角接近 90°情况下，出现了剪切应变加快上升而导致法向应变范围出现轻微下降的现象，使等效应变幅的增加出现了放缓现象。图 7.7 中的某合金材料试验结果也显示出，在相位角接近 90°时，非比例硬化增量幅度存在放缓现象。

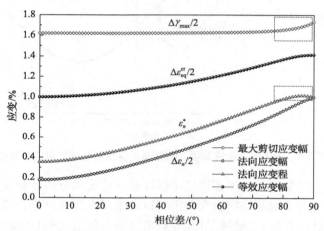

图 7.6　相同加载等效应变幅在不同相位角下临界面上等效应变变化趋势

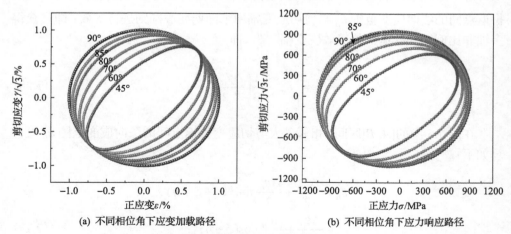

(a) 不同相位角下应变加载路径　　　　(b) 不同相位角下应力响应路径

图 7.7　相同加载等效应变幅在不同相位角下应变加载路径
和应力响应路径变化(等效应变幅 1.0%)

需要注意的是，对于多轴载荷，只有当材料产生屈服时，应力、应变响应才取决于路径，因此在使用式(7.28)前，需要判断等效应力是否处于屈服以上，即只有材料超过屈服时，才能使用式(7.28)。如果材料处于弹性阶段，如图 7.8 为某钛合金在等效应变幅为 0.8%(图 7.8(a))时以不同相位角的多轴循环加载下应力响应路径变化情况(图 7.8(b))，可以看出，循环载荷在弹性范围内，应力响应与加载路径无关，即不存在非比例附加强化现象。

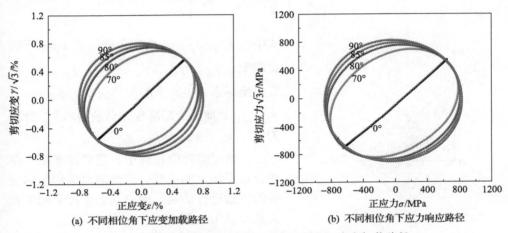

(a) 不同相位角下应变加载路径　　　　　(b) 不同相位角下应力响应路径

图 7.8　相同加载等效应变幅在不同相位角下应变加载路径
和应力响应路径变化(等效应变幅 0.8%)

3. 三维应变循环载荷情况

在三维应力、应变状态下，由三维应变测量采集或有限元分析得到的应变数据通常为在某一坐标系下微元体的应力、应变分量，如零部件局部危险点微元体三维应变状态如图 7.9 所示。

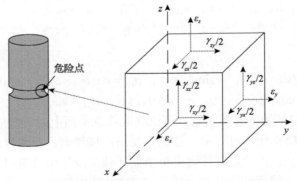

图 7.9　三维结构局部危险点处六面微元体应变状态

危险点部位微元体三维应变表达式为

$$\varepsilon_{ij} = \begin{bmatrix} \varepsilon_x & \dfrac{\gamma_{xy}}{2} & \dfrac{\gamma_{xz}}{2} \\[2mm] \dfrac{\gamma_{yx}}{2} & \varepsilon_y & \dfrac{\gamma_{yz}}{2} \\[2mm] \dfrac{\gamma_{zx}}{2} & \dfrac{\gamma_{zy}}{2} & \varepsilon_z \end{bmatrix} \tag{7.30}$$

式中，ε_x、ε_y、ε_z 为直角坐标系 x-y-z 下的正应变；γ_{xy}、γ_{yz}、γ_{zx}、γ_{yx}、γ_{zy}、γ_{xz} 为直角坐标系 x-y-z 下的剪切应变，$\gamma_{xy} = \gamma_{yx}$，$\gamma_{xz} = \gamma_{zx}$，即应变矩阵独立分量为六个，分别为 ε_x、ε_y、ε_z、γ_{xy}、γ_{yz}、γ_{zx}。

在确定临界面过程中，需要搜索某一点在任意平面上的应变，因此需要采用坐标变换的方法进行确定。假设新老坐标系的位置关系如图 7.10 所示。

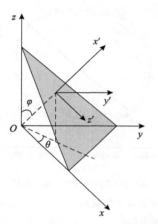

图 7.10　新老坐标系的位置关系示意图

由坐标转换矩阵，可以获得新坐标系下 x'-y'-z'面上应变与旧坐标系下 x-y-z 面上应变之间的转换关系：

$$\begin{bmatrix} \varepsilon_{x'} \\ \varepsilon_{y'} \\ \varepsilon_{z'} \\ \gamma_{x'y'} \\ \gamma_{x'z'} \\ \gamma_{y'z'} \end{bmatrix} = \begin{bmatrix} a_{11}^2 & a_{12}^2 & a_{13}^2 & a_{11}a_{12} & a_{11}a_{13} & a_{13}a_{12} \\ a_{21}^2 & a_{22}^2 & a_{23}^2 & a_{21}a_{22} & a_{21}a_{23} & a_{23}a_{22} \\ a_{31}^2 & a_{32}^2 & a_{33}^2 & a_{31}a_{32} & a_{31}a_{33} & a_{33}a_{32} \\ 2a_{11}a_{21} & 2a_{12}a_{22} & 2a_{13}a_{23} & a_{11}a_{22}+a_{12}a_{21} & a_{13}a_{21}+a_{11}a_{23} & a_{12}a_{23}+a_{13}a_{22} \\ 2a_{11}a_{31} & 2a_{12}a_{32} & 2a_{13}a_{33} & a_{11}a_{32}+a_{12}a_{31} & a_{13}a_{31}+a_{11}a_{33} & a_{13}a_{32}+a_{12}a_{33} \\ 2a_{21}a_{31} & 2a_{22}a_{32} & 2a_{23}a_{33} & a_{21}a_{32}+a_{22}a_{31} & a_{23}a_{31}+a_{21}a_{33} & a_{22}a_{33}+a_{23}a_{32} \end{bmatrix} \begin{bmatrix} \varepsilon_x \\ \varepsilon_y \\ \varepsilon_z \\ \gamma_{xy} \\ \gamma_{xz} \\ \gamma_{yz} \end{bmatrix}$$

$$\tag{7.31}$$

式中，$a_{11} = \cos\theta\sin\varphi$，$a_{12} = \sin\theta\sin\varphi$，$a_{13} = \cos\varphi$，$a_{21} = -\sin\theta$，$a_{22} = \cos\theta$，$a_{23} = 0$，$a_{31} = -\cos\theta\cos\varphi$，$a_{32} = -\sin\theta\cos\varphi$，$a_{33} = \sin\varphi$。

利用式(7.31)的矩阵转换关系，可以获取任意平面上的三维应变。

在多轴疲劳损伤计算过程中，首先需要确定临界面，而临界面在最大剪切应变幅所在的平面上，因此需要搜索出单个循环载荷反复中具有最大剪切应变范围所在面的方位角，然后利用转换关系式(7.31)计算出转换到新坐标上的剪切应变分量：

$$\gamma_{x'y'} = 2a_{11}a_{21}\varepsilon_x + 2a_{12}a_{22}\varepsilon_y + 2a_{13}a_{23}\varepsilon_z + (a_{11}a_{22} + a_{12}a_{21})\gamma_{xy} \\ + (a_{13}a_{21} + a_{11}a_{23})\gamma_{xz} + (a_{12}a_{23} + a_{13}a_{22})\gamma_{yz} \tag{7.32}$$

$$\gamma_{x'z'} = 2a_{11}a_{31}\varepsilon_x + 2a_{12}a_{32}\varepsilon_y + 2a_{13}a_{33}\varepsilon_z + (a_{11}a_{32} + a_{12}a_{31})\gamma_{xy} \\ + (a_{13}a_{31} + a_{11}a_{33})\gamma_{xz} + (a_{12}a_{33} + a_{13}a_{32})\gamma_{yz} \tag{7.33}$$

由以上转换式可以得到不同方位面上所有时间点剪切应变值。如果最大和最小两个折返点用 t_1、t_2 表示,则两个点的剪切应变坐标值分别为 $(\gamma_{x'y'}(t_1)$,$\gamma_{x'z'}(t_1))$ 和 $(\gamma_{x'y'}(t_2)$,$\gamma_{x'z'}(t_2))$,其剪切应变幅可由这两点向量差的模确定,则在该面上任意两点 t_1、t_2 之间的剪切应变范围为

$$\Delta\gamma = \sqrt{\left(\gamma_{x'y'}(t_1) - \gamma_{x'y'}(t_2)\right)^2 + \left(\gamma_{x'z'}(t_1) - \gamma_{x'z'}(t_2)\right)^2} \tag{7.34}$$

由于最大剪切平面并不唯一,通常为正交两个方位,因此需要通过对这两个方位上剪切应变折返点之间的法向应变范围 ε_n^* 进行比较,较大 ε_n^* 所在的面即为临界面。

剪切应变折返点之间的最大法向应变范围计算如下:

$$\varepsilon_n^* = \max\left|\varepsilon_{x'}(t_1) - \varepsilon_{x'}(t_2)\right| \tag{7.35}$$

通过对 $\Delta\gamma$ 最大值对应的两个不同面上剪切应变折返点之间的法向应变范围进行搜索,取最大法向应变范围所在的面为临界面。

在恒幅比例循环载荷下,最大法向应变范围即为一个全循环的法向应变范围 $\Delta\varepsilon_n$。在非比例恒幅循环载荷下,最大法向应变范围要在剪切应变折返点间进行截取。

在变幅/随机多轴循环载荷下,由多轴循环计数获取半循环确定剪切应变折返点区间,然后利用式(7.35)搜索最大法向应变范围 ε_n^*。通过以上临界面求解方法即可确定三维应变载荷历程下每个反复的临界面。将最大剪切应变折返点间的剪切应变范围与由式(7.35)搜索的最大法向应变幅与最大法向应变范围 ε_n^* 用米泽斯屈服准则进行等效,即利用式(7.28)可获得单个反复的等效应变幅。

7.1.2　基于临界面法的多轴低周疲劳损伤定量表征

疲劳损伤通常用应力幅或应变幅进行定量表征。在高周疲劳情况下,通常使用应力幅或最大应力建立载荷与寿命之间的关系,即 S-N 曲线。在大载荷低周疲劳情况下,由于塑性占主导地位,通常使用应变幅建立载荷与寿命之间的关系,

即 ε-N 曲线。多轴热机疲劳破坏通常处于低周疲劳范围内，因此计算纯疲劳损伤需要给出以应变为表征参量的多轴疲劳损伤计算方法。本节结合 7.1.1 节等效应变幅的确定方法论述多轴低周疲劳损伤的定量表征方法。

1. 基于等效正应变幅的多轴疲劳损伤参量

在非比例多轴疲劳过程中，阶段 I 疲劳裂纹主要在最大剪切应变范围且经历最大法向应变幅的平面上萌生，这个平面被定义为多轴疲劳损伤临界面，该平面上的剪切应变范围和法向应变范围控制着多轴疲劳损伤量的大小。Kanazawa 等[11] 指出，使用特雷斯卡屈服准则和八面体剪切应变准则进行应变等效，在非比例多轴循环加载条件下是非保守的，不适合于结构强度设计。

结合前面分析，把临界面上的等效正应变幅作为多轴低周疲劳损伤参量，结合单轴低周疲劳寿命方程，即 Manson-Coffin 方程，可以形成多轴低周疲劳寿命预测模型[9,10]。在单轴循环载荷下，该寿命预测模型可以回归成单轴 Manson-Coffin 方程的形式，即可以对单轴和多轴疲劳损伤进行统一描述。基于等效正应变幅的多轴疲劳损伤模型表达如下：

$$\left[\varepsilon_n^{*2} + \frac{1}{3}\left(\frac{\Delta\gamma_{\max}}{2} \right)^2 \right]^{1/2} = \frac{\sigma_f'\left(2N_f\right)^b}{E} + \varepsilon_f'\left(2N_f\right)^c \tag{7.36}$$

式中，$\Delta\gamma_{\max}/2$ 为最大剪切应变幅；ε_n^* 为临界面上相邻最大和最小剪切应变点之间的法向应变范围；σ_f' 为疲劳强度系数（MPa）；ε_f' 为疲劳塑性系数；b 为疲劳强度指数；c 为疲劳塑性指数；E 为弹性模量（MPa）；$2N_f$ 为循环反复（reversal）数。

2. 基于等效剪切应变幅的多轴疲劳损伤参量

在前面非比例循环载荷下的多轴应变等效原理的基础上，结合不同载荷形式下的多轴疲劳损伤特点，将临界面上的最大剪切应变幅和剪切应变折返点之间法向应变范围用米泽斯屈服准则等效成一个剪切应变的形式，从而用等效剪切应变幅来表征多轴低周疲劳损伤，从而形成剪切形式的多轴疲劳损伤参量与寿命预测模型[12-14]。在纯剪切循环载荷下，模型可以退化成纯剪切形式的 Manson-Coffin 方程。基于等效剪切应变幅的多轴疲劳损伤模型如下：

$$\left[3\varepsilon_n^{*2} + \left(\frac{\Delta\gamma_{\max}}{2} \right)^2 \right]^{1/2} = \frac{\tau_f'\left(2N_f\right)^{b'}}{G} + \gamma_f'\left(2N_f\right)^{c'} \tag{7.37}$$

式中，τ'_f 为剪切疲劳强度系数(MPa)；b' 为剪切疲劳强度指数；G 为剪切模量(MPa)；γ'_f 为剪切疲劳塑性系数；c' 为剪切疲劳塑性指数。

7.1.3　变幅多轴加载下临界面上疲劳损伤参量确定方法

对于变幅多轴载荷，通过多轴循环计数方法计数出半循环后，当应用多轴疲劳损伤模型估算疲劳寿命时，需要确定临界面上的疲劳损伤参量，这里临界面指带有较大法向应变幅的最大剪切应变幅平面。

由于在低周疲劳循环载荷下，疲劳裂纹通常萌生在结构或材料的表面。在平面应力状态下，与轴向成 θ 角度方向的平面上的法向应变与剪切应变的表达式为

$$\varepsilon_\theta = \frac{\varepsilon_x + \varepsilon_y}{2} + \frac{\varepsilon_x - \varepsilon_y}{2}\cos(2\theta) + \frac{\gamma_{xy}}{2}\sin(2\theta) \tag{7.38}$$

$$\frac{\gamma_\theta}{2} = \frac{\varepsilon_x - \varepsilon_y}{2}\sin(2\theta) - \frac{\gamma_{xy}}{2}\cos(2\theta) \tag{7.39}$$

对于计数出来的半循环载荷，其临界面上的应变参量可以通过下面的步骤得到[15]：

(1)输入应变和应力载荷时间历程。

(2)在 0°～180°每间隔 1°计算一遍剪切应变范围和法向应变范围。

(3)在计算的 180 个剪切应变范围中搜索取得最大值的平面，并比较这些平面上的法向应变范围，取具有较大法向应变范围的最大剪切平面为临界面，确定临界面角度 θ_c。

(4)搜索该临界面上取得最大和最小剪切应变值的时刻点，定义为 t_1 和 t_2，并确定出最大剪切应变幅 $\Delta\gamma_{\max}/2$。

(5)在临界面上搜索 t_1 和 t_2 时刻之间的最大和最小法向应变值，计算得到临界面上的法向应变历程参量 ε_n^*：

$$\varepsilon_n^* = \max_{t_1 \leqslant t \leqslant t_2} \varepsilon_{\theta_c}(t) - \min_{t_1 \leqslant t \leqslant t_2} \varepsilon_{\theta_c}(t) \tag{7.40}$$

(6)临界面上的法向应力和剪切应力计算式为

$$\sigma_n = \frac{\sigma_x + \sigma_y}{2} + \frac{\sigma_x - \sigma_y}{2}\cos(2\theta_c) + \tau_{xy}\sin(2\theta_c) \tag{7.41}$$

$$\tau_n = \frac{\sigma_x - \sigma_y}{2}\sin(2\theta_c) - \tau_{xy}\cos(2\theta_c) \tag{7.42}$$

(7)搜索临界面上的法向应力的最大值 $\sigma_n^{\max}$ 和最小值 $\sigma_n^{\min}$，剪切应力的最大值 $\tau_n^{\max}$ 和最小值 $\tau_n^{\min}$。

(8)确定临界面上的法向平均应力 σ_n^{mean}：

$$\sigma_n^{\mathrm{mean}} = \frac{\sigma_n^{\max} + \sigma_n^{\min}}{2} \tag{7.43}$$

通过上述步骤，可以得到临界面上的最大剪切应变幅、法向应变历程和法向平均应力，从而可以组合获取不同形式的多轴疲劳损伤参量，并代入损伤模型中计算出疲劳损伤。

7.2　多轴蠕变损伤定量表征方法

固体材料在一定温度并远低于断裂强度的恒定应力作用下，其应变会随时间增加而增加，这一现象称为蠕变。这种形变随时间逐渐增大的现象与塑性变形有所不同，蠕变需要应力作用相当长的时间，在应力小于弹性极限时也能出现，而塑性变形通常在应力超过弹性极限之后才能出现。蠕变变形的主要特征是材料的变形、应力与外力不再保持一一对应关系，且即使在应力小于屈服极限时，这种变形仍具有不可逆的特性。

高温下，由于大多数金属材料的机械性能，如弹性模量、屈服极限、抗拉强度等都会随温度的变化而发生显著变化，导致材料承受的应力会随温度和时间变化而发生重新分布，因此在分析高温状态下金属材料零部件的疲劳，即高温疲劳时，必须考虑材料的高温蠕变损伤行为。

高温疲劳与常温疲劳不同的原因主要在于，高温下材料或构件承受载荷后会产生蠕变，所导致的蠕变损伤是时间、温度和应力共同作用的结果。温度和应力的作用方式可以是恒定的，也可以是变化的，交变应力作用下的蠕变现象称为循环蠕变。因此，疲劳损伤与蠕变损伤的不同之处在于，蠕变损伤具有时间依赖特性，即取决于时间，而疲劳损伤取决于载荷循环，即具有循环依赖特性，两者损伤可分别根据各自的特点进行计算。

由于蠕变损伤机理相对比较复杂，不同材料、不同温度和应力等条件下的损伤亦不同，为此人们提出多种假设，并推导多种蠕变理论，归纳起来主要有时间硬化理论、应变硬化理论、塑性滞后理论等。依据这些理论产生数十种蠕变方程，其中应用较多的是时间硬化理论和应变硬化理论。

本节以航空发动机热端结构常用的镍基高温合金 GH4169 为例，论述该材料在多轴热机疲劳中蠕变损伤的定量表征方法。

7.2.1 蠕变持久方程

温度、应力、时间与蠕变变形量的关系通常用蠕变曲线来描述，而材料持久蠕变性能通常用持久方程或持久热强综合方程来描述。美国涡喷涡扇发动机设计通用规范、我国军标 GJB/Z 18A—2020[16]，以及发动机设计规范均推荐采用 Larson-Miller(L-M)方程、Ge-Dorn(G-D)方程、Manson-Succop(M-S)方程和 Manson-Hafered(M-H)方程，并选择蠕变试验数据拟合效果最好的方程作为最终的蠕变持久方程。

Larson-Miller(L-M)方程:

$$\lg t_c = b_0 + b_1/T + b_2 x/T + b_3 x^2/T + b_4 x^3/T \tag{7.44}$$

Ge-Dorn(G-D)方程:

$$\lg t_c = b_0 + b_1/T + b_2 x + b_3 x^2 + b_4 x^3 \tag{7.45}$$

Manson-Succop(M-S)方程:

$$\lg t_c = b_0 + b_1 T + b_2 x + b_3 x^2 + b_4 x^3 \tag{7.46}$$

Manson-Hafered(M-H)方程:

$$\lg t_c = b_0 + (T - T_0)\left(b_1 + b_2 x + b_3 x^2 + b_4 x^3\right) \tag{7.47}$$

式中

$$x = \lg \sigma_c \tag{7.48}$$

$$T = \left(9T_c / 5 + 32\right) + 460 \tag{7.49}$$

式中，σ_c 为蠕变持久应力；T_c 为摄氏温度；t_c 为蠕变断裂时间；b_0 为回归常数；b_1、b_2、b_3、b_4 为相关系数；T_0 为材料常数。

对于高温合金 GH4169，通过比较发现，Manson-Succop(M-S)蠕变持久方程的标准差最小，相关系数最大。

7.2.2 多轴蠕变损伤定量计算方法

对于高温疲劳下的蠕变损伤计算，由于每个循环里保持应力是不断变化的，需要分别计算各应力值在保持时间段上所对应的蠕变损伤，然后将各部分蠕变损伤累加得到每循环蠕变损伤。对于热机加载中连续变化的温度及应力，可以由细分法求得，其过程如下[17-20]：

（1）获取单个循环下正应力-时间历程图和温度-时间历程图；

（2）将正应力-时间历程和温度-时间历程沿着时间轴分割成若干区间（分割区间越多，蠕变损伤计算结果会越精确）；

（3）采用分段起始应力和终止应力的平均值作为该分段区间的蠕变持久应力；

（4）采用分段区间的起始温度和终止温度的平均值作为该分段区间的蠕变温度；

（5）由该材料的温度、蠕变持久应力和蠕变持久方程（或持久热强参数综合方程）确定该分段区间蠕变持久断裂时间；

（6）使用该分段区间的持续时间与蠕变断裂时间的比值即可求得该分段区间蠕变损伤；

（7）累积该循环下所有分段区间的蠕变损伤，即可得该循环下的总蠕变损伤。

图 7.11 显示了一个稳定多轴载荷循环下蠕变损伤计算过程。首先将所有变化的温度及机械载荷时间历程按时间轴划分为若干小区间段，在各区间段上将所有变化的温度、正应力、剪切应力等效为相应的恒定值，进而计算各区间上蠕变损伤。研究表明[21]，只有具有拉伸应力的循环增量，才有助于蠕变裂纹扩展，因此计算蠕变损伤时只考虑拉伸载荷区域，即正应力为正值的区域。

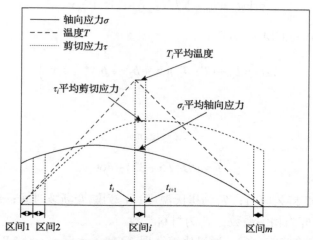

图 7.11　一个稳定多轴载荷循环下蠕变损伤计算细分法示意图[19]

为了使预测结果保守，将各区间上温度最大值 $T_i^{\max}$ 和正应力最大值 $\sigma_i^{\max}$ 定义为区间上相应的 T_i 和 σ_i 的平均值。

第 i 区间对应的蠕变温度 $T_{\mathrm{eq},i}$ 为

$$T_{\mathrm{eq},i} = \frac{T_i + T_{i+1}}{2} \tag{7.50}$$

式中, T_i 为该循环下第 i 区间的起始温度; T_{i+1} 为该循环下第 $i+1$ 区间的起始温度。

第 i 区间对应的蠕变持久应力 σ_{ci} 为

$$\sigma_{ci} = \frac{\sigma_{ai} + \sigma_{a(i+1)}}{2} \tag{7.51}$$

式中, σ_{ci} 为该循环下第 i 区间的起始点正应力; $\sigma_{a(i+1)}$ 为该循环下第 $i+1$ 区间的起始点正应力。

单个循环下第 i 区间对应的持续时间 Δt_i 为第 $i+1$ 区间起始时刻与第 i 区间起始时刻之差, 即

$$\Delta t_i = t_{i+1} - t_i \tag{7.52}$$

式中, t_{i+1} 为该循环第 $i+1$ 区间的起始时刻; t_i 为该循环第 i 区间的起始时刻。

单个循环周期的总蠕变损伤为所有小区间的蠕变损伤累加之和:

$$D_c = D_c(1) + D_c(2) + \cdots + D_c(m) = \frac{\Delta t_1}{t_{c1}} + \frac{\Delta t_2}{t_{c2}} + \cdots + \frac{\Delta t_m}{t_{cm}} = \sum_{i=1}^{m} \frac{\Delta t_i}{t_{ci}} \tag{7.53}$$

式中, D_c 为单个循环蠕变损伤; Δt_i 为单个循环第 i 区间对应的时间; t_{ci} 为第 i 区间下相应的应力和温度对应的蠕变持久时间; m 为单个循环周期被等分的区间数。

当计算蠕变损伤时, 为了使计算更加精确, 可适当减小划分区间长度、增加区间数, 使之更接近等效的恒定值, 从而使实际蠕变损伤与计算值更加接近。

第 i 区间的蠕变持久时间 t_{ci} 可以通过蠕变温度、蠕变持久应力和蠕变持久方程求解:

$$t_{ci} = f\left(T_{\text{eq},i}, \sigma_{ci}\right) \tag{7.54}$$

式中, $T_{\text{eq},i}$ 为该循环下第 i 区间对应的蠕变温度; σ_{ci} 为该循环下第 i 区间对应的蠕变持久应力; f 为该材料的蠕变持久应力、温度和时间关系式。

如果采用 M-S 蠕变持久方程计算多轴蠕变持久时间, 则具体表达式为

$$\lg t_{ci} = b_0 + b_1\left(1.8T_{ci} + 492\right) + b_2 x_i + b_3 x_i^2 + b_4 x_i^3 \tag{7.55}$$

$$x_i = \lg \sigma_{ci} \tag{7.56}$$

式中, T_{ci} 为第 i 区间上等效摄氏温度; σ_{ci} 为第 i 区间上等效多轴蠕变应力; b_0、b_1、b_2、b_3、b_4 是与材料相关的蠕变持久方程系数。

经过热机多轴疲劳试验寿命比较和断口分析发现, 当正应力为正时, 蠕变损

伤特征明显，而当正应力为负时，基本没有产生蠕变损伤。因此，可将正应力为正时的米泽斯等效应力作为多轴蠕变应力，而当正应力为负时，可将多轴蠕变应力定义为 0，从而忽略蠕变损伤对寿命的影响。因此，对于拉扭多轴热机加载，在第 i 区间上，多轴蠕变应力 σ_{ci} 可表示为

$$\sigma_{ci}(t) = \begin{cases} \sigma_{eq}, & \sigma_i(t) \geqslant 0 \\ 0, & \sigma_i(t) < 0 \end{cases} \tag{7.57}$$

式中，$\sigma_i(t)$ 为第 i 区间上 t 时刻的正应力。

多轴热机疲劳中多轴蠕变损伤计算流程如图 7.12 所示。

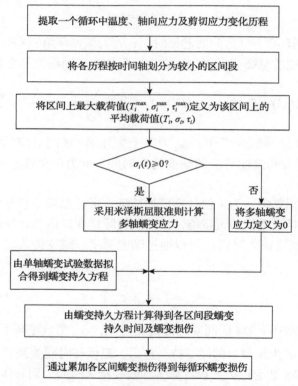

图 7.12　多轴热机疲劳中多轴蠕变损伤计算流程[19]

7.3　多轴氧化损伤定量表征方法

7.3.1　热机疲劳中的氧化损伤表征理论

疲劳裂纹形成寿命也称裂纹萌生寿命，其寿命预测通常用属于连续介质力学

范畴的局部应力-应变方法进行计算，即假设材料体不存在裂纹，而在实际应用中，通常裂纹萌生定义为形成一条肉眼可见的 0.25～1mm 长的宏观裂纹，也有把裂纹长度小于 2mm 的寿命定义为疲劳裂纹萌生寿命。这就是说，一般所定义疲劳裂纹萌生寿命阶段已包含了短(小)裂纹扩展阶段。

在热机疲劳载荷下，金属多晶材料会产生疲劳和蠕变损伤，疲劳损伤通常始于材料表面缺陷或永久滑移带的挤入/挤出，蠕变空洞或楔形裂纹可能会在材料内部形成并沿晶界发展，而在材料表面或在已形成的裂纹面和裂纹尖端也会发生氧化，由此产生的氧化损伤会通过扩散过程向内发展，如图 7.13 所示。此外，材料表面下裂纹也可能在缺陷(如气孔或夹杂物)处产生，这样的裂纹会很快达到材料表面并成为表面裂纹，从而产生氧化。因此，在热机疲劳寿命预测中，氧化损伤通常也要给予考虑。

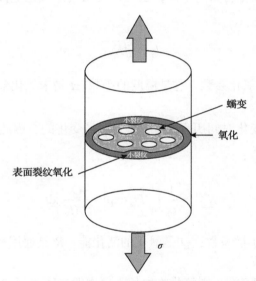

图 7.13　试样横截面损伤发展示意图

高温下金属材料表面会形成一层氧化物。当氧化物所承受的拉伸机械应变高于某一临界断裂应变时，将导致氧化物脆性断裂[22-25]。此外，在金属与氧化物界面间产生过大的剪切应力也可能导致失效。

研究发现[26]，氧化物拉伸断裂对裂纹萌生和裂纹扩展特别不利，因为重复的氧化物断裂会将裂纹扩展引导到基体中。由于氧化物在低温下处于拉伸状态，而氧化物的延展性不足以防止开裂，因此，在热机疲劳反相 TOP 情况下，氧化损伤的贡献导致寿命降低显得尤为明显。

Neu 等[27]通过微观观测，提出了氧化诱导裂纹形核和扩展模型，其中裂纹形核定义为所形成的第一氧化物层的破裂。裂纹形核可分为 I 型氧化物生长成核和

II 型氧化物生长成核。I 型氧化物生长具有"连续"特点。"连续"氧化层导致氧化物侵入，氧化物中没有可见的分层。II 型氧化物生长过程与 I 型相似，氧化物在达到某一临界层厚度 h_{fi} 时就破裂。根据以上 I 型和 II 型氧化物破裂机制，提出了氧化物生长速率模型：

$$\frac{\mathrm{d}h_o}{\mathrm{d}N} = \frac{\mathrm{d}h_o}{\mathrm{d}t} t_c \tag{7.58}$$

式中，t_c 是循环时间；$\mathrm{d}h_o / \mathrm{d}N$ 可以认为是初级氧化诱导裂纹的有效氧化物生长速率；$\mathrm{d}h_o / \mathrm{d}t$ 可以通过氧化动力学和断裂时的临界氧化层厚度 h_{fi} 来定义。

模型假设氧化层破裂前，其生长遵循一定的规律，针对 1070 钢，该模型使用抛物线生长曲线，根据材料的不同，也可以使用其他氧化生长曲线。抛物线生长曲线为

$$h_o = \sqrt{K_p t} \tag{7.59}$$

式中，K_p 是抛物线氧化参数，它是温度的函数；t 是未氧化金属新表面暴露于高温环境中的时间。

对于经历温度变化时间历程的循环，K_p 是变化的。因此，该模型定义了一个有效氧化参数 K_p^{eff}：

$$K_p^{\mathrm{eff}} = \frac{1}{t_0} \int_0^{t_0} D_o \exp\left(\frac{-Q}{RT(t)}\right) \mathrm{d}t \tag{7.60}$$

式中，D_o 是氧化的扩散系数；Q 是氧化的活化能；R 是通用气体常数；$T(t)$ 是随时间变化的温度函数。

如果氧化物反复破裂，则氧化物生长不再遵循抛物线规律。在氧化物破裂时，会出现更高的局部氧化速率，其有效总氧化物生长曲线可表示为

$$h_o = B \frac{K_p^{\mathrm{eff}}}{\bar{h}_f} t^\beta \tag{7.61}$$

式中，$\bar{h}_f$ 是氧化物断裂时临界厚度的平均值；B 和 β 是常数。

将式(7.61)对时间微分：

$$\frac{\mathrm{d}h_o}{\mathrm{d}t} = B \frac{K_p^{\mathrm{eff}}}{\bar{h}_f} \beta t^{\beta-1} \tag{7.62}$$

而

$$\frac{\mathrm{d}h_o}{\mathrm{d}N} = \frac{\mathrm{d}h_o}{\mathrm{d}t}\frac{\mathrm{d}t}{\mathrm{d}N} \tag{7.63}$$

由于

$$\frac{\mathrm{d}t}{\mathrm{d}N} = t_c \tag{7.64}$$

故

$$t = t_c \cdot N \tag{7.65}$$

将式 (7.62) 和式 (7.65) 代入式 (7.58) 得

$$\frac{\mathrm{d}h_o}{\mathrm{d}N} = B\frac{K_p^{\mathrm{eff}}}{\overline{h}_f}\beta N t^{\beta-1}\cdot t_c^{\ \beta} \tag{7.66}$$

氧化物断裂时临界厚度平均值 $\overline{h}_f$ 是机械应变范围、温度和应变之间相位以及应变率的函数：

$$\overline{h}_f = \frac{\delta_0}{\left(\Delta\varepsilon_{\mathrm{mech}}\right)^2 \Phi^{\mathrm{ox}}\dot{\varepsilon}^a} \tag{7.67}$$

式中，Φ^{ox} 是相位因子；δ_0 和 a 是材料常数。

将式 (7.55) 代入式 (7.63) 并进行积分，即可计算出单个载荷循环的氧化损伤：

$$\frac{1}{N^{\mathrm{ox}}} = \left(\frac{h_{\mathrm{cr}}\delta_0}{B\Phi^{\mathrm{ox}}K_p^{\mathrm{eff}}}\right)^{-1/\beta}\frac{2\left(\Delta\varepsilon_{\mathrm{mech}}\right)^{2/\beta+1}}{\dot{\varepsilon}^{2-a/\beta}} \tag{7.68}$$

式中，h_{cr} 为氧化层临界厚度。

式 (7.68) 表明，氧化损伤定量表征是基于在氧化"侵入"尖端处的氧化物反复微破裂而形成的，其损伤量是机械应变范围、应变率、应变与温度间相位和有效氧化参数的函数。该模型的详细建立过程可见文献 [27]。

7.3.2　多轴热机疲劳中的氧化损伤定量计算方法

为了评估高温多轴热机加载下所产生的氧化损伤，文献 [28] 在单轴氧化损伤模型的基础上，借鉴蠕变损伤的分段计算方法，提出了多轴热机疲劳中的氧化损伤定量计算方法。该方法根据多轴循环载荷的特点，将所计数出的载荷反复（半循环）中的应力-时间历程和温度-时间历程划分为 m 区间，如图 7.14 所示。

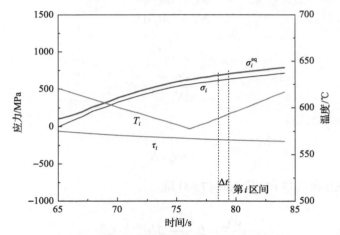

图 7.14　用于氧化损伤计算的等效应力时间历程和温度时间历程

单个反复（半循环）所造成的氧化损伤通过累计每一区间中所产生的损伤获取：

$$D_o = \sum_{i=1}^{m} \frac{h_i}{a_c} \tag{7.69}$$

式中，h_i 为第 i 区间上所形成氧化层厚度；a_c 为该区间上的温度对应应力下的临界裂纹长度；m 为细分的区间数。

借鉴 Neu-Sehitoglu 模型所提出的氧化物抛物线生长规律，氧化层厚度 h 可由式 (7.70) 算得

$$h = \sqrt{A\Delta t} \tag{7.70}$$

式中，A 为氧化率参数；Δt 为第 i 区间的时间间隔。

式 (7.70) 包含时间增量 Δt，可以考虑氧化损伤行为的时间依赖性。

考虑氧化损伤行为的温度依赖性，氧化率参数 A 可通过 Arrhenius 类型方程计算获取[23,29]：

$$A = A_o \mathrm{e}^{-\frac{Q_C}{RT_i}} \tag{7.71}$$

式中，A_o 为指前因子；Q_C 为氧化激活能；R 为通用气体常数；T_i 为第 i 区间的热力学温度。

在第 i 区间温度和应力下的临界裂纹长度 a_c 可由对应温度下的断裂韧性与等

效应力计算得出：

$$a_c = \frac{1}{\pi}\left(\frac{K_{\mathrm{IC}}}{Y\sigma_i^{\mathrm{eq}}}\right)^2 \tag{7.72}$$

式中，K_{IC} 为第 i 区间温度下材料的断裂韧性；Y 为形状因子；σ_i^{eq} 为第 i 区间的米泽斯等效应力。

形状因子 Y 由 Irwin[30] 提出的方法计算。如图 7.15 所示，表面裂纹的长轴 a 和短轴 c 会随裂纹的扩展而增大，但是比值 c/a 从裂纹萌生到材料失效可以近似为一个恒定的值。

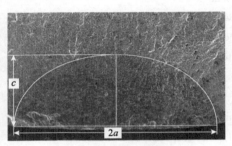

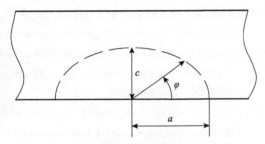

(a) 实际金属材料断口截面　　　　　(b) 几何形状表征参数

图 7.15　半椭圆形表面裂纹的几何形状[28]

该多轴氧化损伤模型考虑了温度、多轴等效应力、时间，以及对氧化损伤的影响。由于使用了载荷和温度-时间历程划分法，因此该模型可用于定量计算任意多轴载荷下的氧化损伤量。此外，在多轴非比例应变载荷下，可以通过考虑非比例附加硬化所获得的等效应力来反映多轴非比例应变载荷下氧化损伤增大现象。

参 考 文 献

[1] Coffin L F Jr. A study of the effects of cyclic thermal stresses on a ductile metal[J]. Journal of Fluids Engineering, 1954, 76(6): 931-949.

[2] Manson S S. Behavior of Materials Under Conditions of Thermal Stress[R]. Cleveland: Lewis Flight Propulsion Laboratory, 1954.

[3] Socie D F, Marquis G B. Multiaxial Fatigue[M]. Warrendale: SAE, 2000.

[4] Ellyin F. Cyclic strain energy density as a criterion for multiaxial fatigue failure[M]//Brown M W, Miller K J. Biaxial and Multiaxial Fatigue. London: EGF Publications, 1987: 571-583.

[5] Ellyin F, Golos K, Xia Z. In-phase and out-of-phase multiaxial fatigue[J]. Journal of Engineering Materials and Technology, 1991, 113(1): 112-118.

[6] Park J, Nelson D. Evaluation of an energy-based approach and a critical plane approach for

predicting constant amplitude multiaxial fatigue life[J]. International Journal of Fatigue, 2000, 22(1): 23-39.

[7] Gates N, Fatemi A. Multiaxial variable amplitude fatigue life analysis including notch effects[J]. International Journal of Fatigue, 2016, 91: 337-351.

[8] Wang C H, Brown M W. A path-independent parameter for fatigue under proportional and non-proportional loading[J]. Fatigue & Fracture of Engineering Materials & Structures, 1993, 16(12): 1285-1297.

[9] 尚德广. 多轴疲劳损伤与寿命预测研究[D]. 沈阳: 东北大学, 1996.

[10] Shang D G, Wang D J. A new multiaxial fatigue damage model based on the critical plane approach[J]. International Journal of Fatigue, 1998, 20(3): 241-245.

[11] Kanazawa K, Miller K J, Brown M W. Low-cycle fatigue under out-of-phase loading conditions[J]. Journal of Engineering Materials and Technology, 1977, 99(3): 222-228.

[12] Shang D G, Sun G Q, Deng J, et al. Multiaxial fatigue damage parameter and life prediction for medium-carbon steel based on the critical plane approach[J]. International Journal of Fatigue, 2007, 29(12): 2200-2207.

[13] Chen H, Shang D G, Bao M. Selection of multiaxial fatigue damage model based on the dominated loading modes[J]. International Journal of Fatigue, 2011, 33(5): 735-739.

[14] 陈宏. 随机多轴载荷下疲劳损伤在线监测及寿命评估系统研究[D]. 北京: 北京工业大学, 2013.

[15] Chen H, Shang D G. An on-line algorithm of fatigue damage evaluation under multiaxial random loading[J]. International Journal of Fatigue, 2011, 33(2): 250-254.

[16] 中央军委装备发展部. 金属材料力学性能数据处理与表达: GJB/Z 18A—2020[S]. 北京: 中央军委装备发展部, 2020.

[17] Ren Y P, Shang D G, Li F D, et al. Life prediction approach based on the isothermal fatigue and creep damage under multiaxial thermo-mechanical loading[J]. International Journal of Damage Mechanics, 2019, 28(5): 740-757.

[18] 任艳平. 多轴恒幅载荷下热机械疲劳损伤模型研究[D]. 北京: 北京工业大学, 2017.

[19] Li F D, Shang D G, Zhang C C, et al. Thermomechanical fatigue life prediction method for nickel-based superalloy in aeroengine turbine discs under multiaxial loading[J]. International Journal of Damage Mechanics, 2019, 28(9): 1344-1366.

[20] 李芳代. 多轴恒幅热机循环变形行为及疲劳寿命预测研究[D]. 北京: 北京工业大学, 2018.

[21] Kraemer K M, Mueller F, Oechsner M, et al. Estimation of thermo-mechanical fatigue crack growth using an accumulative approach based on isothermal test data[J]. International Journal of Fatigue, 2017, 99: 250-257.

[22] Ward G, Hockenhull B S, Hancock P. The effect of cyclic stressing on the oxidation of a

low-carbon steel[J]. Metallurgical Transactions, 1974, 5(6): 1451-1455.

[23] Wells C H, Follansbee P S, Dils R R. Mechanisms of dynamic degradation of surface oxides, stress effects and the oxidation of metals[C]. Proceedings of the Symposium held at the 1974 TMS-AIME fall Meeting, Cobo Hall, 1974: 220-244.

[24] Skelton R P, Bucklow J I. Cyclic oxidation and crack growth during high strain fatigue of low alloy steel[J]. Metal Science, 1978, 12(2): 64-70.

[25] Berchtold L, Sockel H G, Ilschner B. The influence of deformation on the oxidation of milk steel[C]. Behavior of High Temperature Alloys in Aggressive Environments: Proceedings of the Petten International Conference, Petten, 1979: 927-937.

[26] Sehitoglu H, Boismier D A. Thermo-mechanical fatigue of Mar-M247: Part 2—Life prediction [J]. Journal of Engineering Materials and Technology, 1990, 112(1): 80-89.

[27] Neu R W, Sehitoglu H. Thermomechanical fatigue, oxidation, and Creep: Part II. Life prediction[J]. Metallurgical Transactions A, 1989, 20(9): 1769-1783.

[28] Li D H, Shang D G, Cui J, et al. Fatigue-oxidation-creep damage model under axial-torsional thermo-mechanical loading[J]. International Journal of Damage Mechanics, 2020, 29(5): 810-830.

[29] Krämer K M, Baumann C, Müller F, et al. On the corrosive behaviour of nickel-based superalloys for turbine engines: Oxide growth and internal microstructural degradation[C]. International Conference on Advances in High Temperature Materials, Nagasaki, 2015: 234-247.

[30] Irwin G R. Crack-extension force for a part-through crack in a plate[J]. Journal of Applied Mechanics, 1962, 29(4): 651-654.

第8章　多轴热机疲劳损伤累积理论

8.1　疲劳损伤累积模型概述

8.1.1　疲劳损伤累积理论的概念

当材料或零件承受高于疲劳极限的应力作用时，每一个载荷循环都会使材料产生一定的损伤，而且这种损伤能够累积，当累积到临界值时，材料将发生破坏，这就是疲劳损伤累积理论。疲劳损伤累积理论主要分成三大类。第一类为线性疲劳损伤累积理论，该理论认为材料在各循环应力水平下的疲劳损伤是独立的，可以进行线性累加，如 Miner 定理。第二类为非线性疲劳损伤累积理论，该理论认为某一循环载荷值产生的损伤与前面作用载荷的大小及次数有关，如 Macro-Starkey 理论、Corten-Dolen 理论等。第三类为其他的各类累积损伤理论，这类理论多属于经验、半经验公式，一般是从试验分析推出来的损伤公式，如连续损伤理论、Levy 理论、Kozin 理论等。

8.1.2　线性疲劳损伤累积理论

目前应用最广的是线性疲劳损伤累积理论，即 Miner 定理。Miner 线性疲劳损伤累积理论由 Palmgren 在 1924 年提出。1945 年 Miner[1]又重新提出，该理论表达式如下：

$$D = \sum_{i=1}^{m} \frac{n_i}{N_i} \tag{8.1}$$

式中，n_i 为第 i 个应力水平所加载的循环数；N_i 为第 i 个应力水平下疲劳失效寿命循环数；m 为应力水平的个数；D 为疲劳总损伤。

当总的疲劳损伤 D 大于等于临界疲劳损伤时，则认为结构件发生疲劳破坏。Miner 定义失效临界疲劳损伤为 1。

大量试验研究表明，Miner 定理没有考虑载荷次序的影响。当所加载荷先高后低时，损伤累积值 $\sum_{i=1}^{n} \frac{n_i}{N_i} < 1$；当所加载荷先低后高时，损伤累积值 $\sum_{i=1}^{n} \frac{n_i}{N_i} > 1$。实际上损伤极限值并不等于 1，其范围为 0.25～4，但在变幅载荷下，损伤极限值近似等于 1，即 $\sum_{i=1}^{n} \dfrac{n_i}{N_i} \approx 1$。

　　尽管该理论认为各级载荷之间相互独立、互不影响，没有考虑载荷次序对疲劳损伤的影响，但在变幅载荷下，该理论仍然可以比较准确地估算疲劳寿命。由于 Miner 定理形式简单，处理方便，因此在工程中得以广泛应用。

　　此外，Manson[2]等提出了双线性疲劳损伤累积理论，即在疲劳过程中，第一阶段的裂纹萌生向第二阶段的裂纹扩展转变时存在一个转折点，转折点的计算式为

$$\left(\frac{n_1}{N_1}\right)_{\text{knee}} = 0.35\left(\frac{N_1}{N_2}\right)^{0.25} \tag{8.2}$$

$$\left(\frac{n_2}{N_2}\right)_{\text{knee}} = 0.65\left(\frac{N_1}{N_2}\right)^{0.25} \tag{8.3}$$

式中，n_1 为第一级载荷水平下作用的循环数；N_1 为第一级载荷水平加载条件下的疲劳失效寿命；n_2 为第二级载荷水平下作用的循环数；N_2 为第二级载荷水平加载条件下的疲劳失效寿命。

　　Manson 等[2]提出的双线性疲劳损伤累积理论应用于高低两级载荷的情况，如图 8.1 所示。由于两个阶段转折点难以确定，导致对该理论的使用造成了不便。

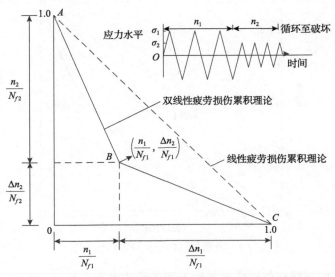

图 8.1　应用于高低两级载荷水平的双线性疲劳损伤累积理论

8.1.3 非线性疲劳损伤累积理论

线性疲劳损伤累积理论只是简单地将各载荷水平所产生的损伤进行线性累加，这种方法在处理变幅载荷情况下的损伤时，由于无法考虑加载顺序和不同水平载荷之间的相互作用，会产生一定的误差。

材料在循环载荷作用下，其性能不断退化过程所反映出的疲劳损伤显然与外载相关，即损伤量取决于应力幅或应变幅的大小。此外，疲劳损伤过程还包括微裂纹形成与扩展，不同应力或应变幅之间的交互效应也对损伤程度产生影响。根据疲劳损伤的特点，人们提出了一些非线性累积损伤理论。现将几种典型的非线性疲劳损伤累积理论介绍如下。

1. Macro-Starkey 幂指数关系理论[3]

在两个不同的应力水平的疲劳试验中，如图 8.2 所示，曲线 1 为等幅对称循环应力 σ_1 下疲劳损伤与循环数比的关系。曲线 2 为等幅对称循环应力 σ_2（$\sigma_2 < \sigma_1$）下疲劳损伤与循环数比的关系。两曲线最后的交点对应材料的损伤达到临界值发生破坏状态。如果在这两级应力水平疲劳试验中，先由应力水平 σ_1 循环 n_1 次产生的损伤为 D_1，然后过渡到较小的应力水平 σ_2 下循环 n_2 次发生破坏，损伤为 D_2。如果用 Miner 定理，其累积损伤的结果会小于 1。

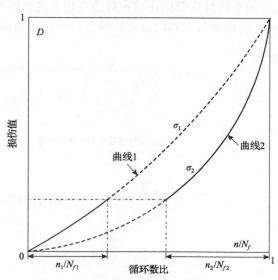

图 8.2 损伤与循环数比的幂指数关系

如果将损伤与循环数比的关系用下列关系式表达：

$$D_i = \left(\frac{n_i}{N_{fi}} \right)^{\omega_i} \tag{8.4}$$

式中，ω_i 为指数。

那么在两级应力 σ_1 和 σ_2 的水平下所产生的损伤分别为

$$D_1 = \left(\frac{n_1}{N_{f1}} \right)^{\omega_1} \tag{8.5}$$

$$D_2 = \left(\frac{n_2}{N_{f2}} \right)^{\omega_2} \tag{8.6}$$

则两级应力下的累积损伤为

$$D = D_1 + D_2 = \left(\frac{n_1}{N_{f1}} \right)^{\omega_1} + \left(\frac{n_2}{N_{f2}} \right)^{\omega_2} = 1 \tag{8.7}$$

即

$$\frac{n_2}{N_{f2}} = 1 - \left(\frac{n_1}{N_{f1}} \right)^{\omega_1/\omega_2} \tag{8.8}$$

从式(8.8)可以看出，指数 ω_i 可以考虑不同加载水平的影响，体现出了非线性累积效应。当 $\omega_1 = \omega_2$ 时，便退化为 Miner 定理。

2. 连续非线性疲劳损伤累积理论

1958 年，Kachanov 在研究蠕变断裂时，提出了"连续因子"和"有效应力"的概念[4]，到 20 世纪 70 年代，各国学者相继采用连续介质力学的方法，把损伤因子作为损伤参量，逐步发展形成了连续损伤力学框架和基础。1975 年，Lemaitre 等[5]将损伤的概念用于低周疲劳中，随后研究者逐渐把损伤力学推广到疲劳研究中。

长期以来，疲劳分析和寿命估算主要依赖大量收集的实测和试验数据来建立经验和半经验公式，缺少可利用的理论，而损伤力学恰好提出了有关这方面的基本理论，描述疲劳损伤的数学模型以及分析方法，从而解决了不少仅仅依靠使用试验数据所不易解决的问题，如非线性疲劳损伤累积问题。

疲劳损伤过程有以下特性应予以考虑[6]：①疲劳过程存在微裂纹形核及扩展阶段；②二级加载或块程序加载条件下的非线性疲劳损伤累积效应；③存在一个

疲劳极限；④疲劳极限或 S-N 曲线的平均应力效应。

　　根据以上疲劳损伤特性，Chaboche 等[7]提出一个疲劳损伤累积模型来描述材料逐渐劣化过程。该模型的变量关系表达式如下：

$$dD = f(\cdot)dN \tag{8.9}$$

式中，函数 f 中的变量可为应力、应变或塑性应变，损伤变量 D 以及温度和硬化变量等。为了描述非线性损伤累积和载荷顺序效应，函数 f 要求载荷参数与损伤变量具有不可分离性。

　　当载荷为应力时，式(8.9)的具体形式可使用如下方程[8,9]：

$$\frac{dD}{dN} = (1-D)^{\alpha(\Delta\sigma/2,\sigma_m)}\left(\frac{\sigma_{\max}-\sigma_m}{M(\sigma_m)}\right)^{\beta} \tag{8.10}$$

式中，指数 α 取决于加载参数 $(\sigma_{\max},\sigma_m)$；$\sigma_{\max}$ 为最大应力；σ_m 为平均应力；M、β 均为材料常数。

　　为了使加载参数和损伤变量 D 具有不可分离性，式(8.11)可较好地描述试验过程：

$$\alpha\ (\Delta\sigma/2,\ \sigma_m) = 1 - \frac{H(\Delta\sigma/2 - \sigma_l(\sigma_m))}{a\ln|\Delta\sigma/2 - \sigma_l(\sigma_m)|} \tag{8.11}$$

式中，$H(x)$ 为 Heaviside 单位阶跃函数，即当 $x > 0$ 时，$H(x) = 1$，当 $x \leqslant 0$ 时，$H(x) = 0$。在 $(\Delta\sigma/2 - \sigma_l(\sigma_m)) > 1$ 时为疲劳极限以上加载。

$$\sigma_l(\sigma_m) = \sigma_{-1}(1 - b\sigma_m) \tag{8.12}$$

式中，σ_{-1} 为对称加载下的疲劳极限；$\sigma_l(\sigma_m)$ 为非对称加载下的疲劳极限。

　　函数 $M(\sigma_m)$ 可以选择一个线性形式来表达：

$$M(\sigma_m) = M_0(1 - b'\sigma_m) \tag{8.13}$$

积分式(8.10)，当 $D = 0$ 时，$N = 0$；当 $D = 1$ 时，$N = N_f$：

$$\int_0^1 dD = \int_0^{N_f} (1-D)^{\alpha(\Delta\sigma/2,\sigma_m)}\left(\frac{\sigma_{\max}-\sigma_m}{M(\sigma_m)}\right)^{\beta} dN$$

得

$$N_f = \frac{1}{1 - \alpha(\Delta\sigma/2,\sigma_m)}\left(\frac{\sigma_{\max}-\sigma_m}{M(\sigma_m)}\right)^{-\beta} \tag{8.14}$$

同理，积分式(8.10)，把损伤的积分上限设为 D，对应寿命上限为 N：

$$\int_0^D \mathrm{d}D = \int_0^N (1-D)^{\alpha(\Delta\sigma/2,\sigma_m)}\left(\frac{\sigma_{\max}-\sigma_m}{M(\sigma_m)}\right)^\beta \mathrm{d}N$$

则

$$D = 1 - \left(1 - \frac{n}{N_f}\right)^{\frac{1}{1-\alpha(\Delta\sigma/2,\sigma_m)}} \tag{8.15}$$

对于常用金属材料，可在对称恒幅载荷下，通过连续测量不同循环数下的损伤量(损伤可以通过静力韧性相对变化[10]、弹性模量相对变化、电阻相对变化等来定义)，然后结合式(8.11)拟合式(8.15)获取式(8.11)中的 a 值。从式(8.11)可以看出，当 $\Delta\sigma/2 \leqslant \sigma_l(\sigma_m)$ 时，即低于疲劳极限下加载，此时 $\alpha=1$，由式(8.14)得出 $N_f = \infty$。

当 $\Delta\sigma/2 > \sigma_l(\sigma_m), H(\Delta\sigma/2 - \sigma_l(\sigma_m)) = 1$ 时，式(8.14)可变为

$$N_f = aM_0^\beta \ln\left|\Delta\sigma/2 - \sigma_{-1}(1-b\sigma_m)\right|\left(\frac{\Delta\sigma/2}{1-b'\sigma_m}\right)^{-\beta} \tag{8.16}$$

从式(8.16)可以看出，系数 β 和 aM_0^β 可以由平均应力 $\sigma_m = 0$ 的 S-N 曲线来确定，b' 可以由 $\sigma_m \neq 0$ 的 S-N 曲线确定。

对于两级加载条件，如果第一级加载其寿命为 N_{f1}，由式(8.16)可知，在第一级加载下作用 n_1 所造成的损伤为

$$D_1 = 1 - \left(1 - \frac{n_1}{N_{f1}}\right)^{\frac{1}{1-\alpha_1}} \tag{8.17}$$

利用损伤的等效性，即第一级载荷下作用 n_1 次造成的损伤等于在第二级载荷下作用 n_2' 所造成的损伤。

由于

$$D_2 = 1 - \left(1 - \frac{n_2}{N_{f2}}\right)^{\frac{1}{1-\alpha_2}} \tag{8.18}$$

则

$$D_1 = 1 - \left(1 - \frac{n_1}{N_{f1}}\right)^{\frac{1}{1-\alpha_1}} = 1 - \left(1 - \frac{n_2'}{N_{f2}}\right)^{\frac{1}{1-\alpha_2}} \tag{8.19}$$

整理式(8.19)得

$$1 - \frac{n_2'}{N_{f2}'} = \left(1 - \frac{n_1}{N_{f1}}\right)^{\frac{1-\alpha_2}{1-\alpha_1}} \tag{8.20}$$

即

$$\frac{n_2}{N_{f2}} = \left(1 - \frac{n_1}{N_{f1}}\right)^{\frac{1-\alpha_2}{1-\alpha_1}} \tag{8.21}$$

式(8.21)即为两级加载条件下疲劳损伤累积模型。

如果加载在疲劳极限以上进行，由式(8.11)可知：

$$\frac{1-\alpha_2}{1-\alpha_1} = \frac{\ln\left|(\Delta\sigma_1/2)^n - \sigma_{-1}(1-3b\sigma_{m1})\right|}{\ln\left|(\Delta\sigma_2/2)^n - \sigma_{-1}(1-3b\sigma_{m2})\right|} \tag{8.22}$$

当按由高到低的顺序加载，即 $\Delta\sigma_1/2 > \Delta\sigma_2/2$ 时，有

$$\frac{1-\alpha_2}{1-\alpha_1} > 1, \quad \left(1 - \frac{n_1}{N_{f1}}\right)^{\frac{1-\alpha_2}{1-\alpha_1}} < 1 - \frac{n_1}{N_{f1}}$$

则高、低两级加载损伤累积为

$$\frac{n_1}{N_{f1}} + \frac{n_2}{N_{f2}} < \frac{n_1}{N_{f1}} + 1 - \frac{n_1}{N_{f1}} = 1 \tag{8.23}$$

即高、低两级加载，累积损伤小于 1。同理可证明，对由低到高的顺序加载，累积损伤大于 1。因而式(8.23)反映了损伤的非线性累积效应。当加载相同时：$\alpha_1 = \alpha_2$，即 $\frac{1-\alpha_2}{1-\alpha_1} = 1$，则式(8.21)变为

$$\frac{n_2}{N_{f2}} = 1 - \frac{n_1}{N_{f1}} \tag{8.24}$$

即退化为 Miner 定理。

对于多级加载条件，同样根据损伤的等效性，将多级最终转化为两级来推导多级加载下的疲劳损伤累积公式。

设存在一多级载荷，根据式(8.17)，第一级载荷造成的损伤为

$$D_1 = 1 - \left(1 - \frac{n_1}{N_{f1}}\right)^{\frac{1}{1-\alpha_1}}$$

从式(8.18)可以看出，在第一级作用 $\dfrac{n_1}{N_{f1}}$ 所造成的损伤相当于在第二级作用 $\dfrac{n_2'}{N_{f2}}$ 所造成的损伤，由式(8.20)得

$$\frac{n_2'}{N_{f2}} = 1 - \left(1 - \frac{n_1}{N_{f1}}\right)^{\frac{1-\alpha_2}{1-\alpha_1}} \tag{8.25}$$

则两级时累积循环比为

$$\frac{n_2'}{N_{f2}} + \frac{n_2}{N_{f2}} = 1 - \left(1 - \frac{n_1}{N_{f1}}\right)^{\frac{1-\alpha_2}{1-\alpha_1}} + \frac{n_2}{N_{f2}} \tag{8.26}$$

如只有两级加载，由于 $n_1' + n_2 = N_{f2}$，则式(8.26)可变为式(8.24)。

如果将第一级与第二级载荷作用所造成的损伤看成是相当于在第三级载荷下作用 $\dfrac{n_3'}{N_{f3}}$ 所造成的损伤，将式(8.26)代入式(8.15)中，则

$$1 - \left\{1 - \left[1 - \left(1 - \frac{n_1}{N_{f1}}\right)^{\frac{1-\alpha_2}{1-\alpha_1}} + \frac{n_2}{N_{f2}}\right]\right\}^{\frac{1}{1-\alpha_2}} = 1 - \left(1 - \frac{n_3'}{N_{f3}}\right)^{\frac{1}{1-\alpha_3}}$$

最后得

$$\frac{n_3'}{N_{f3}} = 1 - \left\{1 - \left[1 - \left(1 - \frac{n_1}{N_{f1}}\right)^{\frac{1-\alpha_2}{1-\alpha_1}} + \frac{n_2}{N_{f2}}\right]\right\}^{\frac{1-\alpha_3}{1-\alpha_2}} \tag{8.27}$$

则三级加载时累积循环比为

$$\frac{n_3'}{N_{f3}} + \frac{n_3}{N_{f3}} = 1 - \left\{ 1 - \left[1 - \left(1 - \frac{n_1}{N_{f1}} \right)^{\frac{1-\alpha_2}{1-\alpha_1}} + \frac{n_2}{N_{f2}} \right]^{\frac{1-\alpha_3}{1-\alpha_2}} \right\} + \frac{n_3}{N_{f3}} \qquad (8.28)$$

若只有三级加载，即 $n_3' + n_3 = N_{f3}$，则损伤累积公式为

$$\frac{n_3}{N_{f3}} = \left\{ 1 - \left[1 - \left(1 - \frac{n_1}{N_{f1}} \right)^{\frac{1-\alpha_2}{1-\alpha_1}} + \frac{n_2}{N_{f2}} \right]^{\frac{1-\alpha_3}{1-\alpha_2}} \right\} \qquad (8.29)$$

以此类推，可以得到多级载荷下的损伤累积值。

8.2　热机疲劳损伤累积理论

8.2.1　高温热机疲劳损伤累积理论概述

高温疲劳破坏是一个各种损伤累积的过程，累积这些不同类型的损伤所形成的理论方法即为损伤累积理论。热机载荷下损伤累积理论需要解决两个问题：①多个循环载荷时，各个循环造成的损伤如何进行累积；②单个热机循环载荷造成的蠕变损伤、氧化损伤和疲劳损伤如何进行累积。

早期关于热机疲劳提出了很多损伤模型，包括 Antolovich[11]提出的模型、SRP 的推广模型[12]、Halford 等[13]提出的循环损伤累积模型，以及 Neu 等[14,15]提出的模型。在这些模型中，只有 Neu 等提出的模型明确包括蠕变、疲劳和氧化效应，以及温度和机械应变阶段对时间依赖性损伤的影响。该模型认为，在高温或热机载荷下，构件疲劳失效主要由疲劳损伤、蠕变损伤和氧化损伤三种共同作用引起：

$$D = D_{\text{fat}} + D_{\text{creep}} + D_{\text{ox}} \qquad (8.30)$$

式中，D 为高温下材料失效时的总损伤；D_{fat} 为高温下材料失效时的纯疲劳损伤；D_{creep} 为高温下材料失效时的蠕变损伤；D_{ox} 为高温下的材料氧化损伤。

对于抗氧化合金，可忽略氧化，因此为了简化模型，一些研究者认为[16-20]，高温损伤可以分为蠕变损伤和疲劳损伤，尤其将在非真空下获得的蠕变持久方程用于计算蠕变损伤时，默认为把氧化归结到蠕变损伤中，故认为总损伤为蠕变和疲劳两种损伤线性叠加：

$$D = D_{\text{fat}} + D_{\text{creep}} \qquad (8.31)$$

仅考虑蠕变和疲劳两种损伤，Lemaitre 等[21]提出了基于损伤力学的非线性损伤累积模型：

$$D = D_c + D_f \tag{8.32}$$

$$dD = f_F\left(\Delta P, D_f + D_c\right)dN = f_F(\Delta P, D)dN \tag{8.33}$$

$$dD_c = f_c\left(\sigma_{eq}, D_f + D_c\right)dt \tag{8.34}$$

式中，ΔP 为累积塑性应变；D_f 为高温下材料失效时的纯疲劳损伤；D_c 为高温下材料失效时的蠕变损伤。

然而，在没有考虑疲劳小裂纹氧化效应的情况下，当材料失效时，蠕变和疲劳损伤的累积结果可能远小于容许临界疲劳-蠕变总损伤（临界总损伤通常也是假定等于 1）。为此，也有一些研究认为[22-24]，高温下的损伤是由蠕变损伤、疲劳损伤和疲劳-蠕变交互损伤三者共同引起的：

$$D = D_f + D_c + D_{cfi} \tag{8.35}$$

式中，D_{cfi} 为疲劳-蠕变交互作用损伤。交互损伤项的引入使高温下的损伤更加全面，但需要拟合的参数较多，计算过程较为复杂。

8.2.2　单轴热机疲劳损伤等效模型

多年来，在高温低周疲劳研究领域，人们研究最深入的是等温疲劳。为了预测工程结构在高温环境下的疲劳寿命，人们建立了多种方法，并随着热机疲劳研究的开展，这些方法被推广到热机变温疲劳寿命预测中。然而，由于涉及循环温度，增加了随温度变化的各种参数，当热机疲劳的温度变化范围较大，应变循环和温度循环的关系比较复杂时，在具体使用这些方法时会产生一定的困难。

一般预测热机疲劳损伤累积的经验方法是将其等效为等温疲劳损伤累积。由于利用等温疲劳损伤来代替热机疲劳损伤常常会造成预测误差过大现象，为此，Fujino 等[25]提出了一种热机疲劳寿命估算模型，该模型在考虑了温度范围及最高温度和最低温度对热机疲劳损伤影响的同时，又考虑了温度与应变、应力的相位关系对疲劳损伤的贡献。由于模型通过损伤因子把热机疲劳损伤转化为最高温度下的等温疲劳损伤和最低温度下的等温疲劳损伤的关系式，因此可称为等效损伤模型，其表达式如下：

$$D_{TMF} = \left(\frac{D(T_{max})}{2} + \frac{D(T_{min})}{2}\right) + \eta\left(\frac{D(T_{max})}{2} - \frac{D(T_{min})}{2}\right) \tag{8.36}$$

式中，D_{TMF} 为热机疲劳第 i 个循环的损伤；η 为疲劳损伤因子；$D(T_{\max})$ 为最高温度下的等温疲劳损伤；$D(T_{\min})$ 为最低温度下的等温疲劳损伤。

王建国等[26]在等效损伤模型的基础上，提出考虑平均温度对热机疲劳影响的损伤分数模型，增加了平均温度下的等温疲劳损伤，使损伤模型对于等温低循环疲劳寿命与温度为非单调变化时的镍基高温合金 GH4133 的寿命预测结果更为准确，其表达式如下：

$$D_{\text{TMF}} = \frac{D(T_{\max}) + 2D(T_{\text{mean}}) + D(T_{\min})}{4} + \eta \left| \frac{D(T_{\min}) - 2D(T_{\text{mean}}) + D(T_{\max})}{4} \right| \quad (8.37)$$

式中，机械应变与温度同相时 $\eta = 1.5$，反相时 $\eta = -1$；$D(T_{\text{mean}})$ 为平均温度下等温疲劳损伤。

8.2.3　基于微裂纹扩展的损伤累积理论

Miller 等[27]提出了基于微裂纹扩展的寿命预测理论，该模型综合考虑了疲劳、蠕变和氧化对构件的损伤作用，其表达式如下：

$$\frac{\text{d}a}{\text{d}N} = \left.\frac{\text{d}a}{\text{d}N}\right|_f + \left.\frac{\text{d}a}{\text{d}N}\right|_c + \left.\frac{\text{d}a}{\text{d}N}\right|_o \quad (8.38)$$

式中

$$\left.\frac{\text{d}a}{\text{d}N}\right|_f = C_f \Delta J^{m_f} \quad (8.39\text{a})$$

$$\left.\frac{\text{d}a}{\text{d}N}\right|_c = C_c \hat{C}^{m_c} \quad (8.39\text{b})$$

$$\left.\frac{\text{d}a}{\text{d}N}\right|_o = C_o \Delta J \Delta t^{\psi} \quad (8.39\text{c})$$

式中，ΔJ 的解析式采用 Dowling[28]提出的形式：

$$\Delta J = 2\pi Y^2 \left(\frac{\Delta\sigma\Delta\varepsilon_e}{2} + \frac{f(1/n')\Delta\sigma\Delta\varepsilon_p}{2\pi} \right) a = 2\pi Y^2 \alpha a \quad (8.40)$$

$$f\left(\frac{1}{n'}\right) = 3.85\sqrt{\frac{1}{n'}}(1-n') + \pi n' \quad (8.41)$$

式中，m_c 和 m_f 为材料常数；ΔJ 为循环 J 积分；Y 为几何校正因子；n' 为循环硬化指数；a 为裂纹尺寸；$\Delta\sigma$ 为应力幅；$\Delta\varepsilon_e$ 为弹性应变幅；$\Delta\varepsilon_p$ 为塑性应变幅。

蠕变分量表达式为

$$\hat{C} = \left\langle a\left(\frac{1}{t_t}\int_0^{t_t}\sigma\dot{\varepsilon}_c\mathrm{d}t - \frac{1}{t_c}\int_0^{t_c}\sigma\dot{\varepsilon}_c\mathrm{d}t\right)\right\rangle \tag{8.42}$$

式中，$\dot{\varepsilon}_c$ 为蠕变应变率；t_t 为循环中发生拉应变累积的时间；t_c 为循环中发生压应变累积的时间。其中，$\langle\ \rangle$ 的定义如下：

$$\langle f\rangle = \begin{cases} f, & f>0 \\ 0, & f\leqslant 0 \end{cases} \tag{8.43}$$

即认为压缩蠕变只起到对拉伸蠕变损伤的修复作用，并不单独形成蠕变损伤。

对于氧化分量：

$$C_0 = C_0' \exp\left[\frac{-\left(Q_{\mathrm{ox}} - B\hat{\sigma}^k\right)}{RT_{\mathrm{eff}}}\right] \tag{8.44}$$

式中，C_0'、B、k 为经试验得到的常数；Q_{ox} 为经试验测定的裂纹尖端氧化生长的有效活性能；$\hat{\sigma}$ 为循环最低温度时的应力；T_{eff} 为有效温度，表达式如下：

$$\exp\frac{-Q_{\mathrm{ox}}}{RT_{\mathrm{eff}}} = \frac{1}{\Delta t}\int_{t_{\min}}^{t_{\max}}\exp\frac{-Q_{\mathrm{ox}}}{RT(t)}\mathrm{d}t \tag{8.45}$$

式中，$t_{\min}$ 表示每个温度循环最低温度时间；$t_{\max}$ 表示每个温度循环最高温度时间。

该方法没有考虑各种损伤之间的交互作用，而各自损伤独立的微裂纹扩展项之间可能会产生耦合交互作用，且这种耦合交互作用对疲劳裂纹扩展占主导地位。

Kraemer 等[29]提出了基于裂纹扩展的热机疲劳寿命预测方法，其中总裂纹扩展速率 $\dfrac{\mathrm{d}a}{\mathrm{d}N_{\mathrm{o.c.f.}}}$ 由时间增量 t_i 上氧化损伤引起的裂纹扩展量、时间增量 t_i 上蠕变损伤引起的裂纹扩展量和纯疲劳扩展量组成：

$$\frac{\mathrm{d}a}{\mathrm{d}N_{\mathrm{o.c.f.}}} = \sum_{t_i}\Delta a_{ot_i} + \sum_{t_i}\Delta a_{ct_i} + \left(\frac{\mathrm{d}a}{\mathrm{d}N}\right)_f \tag{8.46}$$

时间增量 t_i 上氧化损伤引起的裂纹扩展量为

$$\Delta a_{ot_i} = d_{\gamma'} = \left(A_{o0} \mathrm{e}^{-\frac{Q_o}{RT_i}} t_i \right)^{1/n} \tag{8.47}$$

式中，$d_{\gamma'}$ 为 γ' 自由区的厚度；n 为幂函数指数；Q_o 为消散过程活化能；R 为通用气体常数；A_{o0} 为材料常数。

时间增量 t_i 上蠕变损伤引起的裂纹扩展量为

$$\Delta a_{ct_i} = \begin{cases} 0, & \sigma_i \leqslant 0 \\ A_{c0} \mathrm{e}^{-\frac{Q_c}{RT_i}} K_I^{m_c} t_i, & \sigma_i > 0 \end{cases} \tag{8.48}$$

式中，m_c 为幂函数指数；Q_c 为蠕变裂纹扩展活化能；A_{c0} 为材料常数。

疲劳裂纹扩展速率表达为

$$\left(\frac{\mathrm{d}a}{\mathrm{d}N} \right)_f = A_f \Delta K_{I,\mathrm{eff}}^{m_f} \left(\sigma_{\max} \right) \tag{8.49}$$

式中，m_f 为幂函数指数；A_f 为材料常数；$\sigma_{\max}$ 为循环应力范围；$\Delta K_{I,\mathrm{eff}}$ 为循环应力强度因子的有效应力范围，计算式为

$$\Delta K_{I,\mathrm{eff}} = 0.35 + \left(2.2 - R_\sigma \right)^{-2} \Delta K_I \tag{8.50}$$

式中，R_σ 为应力比。

8.2.4　基于疲劳-氧化-蠕变的线性损伤累积理论

1989 年，Neu 等[14,15]提出了疲劳-氧化-蠕变累积模型。在热机载荷条件下，该模型认为疲劳损伤、蠕变损伤以及氧化作用是热机疲劳破坏的主要损伤机制，即热机损伤等于疲劳损伤、氧化损伤、蠕变损伤三者之和，每个循环的损伤表达式如下：

$$\frac{1}{N_{\mathrm{tmf}}} = \frac{1}{N_f} + \frac{1}{N_o} + \frac{1}{N_c} \tag{8.51}$$

式中，N_{tmf} 为热机疲劳循环数；N_f 为纯疲劳循环数；N_o 为氧化循环数；N_c 为蠕变循环数。

其中计算每个循环的纯疲劳损伤部分使用 Manson-Coffin 方程，表达式如下：

$$\frac{\Delta \varepsilon_{\mathrm{mech}}}{2} = \frac{\sigma_f'}{E} \left(2N_f \right)^b + \varepsilon_f' \left(2N_f \right)^c \tag{8.52}$$

式中，$\Delta\varepsilon_{\text{mech}}$ 为机械应变范围；σ'_f 为疲劳强度系数；E 为弹性模量；b 为疲劳强度指数；c 为疲劳塑性指数；ε'_f 为疲劳塑性系数。

金属材料表面在高温应变或应力作用下会形成氧化层，拉伸应力会导致氧化层发生断裂，随着温度循环与应变或应力循环，氧化层重复形成与断裂这一过程，进而产生氧化裂纹。有研究表明氧化裂纹增长是机械应变幅、温度-机械应变相位角、有效氧化量以及应变速率的函数。氧化损伤的表达式如下：

$$\frac{1}{N_o} = \left[\frac{h_{\text{cr}}\delta_o}{B\varPhi_o K_p^{\text{eff}}}\right]^{-1/\beta} \frac{2\left(\Delta\varepsilon_{\text{mech}}\right)^{2/\beta+1}}{\dot{\varepsilon}^{1-\alpha/\beta}} \tag{8.53}$$

式中，h_{cr}、δ_o、B、α 和 β 为材料常数；$\varPhi_o$ 为氧化相位角因子；K_p^{eff} 为有效氧化量；$\dot{\varepsilon}$ 为机械应变率。

有效氧化量的表达式如下：

$$K_p^{\text{eff}} = \frac{1}{t_0}\int_0^{t_0} D_0 \exp\frac{-Q}{RT(t)}\mathrm{d}t \tag{8.54}$$

式中，t_0 为一个循环周期时间；D_0 为材料常数；Q 为氧化动能；R 为理想气体常数；$T(t)$ 为时刻 t 时的温度。

氧化相位角因子是热应变率和机械应变率的函数关系式，其表达式如下：

$$\varPhi_o = \frac{1}{t_0}\int_0^{t_0} \exp\left(-\frac{1}{2}\left[\frac{\left(\dot{\varepsilon}_{\text{th}}/\dot{\varepsilon}_{\text{mech}}\right)+1}{\xi^o}\right]^2\right)\mathrm{d}t \tag{8.55}$$

式中，$\dot{\varepsilon}_{\text{th}}$ 为热应变率；$\dot{\varepsilon}_{\text{mech}}$ 为机械应变率；ξ^o 为相位角对氧化损伤的灵敏度。

晶间裂纹和空洞在拉伸载荷下最显著，而在压缩载荷下不明显，为了考虑非对称性，Hayhurst 等[30,31]通过多轴蠕变试验建立了蠕变损伤与静水应力、温度-应变相位角因子的函数关系式，表达式如下：

$$\frac{1}{N_c} = \varPhi_c \int_0^{t_0} A\mathrm{e}^{-\Delta H/RT}\left(\frac{\alpha_1\bar{\sigma}+\alpha_2\sigma_H}{K}\right)^m \mathrm{d}t \tag{8.56}$$

式中，$\varPhi_c$ 为蠕变相位角因子；A、m 为材料常数；ΔH 为标准熔变；$\bar{\sigma}$ 为有效应力；σ_H 为静水应力；K 为阻应力；α_1 为比例因子，表示拉伸区的损伤比例；α_2 为比例因子，表示压缩区的损伤比例。

蠕变相位角因子是热应变率和机械应变率的函数关系式，表达式如下：

$$\Phi_c = \frac{1}{t_0} \int_0^{t_0} \exp\left(-\frac{1}{2}\left[\frac{(\dot{\varepsilon}_{\mathrm{th}}/\dot{\varepsilon}_{\mathrm{mech}})-1}{\xi^{\mathrm{creep}}}\right]^2\right)\mathrm{d}t \tag{8.57}$$

式中，ξ^{creep} 为热和机械应变的蠕变相位常数。

试验结果表明[32,33]，考虑热机加载下的疲劳、氧化和蠕变损伤机理模型能够较好地预测高温结构的失效寿命。

8.2.5　基于等效应变能密度的热机疲劳理论

施惠基等[34]提出热机疲劳等效应变能密度模型，该模型采用了由应变能密度表示的损伤参数，并通过引入温度损伤系数考虑温度变化范围以及温度循环和应变循环相位关系对疲劳寿命的影响。

在等温疲劳情况下，该模型用稳定循环时的应变能密度作为损伤参数。设材料处于任意温度 T_t 时的等温疲劳状态，则有

$$\frac{1}{\Delta D} = \left(N_f\right)_{T_t} = \xi_{T_t}\left(\Delta W_t\right)^{\omega} \tag{8.58}$$

式中，ΔD 为等温疲劳损伤；N_f 为等温疲劳循环数；T_t 为 t 时刻的温度；ω 为材料参数；ξ_{T_t} 为对应于温度 T_t 时的材料参数；t 为时间；ΔW_t 为 t 时刻对应的应变能密度。

在热机疲劳中，由于温度的变化，材料每一时刻的损伤程度不但与载荷有关，而且与当时的温度有关。为了描述温度对损伤的影响，引入温度损伤系数 $\lambda(T)$，它可用利用等温疲劳寿命数据求得：

$$\lambda(T) = \left(N_f\right)_{T_0}\big/\left(N_f\right)_T \tag{8.59}$$

式中，$\left(N_f\right)_{T_0}$ 为在参考温度为 T_0 时的等温疲劳破坏循环数；$\left(N_f\right)_T$ 为在温度 T 时的等温疲劳破坏循环周数。

如果热机循环的一个稳定迟滞回线可以认为由许多微小单元 $(\delta \Delta W_t')_{T_t}$ 组成，那么可以假定热机疲劳的微小单元可以等同于温度为 T_t 的等温疲劳中相同面积的微小单元 $(\delta \Delta W_t)_{T_t}$，也就是认为两种单元具有相同的损伤量，从而可以推导出下面的方程：

$$\delta \Delta D_{T_t}' = \frac{(\delta \Delta W_t')_{T_t}}{(\Delta W_t)_{T_t}}\Delta D_{T_t} = \frac{(\delta \Delta W_t')_{T_t}}{(\Delta W_t)_{T_t}}\frac{1}{(N_f)_T} = \frac{(\delta \Delta W_t')_{T_t}}{(\Delta W_t)_{T_t}}\frac{\lambda(T_t)}{(N_f)_{T_0}} \tag{8.60}$$

式中，ΔD_{T_t} 为温度为 T_t 时等温疲劳每个循环的损伤量；$(\delta\Delta W_t')_{T_t}$ 为温度为 T_t 时等温疲劳循环应变能密度。$\delta\Delta D_{T_t}'$ 为温度为 T_t 时热机疲劳线中相应微小单元代表的损伤量。

对上述微元在整个热机迟滞回线区域内累积求和，可以得到热机疲劳在此循环的损伤量：

$$\Delta D_{\text{TMF}} = \sum \delta\Delta D_{T_t}' = \frac{1}{(N_f)_{T_0}} \sum \frac{(\delta\Delta W_t')_{T_t} \lambda(T_t)}{(\delta\Delta W_t)_{T_t}} \tag{8.61}$$

当材料的稳定循环数占总寿命的大部分时，有

$$\frac{1}{(N_f)_{\text{TMF}}} = \frac{1}{(N_f)_{T_0}} \sum \frac{\sigma_{T_t} \cdot \delta\Delta\varepsilon\lambda(T_t)}{(\Delta W_t)_{T_t}} \tag{8.62}$$

式中，$(N_f)_{T_0}$ 是在参考温度为 T_0 时的等温疲劳破坏循环数；σ_{T_t} 是温度为 T_t 时的应力幅值；$\delta\Delta\varepsilon$ 是应变增量；$\lambda(T_t)$ 是温度为 T_t 时的损伤系数；$(\Delta W_t)_{T_t}$ 是温度为 T_t 时循环应变能密度；$(N_f)_{\text{TMF}}$ 是热机疲劳破坏循环数。

8.2.6　基于寿命分数的热机疲劳损伤累积理论

Robinson[35]提出了基于时间分数的模型来计算高温蠕变损伤 D_c，表达式如下：

$$D_c = \sum_{i=1}^{m} \frac{\Delta t_i}{t_{ri}} \tag{8.63}$$

式中，Δt_i 为时间增量；t_{ri} 为蠕变断裂寿命。

Cui 等[36]与 Nagode 等[37]基于寿命分数规则，将蠕变损伤 D_c 与疲劳损伤 D_f 线性相加：

$$D_c + D_f = \sum_{i=1}^{m} \frac{\Delta t_i}{t_{ri}} + \frac{1}{N_f} \tag{8.64}$$

当总损伤达到 1 时，失效现象发生。

Wu 等[38]基于寿命分数规则，将氧化损伤和疲劳损伤相加：

$$\frac{1}{N} = D\left(\frac{1}{N_f} + \frac{h}{a_c}\right) \tag{8.65}$$

式中，N 为失效寿命；N_f 为疲劳损伤对应的失效寿命；D 为损伤交互因子；h 为

每周新形成氧化膜的厚度；a_c 为临界裂纹长度。

损伤交互因子表达式为

$$D = 1 + \frac{d}{\lambda}\varphi + \beta\varepsilon_v \tag{8.66}$$

式中，d 为共晶胞尺寸；λ 为共晶胞厚度；φ 为沿晶脆化因子；β 为结节性空洞生长因子；ε_v 为蠕变应变。

每周新形成氧化膜的厚度的表达式为

$$h = (2kt)^{1/2} \tag{8.67}$$

式中，k 为材料常数；t 为循环周期。

临界裂纹长度表达式为

$$a_c = \frac{1}{\pi}\left(\frac{K_{IC}}{Y\sigma_{max}}\right)^2 \tag{8.68}$$

式中，K_{IC} 为断裂韧性；Y 为形状因子；σ_{max} 为最大应力。

寿命分数规则将损伤表达成分数的形式，从而实现不同类型的损伤累积。

8.3　基于损伤等效的多轴热机疲劳损伤累积理论

8.3.1　多轴热机疲劳等效损伤累积模型

高温环境下，一个循环载荷造成的总损伤可以表示为

$$D_t = \frac{1}{N_f} \tag{8.69}$$

式中，N_f 为失效寿命循环数。

在高温或者变温情况下的材料失效时，机械疲劳损伤和蠕变损伤都有显著的贡献，因此总损伤可以被看成由机械纯疲劳损伤 D_{pf} 和蠕变损伤 D_c 组合而成，即

$$D_t = D_{pf} + D_c \tag{8.70}$$

式中，机械纯疲劳损伤为

$$D_{pf} = \frac{1}{N_f} \tag{8.71}$$

式中，D_{pf} 为一个机械循环载荷造成的机械疲劳损伤；N_f 为常温下机械载荷加载

至失效的疲劳寿命；D_c 为蠕变损伤。

蠕变损伤是保持时间与蠕变持久断裂时间的比率：

$$D_c = \frac{\Delta t}{t_c} \tag{8.72}$$

式中，t_c 为蠕变持久断裂时间；Δt 为保持时间。

对于温度时刻变化的热机疲劳载荷，一个机械循环载荷或者载荷块造成的蠕变损伤可以采用细分法确定。疲劳损伤累积准则认为，当总的疲劳损伤累积值达到 1 时，材料被判定为失效。然而，对于热机疲劳，除了疲劳损伤外，还有蠕变损伤，且这两种损伤并不是同一类型的损伤。蠕变损伤计算一般采用时间分数法，而机械疲劳损伤计算通常采用循环数比度量方法。从断口微观观测可以发现，如图 8.3 所示，机械疲劳损伤表现出穿晶断裂，而蠕变损伤展现出沿晶断裂，如图 8.4 所示，二者的损伤机制显然不同。因此，直接将二者损伤线性累加，从损伤机制角度看，显得不合理。

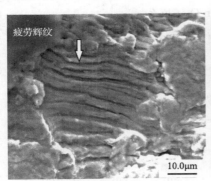

(a) MIPTOP (穿晶断裂)　　　　　　(b) MOPTOP (穿晶断裂)

图 8.3　热相位角反相加载下多轴热机疲劳断口形貌

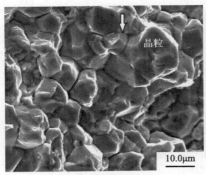
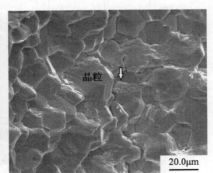

(a) MIPTIP (沿晶断裂)　　　　　　(b) MOPTIP (沿晶断裂)

图 8.4　热相位角同相加载下多轴热机疲劳断口形貌

为了合理地累积机械疲劳和蠕变两种不同形式的损伤，文献[39]和[40]提出了一个等效疲劳损伤的概念，即把蠕变损伤等效成疲劳损伤，然后利用线性累积理论进行损伤累积：

$$D = D_{pf} + D_{cf} \tag{8.73}$$

式中，D_{cf} 为一个机械循环载荷下由蠕变损伤转换而来的等效疲劳损伤。

单轴循环载荷下，在一个循环加载内，机械疲劳损伤与来自于蠕变的等效疲劳损伤 $D_{cf} = D - D_{pf}$ 在总损伤 D 中的占比关系如图 8.5 所示。因此，可以将等效疲劳损伤的基本百分比 $\dfrac{\mathrm{d}D_{cf}}{D_{cf}}$ 与蠕变损伤增量的基本百分比 $\dfrac{\mathrm{d}D_c}{D_c}$ 视为比例关系：

$$\frac{\mathrm{d}D_{cf}}{D_{cf}} = \alpha \frac{\mathrm{d}D_c}{D_c} \tag{8.74}$$

积分式(8.74)可以得到

$$\ln D_{cf} = \alpha \ln D_c + \ln \beta \tag{8.75}$$

由式(8.73)和式(8.75)可以得到总损伤的表达式为

$$D = D_{pf} + \beta D_c{}^{\alpha} \tag{8.76}$$

式中，α 为蠕变损伤指数；β 为蠕变损伤系数。

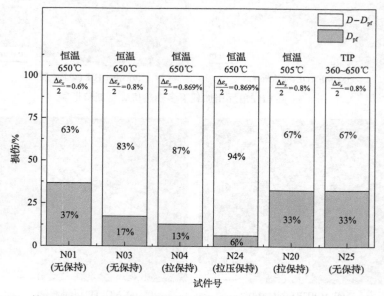

图 8.5　等温或变温(TIP)情况下单轴机械载荷循环一周造成的机械疲劳损伤和
等效疲劳损伤在总损伤中的占比关系图[39]

8.3.2　基于损伤等效的多轴热机疲劳损伤累积计算过程

1. 多轴纯疲劳损伤计算

在纯疲劳损伤计算中需要考虑多轴非比例附加硬化，如图 8.6 所示。纯疲劳损伤可由以下模型计算：

$$\left[\varepsilon_n^{*2}+\frac{1}{3}\left(\frac{\Delta\gamma_{\max}}{2}\right)^2\right]^{1/2}=\frac{\sigma_f'-2\bar{\sigma}_n}{E}\left(2N_f\right)^b+\varepsilon_f'\left(2N_f\right)^c \tag{8.77}$$

式中，N_f 为疲劳寿命；σ_f'、ε_f'、b、c 为单轴常温下的材料常数；$\bar{\sigma}_n$ 为临界面上的法向平均应力；$\Delta\gamma_{\max}$ 为临界面上的最大剪切应变范围；ε_n^* 为临界面上两个最大剪切应变折返点范围内的最大法向应变范围。

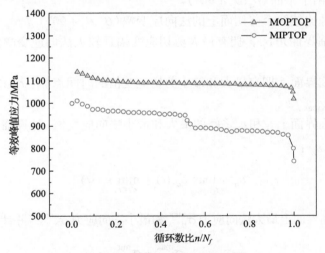

图 8.6　等效峰值应力的比较[39]

$\Delta\varepsilon_{\mathrm{eq}}/2=0.8\%$，$\lambda_\varepsilon=1.73$，$f=1/120\mathrm{Hz}$

由于机械载荷的不对称性会引起临界面上的平均应力，式(8.77)中的法向平均应力 $\bar{\sigma}_n$ 可以考虑平均应力对纯机械疲劳损伤的影响。

在纯机械疲劳损伤计算过程中，临界面被定义为法向应变幅值最大的最大剪切应变幅值平面。在与轴线成 θ 角平面上的法向应变、剪切应变、法向应力和剪切应力的表达式如下：

$$\varepsilon_\theta=\frac{\varepsilon_x+\varepsilon_y}{2}+\frac{\varepsilon_x-\varepsilon_y}{2}\cos(2\theta)+\frac{\gamma_{xy}}{2}\sin(2\theta) \tag{8.78}$$

$$\frac{\gamma_\theta}{2} = \frac{\varepsilon_x - \varepsilon_y}{2}\sin(2\theta) - \frac{\gamma_{xy}}{2}\cos(2\theta) \tag{8.79}$$

$$\sigma_n = \frac{\sigma_x + \sigma_y}{2} + \frac{\sigma_x - \sigma_y}{2}\cos(2\theta) + \tau_{xy}\sin(2\theta) \tag{8.80}$$

$$\tau_n = \frac{\sigma_x - \sigma_y}{2}\sin(2\theta) - \tau_{xy}\cos(2\theta) \tag{8.81}$$

对于多轴单个反复(半循环)区间内的载荷时间历程,可以通过以下步骤获得临界面上的应变和应力参数。

(1)分别提取每个反复。

(2)当平面角 θ 为 0°~180°时,每隔 1°计算一次剪切应变幅 $\Delta\gamma_\theta/2$。

(3)在计算出的 180 个剪切应变幅内,搜索剪切应变幅为最大值($\Delta\gamma_\theta/2 = \Delta\gamma_{\theta+90°}/2$)的两个平面($\theta_a, \theta_a + 90°$)。

(4)计算并比较两个剪切面上的法向应变幅($\theta_a, \theta_a + 90°$)。

(5)确定临界面角 θ_c,拥有最大剪切应变幅且较大法向应变幅的平面被定义为临界面。

(6)寻找临界面上拥有最大和最小剪切应变值的时间点(t_1, t_2),并确定最大剪切应变幅值 $\Delta\gamma_{\max}/2$。

(7)搜索临界面上 t_1 和 t_2 之间的最大和最小法向应变值,计算临界面上的法向应变历程参量 ε_n^*:

$$\varepsilon_n^* = \max_{t_1 \leqslant t \leqslant t_2} \varepsilon_{\theta_c}(t) - \min_{t_1 \leqslant t \leqslant t_2} \varepsilon_{\theta_c}(t) \tag{8.82}$$

(8)搜索临界面上最大法向应力 $\sigma_n^{\max}$ 和最小法向应力 $\sigma_n^{\min}$,并计算平均应力:

$$\sigma_n = \frac{\sigma_n^{\max} + \sigma_n^{\min}}{2} \tag{8.83}$$

(9)由式(8.77)计算多轴时间历程中单个反复的疲劳损伤,即 $N_f/2$。

2. 多轴蠕变损伤计算

计算蠕变损伤时,将荷载时间历程(包括温度/轴向应力/剪切应力-时间历程 $T(s)$、$\sigma(s)$、$\tau(s)$),分为许多等份的细小区间,如图 8.7 所示,然后采用分段法进行蠕变损伤计算。为了保守预测,等效参数(T_i, σ_i, τ_i)选择各区间的最大荷载值($T_i^{\max}$, $\sigma_i^{\max}$, $\tau_i^{\max}$)。为了获得各个反复的蠕变损伤,各区间部分的蠕变损伤由式(8.84)累积:

$$D_c = \sum \frac{\Delta t_i}{t_{ci}} \tag{8.84}$$

式中，Δt_i 为第 i 区间上的保持时间；t_{ci} 为第 i 区间上的蠕变持久断裂时间。

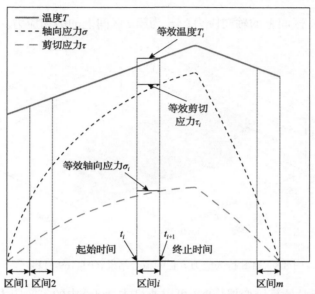

图 8.7 一个多轴载荷反复区间的蠕变计算细分方法示意图[39]

在蠕变损伤计算过程中，如果采用时间分数规则的积分形式，蠕变断裂时间 t_{ci} 应表示为应力和温度的函数[41]，但在变幅多轴热机疲劳载荷情况下无法获得该函数。因此，采用细分法计算蠕变损伤，当细分部分足够小时，可将细分结果视为积分形式。对于镍基高温合金，多轴蠕变持久断裂时间 t_{ci} 可采用 M-S 持久应力方程计算，表达式如下：

$$\lg t_{ci} = b_0 + b_1\left(1.8T_i + 492\right) + b_2 x + b_3 x^2 + b_4 x^3 \tag{8.85}$$

$$x = \lg \sigma_{ci} \tag{8.86}$$

式中，T_i 为第 i 区间上的等效温度；σ_{ci} 为第 i 区间上的等效应力。

以镍基高温合金 GH4169 为例，持久应力方程中的系数可通过拟合文献[41]中的数据来获得，M-S 持久应力方程的拟合结果如图 8.8 所示。

在多轴热机载荷下，可取蠕变应力为米泽斯等效应力，该方法可以考虑热相位角对蠕变损伤的影响。此外，如果忽略压缩应力对蠕变损伤的贡献，即当拉伸应力存在时，才能产生蠕变损伤，那么多轴拉扭加载下第 i 区间部分的蠕变应力 σ_{ci}

可表示为

$$\sigma_{ci} = \begin{cases} (\sigma_i^2 + 3\tau_i^2)^{\frac{1}{2}}, & \sigma_i \geqslant 0 \\ 0, & \sigma_i < 0 \end{cases} \tag{8.87}$$

式中，σ_i 为第 i 区间上的轴向应力；τ_i 为第 i 区间上的剪切应力。

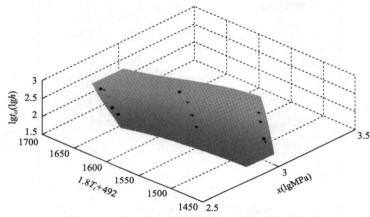

图 8.8　M-S 持久应力方程的拟合结果(GH4169 材料)[39]

　　采用式(8.84)计算蠕变损伤时，可以通过式(8.86)中的等效应力来考虑非比例附加硬化，即 MOP 下蠕变应力的增加将导致式(8.84)中蠕变损伤 D_c 的增加。此外，在热机载荷作用下，温度的变化会引起弹性模量变化，从而导致流动应力变化，进而产生平均应力。在 MOPTIP 下产生负轴向平均应力，如图 8.9 所示，在

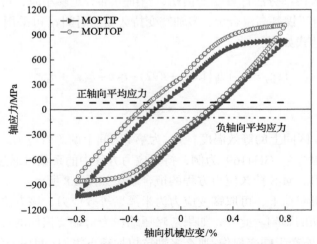

图 8.9　MOPTIP 和 MOPTOP 载荷下磁滞回线的比较[39]

MOPTOP 下可以观察到正轴向平均应力。平均应力影响可以通过第 i 区间部分的等效应力 σ_i 来考虑，即式(8.87)中的蠕变应力 σ_{ci} 能够考虑平均应力对蠕变损伤的影响。多轴热力加载下蠕变损伤的具体计算过程如图 8.10 所示。

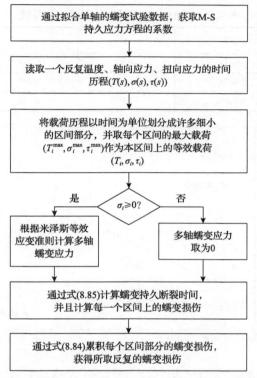

图 8.10　多轴热力加载下蠕变损伤的具体计算步骤[40]

8.3.3　基于损伤等效的多轴热机疲劳损伤累积模型验证

蠕变损伤可以等效转化成疲劳损伤，根据该等效原理，通过对单轴数据的拟合，可以得到蠕变指数 α 和蠕变系数 β。以 GH4169 材料为例，采用基于疲劳-蠕变等效损伤累积模型的寿命预测方法，对 GH4169 材料在多轴热机恒幅和变幅载荷作用下的寿命进行预测，通过试验寿命与预测值的比较来验证等效损伤累积模型的有效性，并与无等效疲劳损伤参量模型的寿命预测结果进行对比，分析基于损伤等效的多轴热机疲劳损伤累积模型的合理性。

1. 损伤参数的确定

寿命预测模型中所需的疲劳参数可以通过拟合单轴等温疲劳数据获得，也可直接从手册中获取[42]。通过拟合 GH4169 材料在 360℃下的等温单轴疲劳数据(在低于材料 1/3 熔点温度下认为无蠕变产生），可以得到纯疲劳损伤参数，具体数值见表 8.1。对于蠕变损伤的计算，通过对不同的单轴试验数据进行拟合，得到蠕变损伤指数 α 值为 0.2974，蠕变损伤系数 β 值为 0.1852，拟合曲线如图 8.11 所示。

表 8.1　GH4169 材料的单轴等温疲劳参数

$T/℃$	σ'_f/E	b	ε'_f	c
360	0.0081	−0.07	0.949	−0.84
550	0.0078	−0.07	0.412	−0.73
650	0.0081	−0.09	0.108	−0.58

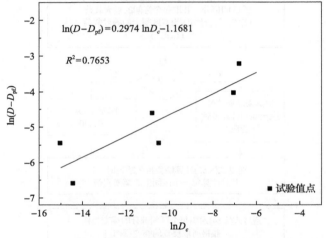

图 8.11　蠕变损伤指数 α 与蠕变损伤系数 β 的拟合[39]

2. 恒幅载荷下的载荷参数及寿命验证结果

采用表 8.2 中的 17 组恒幅多轴热机加载疲劳试验数据对模型方法进行了验证。图 8.12 为恒幅多轴热机加载疲劳试验寿命与预测寿命的对比结果。

表 8.2　恒幅多轴热机加载疲劳试验条件及结果

序号	加载路径	$\dfrac{\Delta\varepsilon_{eq}}{2}$ /%	$\dfrac{\Delta\varepsilon_x}{2}$ /%	$\dfrac{\Delta\varepsilon_{xy}}{2}$ /%	λ_ε	频率 /Hz	试验寿命 /循环	预测寿命 /循环
N05	MIPTIP	0.582	0.566	0.235	0.415	1/120	126	112.5
N07	MIPTIP	0.582	0.566	0.235	0.415	1/200	181	109.7
N09	MOPTIP	0.8	0.8	0.332	0.415	1/120	119	79.1
N10	MOPTIP	0.8	0.8	0.332	0.415	1/200	96	66.1
N13	MIPTIP	0.8	0.566	0.98	1.731	1/120	106	71.6

续表

序号	加载路径	$\dfrac{\Delta\varepsilon_{eq}}{2}$/%	$\dfrac{\Delta\varepsilon_x}{2}$/%	$\dfrac{\Delta\varepsilon_{xy}}{2}$/%	λ_ε	频率/Hz	试验寿命/循环	预测寿命/循环
N15	MOPTIP	0.8	0.8	1.386	1.732	1/120	61	44.3
N17	MIPTIP	0.8	0.716	0.62	0.866	1/120	117	73.5
N18	MIPTIP	0.8	0.358	1.24	3.464	1/120	209	91.9
N21	MIPTIP	0.582	0.566	0.235	0.415	1/120	325	140.3
N06	MIPTOP	0.582	0.566	0.235	0.415	1/120	979	1055.9
N08	MIPTOP	0.582	0.566	0.235	0.415	1/200	801	1069.1
N11	MOPTOP	0.8	0.8	0.332	0.415	1/120	309	364.8
N12	MOPTOP	0.8	0.8	0.332	0.415	1/200	325	364.8
N14	MIPTOP	0.8	0.566	0.98	1.731	1/120	457	407.6
N16	MOPTOP	0.8	0.8	1.386	1.732	1/120	262	163.5
N28	MIPTOP	0.8	0.566	0.98	1.731	1/120	1063	467.1
N29	MOPTOP	0.8	0.8	1.386	1.732	1/120	351	209.4

注：温度的变化范围为 360~650℃。

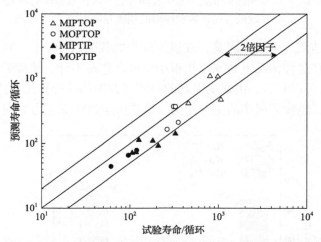

图 8.12　恒幅多轴热机加载疲劳试验寿命与预测寿命的比较[39]

从表 8.2 中可以看出，基于等效疲劳损伤累积模型的寿命预测结果与试验寿命吻合较好，误差基本在 2 倍因子以内。

3. 基于损伤等效的损伤累积模型寿命预测效果分析

为了验证基于损伤等效的多轴热机疲劳损伤累积模型的寿命预测有效性，采用无蠕变等效疲劳损伤累积模型的寿命预测结果与之对比，如图 8.13 所示。结果表明，在温度反相的载荷(TOP)下，基于损伤等效的多轴热机疲劳损伤累积模型预测结果的无等效疲劳损伤累积模型的寿命预测结果相差很小，但在温度同相的载荷(TIP)下，无等效疲劳损伤累积模型的寿命预测结果明显高于试验寿命。

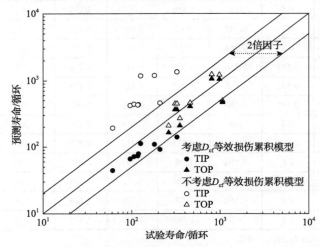

图 8.13　恒幅多轴热机加载下基于损伤等效的损伤累积模型与无蠕变等效疲劳损伤累积模型的预测寿命比较[39]

出现以上结果的主要原因是，在温度反相的载荷(TOP)下，轴向载荷处于温度的低温段，在这种情况下蠕变损伤很小，可以忽略不计，纯疲劳损伤占主导地位。从图 8.14 可以看出，由蠕变引起的等效疲劳损伤的计算比例值在 TOP 下很小，同样反映了纯疲劳损伤的主导作用，这是由于当压缩应力对应于高温时，蠕

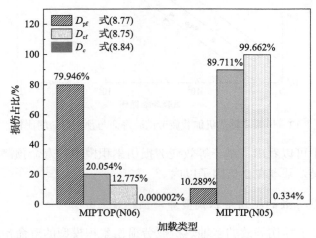

图 8.14　不同热相位角下的损伤比较[39]

变应力 σ_{ci} 被取为 0。图 8.13 中 TOP 载荷路径下满意的预测结果也可以间接验证纯机械疲劳损伤计算的准确性。而在 TIP 下，轴向载荷与温度同相，由于在与拉伸应力相对应的高温段，蠕变损伤占主导地位，导致寿命降低。如果不将蠕变损伤转化为等效疲劳损伤，将大大低估总损伤，从而导致不合理的非保守估计。

　　金属材料通常会产生非比例附加硬化，导致等效应力增大，使损伤增大，因此疲劳损伤和蠕变损伤的计算需要考虑非比例附加硬化。此外，式 (8.80) 中的法向平均应力 $\bar{\sigma}_n$ 的引入可考虑机械载荷不对称引起的平均应力对纯疲劳损伤的影响，而温度变化引起的平均应力对蠕变损伤影响可以通过式 (8.87) 中的蠕变应力 σ_{ci} 加以考虑。

　　等效疲劳损伤 D_{cf} 的大小会受纯机械疲劳损伤 D_{pf} 和蠕变损伤 D_c 计算值的影响，因此无明显蠕变损伤的温度被视为计算纯疲劳损伤的参考温度。一般情况下，材料常数是在常温下等温疲劳载荷下获取，因为非弹性应变相对可以忽略不计。例如，对于 GH4169 镍基高温合金材料，其熔化温度 T_m 为 1260～1300℃。当温度低于 $0.5T_m$ 时，蠕变损伤可以忽略不计。因此，对于 GH4169 镍基高温合金材料，360℃下的疲劳参数可用于计算纯疲劳损伤。

　　在蠕变损伤过程中，对于采用的细分计算方法，细分间隔越小，计算的蠕变损伤越接近实际值，但细分间隔过多会增加计算量。通过验算发现，当细分间隔小于 3s 时，计算得到的蠕变损伤变化较小。因此，对于 GH4169 镍基高温合金材料，每 1s 作为一个细分区间，完全可以满足寿命预测要求。

　　以上结果可以说明，利用等效疲劳损伤增量百分比与蠕变损伤增量百分比成正比的关系，将蠕变损伤等效成疲劳损伤可以解决蠕变损伤与疲劳损伤直接累积造成总损伤低估的问题。由等效疲劳-蠕变损伤模型累积的蠕变和疲劳损伤，不仅可以很好地预测蠕变为主导的寿命，还可以较好地预测疲劳为主导的寿命。

8.4　基于疲劳-氧化-蠕变的多轴热机疲劳损伤累积理论

8.4.1　多轴疲劳-氧化-蠕变损伤累积模型

　　基于 Neu 等[14,15]提出的疲劳-氧化-蠕变损伤累积思想，文献[43]提出多轴疲劳-氧化-蠕变损伤累积模型，其总损伤表示如下：

$$D = D_{pf} + D_o + D_c \tag{8.88}$$

式中，D 为多轴热机疲劳总损伤；D_{pf} 为多轴纯疲劳损伤；D_o 为多轴氧化损伤；D_c 为多轴等效蠕变损伤。

多轴纯疲劳损伤可由统一型多轴疲劳损伤模型计算获取，该模型可以考虑多轴非比例附加强化的影响。蠕变损伤可利用真空环境下的持久应力蠕变曲线获取，由细分法计算获取，而氧化损伤可按微裂纹扩展的模式计算获取。以上各种损伤对总损伤的贡献会随热机械载荷条件的改变而变化，因此需要基于各自的损伤模型定量计算这些损伤。此外，多轴非比例附加强化也需要在各自的损伤模型中加以考虑，从而能够更加合理地计算多轴疲劳、氧化和蠕变损伤，以保证寿命预测结果的准确性。

8.4.2　基于疲劳-氧化-蠕变的多轴热机疲劳损伤累积模型中的各种损伤计算

1. 多轴纯疲劳损伤

由于统一型多轴疲劳损伤模型(式(8.77))能够考虑非比例附加硬化对疲劳损伤的贡献，因此采用该模型计算多轴纯疲劳损伤，其中所采用的材料常数均在常温下获取。

由式(8.77)预测出多轴半循环(单个反复)数 $2N_f$，然后可获得由单个反复所造成的多轴纯疲劳损伤 D_{pf}：

$$D_{pf} = \frac{1}{2N_f} \tag{8.89}$$

2. 多轴蠕变损伤

采用 Robinson 法则[35]计算蠕变损伤，对单个反复区间内的应力-时间历程和温度-时间历程划分为 m 区间，如图 8.7 所示。一个反复的沿晶蠕变损伤 D_c^{in} 计算式为

$$D_c^{in} = \sum_{i=1}^{m} \frac{\Delta t_i}{t_{ri}} \tag{8.90}$$

式中，t_{ri} 为第 i 区间温度和蠕变应力下的蠕变断裂时间。

蠕变损伤表现为沿晶型，而疲劳损伤和氧化损伤展示为穿晶型，因此累积这两类不同形式的损伤时，需要将沿晶型蠕变损伤 D_c^{in} 等效转换为穿晶型的形式。文献[39]和[40]提出一个单因子幂指数转换方法，将单个多轴载荷反复上蠕变损伤等效转换成穿晶形式的损伤 D_c：

$$D_c = \left(D_c^{in}\right)^{\beta_T} \tag{8.91}$$

式中，β_T 为等效温度 T_e 下的沿晶损伤等效因子。

单个反复区间内的等效温度 T_e 可由式 (8.92) 确定[44]：

$$T_e = \begin{cases} \max\left[T(t_i)\right], & i=1,2,\cdots,n, \quad T(t_i) > T_{\text{th}} \\ \dfrac{1}{n}\sum_i T(t_i), & \text{其他} \end{cases} \tag{8.92}$$

式中，$T(t_i)$ 为 t_i 时刻的温度；T_{th} 为临界温度。

文献[44]把引起损伤因子 λ 剧烈变化的温度设为材料的临界温度，从而确定出临界温度 T_{th}。损伤因子 λ 是室温与高温下疲劳寿命的比值：

$$\lambda(\sigma_a, T) = \frac{N(\sigma_a)}{N(\sigma_a, T)} \tag{8.93}$$

式中，σ_a 为应力幅；$N(\sigma_a)$ 为室温下的疲劳寿命；$N(\sigma_a, T)$ 为高温 T 下的疲劳寿命。

以镍基高温合金 GH4169 为例，由材料手册可以获取不同温度下的 S-N 曲线[41,42]，如图 8.15 所示，用于确定室温和高温下的疲劳寿命。由式 (8.93) 确定出不同载荷水平在不同温度下的损伤因子 λ，如图 8.16 所示。可以看出，所有应力幅下损伤因子 λ 都在 550℃ 后出现明显增加的现象，由此可以确定 GH4169 材料的临界温度 T_{th} 为 550℃。

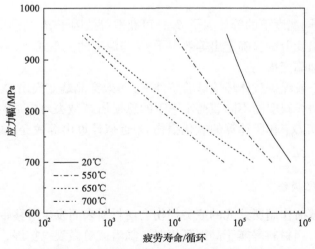

图 8.15　不同温度下 GH4169 材料的 S-N 曲线[45]

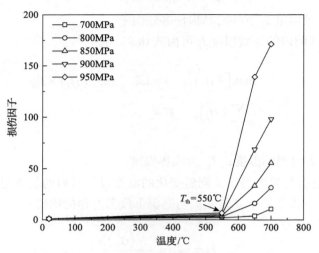

图 8.16　GH4169 材料临界温度 T_{th} 的识别[45]

等效因子 β_T 的确定步骤如下：

（1）在真空或带保护气体环境下，通过获取不同温度下单轴 $S\text{-}N$ 曲线失效寿命，确定不同温度和载荷下的疲劳-蠕变损伤 D_{cf}。

（2）由疲劳-蠕变损伤 D_{cf} 减去对应载荷下常温 $S\text{-}N$ 曲线的疲劳损伤 D_{pf} 获取蠕变损伤 D_c，即 $D_c = D_{cf} - D_{pf}$。

（3）利用以上步骤获取的一系列 D_c 与利用式（8.90）对应获取的 D_c^{in} 数据，由式（8.91）拟合确定出在某一温度下等效穿晶蠕变损伤 D_c 和沿晶蠕变损伤 D_c^{in} 之间的等效因子。

（4）拟合不同温度下的等效因子 β_T，可获取等效因子 β_T 与温度的关系式。

由单轴等温疲劳试验确定出等效因子 β_T 与温度的关系式后，可推广用于计算更加复杂的多轴蠕变损伤。

在缺乏真空或保护气体环境试验条件下，等效穿晶蠕变损伤 D_c 可由大气环境下的等温 $S\text{-}N$ 曲线获取的不同载荷水平下的总损伤 D 减去对应常温下 $S\text{-}N$ 曲线获取的纯疲劳损伤 D_{pf} 和所计算的氧化损伤 D_o 近似计算出等效穿晶蠕变损伤 D_c，即 $D_c = D - D_{pf} - D_o$。

3. 多轴氧化损伤

循环机械载荷作用所造成的疲劳损伤会使材料表面发生滑移带挤入挤出，从而形成微裂纹。当材料暴露于高温环境时，随着疲劳微裂纹扩展，氧化层在裂纹扩展表面形成，随后被机械载荷破坏。文献[45]通过微观分析认为氧化损伤也是穿晶型损伤。因此，疲劳损伤与氧化损伤可以直接累积。

单个多轴反复区间内所造成氧化损伤 D_o 可由分段方法进行计算[45]：

$$D_o = \sum_{i=1}^{m} \frac{h_i}{a_{ci}} \tag{8.94}$$

式中，h_i 为第 i 区间形成氧化层的厚度；a_{ci} 为第 i 区间温度和应力下的临界裂纹长度；m 为细分的区间数。

氧化层厚度可由下列表达式计算[15,45,46]：

$$h_i = \sqrt{K_p \Delta t_i} \tag{8.95}$$

$$K_p = D_o \mathrm{e}^{-\frac{Q_C}{RT_i}} \tag{8.96}$$

$$a_{ci} = \frac{1}{\pi}\left(\frac{K_{\mathrm{IC}}^i}{Y \sigma_{\mathrm{eq}}^i}\right)^2 \tag{8.97}$$

$$Y = \left(\sin^2\varphi + k^2\cos^2\varphi\right)^{1/4} \Big/ \int_0^{\pi/2}\left[1 - \left(1 - k^2\right)\sin^2\varphi\right]^{1/2}\mathrm{d}\varphi \tag{8.98}$$

式中，h_i 为第 i 区间形成氧化层的厚度；a_{ci} 为第 i 区间温度和应力下的临界裂纹长度；K_p 为氧化参数；Δt_i 为第 i 区间的时间间隔；D_o 为扩散系数；Q_C 为氧化激活能；R 为通用气体常数；T_i 为第 i 区间的绝对温度；K_{IC}^i 为第 i 区间温度下材料的断裂韧性；Y 为形状因子；σ_{eq}^i 为第 i 区间的米泽斯等效应力；k 为半椭圆形表面裂纹的短轴长度与长轴长度之比。

8.4.3　基于疲劳-氧化-蠕变的多轴热机疲劳损伤累积模型验证

穿晶型疲劳损伤和氧化损伤与转换成穿晶型的等效蠕变损伤可统一成同一种类型的损伤，故可直接进行累积。单个反复下的总损伤为

$$
\begin{aligned}
D &= D_{\mathrm{pf}} + D_o + D_c \\
&= D_{\mathrm{pf}} + D_o + \left(D_c^{\mathrm{in}}\right)^{\beta_T} \\
&= \frac{1}{2N_f} + \sum_{i=1}^{m}\frac{h_i}{a_c} + \left(\sum_{i=1}^{m}\frac{\Delta t_i}{t_{ri}}\right)^{\beta_T}
\end{aligned} \tag{8.99}
$$

在不同的损伤累积过程中，需要对各种损伤模型中的材料常数加以确定，下面以 GH4169 高温合金材料为例，介绍各种材料常数的确定方法。

多轴疲劳损伤模型(式(8.77))，需要常温下镍基高温合金 GH4169 疲劳损伤材料常数见表 8.3。

表 8.3　常温下 GH4169 材料的疲劳损伤材料常数

E/MPa	σ_f'/MPa	b	ε_n^*	c
208500	1640	−0.06	2.67	−0.82

在多轴氧化损伤模型中，式(8.96)需要确定扩散系数 D_o 和氧化激活能 Q_C，式(8.97)需要确定温度相关的断裂韧性 K_{IC}。GH4169 的扩散系数 D_o 和氧化激活能 Q_C 可由文献[46]查得，其中 $D_o=10^{-4}\mathrm{m}^2/\mathrm{s}$，$Q_C=168.5\mathrm{kJ/mol}$。不同温度下 GH4169 材料的断裂韧性 K_{IC} 由材料手册查得[43]，如表 8.4 所示。

表 8.4　不同温度下 GH4169 的断裂韧性 K_{IC}

断裂韧性	温度				
	20℃	300℃	550℃	600℃	650℃
$K_{\mathrm{IC}}/(\mathrm{MPa}\cdot\sqrt{\mathrm{m}})$	103.5	89	87	83	69.5

注：$K_{\mathrm{IC}} = -0.0419T+104.15$。

在多轴蠕变损伤计算中，所需要的 M-S 持久应力方程的常数 b_1、b_2、b_3、b_4 和 b_5，可拟合不同温度下蠕变试验数据得到，其中 GH4169 材料的蠕变试验数据可由材料手册查得[42]，如图 8.17 所示，所获取的材料常数如表 8.5 所示。注意该蠕变试验数据在大气环境下得到，即含有氧化的蠕变数据。理想条件下，应在保护气体环境下获取蠕变数据，这样确定的蠕变损伤材料常数更为准确。

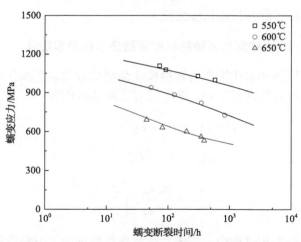

图 8.17　不同温度下 GH4169 材料的蠕变试验数据关系[43]

表 8.5　GH4169 材料的 M-S 持久应力方程常数

b_1	b_2	b_3	b_4	b_5
2338	−0.0161	−2443	864.4	−102.3

文献[43]和[45]利用某一载荷水平在三种温度下高温疲劳寿命试验数据确定了沿晶损伤等效因子 β_T 与温度的函数关系式，如图 8.18 所示。

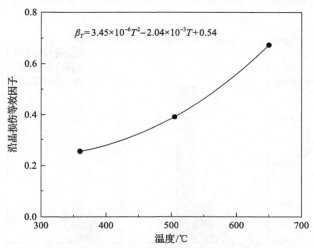

$$\beta_T = 3.45 \times 10^{-6} T^2 - 2.04 \times 10^{-3} T + 0.54$$

图 8.18　不同温度下 GH4169 材料的沿晶损伤等效因子 β_T [45]

图 8.19 显示了恒幅单/多轴热机疲劳加载下的寿命预测和文献[45]中试验寿命结果的对比，其预测值与试验结果具有较好的一致性，误差在 2 倍因子以内，说明该多轴疲劳-氧化-蠕变损伤累积模型具有一定的合理性。

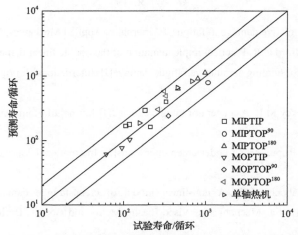

图 8.19　恒幅单/多轴热机疲劳加载下预测和试验寿命结果对比[43]

图 8.20 显示了 MIPTIP 和 MIPTOP[180] 载荷下各种损伤计算结果分布，其中蠕变损伤为式(8.91)转化的等效穿晶蠕变损伤。可以看出，在 MIPTIP 载荷下，蠕变损伤占大部分，而在 MIPTOP[180] 载荷下，基本不存在蠕变损伤。因此，在热相位角同相(TIP)载荷下疲劳、氧化和蠕变损伤均可发生，导致寿命明显减小，而在热相位角反相(TOP)载荷下，蠕变损伤可以忽略不计，仅疲劳和氧化损伤发生，与热同相(TIP)情况对比，寿命明显提高，其预测结果的变化规律与表 8.7 中实测寿命变化相一致。

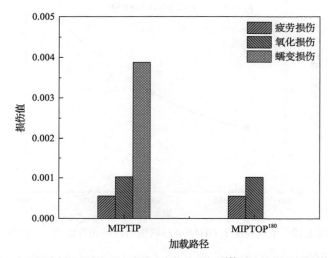

图 8.20 多轴热机加载路径 MIPTIP 与 MIPTOP[180] 下各种损伤分布对比[43]
等效应变幅 0.8%，温度范围 360～650℃

参 考 文 献

[1] Miner M A. Cumulative damage in fatigue[J]. Journal of Applied Mechanics, 1945, 67: 539-571.

[2] Manson S S, Halford G R. Practical implementation of the double linear damage rule and damage curve approach for treating cumulative fatigue damage[J]. International Journal of Fracture, 1981, 17(2): 169-192.

[3] Macro S M, Starkey M L. A concept of fatigue damage[J].Journal of Fluids Engineering, 1954, 76: 627-632.

[4] Kachanov L M. Rupture time under creep conditions[J]. International Journal of Fracture, 1999, 97: xi-xviii.

[5] Lemaitre J, Chaboche J L. A non-linear model of creep-fatigue damage cumulation and interaction[M]//Hult J. Mechanics of Visco-Elastic Media and Bodies. Berlin: Springer-Verlag, 1975: 291-301.

[6] Chaboche J L. Continuum damage mechanics: Part II—Damage growth, crack initiation, and crack growth[J]. Journal of Applied Mechanics, 1988, 55(1): 65-72.

[7] Chaboche J L, Lesne P M. A non-linear continuous fatigue damage model[J]. Fatigue & Fracture of Engineering Materials & Structures, 1988, 11(1): 1-17.

[8] 尚德广. 多轴疲劳损伤与寿命预测研究[D]. 沈阳: 东北大学, 1996.

[9] Shang D G, Yao W X. A nonlinear damage cumulative model for uniaxial fatigue[J]. International Journal of Fatigue, 1999, 21(2): 187-194.

[10] 叶笃毅. 结构钢疲劳性能变化规律与寿命预测新方法研究[D]. 沈阳: 东北大学, 1996.

[11] Antolovich S D. A Micromechanistic Approach to TMF Modeling[R]. Cleveland: NASA, 1984.

[12] Halford G R, Manson S S. Life prediction of thermal-mechanical fatigue using strainrange partitioning[M]//Hasselman D, Badaliance R. Thermal Fatigue of Materials and Components. West Conshohocken: ASTM International, 1976: 239-254.

[13] Halford G R, Meyer T G, Nelson R S, et al. Fatigue life prediction modeling for turbine hot section materials[J]. Journal of Engineering for Gas Turbines and Power, 1989, 111(2): 279-285.

[14] Neu R W, Sehitoglu H. Thermomechanical fatigue, oxidation, and creep: Part I. Damage mechanisms[J]. Metallurgical Transactions A, 1989, 20(9): 1755-1767.

[15] Neu R W, Sehitoglu H. Thermomechanical fatigue, oxidation, and Creep: Part II. Life prediction[J]. Metallurgical Transactions A, 1989, 20(9): 1769-1783.

[16] Dewa R, Park J, Kim S, et al. High-temperature creep-fatigue behavior of alloy 617[J]. Metals, 2018, 8(2): 103.

[17] Zhang S D, Sakane M. Multiaxial creep-fatigue life prediction for cruciform specimen[J]. International Journal of Fatigue, 2007, 29(12): 2191-2199.

[18] Shang D G, Sun G Q, Yan C L, et al. Creep-fatigue life prediction under fully-reversed multiaxial loading at high temperatures[J]. International Journal of Fatigue, 2007, 29(4): 705-712.

[19] Ren Y P, Shang D G, Li F D, et al. Life prediction approach based on the isothermal fatigue and creep damage under multiaxial thermo-mechanical loading[J]. International Journal of Damage Mechanics, 2019, 28(5): 740-757.

[20] Wang X W, Shang D G, Guo Z K. Multiaxial creep-fatigue life prediction under variable amplitude loading at high temperature[J]. Journal of Materials Engineering and Performance, 2019, 28(3): 1601-1611.

[21] Lemaitre J, Plumtree A. Application of damage concepts to predict creep-fatigue failures[J]. Journal of Engineering Materials and Technology, 1979, 101(3): 284-292.

[22] Bicego V, Taylor N, Bontempi P. Life prediction for advanced ferritic steels subject to thermal

fatigue[J]. Fatigue & Fracture of Engineering Materials & Structures, 1997, 20(8): 1183-1194.

[23] Majumdar S, Maiya P S. An interactive damage equation for creep-fatigue interaction[C]. International Conference on Mechanical Behaviour of Materials, Cambridge, 1980: 101-109.

[24] Sun G Q, Shang D G, Li C S. Time-dependent fatigue damage model under uniaxial and multiaxial loading at elevated temperature[J]. International Journal of Fatigue, 2008, 30(10/11): 1821-1826.

[25] Fujino M, Taira S. Effect of thermal cycle on low cycle fatigue life of steels and grain boundary sliding characteristics[C]. International Conference on Mechanical Behaviour of Materials, Cambridge, 1980: 49-58.

[26] 王建国, 王连庆, 王红缨, 等. GH4133 合金热机械疲劳寿命的预测[J]. 钢铁研究学报, 2001, 13(3): 44-48.

[27] Miller M P, McDowell D L, Oehmke R, et al. A life prediction model for thermomechanical fatigue based on microcrack propagation[M]//Sehitoglu H. Thermomechanical Fatigue Behavior of Materials. West Conshohocken: ASTM International, 1993: 35-49.

[28] Dowling N E. Crack growth during low-cycle fatigue of smooth axial specimens[M]// Impellizzeri L F. Cyclic Stress-Strain and Plastic Deformation Aspects of Fatigue Crack Growth. West Conshohocken: ASTM International, 1977: 97-121.

[29] Kraemer K M, Mueller F, Oechsner M, et al. Estimation of thermo-mechanical fatigue crack growth using an accumulative approach based on isothermal test data[J]. International Journal of Fatigue, 2017, 99: 250-257.

[30] Hayhurst D R. Engineering approaches to high temperature design[M]//Wilshire B, Owen D R J. Recent Advances in Creep and Fracture of Engineering Materials and Structures. Swansea: Pineridge Press, 1983: ch. 3.

[31] Trampczynski W A, Hayhurst D R, Leckie F A. Creep rupture of copper and aluminium under non-proportional loading[J]. Journal of the Mechanics and Physics of Solids, 1981, 29(5/6): 353-374.

[32] Minichmayr R, Riedler M, Winter G, et al. Thermo-mechanical fatigue life assessment of aluminium components using the damage rate model of Sehitoglu[J]. International Journal of Fatigue, 2008, 30(2): 298-304.

[33] Abu A O, Eshati S, Laskaridis P, et al. Aero-engine turbine blade life assessment using the Neu/Sehitoglu damage model[J]. International Journal of Fatigue, 2014, 61: 160-169.

[34] 施惠基, 牛莉莎, 王中光. 高温合金材料循环相关热机械疲劳寿命预测[J]. 固体力学学报, 1998, 19(1): 89-93.

[35] Robinson E L. Effect of temperature variation on the long-time rupture strength of steels[J]. Journal of Fluids Engineering, 1952, 74(5): 777-780.

[36] Cui L, Wang P. Two lifetime estimation models for steam turbine components under thermomechanical creep-fatigue loading[J]. International Journal of Fatigue, 2014, 59: 129-136.

[37] Nagode M, Längler F, Hack M. A time-dependent damage operator approach to thermo-mechanical fatigue of Ni-resist D-5S[J]. International Journal of Fatigue, 2011, 33(5): 692-699.

[38] Wu X J, Zhang Z. A mechanism-based approach from low cycle fatigue to thermomechanical fatigue life prediction[J]. Journal of Engineering for Gas Turbines and Power, 2016, 138(7): 072503.

[39] Li L J, Shang D G, Li D H, et al. Cumulative damage model based on equivalent fatigue under multiaxial thermomechanical random loading[J]. Fatigue & Fracture of Engineering Materials & Structures, 2020, 43(8): 1851-1868.

[40] 李罗金. 多轴热机械随机载荷下蠕变-疲劳损伤累积及寿命预测研究[D]. 北京: 北京工业大学, 2020.

[41] 《中国航空材料手册》编委会. 中国航空材料手册[M]. 北京: 中国标准出版社, 2001.

[42] 《航空发动机设计用材料数据手册》编委会. 航空发动机设计用材料数据手册[M]. 北京: 航空工业出版社, 2014.

[43] Li D H, Shang D G, Cui J, et al. Fatigue-oxidation-creep damage model under axial-torsional thermo-mechanical loading[J]. International Journal of Damage Mechanics, 2020, 29(5): 810-830.

[44] Nagode M, Hack M. An online algorithm for temperature influenced fatigue life estimation: Stress-life approach[J]. International Journal of Fatigue, 2004, 26(2): 163-171.

[45] 李道航. 多轴热机械疲劳损伤机理与寿命预测研究[D]. 北京: 北京工业大学, 2021.

[46] Zhao L G, Tong J, Hardy M C. Prediction of crack growth in a nickel-based superalloy under fatigue-oxidation conditions[J]. Engineering Fracture Mechanics, 2010, 77(6): 925-938.

第 9 章　多轴热机疲劳寿命预测方法

高温复杂载荷环境下服役的各种航空航天推进系统、高超声速飞行器等热端零部件对结构耐久性指标要求较为苛刻，因此，需要将传统单轴疲劳强度理论扩展到温度与机械组合加载下的结构多轴热机疲劳中。在多轴热机循环载荷下，尤其在变幅多轴载荷情况下，结构所引起的疲劳损伤、蠕变损伤和氧化损伤会随载荷与温度的变化而发生变化，其寿命预测会涉及多轴载荷循环计数、疲劳损伤、氧化损伤、蠕变损伤计算以及不同类型损伤间的转换与累积，处理起来相当复杂。因此，如何预测多轴热机疲劳寿命是疲劳强度研究者和工程设计人员比较关注的问题。

本章主要介绍多轴热机疲劳寿命预测的一些方法及流程，并通过试验验证其预测效果。

9.1　基于等温疲劳-蠕变的多轴热机疲劳寿命预测方法

9.1.1　基于等温疲劳-蠕变的多轴热机疲劳寿命预测原理

在分析等温疲劳损伤与蠕变损伤特性的基础上，文献[1]提出了一种恒幅载荷下多轴热机疲劳寿命预测方法。该方法原理为，一个循环下的多轴热机疲劳损伤可以转化为该循环下等温疲劳损伤与蠕变损伤之和。这种方法适用对象为抗氧化性较强的高温合金，即认为材料在热机载荷作用下疲劳损伤或蠕变损伤占据主导地位，氧化损伤可以忽略不计。

求解一个循环下多轴热机疲劳损伤可分为等温疲劳损伤和蠕变损伤的计算。对于等温多轴疲劳损伤计算，由外载首先确定临界面，并通过临界面上的剪切应变幅、相邻最大和最小剪切应变之间的法向应变范围这两个参数，利用多轴拉伸统一型损伤计算模型求解最高温度下的等温疲劳损伤，其中所用到的最高温度下应变-寿命曲线常数可查询材料手册[2]。对于蠕变损伤计算，通过获取该循环下轴向应力-时间历程和温度-时间历程，将轴向应力-时间历程和温度-时间历程沿着时间轴分割成若干区间(分割区间尽可能多一些)，如图 9.1 所示，其中每一区间蠕变持久应力可采用该区间的起始应力和终止应力的平均值，每一区间的蠕变温度可采用该区间起始温度和终止温度的平均值，然后由该材料的温度、蠕变持久应力和蠕变持久方程(或持久热强参数综合方程)确定蠕变断裂时间，并利用该区间持续时间与蠕变断裂时间的比值获取该区间的蠕变损伤，最后叠加该循环下所有区间的蠕变损伤，即可得该循环下的总蠕变损伤。相关研究表明[3]，压缩载荷对蠕变裂纹扩展没有作用，即损伤可以忽略，因此蠕变损伤计算时只考虑轴向载荷拉伸区域。

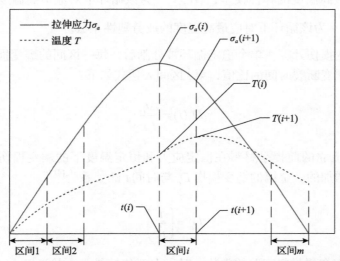

图 9.1　单个稳定机械载荷循环下轴向应力/温度-时间历程分割示意图[1]

在多轴恒幅热机加载下，一个循环下多轴热机疲劳损伤可以转化为该循环下的等温疲劳损伤与蠕变损伤之和，其表达式如下：

$$D_{\text{tmf}} = D_f + D_c \tag{9.1}$$

式中，D_{tmf} 为一个循环下热机疲劳损伤；D_f 为一个循环下等温疲劳损伤；D_c 为一个循环下蠕变损伤。

一个循环下等温疲劳损伤可表示为

$$D_f = \frac{1}{N_f} \tag{9.2}$$

式中，N_f 为等温疲劳寿命。

求解等温疲劳寿命可使用拉伸统一型多轴疲劳损伤模型，利用最高温度下的疲劳寿命曲线常数求解：

$$\left[\varepsilon_n^{*2} + \frac{1}{3}\left(\frac{\Delta\gamma}{2}\right)^2\right]^{1/2} = \frac{\left(\sigma_f'\right)_{T_{\max}}\left(2N_f\right)^{b_{T_{\max}}}}{E_{T_{\max}}} + \left(\varepsilon_f'\right)_{T_{\max}}\left(2N_f\right)^{c_{T_{\max}}} \tag{9.3}$$

式中，$\Delta\gamma$ 为临界面上的最大剪切应变幅；ε_n^* 为临界面上相邻最大和最小剪切应变之间的法向应变范围；$T_{\max}$ 为该循环下的最高温度；$b_{T_{\max}}$ 为该循环下对应最高温度的疲劳强度指数；$c_{T_{\max}}$ 为该循环下对应最高温度的疲劳塑性指数；$E_{T_{\max}}$ 为该循环下对应最高温度的弹性模量；$\left(\sigma_f'\right)_{T_{\max}}$ 为该循环下对应最高温度的疲劳强度系数；$\left(\varepsilon_f'\right)_{T_{\max}}$ 为该循环下对应最高温度的疲劳塑性系数。

对于蠕变损伤计算，单个稳定循环被分割后，每一区间的蠕变损伤为该区间持续时间与蠕变断裂时间的比值，第 i 区间表达式如下：

$$D_c(i) = \frac{\Delta t_i}{t_{ci}} \tag{9.4}$$

式 (9.4) 成立的前提是材料在恒定应力和恒定温度下的蠕变损伤是随时间的变化而均匀增加的。金属的蠕变损伤 D_c 与时间 t 的关系为[4]

$$D_c = \left(\frac{t}{t_c}\right)^{\alpha} \tag{9.5}$$

式中，α 为与金属材料有关的常数，对于大部分材料，α 趋近于 1。

假定 $\alpha = 1$，则在热机载荷下一个循环的总蠕变损伤为所有区间中的蠕变损伤之和：

$$D_c = D_c(1) + D_c(2) + \cdots + D_c(m) = \frac{\Delta t_1}{t_{c1}} + \frac{\Delta t_2}{t_{c2}} + \cdots + \frac{\Delta t_m}{t_{cm}} = \sum_{i=1}^{m} \frac{\Delta t_i}{t_{ci}} \tag{9.6}$$

式中，Δt_i 为单个循环第 i 区间对应的时间；t_{ci} 为第 i 区间下应力和温度对应的蠕变持久时间；m 为该循环被等分的区间数。

一个循环下第 i 区间对应的持续时间 Δt_i 为第 $i+1$ 区间的起始时刻与第 i 区间的起始时刻之差：

$$\Delta t_i = t_{i+1} - t_i \tag{9.7}$$

式中，t_{i+1} 为该循环第 $i+1$ 区间的起始时刻；t_i 为该循环第 i 区间的起始时刻。

一个循环下拉伸时间 t_0 为

$$t_0 = \Delta t_1 + \Delta t_2 + \cdots + \Delta t_m \tag{9.8}$$

第 i 区间的蠕变持久时间 t_{ci} 可以通过蠕变温度、蠕变持久应力和蠕变持久方程求解：

$$t_{ci} = f\left(T_{\mathrm{eq},i}, \sigma_{ci}\right) \tag{9.9}$$

式中，$T_{\mathrm{eq},i}$ 为该循环下第 i 区间对应的蠕变温度；σ_{ci} 为该循环下第 i 区间对应的蠕变持久应力；f 为该材料的蠕变持久应力、温度和时间关系式。

一个循环下第 i 区间对应的蠕变温度 $T_{\mathrm{eq},i}$：

$$T_{\mathrm{eq},i} = \frac{T_i + T_{i+1}}{2} \tag{9.10}$$

式中，T_i 为该循环下第 i 区间的起始温度；T_{i+1} 为该循环下第 $i+1$ 区间的起始温度。

该循环下第 i 区间对应的蠕变持久应力 σ_{ci} 为

$$\sigma_{ci} = \frac{\sigma_{ai} + \sigma_{a(i+1)}}{2} \tag{9.11}$$

式中，σ_{ai} 为该循环下第 i 区间的起始点轴向应力；$\sigma_{a(i+1)}$ 为该循环下第 $i+1$ 区间的起始点轴向应力。

计算蠕变损伤时，轴向应力-时间历程和温度-时间历程分割的区间数 m 取决于该循环下的轴向应力变化范围和温度变化范围，分割的区间数越多，每一区间的蠕变温度和蠕变持久应力变化范围越小，使用平均温度和平均应力替代的误差越小，计算蠕变损伤的结果越准确，但计算结果表明，分割的区间数到达一定的数量后，计算结果对蠕变损伤值的影响很小。因此，为了简化计算，m 取很大值并非最佳方案。表 9.1 为 m 的取值对应的镍基高温合金在某一频率热机载荷下蠕变损伤计算结果，可以看出，m 取值越大，蠕变损伤计算值越大，但 m 值增加到一定程度后，蠕变损伤计算值趋于稳定。因此，m 的取值可根据载荷-时间历程的情况，经过试算后，确定其收敛值。

表 9.1 不同 m 值对应的蠕变损伤

m 值	MIPTIP	MIPTOP	MOPTIP	MOPTOP
10	2.40×10^{-5}	1.20×10^{-11}	4.03×10^{-5}	2.92×10^{-10}
20	3.60×10^{-5}	1.22×10^{-11}	8.05×10^{-5}	3.00×10^{-10}
50	4.00×10^{-5}	1.22×10^{-11}	9.23×10^{-5}	3.03×10^{-10}
100	4.19×10^{-5}	1.22×10^{-11}	1.02×10^{-4}	3.03×10^{-10}

在恒幅多轴热机载荷下，假定每个循环造成的损伤是相等的，那么将所有循环下的等温疲劳损伤和总蠕变损伤线性累积，即可预测出多轴热机疲劳寿命。恒幅加载下多轴热机疲劳损伤求解过程，详见图 9.2。

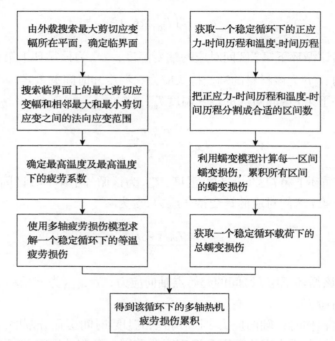

图 9.2　恒幅加载下多轴热机疲劳损伤求解过程

9.1.2　基于等温疲劳-蠕变的多轴热机疲劳寿命预测方法验证

为验证模型对其他材料的适用性，利用钴基高温合金 Haynes188 恒幅多轴热机疲劳试验数据[5]进行验证，在不同温度下材料疲劳常数见表 9.2。

表 9.2　不同温度下钴基高温合金 Haynes 188 疲劳常数[6]

$T/℃$	σ'_f/E	b	ε'_f	c
760	$0.484×10^{-2}$	−0.082	0.489	−0.730

多轴热机疲劳寿命预测试验在大气环境中进行，循环温度为 360～760℃，循环周期为 600s，采用应变控制方式，波形为三角波。图 9.3 为钴基高温合金 Haynes 188 拉扭热机疲劳试验四种加载形式 MIPTIP、MIPTOP、MOPTIP、MOPTOP 的轴向应变、剪切应变和温度加载波形图。

取试样进入循环稳定状态时的一个循环，提取拉伸区的轴向应力、温度与时间的数据，绘制一个稳定循环下拉伸区的应力-时间历程和温度-时间历程，如图 9.4 所示。

由图可知，MIPTIP 和 MOPTIP 加载下轴向应力在最高温度之前就达到最大值，拉伸区循环时间明显小于半个周期；MIPTOP 加载下应力首先急速增大，到

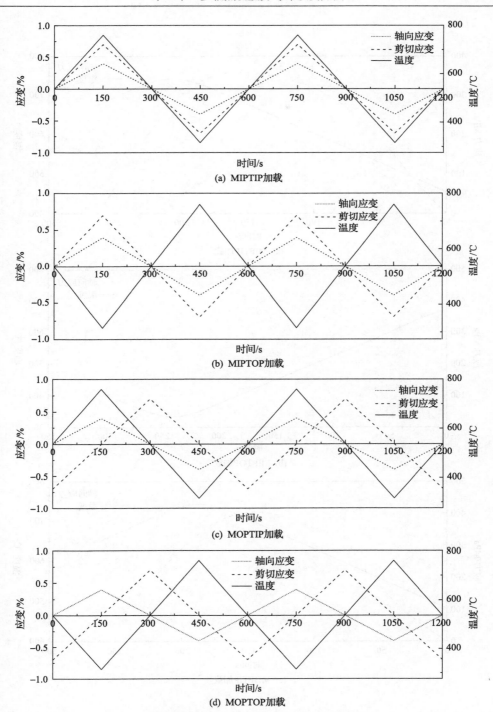

(a) MIPTIP加载

(b) MIPTOP加载

(c) MOPTIP加载

(d) MOPTOP加载

图 9.3　轴向应变、剪切应变与温度的加载波形图[1]

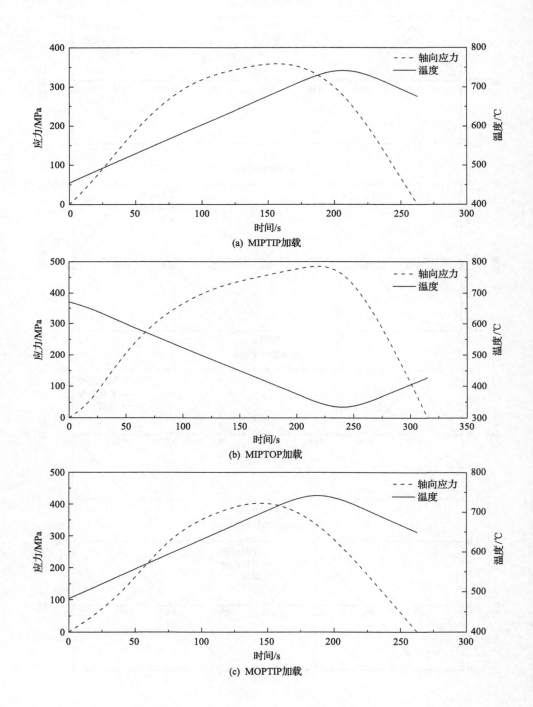

(a) MIPTIP加载

(b) MIPTOP加载

(c) MOPTIP加载

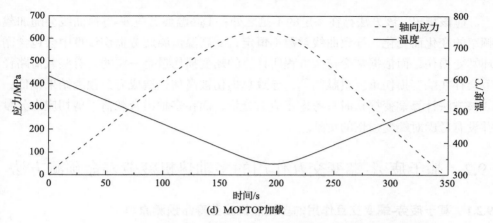

(d) MOPTOP加载

图 9.4 一个稳定循环下拉伸区的应力-时间历程和温度-时间历程[1]

达某一值后，增速减慢，而且在最低温度之前达到最大值；MOPTOP 加载下最大应力对应于最低温度，应力变化较为平滑，拉伸时间接近半个周期。

钴基高温合金 Haynes188 的蠕变试验数据来自文献[7]和[8]，分别拟合三种蠕变持久方程的系数，并通过比较可知，M-S 蠕变持久方程的标准差 RMSE 最小，相关系数 R^2 最大，因此选择该方程为最终的蠕变持久方程，方程的各个系数分别为

$$b_1 = 37.18, \quad b_2 = -0.01012, \quad b_3 = -15.48, \quad b_4 = 7.708, \quad b_5 = -1.74$$

钴基高温合金 Haynes188 预测寿命与试验寿命的对比如图 9.5 所示，MIPTIP 和 MIPTOP 预测寿命接近于试验寿命，MOPTOP 与 MOPTIP 的预测寿命与试验寿命有明显误差，误差超过 2 倍因子，效果稍差。

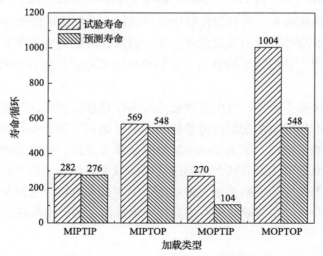

图 9.5 钴基高温合金 Haynes 188 预测寿命与试验寿命对比图[1]

应该指出，该方法存在一定的不足之处：①高温疲劳应变-寿命曲线会随加载频率的变化而变化，导致曲线常数不恒定；②高温恒温疲劳损伤计算中会包含循环蠕变损伤，而依据蠕变持久方程所计算的蠕变损伤量是一定的，有些载荷路径下会存在蠕变损伤重复贡献问题，导致总损伤被高估，造成寿命预测结果偏低；③该方法计算蠕变损伤时只考虑正应力分量，而在多轴组合载荷下剪切应力分量并没有考虑对蠕变损伤的贡献。

9.2　基于疲劳-蠕变交互作用的多轴热机疲劳寿命预测方法

9.2.1　基于疲劳-蠕变交互作用的多轴热机疲劳寿命预测原理

在多轴热机疲劳载荷下，除多轴疲劳损伤与蠕变损伤外，还有其他因素也会导致损伤，通常将这种损伤归结为疲劳与蠕变交互作用产生的损伤，即疲劳-蠕变交互作用损伤。

通过对 GH4169 材料多轴热机加载下的疲劳损伤机制分析，文献[9]提出一种考虑热机疲劳-蠕变交互作用的多轴热机疲劳寿命预测模型，其表达式如下：

$$\frac{1}{N_{\text{TMF}}} = \frac{1}{N_{\text{PF}}} + \sum \frac{\Delta t_i}{t_{C_i}} + B_{\text{TMF}} \left(\frac{1}{N_{\text{PF}}} \sum \frac{\Delta t_i}{t_{C_i}} \right)^{1/2} \tag{9.12}$$

式中，N_{TMF} 为多轴热机疲劳寿命；$1/N_{\text{PF}}$ 为一个循环中所产生的纯机械疲劳损伤，$\Delta t_i/t_{C_i}$ 为一个循环所产生的蠕变损伤；B_{TMF} 为多轴热机疲劳-蠕变交互作用系数。

以上多轴热机疲劳寿命预测模型中的纯机械疲劳损伤可由低于材料蠕变阈值的某一温度所对应等温疲劳参数求得。在变温及变机械载荷条件下，蠕变损伤可根据细分法求得。该恒幅机械载荷下多轴热机疲劳寿命预测方法的流程如图 9.6 所示。

对于纯机械疲劳损伤，可由多轴疲劳损伤计算方法获取，即利用多轴疲劳损伤模型结合不产生蠕变的常温疲劳参数来求得，如利用基于临界面统一型多轴疲劳损伤参量或基于损伤支配类型的多轴疲劳损伤参量进行纯疲劳损伤计算。这两种方法将临界面定义为具有较大法向应变幅的最大剪切应变的平面，并在临界面上利用米泽斯等效应变准则将最大剪切应变值和最大剪切应变两个折返点之间的法向应变幅值合成一个等效应变，用其作为临界面上的损伤参量。

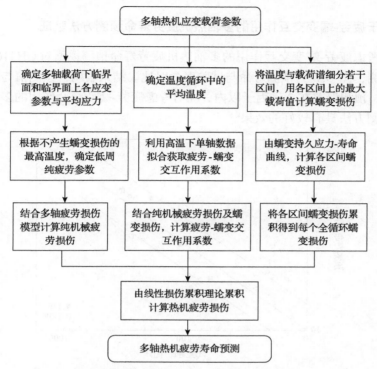

图 9.6　恒幅机械载荷下多轴热机疲劳寿命预测方法流程图[9]

对于蠕变损伤计算，由于热机疲劳载荷下每个循环中应力与温度一般都不是恒定的，可以采用前述的细分法计算蠕变损伤，即分别计算各应力值细分保持时间段上所对应的蠕变损伤，然后将各部分蠕变损伤累加得到每个循环蠕变损伤。

对于疲劳-蠕变交互作用损伤计算，式 (9.12) 中的疲劳-蠕变交互作用系数 B_{TMF} 可以用来反映疲劳-蠕变交互作用的强弱。B_{TMF} 是一种受温度影响的系数项，可以用已有单轴疲劳基础数据拟合得到相应的值。由于蠕变损伤是在高温环境及拉伸载荷同时作用下产生的，即可认为疲劳-蠕变交互作用损伤只在蠕变损伤和疲劳损伤同时存在时才会产生，因此多轴热机加载下疲劳-蠕变交互作用系数可以定义为热循环高温部分(高于热循环平均温度的部分)平均温度 $T_{B_{TMF}}$ 所对应的单轴高温疲劳-蠕变交互作用系数。温度值 $T_{B_{TMF}}$ 表达式为

$$T_{B_{TMF}} = \frac{1}{2}\left(\frac{T_{max} + T_{min}}{2} + T_{max} \right) \tag{9.13}$$

式中，T_{max} 为单个机械载荷循环内热循环最高温度；T_{min} 为单个机械载荷循环内热循环最低温度。

9.2.2 基于疲劳-蠕变交互作用的多轴热机疲劳寿命预测方法验证

利用考虑疲劳-蠕变交互作用的多轴热机疲劳寿命预测模型对 GH4169 合金进行寿命预测，图 9.7 为预测寿命与试验寿命对比。结果表明，预测值与试验结果基本一致，预测误差在 2 倍因子以内，说明考虑疲劳-蠕变交互作用的多轴热机疲劳寿命预测方法具有较好的效果。

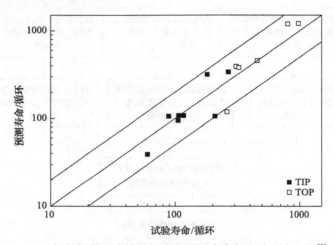

图 9.7　恒幅加载下多轴热机疲劳预测寿命与试验寿命比较[9]

为了检验这种寿命预测方法在不同机械加载模式下的适用性，单轴热机疲劳寿命试验数据也被用于试验验证。恒幅单轴热机疲劳试验材料、试件及试验装备均与恒幅多轴热机疲劳试验相同。机械加载为恒幅单轴拉压加载，且加载应变幅值为 0.8%，其他载荷条件与多轴热机疲劳试验加载相同。热循环载荷与轴向机械载荷相位角为 0°时为单轴同相热机疲劳试验(U-TIP)；热循环载荷与轴向机械载荷相位角为 180°时为单轴反相热机疲劳试验(U-TOP)。

使用恒幅多轴热机疲劳寿命预测模型进行恒幅单轴热机疲劳寿命预测，各疲劳损伤计算参数与多轴热机疲劳相同，预测与试验结果对比如图 9.8 所示。结果表明，不论是单轴同相热机疲劳还是单轴反相热机疲劳，寿命预测结果均与试验寿命吻合较好，说明考虑疲劳-蠕变交互作用的多轴热机疲劳寿命预测方法具有较好的适用性。

为了验证该寿命预测方法在不同温度模式下的适用性，高温恒幅多轴疲劳寿命试验数据也被用于试验验证。高温疲劳试验所施加的恒定温度载荷分别为 360℃和 650℃，其他试验环境及加载条件等均与恒幅多轴热机疲劳试验相同，等效机械应变值为 0.8%。

使用恒幅多轴热机疲劳寿命预测模型进行等温疲劳寿命预测，预测与试验结果对比如图 9.9 所示。可以看出在两种不同的温度载荷下，寿命预测结果都在 2 倍误差因子以内。因此，该预测方法也可以应用于恒定高温下的多轴疲劳寿命预测。

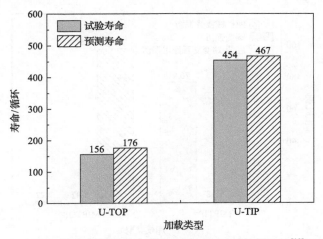

图 9.8　恒幅单轴热机疲劳寿命预测与试验结果比较[10]

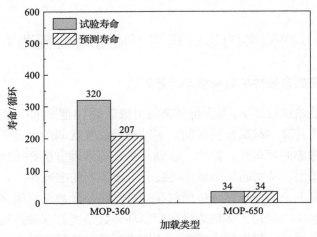

图 9.9　恒幅多轴热机疲劳寿命预测与试验结果比较[10]

　　为了查明多轴热机疲劳中各种损伤的比例，利用考虑疲劳-蠕变交互作用的多轴热机疲劳寿命预测模型对各损伤进行定量计算，并与试验结果进行对比，从而验证模型计算结果的正确性。可以发现，在恒幅多轴热机加载下，影响各损伤比重的主要因素是热相位角。图 9.10 为机械相位角同相加载情况下两种不同热相位角的多轴热机加载下各损伤机制所占总损伤比例的计算结果。可以发现，当热相位角同相时，疲劳-蠕变交互作用损伤为主要损伤，其次为纯机械疲劳损伤，蠕变损伤占比很小。当热相位角反相时，主要损伤为纯机械疲劳损伤，蠕变损伤和疲劳-蠕变交互作用损伤占比都很小。对照恒幅多轴热机加载下的试验寿命结果发现，模型各损伤占比的计算结果与试验寿命变化规律较为一致。

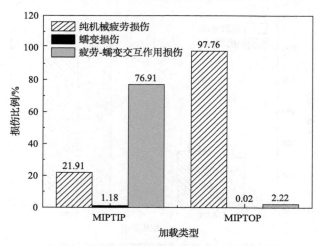

图 9.10　不同热相位角下的损伤比重比较[9]

9.3　变幅多轴热机载荷下疲劳寿命预测方法

9.3.1　考虑蠕变的多轴热机载荷循环计数方法

在变幅多轴热机载荷下，需要将复杂的机械载荷/温度-时间历程转换成多个可以进行各种损伤计算的载荷反复区间。多轴载荷反复区间的确定不但要考虑机械载荷，而且要考虑温度荷载。因此，多轴热机载荷处理方法必须同时考虑温度与载荷对损伤的作用，从而确保多轴热机疲劳寿命预测的准确性。

在变温情况下，如何对多轴机械载荷谱进行循环计数是变幅多轴热机疲劳寿命预测首先要解决的问题。多轴热机载荷循环计数是变幅多轴热机疲劳寿命预测的基础，只有合理地计数出每个反复，才能进行后续的损伤计算。因此，需要结合多轴热机损伤的特点，提出合理的多轴热机计数方法，从而实现变幅多轴热机疲劳寿命预测。

在常温条件下，变幅多轴加载下的疲劳寿命预测不用考虑温度的影响。但在温度变化的多轴热机载荷下，由于在每个循环或半循环中，其温度并不恒定，因此，对于变幅多轴热机载荷循环计数，不但要计数出用于疲劳损伤计算的半循环起点和终点，同时也要考虑所计数出半循环内用于蠕变损伤计算区间的确定。

采用相对等效应变范围的多轴循环计数方法计数时，如果所计数出的大反复

(或半循环)包含小反复，则较大反复(半循环)的起点和终点区间内的时间点有时与一些小反复(半循环)中的时间点重叠，从而导致在计算大反复中蠕变损伤时会重复计算小反复中的蠕变损伤。针对这一问题，在 Wang-Brown 相对等效应变的多轴循环计数方法基础上，文献[11]提出了一种变幅多轴热机循环计数方法。

下面以图 9.11 中的轴向与扭转多轴热机疲劳加载历程为例，说明变幅多轴热机循环计数方法。该加载时间历程的 Wang-Brown 多轴循环计数结果显示在表 9.3 和图 9.11 中，对应于应变温度加载历史的时间。该算法的详细计数过程说明如下。

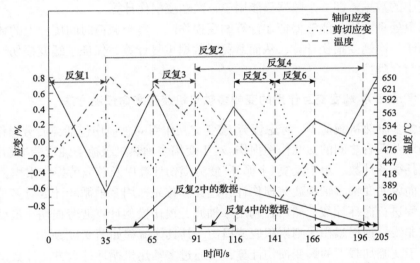

图 9.11 变幅多轴热机载荷块与多轴热机计数的六个反复[12]

表 9.3 某多轴加载时间历程下的 Wang-Brown 多轴循环计数结果[12]

反复	开始点/s	终止点/s
1	0	35
2	35	205
3	65	91
4	91	196
5	116	141
6	141	166

(1)对于多轴应变-时间历程，计算出等效应变-时间历程，搜索出等效应变最大值点，并以此作为起始点对多轴载荷时间历程进行重新排列。

(2)利用 Wang-Brown 多轴循环计数方法进行计数，获取六个反复(半循环)，如表 9.3 和图 9.11 所示，其中反复 2 包含反复 3、反复 4、反复 5 和反复 6。包含反复 5 和反复 6 的反复 4 称为大反复。不包含任何其他反复的称为小反复，如反复 1、反复 3、反复 5 和反复 6。

（3）计算所有反复的纯疲劳损伤和小反复的蠕变损伤。

（4）计算大反复的蠕变损伤时，其中大反复中包含的小反复中的数据要排除掉，即计算大反复 2 的蠕变损伤所用的数据只能取自 35～65s 和 196～205s 的时间间隔。同理，计算反复 4 的蠕变损伤所用数据只能取自 91～116s 和 166～196s 的时间间隔。也就是说，在计算大反复中的蠕变损伤时，必须剔除大反复中包含小反复中的数据，即一个数据只能用于一次蠕变损伤计算。

以上处理方法，能够保证在计算蠕变损伤时，整个载荷时间历程上的数据只能被用于一次蠕变损伤计算，从而避免了数据重复计算，保证了蠕变损伤计算的准确性与合理性。

9.3.2　考虑疲劳-蠕变交互作用的变幅多轴热机疲劳寿命预测方法

变幅多轴热机载荷下，考虑疲劳-蠕变交互作用的总损伤包括纯疲劳损伤、蠕变损伤以及两者之间的交互作用损伤。对于变幅多轴热机载荷下纯疲劳损伤计算，主要包括循环计数、单个反复（半循环）疲劳损伤计算以及总疲劳损伤累积。

下面说明变幅多轴纯疲劳损伤计算过程。首先，用多轴循环计数对多轴载荷时间历程进行循环计数；然后，利用多轴疲劳损伤模型计算疲劳损伤；最后，用线性或非线性损伤累积法则累积疲劳损伤，其具体流程如图 9.12 所示。

对于变幅加载下的蠕变损伤计算，可通过多轴热机循环计数方法计数出每个反复应该计算的蠕变损伤部分，获取该载荷时间历程中的应力/温度-时间历程，然后采用细分法计算各个反复中的蠕变损伤。将多轴应力-时间历程沿着时间轴细分成若干区间，细分到合理的区间数；取每一区间应力与温度的最大值作为最终值；由材料的温度、蠕变持久应力和蠕变持久方程确定蠕变断裂时间。

不同损伤形式之间的累积模型有线性损伤累积和非线性损伤累积两种。如果采用线性损伤累积的方法，则将与时间无关的纯疲劳损伤和与时间相关的蠕变损伤分别相加，其表达式如下[11]：

$$D_{\text{TMF}} = \sum D_{\text{TMF},i} \tag{9.14}$$

$$D_{\text{TMF},i} = D_{fi} + D_{ci} + B_{Ti}\sqrt{D_{fi} \times D_{ci}} \tag{9.15}$$

式中，D_{TMF} 为总加载历程损伤；$D_{\text{TMF},i}$ 为第 i 个反复的总损伤；D_{fi} 为第 i 个反复的纯疲劳损伤；D_{ci} 为第 i 个反复的蠕变损伤；B_{Ti} 为第 i 个反复中的疲劳-蠕变损伤交互模量。

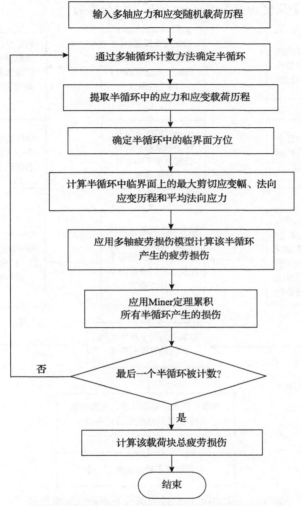

图 9.12　变幅多轴载荷下纯疲劳损伤计算流程图

　　对于给定的变幅多轴热机疲劳载荷，其寿命预测流程如图 9.13 所示。对于变幅多轴热机载荷，采用多轴载荷循环计数方法，可以通过前述方法得到第 i 个反复（半循环）的纯疲劳损伤和蠕变损伤。因此，第 i 个反复的交互作用损伤计算的关键在于交互模量的获取，而交互模量 B 是一种受温度影响的材料常数，因此可以采用单轴热机疲劳试验数据拟合得到不同温度下的 B 值，最后通过数值拟合得到任意温度下的 B 值，其具体表达式如下[11]：

$$B_{Ti} = \left(a_0 T_i + b_0\right)^{-1} \tag{9.16}$$

式中，T_i 为第 i 个反复中的温度；a_0、b_0 为拟合系数。

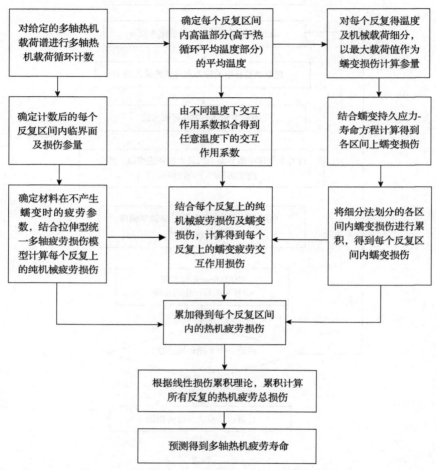

图 9.13 变幅多轴热机疲劳载荷下寿命预测流程图[12]

对于镍基高温合金材料 GH4169，通过拟合得出任意温度下的 B_{Ti}，其表达式为

$$B_{Ti} = (0.0012T_i - 0.6009)^{-1} \tag{9.17}$$

式中，B_{Ti} 为第 i 个反复中的疲劳-蠕变损伤交互模量；T_i 为第 i 个反复上变化的温度。

由于疲劳-蠕变交互作用损伤只有在蠕变损伤存在时才会发生，也就是每个反复的交互作用模量也只有在热循环的高温部分(对于 GH4169 材料，$T \geqslant 500℃$)时起明显作用，因此取每个反复上热循环高温部分的平均温度作为该反复的等效温度，由式(9.13)计算获取。

9.3.3　考虑疲劳-蠕变交互作用的变幅多轴热机疲劳寿命预测方法验证

变幅多轴热机疲劳试验所施加的温度与机械载荷均为三角波形。由于变幅多轴热机载荷在一个载荷块中温度与机械载荷都是随机变化的，因此一般情况下加载波形并不以轴向机械波或扭向机械波为参考波形。验证试验独立设计的七种加载波形如图 9.14 所示。

类似于恒幅多轴热机疲劳试验，所设计的温度循环加载范围为 360～650℃，即在同一载荷谱下其温度幅值、温度速率也是变化的。变幅多轴热机疲劳试验的机械载荷也采用应变控制，试验加热方式同样为高频感应线圈加热，温度测量及温度控制热电偶分别焊接在试样标距段中间位置的两侧，由温度控制台来控制和调整温度，冷却方式、温度测量与控制系统等与恒幅试验情况类似。

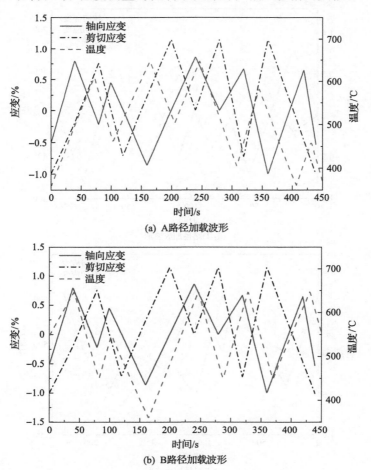

(a) A路径加载波形

(b) B路径加载波形

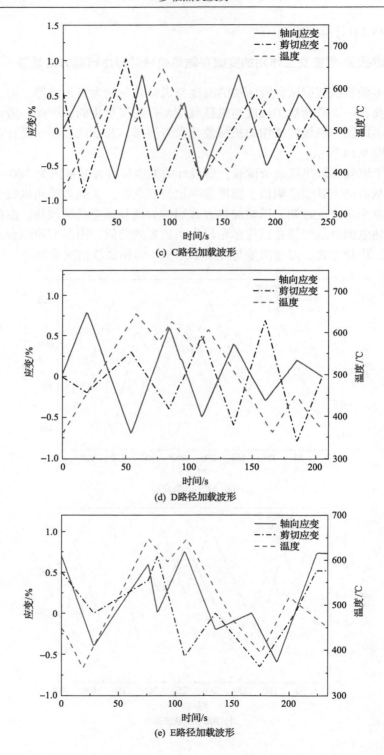

(c) C路径加载波形

(d) D路径加载波形

(e) E路径加载波形

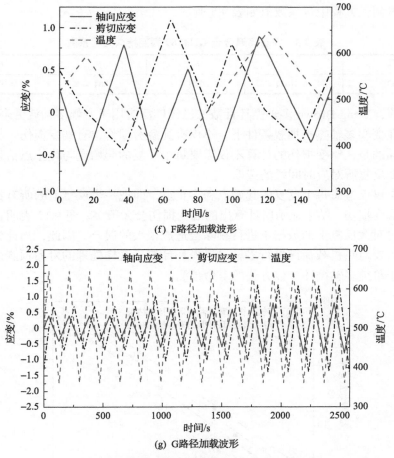

(f) F 路径加载波形

(g) G 路径加载波形

图 9.14　变幅多轴热机疲劳试验七种加载波形[11]

　　验证试验使用镍基高温合金 GH4169，其机械疲劳损伤参数、蠕变损伤参数及疲劳-蠕变交互作用系数都可以由单轴试验数据拟合得到。纯机械疲劳损伤由纯机械疲劳损伤计算公式结合热循环最低温度 360℃所对应的等温单轴疲劳损伤参数求得，根据试验研究可以确定在 360℃高温条件下，GH4169 材料不会产生蠕变损伤。通过拟合文献[2]中试验数据得到各参数值如表 9.4 所示。

表 9.4　镍基高温合金 GH4169 单轴等温疲劳参数

温度/℃	σ'_f/E	b	ε'_f	c
360	0.0081	−0.07	0.949	−0.84

　　采用细分法计算蠕变损伤时，各区间上的蠕变持久时间采用 M-S 蠕变持久方

程计算得到，方程中各系数值如表 9.5 所示。

表 9.5 镍基高温合金 GH4169 蠕变持久方程系数

b_0	b_1	b_2	b_3	b_4
2338	−0.01611	−2443	864.4	−102.3

目前，Wang-Brown 多轴循环计数法已经广泛应用于变幅多轴疲劳寿命预测。然而，在变幅多轴热机加载条件下，不仅有纯疲劳损伤也有蠕变损伤。与纯疲劳损伤不同的是，蠕变损伤的计算不仅需要每个反复的起始点与终止点信息，而且需要每个反复所对应时间段的选取。

如果仅仅考虑每个反复的起始点和终止点，即把一个反复上的所有数据都用来计算蠕变损伤，结果显示所计算出的蠕变损伤会大很多。图 9.15 表明在计算蠕变损伤时对大反复上的数据不进行剔除会造成很大的误差。因此，当计算蠕变损伤时，需要对热机载荷谱进行多轴热机循环计数，这样处理的寿命预测结果明显好于基于单纯多轴循环计数方法的寿命预测。

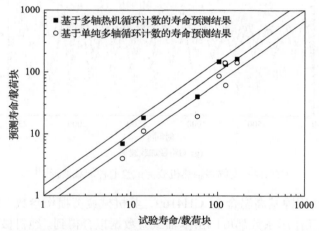

图 9.15 应用多轴热机循环计数与单纯多轴循环计数的寿命预测比较[11]

如果不采用随温度变化的交互模量，而采用恒定的交互模量，其寿命预测结果也会显示出较大的误差。对于变幅多轴热机疲劳，采用恒定的交互模量与随温度变化的交互模量的预测结果与试验结果的具体加载参数如表 9.6 所示，结果对比如图 9.16 所示。

由图 9.16 的对比结果可以看出，在计算交互作用损伤时，只用 505℃下对应的交互模量，几乎所有试件的寿命预测值都低于实际寿命，即损伤计算偏大。这是因为在 505℃下的交互模量值很大，其只能用于计算高温循环部分的平均温度为 505℃的反复，在计算别的反复时造成损伤计算偏大；只用 550℃下对应的交互

表 9.6　不同交互模量下的参数以及预测结果与试验结果

加载路径	试验寿命 N_E/载荷块	由 B_{Ti} 预测寿命 N_P//载荷块	由 B_{505} 预测寿命 N_P//载荷块	由 B_{550} 预测寿命 N_P//载荷块	由 B_{650} 预测寿命 N_P//载荷块	误差因子 $\dfrac{N_P}{N_E} B_{Ti}$	误差因子 $\dfrac{N_P}{N_E} B_{505}$	误差因子 $\dfrac{N_P}{N_E} B_{550}$	误差因子 $\dfrac{N_P}{N_E} B_{650}$
A	58	40	8	27	50	0.69	0.14	0.47	0.86
B	14	16	2	10	30	1.14	0.14	0.71	2.14
C	121	129	99	141	163	1.07	0.82	1.17	1.35
D	166	153	65	187	197	0.92	0.39	1.13	1.19
E	103	134	22	80	236	1.30	0.21	0.78	2.29
F	123	124	32	92	160	1.01	0.26	0.75	1.30
G	8	7	1	4	11	0.95	0.13	0.5	1.38

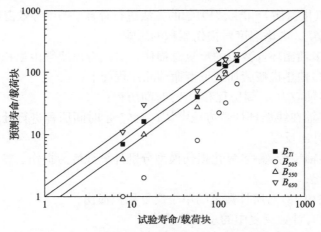

图 9.16　不同交互模量下的疲劳寿命预测比较[11]

模量，只有一部分试件的寿命预测满足要求，损伤计算也偏大；只用 650℃ 下对应的交互模量，也是只有一部分试件的寿命预测满足要求，损伤计算偏小；用变化的交互模量时，所有预测结果均可取得较好效果。这说明单一恒定的模量并不能反映变化的温度对交互作用带来的影响，需要使用变化的交互模量进行寿命预测。

9.4　基于疲劳-蠕变-氧化损伤的多轴热机疲劳寿命预测方法

9.4.1　基于疲劳-蠕变-氧化损伤的多轴热机疲劳寿命预测原理

　　基于疲劳-蠕变-氧化损伤的多轴热机疲劳寿命预测方法并不考虑疲劳与蠕变的交互作用，而是通过考虑计算氧化损伤，并将蠕变损伤转化为疲劳损伤进行多轴热机疲劳寿命预测[13,14]。该方法将氧化损伤 D_o 表达成了临界裂纹长度 a_c 的分数，蠕变损伤 D_c 表达成了蠕变断裂时间 t_r 的分数。

将疲劳、蠕变、氧化三种损伤统一表达成穿晶形式的损伤，并进行直接累积，其中一个反复的总损伤 D 计算如下：

$$
\begin{aligned}
D &= D_f + D_o + D_c \\
&= D_f + D_o + \left(D_c^{\mathrm{in}}\right)^{\beta_T} \\
&= \frac{1}{2N_f} + \sum_{i=1}^{m} \frac{h_i}{a_c} + \left(\sum_{i=1}^{m} \frac{\Delta t_i}{t_{ri}}\right)^{\beta_T}
\end{aligned}
\tag{9.18}
$$

式中，疲劳损伤 D_f 由统一型多轴疲劳损伤模型计算获取[15]；蠕变损伤 D_c 由细分法计算获得；氧化损伤 D_o 借断裂力学的方法进行计算。采用等效温度 T_e 下的沿晶损伤等效因子 β_T，考虑温度对损伤累积的影响。

累积每个多轴循环计数出的反复总损伤，失效寿命块数由累积的总损伤倒数获得，其变幅多轴热机疲劳加载下寿命预测流程如下：

(1)输入多轴应力-时间历程和温度-时间历程；

(2)结合多轴在线循环计数方法[16,17]，对应变-时间历程进行处理，并同时考虑温度历程，计出反复；

(3)利用多轴疲劳-蠕变-氧化损伤模型分别计算纯疲劳损伤、蠕变损伤、氧化损伤并进行转化；

(4)利用式(9.18)对所计数出的单个反复累积损伤；

(5)累积所有计数反复中的总损伤；

(6)通过计算出整个多轴热机载荷时间历程中总损伤，获取寿命预测载荷块值。

9.4.2 基于疲劳-蠕变-氧化损伤的多轴热机疲劳寿命预测方法验证

采用镍基高温合金 GH4169 薄壁管试件进行变幅多轴热机疲劳试验验证基于疲劳-蠕变-氧化损伤的多轴热机疲劳寿命预测方法。

1. 变幅多轴热机疲劳试验

为了模拟高温部件在服役过程中承受变幅多轴疲劳载荷,对镍基合金 GH4169 薄壁管件进行了应变控制变幅多轴热机疲劳试验。采用七种不同的载荷路径(见图 9.14(a)~(g))，每个路径下的失效寿命见表 9.6。

对照载荷路径与寿命试验结果可以发现，路径 A 和路径 B 具有相同的机械载荷，但是温度载荷谱不同，导致寿命相差 4 倍多。可以看出，路径 A 偏向于 TOP[180]

载荷，而路径 B 偏向于 TIP 载荷，导致路径 B 的寿命远低于相同机械载荷路径 A 下的寿命。综合对比图 9.14 中的七种多轴热机谱下的寿命可以发现，温度谱与正应力谱同步性越好，所造成的损伤就越大。

2. 变幅多轴热机疲劳试验验证

图 9.17 为变幅多轴热机疲劳加载下预测寿命和试验寿命结果对比，图中还显示了采用不同温度下沿晶损伤等效因子累积损伤时的寿命结果对比。可以看出，采用等效温度下沿晶损伤等效因子时预测误差在 2 倍因子以内，而采用恒温下等效因子时大部分误差超出了 2 倍因子。说明采用等效温度下沿晶损伤等效因子可以考虑温度对寿命的影响。

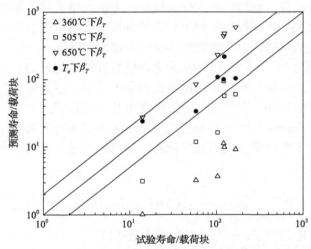

图 9.17　变幅多轴热机疲劳加载下预测寿命与试验寿命对比[14]

9.5　基于小裂纹扩展的多轴热机疲劳寿命预测方法

9.5.1　基于小裂纹扩展的多轴热机疲劳寿命预测原理

疲劳破坏的过程可分为循环变形和损伤、微裂纹形核、小裂纹（或称短裂纹）扩展、宏观长裂纹扩展和疲劳断裂。其中微裂纹形核和小裂纹扩展占总寿命的 80%以上，因此人们试图提出同时考虑裂纹形成和扩展的全寿命计算方法。

传统将小裂纹以前的阶段称为疲劳裂纹萌生阶段，即微裂纹形核和小裂纹扩展阶段。随着对疲劳研究的深入，小裂纹扩展现象引起国内外学者的重视。尽管小裂纹研究发展的历史不长，但是人们已经逐渐认识到小裂纹理论在工程结构断裂研究中的重要性，而实际结构零部件多在复杂的多轴载荷作用下工作，多轴小裂纹研究更具有工程实际意义。

在各种多轴载荷下，基于名义应力和应变的方法常常被用来描述裂纹形核和早期的裂纹扩展行为。在低周疲劳中，小裂纹通常在最大剪切应变幅所在的平面上扩展[18,19]。Socie 等[20]研究表明，多轴疲劳寿命大部分消耗在 20μm 到 1mm 长的裂纹扩展上。由于寿命的大部分被裂纹扩展所占用，因而可以采用断裂力学方法解决小裂纹扩展问题。

Kanazawa 等[21]发现在相同的等效应变幅值下，非比例循环载荷下的疲劳寿命将大大减少，其原因是非比例附加强化效应。非比例循环附加强化在宏观的应力-应变响应上表现为在相同等效应变幅下非比例循环下的等效应力幅值远大于比例加载的等效应力幅值，而塑性应变幅及循环应力值的增大都可加快低周疲劳微裂纹的扩展[22]，因此非比例循环加载下较高的等效应力幅值可以大大加快疲劳微裂纹的扩展速率，从而造成了非比例加载疲劳寿命大大降低。

Nakamura 等[23]研究了 Ti-6Al-4V 合金薄壁管件在非比例加载下的裂纹萌生与扩展行为发现，虽然该材料的非比例强化现象不明显，但是非比例加载下其寿命仅为比例加载下的 1/10，观测到的裂纹密度为其 10 倍以上。

2006 年, de Freitas 等[24]通过修正应变范围考虑了非比例加载路径下的附加强化现象，并提出了考虑非比例加载强化的应变强度因子，并用于小裂纹扩展速度和方向的预估。

$$\Delta K_{NP} = E\left(1 + \alpha F_{NP}\right)\Delta\varepsilon_{eq}\sqrt{\pi a} \tag{9.19}$$

式中，F_{NP} 为非比例因子；α 为材料附加强化系数。

2014 年, Shamsaei 等[25]在多轴试验中观察到，相对于比例加载，非比例加载下裂纹分布较广，这说明非比例加载下有较大角度范围平面经历较大的损伤，从而解释了非比例加载下裂纹分散性较大的现象，进而对基于临界面的有效应变强度因子进行修正：

$$\Delta K_{CPA} = G\Delta\gamma_{max}\left(1 + k\frac{\sigma_{n,max}}{\sigma_y}\right)\sqrt{\frac{\Theta_{95.OP}}{\Theta_{95.IP}}\pi a} \tag{9.20}$$

式中，$\Theta_{95.OP}$ 与 $\Theta_{95.IP}$ 分别为非比例与比例加载下经历最大损伤的 95% 以上的平面角度范围。

疲劳寿命由裂纹萌生寿命、小裂纹扩展寿命和长裂纹扩展寿命组成。随着裂纹检测精度的提高，裂纹萌生寿命所占比例越来越小，因此用小裂纹扩展寿命和长裂纹扩展寿命来近似代表全寿命 N_{total} 是可行的，即

$$N_{\text{total}} = N_N + N_{\text{sp}} + N_{\text{lp}} \tag{9.21}$$

式中，N_N 为裂纹萌生寿命；N_{sp} 为小裂纹扩展寿命；N_{lp} 为长裂纹扩展寿命。

吴学仁等[26-28]提出基于小裂纹理论的疲劳全寿命预测方法。该方法依据裂纹闭合模型，考虑到塑性诱发的裂纹闭合对裂纹扩展有效驱动力的影响，建立了基于长裂纹扩展的关系 da/dN - ΔK_{eff}。把断裂力学的 ΔK 分析与裂纹闭合概念结合起来，应用于自然萌生的小裂纹和长裂纹的扩展，并对起源于材料初始缺陷的裂纹扩展分析预测疲劳全寿命这种改进的寿命预测方法，能很好地处理裂纹扩展过程中可能出现的小裂纹效应，从而提高寿命预测精度。

裂纹闭合效应对长裂纹扩展速率的影响可以通过 Elber 公式描述：

$$\Delta K_{\text{eff}} = K_{\max} - K_{\text{op}} = U\Delta K \tag{9.22}$$

式中，$K_{\max}$ 为最大应力强度因子；K_{op} 为裂纹张开应力强度因子；U 为闭合系数，其表达式如下：

$$U = \frac{\sigma_{\max} - \sigma_{\text{op}}}{\sigma_{\max} - \sigma_{\min}} = \frac{1 - \sigma_{\text{op}} / \sigma_{\max}}{1 - R} \tag{9.23}$$

式中，$\sigma_{\min}$ 为最小外载应力；R 为应力比；σ_{op} 为裂纹张开应力；$\sigma_{\max}$ 为最大外载应力。

由于考虑闭合效应的裂纹扩展模型可同时适用于短裂纹和长裂纹阶段，且长裂纹扩展曲线的材料常数容易获得。因此，通过拟合单轴加载下的长裂纹扩展速率与有效应力强度因子数据，得出单轴裂纹扩展曲线，并以此为基线进行裂纹扩展寿命计算。Paris 形式的裂纹扩展速率表达式如下：

$$\frac{da}{dN} = C\left(\Delta K_{\text{eff}}\right)^m \tag{9.24}$$

式中，$\dfrac{da}{dN}$ 为裂纹扩展速率；C、m 为材料常数。

考虑裂纹闭合效应的裂纹扩展寿命表达式为

$$N_P = \int_{a_0}^{a_c} \frac{1}{C\left(\Delta K_{\text{eff}}\right)^m} da \tag{9.25}$$

式中，a_0 为初始裂纹尺寸；a_c 为临界裂纹尺寸。

初始裂纹尺寸的选择可以通过材料微观缺陷的平均尺寸，如夹杂质点团或孔洞来确定，或选择等效初始裂纹尺寸法。Kitagawa 等[29]指出，存在一临界裂纹尺

寸 a_0，当实际裂纹长度 $a<a_0$ 时，ΔK_{th} 随裂纹长度减小而降低，因此可以用疲劳极限来描述阈值条件，即当 $a>a_0$ 时，ΔK_{th} 为一定值，与裂纹尺寸无关。El Haddad 等[30]给出该临界裂纹尺寸 a_0 计算公式为

$$a_0 = \frac{1}{\pi}\left(\frac{\Delta K_{\text{eff}}}{\Delta \sigma_f Y}\right)^2 \tag{9.26}$$

式中，ΔK_{eff} 为长裂纹扩展速率阈值；$\Delta \sigma_f$ 为材料的疲劳极限应力；Y 为形状因子。

研究小裂纹问题，有利于从微观层次去认识疲劳，从而了解疲劳的全过程；有利于深入理解疲劳极限、疲劳阈值，裂纹萌生和早期扩展以及疲劳各个阶段的物理本质。

9.5.2 多轴热机疲劳裂纹扩展速率模型

在多轴机械载荷与温度载荷的共同作用下，材料会产生疲劳损伤、蠕变损伤、氧化损伤。疲劳损伤主要是由循环机械荷载引起的，蠕变损伤和氧化损伤则与时间、环境、载荷等因素密切相关。

考虑到高温合金 GH4169 在 650℃ 以下具有较强的抗氧化性，文献[31]在多轴热机疲劳试验研究的基础上，忽略氧化对材料损伤的贡献，提出了基于小裂纹扩展的多轴热机疲劳全寿命预测模型：

$$\frac{\mathrm{d}a}{\mathrm{d}N}(\text{TMF}) = \frac{\mathrm{d}a}{\mathrm{d}N}(\text{fatigue}) + \frac{\mathrm{d}a}{\mathrm{d}N}(\text{creep}) \tag{9.27}$$

式中，$\dfrac{\mathrm{d}a}{\mathrm{d}N}(\text{TMF})$ 为热机载荷条件下的裂纹扩展速率；$\dfrac{\mathrm{d}a}{\mathrm{d}N}(\text{fatigue})$ 为热机载荷条件下的纯疲劳裂纹扩展速率；$\dfrac{\mathrm{d}a}{\mathrm{d}N}(\text{creep})$ 为热机载荷条件下的蠕变裂纹扩展速率。

热机载荷条件下的纯疲劳裂纹扩展速率可采用式(9.24)确定，蠕变裂纹扩展速率可采用式(9.28)表达：

$$\frac{\mathrm{d}a}{\mathrm{d}N}(\text{creep}) = \sum_{t_i} \Delta a_{t_i} \tag{9.28}$$

式中，Δa_{t_i} 为单个循环/反复下蠕变裂纹扩展增量。

基于小裂纹扩展的多轴热机疲劳裂纹扩展速率可表达如下：

$$\frac{\mathrm{d}a}{\mathrm{d}N}(\text{TMF}) = C\left(\Delta K_{\text{eff}}\right)^m + \sum_{t_i} \Delta a_{t_i} \tag{9.29}$$

可以看出，上述模型是基于线性形式对疲劳裂纹扩展增量和蠕变裂纹扩展增量进行累积。这种通过疲劳、蠕变线性累积方式对结构件在多轴热机载荷条件下的疲劳裂纹扩展速率进行计算，能够较为方便地进行热机疲劳裂纹扩展寿命预测。

9.5.3　基于临界面的多轴疲劳裂纹扩展量计算

以临界面法为基础，对复杂载荷条件下材料的裂纹扩展进行计算，需要分为两步进行。首先确定最大危险平面的位置即临界面，然后在临界面上计算裂纹扩展驱动力。

根据临界面法原理，裂纹萌生与扩展发生在某一特定平面上，即临界面。由于疲劳微裂纹的萌生与扩展均在临界面上进行，因此临界面的选择对疲劳寿命预测非常重要。由于影响疲劳裂纹扩展的重要参量是两个最大剪切应变折返点之间的法向应变幅度的大小，因此选取剪切应力范围最大且法向应力范围较大的平面作为临界面。

以薄壁管试样为例，当薄壁管状试样在受到拉压与扭转载荷作用时，试样表面为平面应力状态。试样表面每个单元体内不同斜截面的应力是不断变化的，每个斜截面上的法向应力和剪切应力与斜截面的角度有关，在 $0° \sim 180°$ 内由斜截面公式按 $0°$ 的增量搜索计算与轴向成不同角度的剪切应力范围。搜索结果可以发现，在 $0° \sim 180°$ 内可以找出剪切应力范围最大的两个方位的平面，然后分别计算两个方位平面的法向应力范围 $\Delta\sigma_{\theta_a}$ 与 $\Delta\sigma_{\theta_a+90°}$，选取法向应力范围较大的平面作为临界面。

小裂纹与长裂纹具有不同的扩展特性。在小裂纹扩展阶段，裂纹尖端塑性区对小短裂纹扩展有着非常大的影响，会导致裂纹闭合产生。Elber[32,33]最早发现当材料承受拉应力时，裂纹尖端尾部相对两裂纹面会提前接触，即裂纹闭合的现象。裂纹闭合能够有效地降低裂纹扩展驱动力，导致裂纹扩展速率减慢。如图 9.18 所示，当材料所受的动应力值小于张开应力 σ_{op} 时，裂纹便处于闭合状态。在此情况下，尽管所承受的动应力为正值，但裂纹仍然不会扩展。只有载荷克服张开应力才能够使裂纹进一步扩展，由此引入了有效裂纹扩展驱动力的概念，其表达式如下：

$$\Delta\sigma_{\text{eff}} = \sigma_{\max} - \sigma_{\text{op}} = U\Delta\sigma \tag{9.30}$$

式中，$\Delta\sigma_{\text{eff}}$ 为裂纹扩展的有效应力幅。

$$U = \frac{\sigma_{\max} - \sigma_{\text{op}}}{\Delta\sigma_{\max} - \Delta\sigma_{\min}} = \frac{1-f}{1-R} \tag{9.31}$$

$$f = \frac{\sigma_{\text{op}}}{\sigma_{\max}} \tag{9.32}$$

式中，f 为裂纹闭合程度。

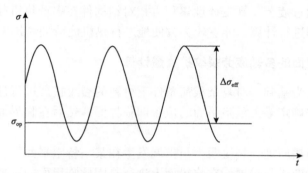

图 9.18　裂纹扩展的有效驱动力示意图

Newman[34]提出了裂纹闭合模型来计算裂纹张开应力 σ_{op}，其计算公式如下：

$$\begin{cases} \sigma_{op} / \sigma_{max} = A_0 + A_1 R + A_2 R^2 + A_3 R^3, & R \geqslant 0 \\ \sigma_{op} / \sigma_{max} = A_0 + A_1 R, & R < 0 \end{cases} \tag{9.33}$$

式中，A 为塑性约束系数 α 和 σ_{max} / σ_0 的函数，可以通过式 (9.34)～式 (9.37) 确定：

$$A_0 = \left(0.825 - 0.34\alpha + 0.05\alpha^2\right) \left[\cos\left(\frac{\pi\sigma_{max}}{2\sigma_0}\right)\right]^{1/\alpha} \tag{9.34}$$

$$A_1 = (0.415 - 0.071\alpha)\sigma_{max} / \sigma_0 \tag{9.35}$$

$$A_2 = 1 - A_0 - A_1 - A_3 \tag{9.36}$$

$$A_3 = 2A_0 + A_1 - 1 \tag{9.37}$$

式中，σ_{max} 为最大外载应力，多轴载荷时取最大合成应力；σ_0 为流变应力；α 为应力状态约束系数，平面应力时 $\alpha = 1$。

流变应力 σ_0 与材料的抗拉强度和屈服强度有关，在工程中一般根据式 (9.38) 计算：

$$\sigma_0 = \frac{1.15\left(\sigma_y + \sigma_b\right)}{2} \tag{9.38}$$

式中，σ_y 为材料的屈服应力；σ_b 为材料的抗拉强度。

在多轴加载情况下，如果采用应力强度因子 K 作为裂纹扩展驱动力，那么可将等效应力强度因子 ΔK_{eq} 作为裂纹扩展驱动力，但由于小裂纹扩展速率会受到裂纹闭合效应的影响[34]，因此使用有效应力强度因子 ΔK_{eff} 代替临界面上的等效应力强度因子 K_{eq}：

$$\Delta K_{\mathrm{eff}} = U \Delta K_{\mathrm{eq}} \tag{9.39}$$

多轴载荷条件下临界面上的等效应力强度因子可由式(9.40)计算：

$$\Delta K_{\mathrm{eq}} = Y \Delta \sigma_{\mathrm{eq}} \sqrt{\pi a} \tag{9.40}$$

式中，a 为裂纹尺寸；Y 为裂纹形状因子；$\Delta \sigma_{\mathrm{eq}}$ 为临界面上的等效应力范围。

以最大剪切应力幅的两个平面中具有较大法向应力幅的平面为临界面，如最大剪切应力幅平面是 θ 和 $\theta + 90°$，通过比较这两个平面上哪个法向应力幅更大，然后选择法向应力幅更大的平面作为临界面。取临界面上的最大等效应力范围 $\Delta \sigma_{\mathrm{eq}}$ 进行修正，得到有效应力参量 $\Delta \sigma_{\mathrm{eff}}$，从而可以计算出多轴加载下的裂纹扩展驱动力。选取临界面上对应的载荷路径中距离最远两点 $\left(\sigma_c^C, \sqrt{3}\tau_c^C \right)$ 和 $\left(\sigma_c^D, \sqrt{3}\tau_c^D \right)$ 之间的相对等效应力作为最大等效应力范围 $\Delta \sigma_{\mathrm{eq}}$：

$$\Delta \sigma_{\mathrm{eq}} = \max \left\{ \sqrt{\left(\sigma_c^C - \sigma_c^D \right)^2 + 3\left(\tau_c^C - \tau_c^D \right)^2} \right\} \tag{9.41}$$

式中，σ_c^C、τ_c^C 为临界面上 C 点的应力状态；σ_c^D、τ_c^D 为临界面上 D 点的应力状态。

等效应力范围计算示意如图 9.19 所示。

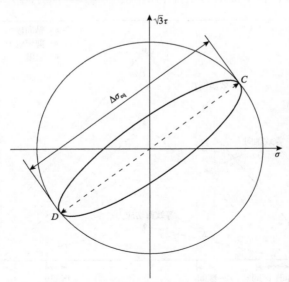

图 9.19　等效应力范围计算示意图

最后，使用有效应力强度因子 ΔK_{eff} 作为裂纹扩展驱动力，则可由 Paris 公式计算多轴机械载荷下的疲劳裂纹扩展量：

$$\frac{\mathrm{d}a}{\mathrm{d}N}(\text{fatigue}) = C\left(\Delta K_{\text{eff}}\right)^{m} \tag{9.42}$$

9.5.4 蠕变裂纹扩展计算模型

借鉴蠕变损伤计算的分段方法，在计算蠕变裂纹扩展量时，可将机械载荷与温度载荷按合适的时间区间分割，如图 9.20 所示，利用 NSW 模型[34]计算每个区间上温度载荷对裂纹扩展的贡献量：

$$\frac{\mathrm{d}a}{\mathrm{d}t} = 3\left[\frac{\left(C^{*}\right)^{0.85}}{A_{u}^{*}}\right] \tag{9.43}$$

式中，C^{*} 为蠕变当量，其计算见式(9.44)；A_{u}^{*} 为试样在一定载荷条件下产生的应变。

$$C^{*} = A(T)\sigma_{\text{ref}}^{(n-1)}\left(\Delta K_{\text{eff}}\right)^{2} \tag{9.44}$$

式中，$A(T)$ 为温度影响系数，由单轴高温疲劳裂纹扩展试验得到；σ_{ref} 为名义应力；n 为诺顿指数，在平面应力条件下 $n = 3$。

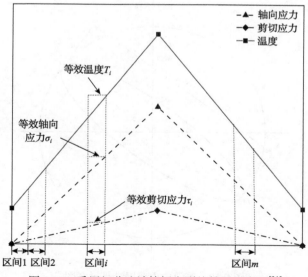

图 9.20　采用细分法计算蠕变裂纹扩展示意图[31]

将机械载荷与温度载荷分为若干个合适的区间后，相关文献[35]和[36]认为当法向应力为正值时，温度载荷对裂纹扩展有一定的贡献。将区间的法向应力最大值与剪切应力最大值依据米泽斯屈服准则进行合成作为名义应力 σ_{ref}，同样取区间最大温度值作为温度载荷进行计算，计算温度载荷对裂纹扩展的贡献量。当法向应力为负值时，认为温度载荷对裂纹的扩展没有影响，此时名义应力取 0。

$$\sigma_{\text{ref},i} = \begin{cases} \left(\sigma_i^2 + 3\tau_i^2 \right)^{1/2}, & \sigma_i \geqslant 0 \\ 0, & \sigma_i < 0 \end{cases} \tag{9.45}$$

将每个区间的蠕变裂纹扩展量进行累加，即得到整个循环的蠕变裂纹扩展量：

$$\frac{\mathrm{d}a}{\mathrm{d}N}(\text{creep}) = \sum_{t_i} \Delta a_{t_i} \tag{9.46}$$

9.5.5　多轴热机疲劳裂纹扩展计算流程

1. 初始裂纹尺寸的确定

小裂纹的初始裂纹尺寸是准确预测裂纹扩展寿命的主要因素之一，因为在计算疲劳裂纹扩展寿命时，其寿命预测结果会因初始裂纹长度取值的变化而发生明显的变化，因此在对裂纹扩展寿命进行计算时需要准确确定初始裂纹尺寸。

目前确定初始裂纹尺寸通常有以下几种方式：①针对零部件，依据相关经验选取合适的初始裂纹尺寸；②采用传统的等效初始裂纹尺寸法来确定；③通过对样品进行微观结构分析或者疲劳断口分析来确定初始裂纹尺寸。

El Haddad 等[30]将裂纹尺寸与裂纹扩展阈值和疲劳极限相关联，并通过引入有效裂纹长度的概念对有效应力强度因子进行修正。根据 Kitagawa-Takahashi 曲线图[29]提出了等效初始裂纹尺寸法，认为在裂纹扩展过程中，存在一个特定的临界裂纹尺寸，当裂纹尺寸小于这一临界裂纹尺寸时，裂纹扩展的阈值应力基本不变，可以用疲劳界限对阈值进行描述，但当裂纹尺寸大于这一临界裂纹尺寸时，裂纹扩展的阈值 ΔK_{th} 为一定值，阈值应力随着裂纹尺寸的增大而减小。Vormwald 等[37,38]认为材料的初始裂纹尺寸与材料的微观结构尺寸有关。在实际应用中，一般采用无损探伤技术来确定零部件的初始裂纹尺寸，将测出的裂纹长度作为初始裂纹尺寸，如果相关仪器无法测出裂纹长度就将仪器的灵敏度作为初始裂纹尺寸。随着技术的发展，相关仪器越来越先进，能够检测到的裂纹长度越来越短，尤其是短裂纹问题被提出以来，初始裂纹尺寸已经能够精确到微米级别。

如果采用微观结构分析方法，发现能够观察到的小短裂纹尺寸与微观结构尺寸相近。综合考虑材料的微观结构与疲劳试验中复型法观察到的裂纹尺寸，可采用平均晶粒尺寸作为材料的初始裂纹。

2. 临界裂纹尺寸的确定

在一定载荷的作用下，经过一定的循环周次后会使试样在气孔等内部缺陷处或者其他受力较大位置萌生裂纹，如果试样依然承受一定载荷的作用，那么裂纹会不断扩展，扩展至一定程度使试样发生断裂而完全失效。如果能够提前预测裂纹扩展到什么尺寸会使结构件出现断裂失效，经过多少个循环能够使裂纹达到该尺寸，能够在很大程度上降低成本，有效防止灾难性事故的发生。因此，得到准确的裂纹扩展临界值，通过一定的方法对裂纹扩展行为进行定量的描述具有非常重要的实际意义。

在实际工程中，I 型裂纹是最常见的，也是在工程中最危险的，可依据相关断裂判据 $K_{\mathrm{I}} \leqslant K_{\mathrm{IC}}$ 来计算裂纹的临界尺寸，同时还需要考虑材料的最小结构尺寸对疲劳寿命的影响，因此可选取依据断裂判据计算值与结构尺寸值中较小的作为结构的临界裂纹尺寸 a_c：

$$a_c = \begin{cases} \dfrac{1}{\pi}\left(\dfrac{K_{\mathrm{IC}}}{Y\sigma}\right)^2, & \dfrac{1}{\pi}\left(\dfrac{K_{\mathrm{IC}}}{Y\sigma}\right)^2 \leqslant \dfrac{D-d}{2} \\[4mm] \dfrac{D-d}{2}, & \dfrac{1}{\pi}\left(\dfrac{K_{\mathrm{IC}}}{Y\sigma}\right)^2 > \dfrac{D-d}{2} \end{cases} \tag{9.47}$$

式中，K_{IC} 为材料的断裂韧性；Y 为试样表面裂纹形状因子；σ 为试样所受应力载荷；D 为薄壁管试件的外径；d 为试件的内径。

由于温度对材料的力学性能有着很大的影响，在进行疲劳裂纹扩展计算时也需要考虑温度对疲劳寿命的影响。本例试验的试样材料为镍基高温合金 GH4169，在材料手册中可以查到该材料在不同温度下的断裂韧性，如表 9.7 所示。

表 9.7　镍基高温合金 GH4169 在不同温度下的断裂韧性[2]

断裂韧性	温度				
	20℃	300℃	550℃	600℃	650℃
$K_{\mathrm{IC}}/(\mathrm{MPa}\cdot\sqrt{\mathrm{m}})$	103.5	89	87	83	69.5

当对热机载荷条件下的试样进行疲劳寿命计算时需要用到多种不同温度下材料的断裂韧性，因此依据在资料中查得的该材料在几种温度下的断裂韧性值，将材料的断裂韧性与试验温度拟合成一定的函数关系，以便计算使用，拟合后的关系如下所示：

$$K_{\mathrm{IC}} = -3 \times 10^{-5} T^2 - 0.0248 T + 102.88 \qquad (9.48)$$

3. 疲劳裂纹扩展常数的确定

式 (9.42) 中的 C 与 m 为疲劳裂纹扩展速率表达式中的材料常数，一般可以通过材料手册查得，也可以通过单轴疲劳裂纹扩展试验数据拟合得到。文献[39]对 GH4169 材料进行了研究，得到了该材料的两个疲劳裂纹扩展材料常数值。

4. 蠕变裂纹扩展参数的确定

通过试验研究可以发现温度载荷对材料的疲劳裂纹扩展行为以及材料的疲劳寿命有着非常重要的影响。在热机载荷条件下，材料不仅存在疲劳裂纹扩展，还产生了蠕变裂纹扩展。为了定量描述温度载荷对材料裂纹扩展速率以及疲劳寿命的影响，对缺口试样在高温载荷条件下的裂纹扩展试验数据进行处理，分别得到了 GH4169 材料在 360℃、550℃ 与 650℃ 下的温度影响系数 A，如表 9.8 所示。

表 9.8　材料在 360℃、550℃ 与 650℃ 下的温度影响系数 $A^{[31]}$

温度/℃	A
360	1.49×10^{-17}
550	1.12×10^{-16}
650	8.39×10^{-16}

在得到 360℃、550℃ 和 650℃ 下的温度影响系数 A 后，采用数据拟合的方式，如图 9.21 所示，可以得到各个温度下的影响系数 $A(T)$：

$$A(T) = \mathrm{e}^{0.0139T} \times 10^{-19} \qquad (9.49)$$

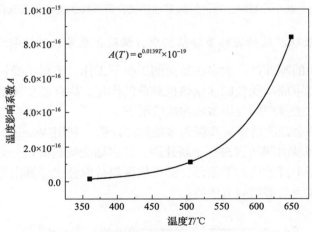

图 9.21　不同温度下的温度影响系数 $A^{[31]}$

5. 基于小裂纹扩展的恒幅多轴热机疲劳裂纹扩展量预测流程

将每个循环下的裂纹扩展量与之前的裂纹长度相加作为下一个循环的初始裂纹长度，计算下一个循环下的裂纹扩展量，迭代循环直至裂纹长度超过临界裂纹尺寸，将总循环次数作为疲劳裂纹扩展寿命。基于小裂纹扩展的恒幅多轴热机疲劳裂纹扩展量预测流程如图 9.22 所示。

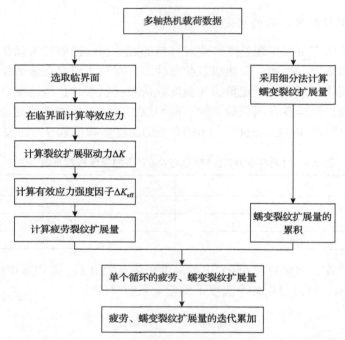

图 9.22　基于小裂纹扩展的恒幅多轴热机疲劳裂纹扩展量预测流程图[31]

6. 基于小裂纹扩展的变幅多轴热机疲劳裂纹扩展量预测流程

工程实际中的零部件，大多在复杂的工况下工作，不仅承受恒幅多轴热机载荷的作用，还有可能承受变幅多轴热机载荷的作用，因此需要将基于小裂纹扩展的全寿命预测方法推广到变幅多轴加载情况下。

多轴疲劳寿命预测的首要步骤为多轴循环计数。利用 Wang-Brown 多轴循环计数方法[40]对载荷时间历程进行重新处理，将多轴变幅载荷划分为多个半循环载荷历程。对于每个计数出的半循环，都可依据斜截面公式计算出与轴向成 θ 角的平面上的法向应力与剪切应力的值：

$$\sigma_\theta = \frac{\sigma_{xj} + \sigma_{yj}}{2} + \frac{\sigma_{xj} - \sigma_{yj}}{2} \cos(2\theta) - \tau_{xyj} \sin(2\theta) \tag{9.50}$$

$$\tau_{\theta} = \frac{\sigma_{xj} - \sigma_{yj}}{2} \sin(2\theta) + \tau_{xyj} \cos(2\theta) \tag{9.51}$$

式中，σ_{xj}、σ_{yj} 为第 j 个半循环内的正应力；τ_{xyj} 为第 j 个半循环内的剪切应力；θ 为所计算的平面与轴向夹角。

根据临界面的确定方法，搜索每个半循环载荷历程内剪切应力范围最大且法向应力范围较大的平面，将该平面作为此半循环载荷历程的临界面。在临界面上通过米泽斯屈服准则将每个半循环的载荷历程进行等效合成，计算等效应力强度因子：

$$\Delta\sigma_{\text{eq},j} = \sqrt{\left(\Delta\sigma_j\right)^2 + 3\left(\Delta\tau_j\right)^2} \tag{9.52}$$

式中，$\Delta\sigma_{\text{eq},j}$ 为第 j 个半循环内临界面上的等效应力强度因子；$\Delta\sigma_j$ 为第 j 个半循环内临界面上的最大法向应力范围；$\Delta\tau_j$ 为第 j 个半循环内临界面上的较大剪切应力范围。

第 j 个半循环内的等效应力强度因子可计算如下：

$$\Delta K_{\text{eq},j} = Y\Delta\sigma_{\text{eq},j}\sqrt{\pi a_i} \tag{9.53}$$

式中，a_i 为第 i 个载荷块时的裂纹长度。

同时考虑裂纹闭合效应的影响，使用有效应力强度因子代替等效应力强度因子作为裂纹扩展的有效驱动力，计算每个半循环载荷历程下材料的疲劳裂纹扩展量：

$$\Delta K_{\text{eff},j} = U_j\Delta K_{\text{eq},j} \tag{9.54}$$

式中，$\Delta K_{\text{eff},j}$ 为第 j 个半循环内的有效应力强度因子；U_j 为第 j 个半循环内的裂纹闭合系数，可依据 Newman 裂纹闭合公式求得

$$U_j = \frac{1 - \sigma_{\text{op}} / \Delta\sigma_{\text{eq},j}}{1 - R_j} \tag{9.55}$$

式中，R_j 为第 j 个半循环内的应力比，表达式为

$$R_j = \frac{\sigma_{\min,j}}{\sigma_{\max,j}} \tag{9.56}$$

式中，$\sigma_{\min,j}$ 为第 j 个半循环内的最小应力；$\sigma_{\max,j}$ 为第 j 个半循环内的最大应力。

第 j 个半循环载荷历程增加的疲劳裂纹扩展量为

$$\Delta a_j = \frac{1}{2} C \left(\Delta K_{\mathrm{eff},j} \right)^m \tag{9.57}$$

由于每个载荷块中存在多个半循环，采用累加的方法计算每个半循环的疲劳裂纹扩展量，假设第 i 个载荷块的裂纹扩展尺寸为 $\Delta a_i(\mathrm{fatigue})$，假如通过变幅多轴循环计数后得到 k 个半循环，则第 i 个载荷块的裂纹扩展长度为

$$\Delta a_i(\mathrm{fatigue}) = \Delta a_{i1} + \Delta a_{i2} + \Delta a_{i3} + \cdots + \Delta a_{ik} \tag{9.58}$$

同时采用前面介绍的细分法计算载荷块上的蠕变裂纹扩展量，将蠕变裂纹扩展量与疲劳裂纹扩展量相加作为该载荷块下的总裂纹扩展量。第 i 个载荷块后的裂纹长度为

$$a_i = a_{i-1} + \Delta a_i(\mathrm{fatigue}) + \Delta a_i(\mathrm{creep}) \tag{9.59}$$

9.5.6 基于小裂纹扩展的多轴热机疲劳全寿命预测方法验证

1. 单/多轴热机疲劳试验

首先对光滑薄壁管试样进行单轴高温疲劳试验与单轴热机疲劳试验。单轴热机疲劳试验是指在对试样施加轴向机械载荷的同时还对试样施加温度载荷的作用，将轴向机械载荷与温度载荷之间的夹角称为热相位角 φ，当轴向机械载荷与温度载荷同时达到最大时称为热相位角同相（TIP，$\varphi=0°$）；当轴向机械载荷达到最大，温度载荷未达到最大时称为非同相（TOP），当轴向机械载荷达到最大，而温度载荷达到最小时称为热相位角反相（TOP，$\varphi=180°$）。

采用应变控制的方式对试样进行加载试验，加载波形为三角波，应力比 R 等于 -1，对于单轴高温疲劳试验，加载频率为 0.05Hz，对于单轴热机疲劳试验，为了保证应变变化范围内温度变化的均匀性，选择热机疲劳试验的加热/冷却速率约为 4.83℃/s，即一个循环的时间约为 120s，频率约为 0.0083Hz。

恒幅单轴疲劳试验载荷条件下的试验结果如表 9.9 所示。对光滑试样不仅进行了单轴高温疲劳试验，还在不同热相位角下对试样进行了单轴热机疲劳试验，从表中试验结果可以看出温度、热相位角等因素对材料的疲劳寿命有着一定的影响。当热相位角同相时，试样的疲劳寿命远远小于非同相时的寿命，说明蠕变裂纹扩展速率在热相位角同相加载时，明显地快于非同相加载。

表 9.9　光滑试样在恒幅单轴疲劳试验载荷条件下的试验结果

序号	试验情况	轴向应变/%	加载温度/℃	加载情况	频率/Hz	试验寿命/循环
1	恒幅单轴高温	0.8	360	恒温	0.05	568
2	恒幅单轴高温	0.8	505	恒温	0.05	692
3	恒幅单轴高温	0.6	650	恒温	0.2	461
4	恒幅单轴热机	0.8	360~650	TIP	1/120	160
5	恒幅单轴热机	0.8	360~650	TOP^{90}	1/120	683

　　在单轴热机载荷的加载条件下对试样施加了剪切应变载荷，即对试样施加了多轴热机载荷。试验所有加载波形均为三角波形，应力比 R 等于−1，同样为了考虑温度变化速率的均匀性，仍旧选择频率约为 1/120Hz。试验对试样进行了多组多轴热机疲劳试验，其多轴热机疲劳试验加载波形如图 9.23 所示。

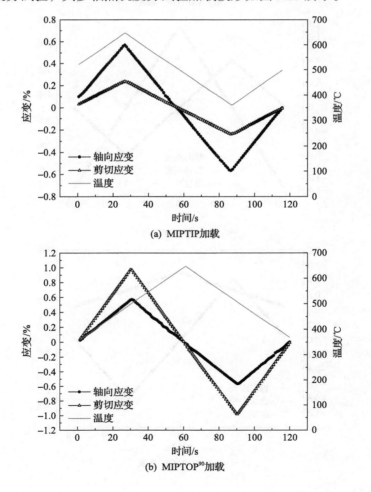

(a) MIPTIP加载

(b) MIPTOP^{90}加载

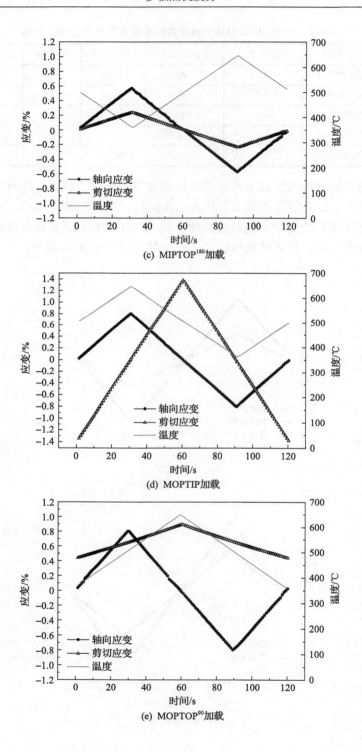

(c) MIPTOP[180]加载

(d) MOPTIP加载

(e) MOPTOP[90]加载

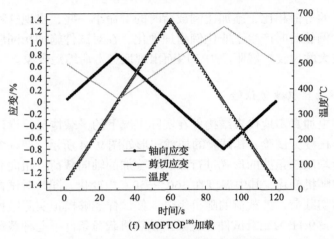

(f) MOPTOP[180]加载

图 9.23　恒幅多轴热机疲劳试验加载波形

恒幅多轴热机载荷条件下的光滑试样疲劳试验加载参数以及试验结果如表 9.10 所示。通过试验对比分析可以看出热相位角对试样的疲劳寿命影响最大，在机械相位角无论是同相还是非同相的情况下，对试样进行热相位角非同相加载时，试样寿命均高于热相位角同相加载的情况，而热相位角非同相即温度载荷与轴向载荷之间的夹角不为 0，即 $\varphi \neq 0°$。产生这种现象是因为在高温载荷条件下，拉伸载荷对试样的蠕变裂纹扩展贡献比较大，而压缩载荷对试样蠕变裂纹扩展的贡献较小。通过比较机械相位角还可以发现，当热相位角一定时，对试样施加非比例机

表 9.10　光滑试件在恒幅多轴热机载荷条件下的试验结果

序号	轴向应变 /%	剪切应变 /%	等效应变 /%	加载温度 /℃	加载情况	频率 /Hz	试验寿命 /循环
1	0.566	0.235	0.582	360～650	MIPTIP	1/120	126
2	0.566	0.235	0.582	360～650	MIPTOP[180]	1/120	979
3	0.566	0.235	0.582	360～650	MIPTIP	1/200	181
4	0.8	0.332	0.8	360～650	MOPTIP	1/120	119
5	0.8	0.332	0.8	360～650	MOPTIP	1/200	111
6	0.566	0.98	0.8	360～650	MIPTIP	1/120	112
7	0.8	1.386	0.8	360～650	MOPTIP	1/120	61
8	0.8	1.386	0.8	360～650	MOPTOP[180]	1/120	262
9	0.716	0.62	0.8	360～650	MIPTIP	1/120	117
10	0.358	1.24	0.8	360～650	MIPTIP	1/120	209
11	0.566	0.235	0.582	360～650	MIPTIP	1/120	325
12	0.566	0.98	0.8	360～650	MIPTOP[90]	1/120	1066
13	0.8	1.386	0.8	360～650	MOPTOP[90]	1/120	351

械载荷时试样的寿命相比于施加比例载荷时的寿命小一些，出现这种现象是由于施加机械非比例载荷时产生了非比例附加硬化，在对试件施加相同应变载荷的条件下会产生较大的裂纹扩展驱动力，因而出现疲劳寿命缩短现象。

2. 变幅多轴热机疲劳试验

为了能够更加真实地代表结构件在实际工况下的受载情况，设计并进行了多组变幅多轴热机疲劳试验，其试验的加载波形如图 9.14 所示。变幅多轴热机疲劳试验各种载荷均以三角波的形式进行加载，施加的轴向载荷、扭向载荷与温度载荷都是无规律随机变化，其中温度在 360~650℃ 内变化，同时对试样施加变化的轴向载荷与剪切载荷。各载荷的随机组合，使试样能够模拟实际结构件的真实热机受载情况。表 9.11 为光滑试件在变幅多轴热机载荷条件下七种载荷波形的疲劳全寿命试验结果。

表 9.11　光滑试件在变幅多轴热机载荷条件下七种载荷波形的疲劳全寿命试验结果

序号	试验情况	加载路径	试验寿命/载荷块
1	变幅多轴热机	路径 A	59
2	变幅多轴热机	路径 B	18
3	变幅多轴热机	路径 C	122
4	变幅多轴热机	路径 D	177
5	变幅多轴热机	路径 E	105
6	变幅多轴热机	路径 F	125
7	变幅多轴热机	路径 G	8

注：考虑裂纹扩展，表中试验寿命为试件完全失效的总寿命。

3. 恒幅加载下试验寿命与预测寿命对比

采用该寿命预测方法对在恒幅单轴高温载荷与恒幅单轴热机载荷条件下进行试验的光滑薄壁管状试样进行了寿命预测，计算结果如表 9.12 所示，并将计算结果与试验结果进行了对比，如图 9.24 所示，其预测寿命都在 2 倍因子之内，预测结果比较准确。

表 9.12　恒幅单轴载荷下的试验寿命与预测寿命

序号	试验情况	加载温度/℃	加载情况	试验寿命/循环	预测寿命/循环
1	恒幅单轴高温	360	恒温	568	681
2	恒幅单轴高温	505	恒温	692	423

续表

序号	试验情况	加载温度/℃	加载情况	试验寿命/循环	预测寿命/循环
3	恒幅单轴高温	650	恒温	461	909
4	恒幅单轴热机	360~650	TIP	160	292
5	恒幅单轴热机	360~650	TOP[90]	683	326

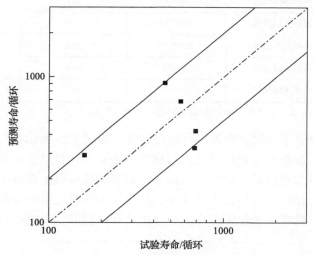

图 9.24　恒幅单轴载荷下试验寿命与预测寿命的比较[31]

　　基于小裂纹扩展的热机疲劳的全寿命预测方法对单轴热机载荷条件下的试验进行验证，计算结果比较满意，但是一般结构件都是在复杂载荷条件下工作的，因此模拟真实工况，设计并进行了多组多轴热机疲劳试验。采用多轴热机疲劳裂纹扩展速率模型对恒幅多轴热机载荷条件下进行试验的试样进行了寿命预测，预测结果与试验结果如表 9.13 所示。从结果依然可以看出，热相位角同相对试样寿命的影响比较大，同时机械相位角对试样的寿命也存在一定的影响。

表 9.13　恒幅多轴热机载荷条件下的试验寿命与预测寿命

序号	试验情况	加载情况	试验寿命/循环	预测寿命/循环
1	恒幅多轴热机	MIPTIP	126	161
2	恒幅多轴热机	MIPTOP[180]	979	500
3	恒幅多轴热机	MIPTIP	181	138
4	恒幅多轴热机	MOPTIP	119	113
5	恒幅多轴热机	MOPTIP	111	62

序号	试验情况	加载情况	试验寿命/循环	预测寿命/循环
6	恒幅多轴热机	MIPTIP	112	102
7	恒幅多轴热机	MOPTIP	61	45
8	恒幅多轴热机	MOPTOP[180]	262	71
9	恒幅多轴热机	MIPTIP	117	111
10	恒幅多轴热机	MIPTIP	209	102
11	恒幅多轴热机	MIPTIP	325	175
12	恒幅多轴热机	MIPTOP[90]	1066	283
13	恒幅多轴热机	MOPTOP[90]	351	82

注：在试验过程中，11、13 号试件在试验过程中发生过中断现象。

　　同样将计算结果与试验结果进行对比分析，如图 9.25 所示，与试验寿命相比较大多数预测寿命都在 2 倍因子之内。从整体来看，计算结果偏于保守，从安全的角度考虑其结果是比较合理的，因此通过对多轴热机载荷条件下试样的寿命进行计算、分析与比较，可以认为基于小裂纹扩展的热机疲劳全寿命预测方法能够较好地对多轴热机载荷条件下寿命进行分析计算，进而达到结构寿命预测的目的。

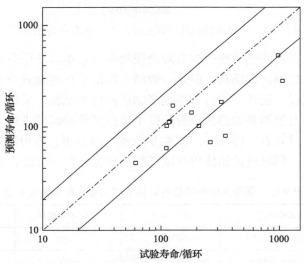

图 9.25　恒幅多轴热机载荷下试验寿命与预测寿命比较[31]

4. 变幅多轴热机加载下试验与预测寿命对比

结合初始裂纹长度与材料的临界裂纹尺寸，当裂纹总长度达到临界裂纹尺寸时便可得出预测寿命值。变幅多轴热机载荷条件下疲劳试验的寿命预测结果如表 9.14 所示。

表 9.14　变幅多轴热机载荷条件下的试验寿命与预测寿命

序号	试验情况	加载路径	试验寿命/载荷块	预测寿命/载荷块
1	变幅多轴热机	A	59	41
2	变幅多轴热机	B	18	20
3	变幅多轴热机	C	122	119
4	变幅多轴热机	D	177	138
5	变幅多轴热机	E	105	117
6	变幅多轴热机	F	125	165
7	变幅多轴热机	G	8	7

将计算结果与试验结果进行比较，如图 9.26 所示。从图中可以看出，预测寿命与试验寿命相比较误差都在 2 倍因子之内，说明基于小裂纹扩展的热机疲劳的全寿命预测方法不仅能够对恒幅多轴热机载荷条件下的试样进行寿命预测，同样可以对变幅多轴热机械载荷条件下的试样进行寿命预测。

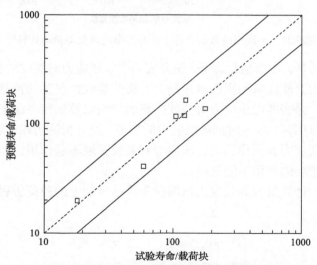

图 9.26　变幅多轴热机载荷条件下试验寿命与预测寿命的比较[31]

5. 寿命预测模型的准确性分析

图 9.27 为不同热机载荷条件下试验寿命与预测寿命的对比图。与试验寿命相

比，大部分的预测寿命都在 2 倍因子以内，只有个别计算结果超出了 2 倍因子，在对试样进行 MOPTOP 加载时，计算结果与试验结果存在一定的误差，计算结果偏于保守，出现这种现象的原因可能是温度对试样的疲劳裂纹扩展影响比较大，在热相位角反相时不利于疲劳裂纹的扩展，因此试验结果比计算结果偏大一些，但从安全的角度来考虑，相对偏于保守的计算结果是可以接受的。

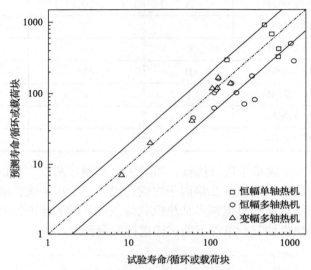

图 9.27　不同热机载荷条件下试验寿命与预测寿命的比较[31]

值得注意的是，在单轴状态下，研究表明[38]，压应力对裂纹的扩展不起作用，如果考虑压应力会使提取的损伤参量过大，疲劳裂纹扩展量的预测偏保守。但是在多轴状态下，是否考虑压应力对裂纹扩展的影响以及如何考虑某时刻压应力和剪切应力共同作用时，这一时刻等效应力的取值，经分析认为在多轴应力状态下，当压应力与剪切应力共同作用时，压应力对裂纹扩展不起作用，但这一时刻的剪切应力对裂纹扩展的作用不能忽略。

综上所述，计算最大等效应力范围前先将临界面上的载荷历程处理成如下形式[41]：

$$\begin{cases} \sigma_c = 0, \tau_c = \tau_c, & 当\ \sigma_c \leqslant 0 时 \\ \sigma_c = \sigma_c, \tau_c = \tau_c, & 当\ \sigma_c > 0 时 \end{cases} \quad (9.60)$$

式中，σ_c 为临界面上的轴向应力；τ_c 为临界面上的剪切应力。

然后将式 (9.60) 代入式 (9.41)，求出最大等效应力范围 $\Delta\sigma_{\text{eq}}$，如图 9.28 所示。这样考虑压应力区的剪切应变幅后，将会合理地描述多轴疲劳裂纹扩展驱动力，从而能够更为准确地预测多轴疲劳裂纹扩展量。

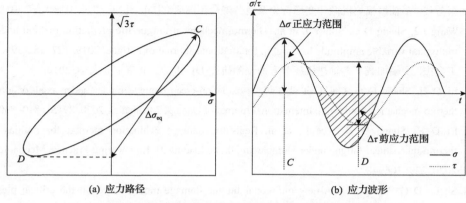

(a) 应力路径　　　　　　　　　　　　　(b) 应力波形

图 9.28　不考虑压应力的最大等效应力范围示意图[41]

参 考 文 献

[1] Ren Y P, Shang D G, Li F D, et al. Life prediction approach based on the isothermal fatigue and creep damage under multiaxial thermo-mechanical loading[J]. International Journal of Damage Mechanics, 2019, 28(5): 740-757.

[2] 《中国航空材料手册》编委会. 中国航空材料手册[M]. 北京: 中国标准出版社, 2001.

[3] Kraemer K M, Mueller F, Oechsner M, et al. Estimation of thermo-mechanical fatigue crack growth using an accumulative approach based on isothermal test data[J]. International Journal of Fatigue, 2017, 99: 250-257.

[4] 奥金格, 伊凡诺娃, 布尔杜克斯基, 等. 金属的蠕变与持久强度理论[M]. 北京: 中国工业出版社, 1996.

[5] Bonacuse P J, Kalluri S. Cyclic deformation behavior of Haynes188 superalloy under axial-torsional thermomechanical loading[M]//McGaw M A, Kalluri S, Bressers J, et al. Thermomechanical Fatigue Behavior of Materials: 4th Volume. West Conshohocken: ASTM International, 2003: 65-80.

[6] Kalluri S, Bonacuse P J. In-phase and Out-of-phase Axial-torsional Fatigue Behavior of Haynes188 Superalloy at 760℃[M]//McDowell D L, Ellis J R. Advances in Multiaxial Fatigue. West Conshohocken: ASTM International, 1993: 133-150.

[7] Dreshfield R L. Long Time Creep Rupture of Haynes TM Alloy 188[R]. Cleveland: NASA, 1996.

[8] Hayhurst D R. Creep rupture under multi-axial states of stress[J]. Journal of the Mechanics and Physics of Solids, 1972, 20(6): 381-382.

[9] Li F D, Shang D G, Zhang C C, et al. Thermomechanical fatigue life prediction method for nickel-based superalloy in aeroengine turbine discs under multiaxial loading[J]. International Journal of Damage Mechanics, 2019, 28(9): 1344-1366.

[10] 李芳代. 多轴恒幅热机循环变形行为及疲劳寿命预测研究[D]. 北京: 北京工业大学, 2018.

[11] Wang J J, Shang D G, Sun Y J, et al. Thermo-mechanical fatigue life prediction method under multiaxial variable amplitude loading[J]. International Journal of Fatigue, 2019, 127: 382-394.

[12] 王金杰. 变幅加载下多轴热机疲劳寿命预测研究[D]. 北京: 北京工业大学, 2019.

[13] Li D H, Shang D G, Cui J, et al. Fatigue-oxidation-creep damage model under axial-torsional thermo-mechanical loading[J]. International Journal of Damage Mechanics, 2020, 29(5): 810- 830.

[14] Li D H, Shang D G, Xue L, et al. Real-time damage evaluation method for multiaxial thermo-mechanical fatigue under variable amplitude loading[J]. Engineering Fracture Mechanics, 2020, 229: 106948.

[15] Shang D G, Wang D J. A new multiaxial fatigue damage model based on the critical plane approach[J]. International Journal of Fatigue, 1998, 20(3): 241-245.

[16] Chen H, Shang D G. An on-line algorithm of fatigue damage evaluation under multiaxial random loading[J]. International Journal of Fatigue, 2011, 33(2): 250-254.

[17] 陈宏. 随机多轴载荷下疲劳损伤在线监测及寿命评估系统研究[D]. 北京: 北京工业大学, 2013.

[18] Miller K J, Brown M W. Multiaxial Fatigue: A Symposium[M]. West Conshohocken: ASTM, 1985.

[19] Waill L E. Crack Observations in Biaxial Fatigue[D]. Chicago: University of Illinois, 1983.

[20] Socie D F, Waill L A, Dittmer D F. Biaxial fatigue of inconel 718 including mean stress effects[M]//Miller K J, Brown M W. Multiaxial Fatigue. West Conshohocken: ASTM International, 1985: 463-481.

[21] Kanazawa K, Miller K J, Brown M W. Low-cycle fatigue under out-of-phase loading conditions[J]. Journal of Engineering Materials and Technology, 1977, 99(3): 222-228.

[22] Sonsino C M. Influence of load and deformation-controlled multiaxial tests on fatigue life to crack initiation[J]. International Journal of Fatigue, 2001, 23(2): 159-167.

[23] Nakamura H, Takanashi M, Itoh T, et al. Fatigue crack initiation and growth behavior of Ti-6Al-4V under non-proportional multiaxial loading[J]. International Journal of Fatigue, 2011, 33(7): 842-848.

[24] de Freitas M, Reis L, Li B. Multiaxial mixed-mode cracking-small crack initiation and propagation[J]. Materials Testing, 2006, 48(1/2): 36-43.

[25] Shamsaei N, Fatemi A. Small fatigue crack growth under multiaxial stresses[J]. International Journal of Fatigue, 2014, 58: 126-135.

[26] 吴学仁, 刘建中. 基于小裂纹理论的航空材料疲劳全寿命预测[J]. 航空学报, 2006, 27(2): 219-226.

[27] Newman J C, Phillips E P, Swain M H. Fatigue-life prediction methodology using small-crack

theory[J]. International Journal of Fatigue, 1999, 21(2): 109-119.

[28] Newman J C Jr. A crack-closure model for predicting fatigue crack growth under aircraft spectrum loading[M]//Chang J B, Hudson C M. Methods and Models for Predicting Fatigue Crack Growth Under Random Loading. West Conshohocken: ASTM International, 1981: 53-84.

[29] Kitagawa H, Takahashi S. Applicability of fracture mechanics to very small cracks or the cracks in the early stage[C]. Proceedings of the 2nd International Conference on Mechanical Behavior of Materials, Boston, 1976: 627-631.

[30] El Haddad M H, Topper T H, Smith K N. Prediction of non propagating cracks[J]. Engineering Fracture Mechanics, 1979, 11(3): 573-584.

[31] 王海潮. 多轴热机械载荷下基于短裂纹扩展的全寿命预测方法研究[D]. 北京: 北京工业大学, 2021.

[32] Elber W. Fatigue crack closure under cyclic tension[J]. Engineering Fracture Mechanics, 1970, 2(1): 37-45.

[33] Elber W. The significance of fatigue crack closure[M]//Rosenfeld M S. Damage Tolerance in Aircraft Structures. West Conshohocken: ASTM International, 1971: 230-242.

[34] Newman J C. A crack opening stress equation for fatigue crack growth[J]. International Journal of Fracture, 1984, 24(4): R131-R135.

[35] Nikbin K M, Smith D J, Webster G A. An engineering approach to the prediction of creep crack growth[J]. Journal of Engineering Materials and Techology-Transactions of the ASME, 1986, 108(2): 186-191.

[36] Lee S Y, Lu Y L, Liaw P K, et al. Hold-time effects on elevated-temperature low-cycle-fatigue and crack-propagation behaviors of HAYNES® 188 superalloy[J]. Journal of Materials Science, 2009, 44(11): 2945-2956.

[37] Vormwald M, Seeger T. The consequences of short crack closure on fatigue crack growth under variable amplitude loading[J]. Fatigue & Fracture of Engineering Materials & Structures, 1991, 14(2/3): 205-225.

[38] Chapetti M D. Fatigue propagation threshold of short cracks under constant amplitude loading[J]. International Journal of Fatigue, 2003, 25(12): 1319-1326.

[39] Ye S, Gong J G, Zhang X C, et al. Effect of stress ratio on the fatigue crack propagation behavior of the nickel-based GH4169 alloy[J]. Acta Metallurgica Sinica (English Letters), 2017, 30(9): 809-821.

[40] Wang C H, Brown M W. Life prediction techniques for variable amplitude multiaxial fatigue: Part 1: Theories[J]. Journal of Engineering Materials and Technology, 1996, 118(3): 367-370.

[41] Zhou X P, Shang D G, Li D H, et al. Life prediction method based on short crack propagation considering additional damage under axial-torsional non-proportional loading[J]. International Journal of Fatigue, 2022, 161: 106888.

第 10 章 缺口多轴热机疲劳

航空航天飞行器热端结构零部件存在大量缺口，这些缺口所造成的应力集中往往成为疲劳破坏的敏感部位。在变温及复杂循环交变载荷下，缺口根部危险部位会处于复杂的局部多轴应力应变状态，导致疲劳裂纹常常在此处萌生，进而引发零部件整体疲劳破坏。实际结构件缺口危险点处通常经过成千上万个峰谷值点的载荷时间历程，受计算机内存容量、存储容量和计算时间的限制，使用有限元方法难以完成这样较长载荷时间历程的局部循环弹塑性应力-应变计算。因此，必须寻求能够快速计算缺口局部应力应变的方法，以便结构强度设计人员直接利用局部应力/应变-时间历程数据完成结构强度分析和寿命预测。

本章首先回顾传统单轴局部应力应变估算方法，然后介绍常温与多轴热机载荷下缺口局部应力应变估算方法，最后论述缺口多轴热机疲劳寿命预测方法。

10.1 缺口局部应力应变估算方法概述

10.1.1 单轴加载下缺口应力应变估算方法

1. Neuber 法

1961 年，Neuber[1]针对缺口棱柱体在纯剪切应力作用下，得出在弹塑性状态下缺口理论应力集中系数是其真实应力集中系数和真实应变集中系数的几何平均值。其表达式为

$$K_t^2 = K_\sigma' K_\varepsilon' \tag{10.1}$$

式中，K_t 为理论应力集中系数；K_σ' 为真实应力集中系数；K_ε' 为真实应变集中系数。

考虑到名义应力通常处于弹性范围内，则式(10.1)可写成局部应力应变和名义应力之间的关系，即

$$\sigma \cdot \varepsilon = K_t^2 S^2 / E \tag{10.2}$$

式中，σ 为缺口件根部的真实应力；ε 为缺口件根部的真实应变；S 为缺口件的名义应力；E 为材料弹性模量。

后来 Topper 等[2]对 Neuber 法进行了修正，使其适用于单轴循环载荷下不同

缺口几何形状的情况，并用于预测缺口构件疲劳寿命。

2. 等效应变能密度法

1981 年，Molski 等[3]通过对缺口根部应力分析提出，当缺口试件根部处于平面应力状态时，缺口根部实际应变能密度与缺口区域处于纯弹性状态时的应变能密度相等。此种方法被称为等效应变能密度（equivalent strain energy density, ESED）法，表达式如下：

$$K_t^2 W_s = W_\sigma \tag{10.3}$$

式中，W_σ 为缺口根部应力应变贡献的单位体积的应变能；W_s 为缺口远端名义应变贡献的单位体积应变能。

1985 年，Glinka[4]提出可以根据弹性应力应变解计算缺口前塑性区的应变能密度的假设。如果已知弹性应力应变解和材料应力-应变曲线，则基于 ESED 法可以计算缺口根部弹塑性应变应力。

若材料满足 Ramberg-Osgood 应力-应变公式：

$$\varepsilon = \varepsilon_e + \varepsilon_p = \frac{\sigma}{E} + \left(\frac{\sigma}{K}\right)^{1/n} \tag{10.4}$$

将式（10.3）与 Ramberg-Osgood 应力-应变公式联立，可求出缺口根部应力应变。

该方法可以在循环载荷下计算缺口应力应变，计算中采用数值方法进行循环载荷下缺口应力-应变模拟，计算结果与测量值具有较好的一致性。

10.1.2　多轴加载下缺口局部应力应变估算方法

Neuber 法与 ESED 法均基于纯剪或纯拉压单轴循环载荷下得到的，但在实际工作状态下，机械零部件大多处于多轴循环载荷作用，使用单轴的近似计算方法得到的结果往往不够准确，因此需采用多轴载荷下局部应力应变近似计算方法，以提高计算结果的准确性。

1. 比例加载下缺口局部应力应变估算方法

多轴 Neuber 法是将单轴状态下的 Neuber 公式推广到多轴应力状态[5]。当缺口根部处于平面应力状态时，可以得到多轴状态下 Neuber 法的张量形式：

$$\sigma_{ij}^e \varepsilon_{ij}^e = \sigma_{ij}^N \varepsilon_{ij}^N \tag{10.5}$$

式中，σ_{ij}^N 和 ε_{ij}^N 为采用多轴 Neuber 法估算出的缺口根部弹塑性应力应变分量；σ_{ij}^e

和 ε_{ij}^e 为假设的线弹性缺口根部应力和应变分量。

Moftakhar 等[6]基于 ESED 法和 Neuber 法提出了一种计算多轴载荷下缺口根部弹塑性应变和应力的方法。该方法通过对缺口根部区域应变能密度分析，导出了两个近似公式。这两个公式可以获取实际弹塑性缺口根部应变的下限和上限，特别适用于经受较长多轴循环载荷时间历程的缺口应力应变分析。由于垂直缺口表面的应力分量为零，缺口根部应力应变状态通常可以看成由两个主应力分量和三个主应变分量的双轴应力状态。

该方法对应下限的推广 ESED 方程如下：

$$\frac{1}{2}\left(\sigma_2^e \varepsilon_2^e + \sigma_3^e \varepsilon_3^e\right) = \frac{1}{3E}(1+\nu)\left(\sigma_{\mathrm{eq}}^E\right)^2 + \frac{1-2\nu}{6E}\left(\sigma_2^E + \sigma_3^E\right) + \int_0^{\varepsilon_{\mathrm{eq}}^{pE}} \sigma_{\mathrm{eq}}^E \mathrm{d}\varepsilon_{\mathrm{eq}}^{pE} \quad (10.6)$$

式中

$$\varepsilon_{\mathrm{eq}}^{pE} = f\left(\sigma_{\mathrm{eq}}^{pE}\right)$$

$$\sigma_{\mathrm{eq}}^E = \sqrt{\left(\sigma_2^E\right)^2 - \sigma_2^E \varepsilon_3^E + \left(\sigma_3^E\right)^2}$$

式中，σ_i^E 和 ε_i^E 分别为由多轴 ESED 法估算出的缺口根部弹塑性应力应变分量；σ_i^e 和 ε_i^e 分别为假设缺口根部线弹性应力和应变分量。

方程共有 5 个未知量，可结合 3 个本构方程与一个应变能密度等效方程联立求解获得缺口根部实际应力应变值。

本构关系方程为

$$\varepsilon_1^E = \frac{-\nu}{E}\left(\sigma_2^E + \sigma_3^E\right) - \frac{f\left(\sigma_{\mathrm{eq}}^E\right)}{2\sigma_{\mathrm{eq}}^E}\left(\sigma_2^E + \sigma_3^E\right) \quad (10.7)$$

$$\varepsilon_2^E = \frac{1}{E}\left(\sigma_2^E - \nu\sigma_3^E\right) + \frac{f\left(\sigma_{\mathrm{eq}}^E\right)}{2\sigma_{\mathrm{eq}}^E}\left(\sigma_2^E - \frac{1}{2}\sigma_3^E\right) \quad (10.8)$$

$$\varepsilon_3^E = \frac{1}{E}\left(\sigma_3^E - \nu\sigma_2^E\right) + \frac{f\left(\sigma_{\mathrm{eq}}^E\right)}{\sigma_{\mathrm{eq}}^E}\left(\sigma_3^E - \frac{1}{2}\sigma_2^E\right) \quad (10.9)$$

试验研究表明，在比例加载下，缺口处最大主应力应变的应变能密度与总应变能密度之比和假设缺口处于完全线弹性情况时最大主应力应变的应变能密度与总应变能密度之比相等，即可表示为总应变能密度等效方程：

$$\frac{\sigma_2^e \varepsilon_2^e}{\sigma_2^e \varepsilon_2^e + \sigma_3^e \varepsilon_3^e} = \frac{\sigma_2^E \varepsilon_2^E}{\sigma_2^E \varepsilon_2^E + \sigma_3^E \varepsilon_3^E} \tag{10.10}$$

式中，角标"e"代表材料处于线弹性时的相应数值；角标"E"代表用多轴近似计算法求解的相应弹塑性数值。

该方法对应上限的推广 Neuber 方程如下：

$$\sigma_2^e \varepsilon_2^e + \sigma_3^e \varepsilon_3^e = \sigma_2^N \varepsilon_2^N + \sigma_3^N \varepsilon_3^N \tag{10.11}$$

本构关系方程为

$$\varepsilon_1^N = \frac{-\nu}{E}\left(\sigma_2^N + \sigma_3^N\right) - \frac{f\left(\sigma_{eq}^N\right)}{2\sigma_{eq}^N}\left(\sigma_2^N + \sigma_3^N\right) \tag{10.12}$$

$$\varepsilon_2^N = \frac{1}{E}\left(\sigma_2^N - \nu\sigma_3^N\right) + \frac{f\left(\sigma_{eq}^N\right)}{2\sigma_{eq}^N}\left(\sigma_2^N - \frac{1}{2}\sigma_3^N\right) \tag{10.13}$$

$$\varepsilon_3^N = \frac{1}{E}\left(\sigma_3^N - \nu\sigma_2^N\right) + \frac{f\left(\sigma_{eq}^N\right)}{\sigma_{eq}^N}\left(\sigma_3^N - \frac{1}{2}\sigma_2^N\right) \tag{10.14}$$

式中

$$\sigma_{eq}^N = \sqrt{\left(\sigma_2^N\right)^2 - \sigma_2^N \varepsilon_3^N + \left(\sigma_3^N\right)^2} \tag{10.15}$$

总应变能密度等效方程：

$$\frac{\sigma_2^e \varepsilon_2^e}{\sigma_2^e \varepsilon_2^e + \sigma_3^e \varepsilon_3^e} = \frac{\sigma_2^N \varepsilon_2^N}{\sigma_2^N \varepsilon_2^N + \sigma_3^N \varepsilon_3^N} \tag{10.16}$$

式中，角标"e"代表材料处于线弹性时的相应数值；角标"N"代表用多轴近似计算法求解的相应弹塑性数值。

利用式(10.11)~式(10.14)与式(10.16)形成一组五个方程，主应力分量（σ_2^N，σ_3^N）和主应变分量（$\varepsilon_1^N, \varepsilon_2^N, \varepsilon_3^N$）可以基于线弹性分析获得的应力应变分量（$\sigma_2^e$，$\sigma_3^e, \varepsilon_1^e, \varepsilon_2^e, \varepsilon_3^e$）进行计算并获取结果。

2. 非比例加载下多轴缺口局部应力应变估算方法

为了考虑多轴非比例循环加载，Singh[7]利用弹性和弹塑性应变能密度与材料本构关系之间的增量关系提出了增量 Neuber 法和增量 ESED 法来计算非比例循环荷载作用下弹塑性构件缺口根部应力应变历程。

　　增量 Neuber 法首先设定一个外载增量，假设在加载过程中弹塑性体始终保持线弹性来估算相应缺口根部弹塑性体总应变能密度增量，即利用缺口根部线弹性增量解与由弹塑性分析得到的相应总应变能密度增量相等的关系来求解多轴加载下缺口局部应力应变，其增量推广 Neuber 方程如下：

$$\sigma_{\alpha\beta}^{e}\mathrm{d}\varepsilon_{\alpha\beta}^{e} + \varepsilon_{\alpha\beta}^{e}\mathrm{d}\sigma_{\alpha\beta}^{e} = \sigma_{\alpha\beta}^{N}\mathrm{d}\varepsilon_{\alpha\beta}^{N} + \varepsilon_{\alpha\beta}^{N}\mathrm{d}\sigma_{\alpha\beta}^{N} \tag{10.17}$$

式中，$\alpha, \beta = 1, 2, 3$，但不做求和。

　　增量 ESED 法认为缺口根部弹塑性体应变能密度的增量与加载过程中弹塑性体始终保持弹性时应变能密度相等，推广 ESED 方程如下：

$$\sigma_{\alpha\beta}^{e}\Delta\varepsilon_{\alpha\beta}^{e} = \sigma_{\alpha\beta}^{E}\Delta\varepsilon_{\alpha\beta}^{E} \tag{10.18}$$

　　Ye 等[8]通过研究缺口试件根部的热应力并从能量的角度分析了 Neuber 法和 ESED 法，认为外部载荷作用到缺口试件的能量可分为两部分：一部分被试件吸收转化为储能，另一部分转变为试件耗散的热能，并提出了一个统一公式：

$$\Delta\sigma_{ij}^{e}\mathrm{d}\left(\Delta\varepsilon_{ij}^{e}\right) + \Delta\varepsilon_{ij}^{e}\mathrm{d}\left(\Delta\sigma_{ij}^{e}\right) = \left(1 + C_q\right)\Delta\sigma_{ij}^{U}\mathrm{d}\left(\Delta\varepsilon_{ij}^{U}\right) + \left(1 - C_q\right)\Delta\varepsilon_{ij}^{U}\mathrm{d}\left(\Delta\sigma_{ij}^{U}\right) \tag{10.19}$$

式中，上角标 "U" 代表由该统一公式计算出应力应变分量；C_q 为能量耗散系数；$0 \leqslant C_q \leqslant 1$，且 $C_q = \dfrac{\Delta Q_d}{\Delta W_p} = \dfrac{1 - 2n'}{1 - n'}$，$\Delta Q_d = \Delta W_p - \Delta E_S$。

　　当 $C_q = 0$ 时，统一公式即退化为多轴 Neuber 法；当 $C_q = 1$ 时，统一公式即为多轴 ESED 法。

10.2　基于虚应变修正的缺口局部多轴应力应变估算方法

10.2.1　循环增量塑性本构模型回顾

　　缺口多轴应力应变估算需要 Neuber 法结合循环增量塑性本构模型来完成。循环增量塑性本构模型是一种通过输入应变应力增量获得相应应力应变增量的方法。循环增量塑性本构模型包括屈服函数、流动法则和硬化法则三个部分。屈服函数是用来判断发生塑性流动的应力组合函数，常用的屈服准则是米泽斯屈服准则或特雷斯卡屈服准则；流动法则是用来描述在塑性变形过程中应力与塑性应变增量关系，典型流动法是基于 Drucker 正交性假设，即在塑性变形过程中塑性应变增量向量垂直于屈服面；硬化法则是描述塑性应变作用导致屈服面如何演化的过程，主要包括等向强化和随动强化法则。下面对这三个部分进行简要回顾。

如果屈服函数选用米泽斯屈服准则，则其表达式如下：

$$f_i\left(S_{ij}, \alpha_{ij}^i, R_i\right) = \frac{3}{2}\left(S_{ij} - \alpha_{ij}^i\right)\left(S_{ij} - \alpha_{ij}^i\right) - R_i^{\,2}, \quad i = 1, 2, \cdots, m \tag{10.20}$$

$$S_{ij} = \sigma_{ij} - \frac{1}{3}\left(\sigma_{ij} \cdot \delta_{ij}\right)\delta_{ij} \tag{10.21}$$

式中，S_{ij} 为应力偏量；δ_{ij} 为单位张量；σ_{ij} 为应力张量；α_{ij}^i 为偏应力空间中第 i 个屈服面圆心的坐标量(背应力)；R_i 为第 i 个屈服面上的应力；m 为屈服面个数。

塑性应变增量与应力增量的关系为

$$\Delta\varepsilon_{ij}^p = \frac{1}{C_i}\left(\Delta S_{ij} \cdot n_{ij}\right)n_{ij} \tag{10.22}$$

$$n_{ij} = \frac{S_{ij} - \alpha_{ij}}{\left|S_{ij} - \alpha_{ij}\right|} \tag{10.23}$$

式中，ΔS_{ij} 为偏应力增量；n_{ij} 为当前应力点的屈服面的外法向向量；$\Delta\varepsilon_{ij}^p$ 为塑性应变增量；C_i 为第 i 个屈服面的塑性模量；α_{ij} 为背应力。

塑性模量场 C_i 计算表达式如下[9]：

$$C_i = \frac{2}{3} \frac{R_{i+1} - R_i}{\left(\varepsilon_{i+1} - \varepsilon_i\right) - \left(R_{i+1} - R\right)/E} \tag{10.24}$$

式中，R_i 为第 i 个屈服面上的应力；ε_i 为第 i 个屈服面上的应变；E 为弹性模量。

对于硬化法则，可选用由 Garud 修正的 Mróz 随动硬化法则[10]。如果 f_i 用于表示活动面，即当前应力状态在 f_i 面上，而不是在 f_{i+1} 面上，则在塑性流动期间会发生以下变化[11]：

$$\Delta\alpha_{ij} = pd_{ij} \tag{10.25}$$

$$\Delta\alpha_{ij}^r = S_{ij}' - \left(R_r/R_i\right)\left(S_{ij}' - \alpha_{ij}^{i\,\prime}\right) - \alpha_{ij}^r, \quad r = 1, 2, \cdots, i-1 \tag{10.26}$$

$$\Delta\alpha_{ij}^r = 0, \quad r = i+1, \cdots, m \tag{10.27}$$

式中，

$$d_{ij} = \left[1 - (R_i/R_{i+1})\right]\left(S_{ij} - \alpha_{ij}^{i+1} + k\Delta S_{ij}\right) + \left(\alpha_{ij}^{i+1} - \alpha_{ij}^{i}\right) \tag{10.28}$$

$$S_{ij}' = S_{ij} + \Delta S_{ij} \tag{10.29}$$

$$\alpha_{ij}^{i\,\prime} = \alpha_{ij}^{i} + \Delta\alpha_{ij} \tag{10.30}$$

$$\frac{3}{2}\left(S_{ij} - \alpha_{ij}^{i+1} + k\Delta S_{ij}\right)\left(S_{ij} - \alpha_{ij}^{i+1} + k\Delta S_{ij}\right) - R_{i+1}^2 = 0 \tag{10.31}$$

式中，k 为以上方程的正根。

$$\frac{3}{2}\left(S_{ij} + \Delta S_{ij} - \alpha_{ij}^{i} - pd_{ij}\right)\left(S_{ij} + \Delta S_{ij} - \alpha_{ij}^{i} - pd_{ij}\right) - R_i^2 = 0 \tag{10.32}$$

式中，p 为以上方程的正根。

10.2.2　虚塑性应变与缺口根部塑性应变关系

总应变增量通常划分为弹性和塑性增量部分，表示如下：

$$\Delta\varepsilon_{ij}^{t} = \Delta\varepsilon_{ij}^{e} + \Delta\varepsilon_{ij}^{p} \tag{10.33}$$

式中，$\Delta\varepsilon_{ij}^{t}$ 为总应变增量；$\Delta\varepsilon_{ij}^{e}$ 为弹性应变增量；$\Delta\varepsilon_{ij}^{p}$ 为塑性应变增量。

弹性应变增量与应力增量的关系可线性表示如下：

$$\Delta\varepsilon_{ij}^{e} = \frac{1+\nu}{E}\left[\Delta\sigma_{ij} - \frac{\nu}{1+\nu}\left(\Delta\sigma_{ij} \cdot \delta_{ij}\right)\delta_{ij}\right] \tag{10.34}$$

塑性应变增量与应力增量的关系可通过流动法则式(10.22)表示。

Köttgen 等[12]提出了基于虚应变的缺口多轴应力应变估算方法，这里的虚应变就是用线弹性解得到的缺口弹性应变。

基于虚应变的缺口多轴应力应变估算方法主要计算过程如下。

首先用 Neuber 法获得虚应变与缺口局部应力之间的关系，然后利用输入的虚应变增量和虚应变-缺口局部应力关系，由流动法则结合循环增量塑性模型获取缺口局部应力：

$$\Delta^e\varepsilon_{ij}^{p} = \left(1/\,^eC_i\right)\left(\Delta S_{ij} \cdot n_{ij}\right)n_{ij} \tag{10.35}$$

式中，^eC_i 可利用虚应变-局部应力关系曲线由式(10.24)获取；$\Delta^e\varepsilon_{ij}^{p}$ 是虚应变增量的塑性部分。

　　最后采用输入缺口局部应力增量的循环塑性模型和材料循环应力-应变关系计算得到缺口局部应变。

　　该过程中用到了虚应变-缺口局部应力关系和材料循环应力-应变关系，其塑性应变增量与应力增量关系的应力-应变关系可表达如下：

$$\Delta^{N}\varepsilon_{ij}^{p} = \left(1/{}^{N}C_{i}\right)\left(\Delta S_{ij} \cdot n_{ij}\right)n_{ij} \tag{10.36}$$

式中，${}^{N}C_{i}$ 可由材料循环应力-应变关系曲线获取；$\Delta^{N}\varepsilon_{ij}^{p}$ 为缺口应变增量的塑性部分。

　　由以上缺口多轴应力应变估算过程可以看出，在两次运用循环增量塑性模型过程中所用到的缺口应力增量是相同的。在式(10.35)和式(10.36)中，当偏应力增量 ΔS_{ij} 和当前应力点屈服面上的外法向向量 n_{ij} 相同时，则可以得到虚塑性应变增量与缺口塑性应变增量之间的关系：

$$ {}^{e}C_{i}\Delta^{e}\varepsilon_{ij}^{p} = {}^{N}C_{i}\Delta^{N}\varepsilon_{ij}^{p} \tag{10.37}$$

式(10.37)即为文献[13]和[14]提出的基于多轴缺口虚应变塑性修正方法。

10.2.3　基于虚塑性应变修正的缺口多轴应力应变估算原理

1. 虚塑性模量场的确定

　　在单轴循环载荷下，估算缺口应力和应变的 Neuber 方程表达式如下：

$$\frac{\Delta^{e}\varepsilon}{2}\frac{\Delta^{e}\sigma}{2} = \frac{\Delta^{N}\varepsilon}{2}\frac{\Delta^{N}\sigma}{2} \tag{10.38}$$

　　单轴循环应力应变关系的 Ramberg-Osgood 应力-应变公式为

$$\frac{\Delta^{N}\varepsilon}{2} = \frac{\Delta^{N}\sigma}{2E} + \left(\frac{\Delta^{N}\sigma}{2K'}\right)^{1/n'} \tag{10.39}$$

$$\frac{\Delta^{e}\sigma}{2} = E \cdot \frac{\Delta^{e}\varepsilon}{2} \tag{10.40}$$

式中，左上标 e 表示虚应力或虚应变分量；左上标 N 表示缺口根部的应力或应变。

　　联立式(10.38)~式(10.40)，则可得虚应变与缺口应力关系：

$$\frac{\Delta^{e}\varepsilon}{2} = \sqrt{\frac{\Delta^{N}\sigma^{2}}{4E^{2}} + \frac{\Delta^{N}\sigma}{2E}\left(\frac{\Delta^{N}\sigma}{2K'}\right)^{1/n'}} \tag{10.41}$$

对于给定的虚应变幅，由式(10.41)可求得相应的缺口应力幅，则可以获得一组缺口应力幅值和虚应变幅数据，然后通过式(10.42)拟合确定出虚循环参数 ${}^eK'$ 和 ${}^en'$：

$$\frac{\Delta^e\varepsilon}{2} = \frac{\Delta^N\sigma}{2E} + \left(\frac{\Delta^N\sigma}{2\,^eK'}\right)^{1/^en'} \tag{10.42}$$

利用式(10.42)，将虚应变和缺口应力幅代入式(10.24)，即可确定出虚塑性模量场 ${}^eC_i$。

2. 多轴虚应变历程的确定

以环形槽试件承受拉扭载荷历程为例，其缺口根部虚应变可由弹性理论方法计算获取。名义轴向应力、剪切应力和应力集中系数与多轴虚应变的关系如下[15]：

$$^e\varepsilon_x = \frac{1}{E}\left(K_z' - \nu K_z\right)S_z \tag{10.43}$$

$$^e\varepsilon_y = \frac{1}{E}\left[-\nu\left(K_z + K_z'\right)\right]S_z \tag{10.44}$$

$$^e\varepsilon_z = \frac{1}{E}\left(K_z - \nu K_z'\right)S_z \tag{10.45}$$

$$^e\varepsilon_{xz} = \frac{1+\nu}{E}K_{xz}S_{xz} \tag{10.46}$$

式中，E 为弹性模量；S_z 为名义轴向应力；S_{xz} 为名义剪切应力；ν 为泊松比；K_z 为轴向应力集中系数；K_{xz} 为剪切应力集中系数；K_z' 为周向应力集中系数。

如果给出名义应力和应力集中系数，那么利用式(10.43)～式(10.46)就可以获得虚应变历程。

3. 基于虚塑性应变修正的缺口多轴应力应变估算流程

由虚应变增量作为输入，并利用局部应力-虚应变曲线，可以使用增量循环塑性模型来获得相应的局部应力增量，从而获取虚应变增量的弹性和塑性部分，然后，通过确定的两个塑性模量场，可以使用式(10.37)修正缺口应变增量的塑性部分。在该方法中，由 Neuber 法确定局部应力-虚应变（$^N\sigma$-$^e\varepsilon$）曲线。当给出局部应力-虚应变曲线和真实材料应力-应变曲线后，即可以得到两个塑性模量场。由于缺口应变增量的弹性部分与虚应变增量的弹力部分相同，可将缺口应变增量中的弹性部分和塑性部分相加，即可获取缺口总应变增量。

由上述原理，基于虚塑性修正的缺口多轴应力应变估算方法的求解过程可描述如下。

(1) 由 Neuber 法和材料循环应力-应变关系确定单轴虚应变-缺口应力关系。

(2) 计算两个塑性模量场，即虚塑性模量场和材料塑性模量场。

(3) 计算多轴虚应变载荷时间历程。

(4) 通过输入虚应变增量的循环增量塑性模型并利用虚应变-局部缺口应力关系，获得缺口应力增量。在此过程中，可以分别计算虚应变增量的弹性部分和塑性部分。如果出现虚塑性应变，将通过虚塑性模量场和材料塑性模量场之间的比例关系，即式(10.37)，来修正虚塑性应变增量，以获得缺口塑性应变增量。将缺口弹性应变增量与缺口塑性应变增量相加从而得到缺口应变增量。

(5) 通过累加缺口应力和应变增量结果得到缺口总应力和应变。

该方法的特点是只需要多轴虚应变时间历程和材料循环应力-应变关系作为输入，仅执行一次循环增量塑性模型就可以同时求得缺口多轴应力和应变。该方法结合 Mróz-Garud 循环增量塑性模型的算法流程图如图 10.1 所示。

10.2.4　基于虚塑性应变修正的缺口多轴应力应变估算算例

1. 多轴加载参数及加载路径

试验对象为 SAE1070 钢环形缺口圆柱棒状试件，在室温条件下，缺口试件进行拉扭载荷控制试验。试验数据包括名义轴向应力、剪切应力和拉扭应变数据，其中应变数据通过缺口根部贴应变片采集来获取。试验采用 8 个加载路径，包括比例路径、矩形路径、V 形路径、N 形路径和 W 形路径等，所有试验数据取自文献[15]，其加载应力幅及加载路径如表 10.1 所示。

对于 1070 钢材料，所确定的虚塑性模量场以及材料塑性模量场见表 10.2。

2. 模型计算与实测结果比较

通过获得的虚应变历程和两个塑性模量场，利用塑性修正的缺口多轴应力应变估算方法计算缺口根部应变。本例中，使用 Barkey[15]测量轴向载荷和扭矩计算的名义轴向/剪切应力历程作为输入数据来计算虚应变历程，并将实测缺口根部应变与计算缺口根部应变进行比较。测量和计算的轴向和剪切应变范围之间的相对误差如表 10.3 所示。此处显示了上一个完整块循环的测量和计算应变范围结果。从表 10.3 中可以看出，对于八个加载路径，轴向应变分量和剪切应变分量的测量和计算应变范围结果之间的平均相对误差分别为–2.81%和–8.96%。结果表明，基于虚塑性应变修正的缺口多轴应力应变估算方法是可接受的，其中计算的轴向应变范围比计算的剪切应变范围更加准确。

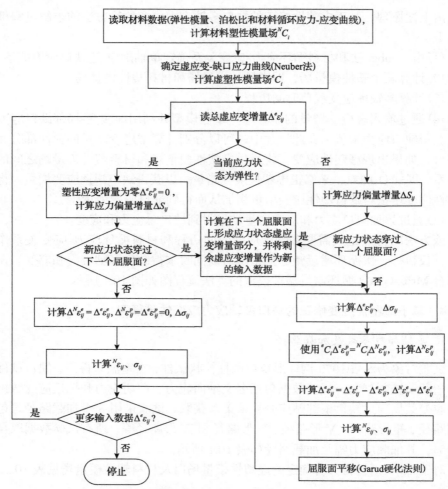

图 10.1 基于虚塑性修正的缺口多轴应力应变估算流程图[14]

表 10.1 名义轴向和剪切应力幅及载荷路径[15]

加载应力幅	名义加载路径
$S_a = 295\text{MPa}$ $S_t = 193\text{MPa}$	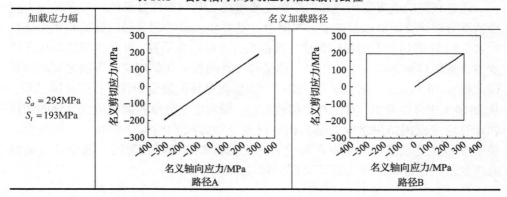

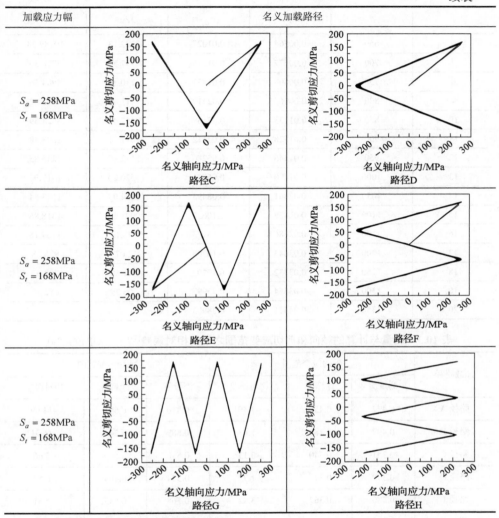

注：S_a指名义轴向应力幅，S_t指名义剪切应力幅。

表 10.2　虚塑性模量场和材料塑性模量场[13]

i	R_i	$^e\varepsilon_i$	$^N\varepsilon_i$	^eC_i	^NC_i
1	400	0.00220	0.00253	154927.96	65958.44
2	450	0.00265	0.00327	106315.41	42212.66
3	500	0.00320	0.00430	77146.31	28244.17
4	550	0.00387	0.00572	58557.06	19598.96
5	600	0.00468	0.00766	46079.43	14019.41

i	R_i	$^e\varepsilon_i$	$^N\varepsilon_i$	^eC_i	^NC_i
6	650	0.00564	0.01027	37322.13	10289.53
7	700	0.00677	0.01375	30937.58	7720.39
8	750	0.00809	0.01831	26130.48	5904.56
9	800	0.00960	0.02419	22411.40	4592.02
10	850	0.01133	0.03169	19467.44	3624.39
11	900	0.01328	0.04112	17091.51	2898.48
12	950	0.01546	0.05286	15142.19	2345.35
13	1000	0.01790	0.06731	13520.20	1917.96
14	1050	0.02061	0.08493	12154.07	1583.54
15	1100	0.02359	0.10622	10991.20	1318.86
16	1150	0.02686	0.13173	9992.13	1107.18
17	1200	0.03043	0.16208	9126.72	936.28
18	1250	0.03432	0.19792	8371.60	797.07
19	1300	0.03854	0.23997	7708.39	682.78
20	1350	0.04311	0.28903		

表 10.3　测量与计算的轴向和剪切应变范围之间的相对误差[14]　　　（单位：%）

加载路径	轴向应变范围			剪切应变范围		
	测量值	计算值	相对误差	测量值	计算值	相对误差
路径 A	0.472	0.456	−3.39	0.810	0.691	−14.69
路径 B	0.492	0.483	−1.83	0.889	0.744	−16.31
路径 C	0.351	0.340	−3.13	0.530	0.500	−5.66
路径 D	0.349	0.343	−1.72	0.534	0.499	−6.55
路径 E	0.380	0.367	−3.42	0.568	0.535	−5.81
路径 F	0.358	0.346	−3.35	0.582	0.530	−8.93
路径 G	0.363	0.358	−1.38	0.599	0.542	−9.52
路径 H	0.378	0.362	−4.23	0.552	0.529	−4.17

10.3　基于虚应力修正的缺口局部多轴应力应变估算方法

为了对随机多轴载荷下缺口构件进行疲劳损伤评估，文献 [16] 提出一种基于虚应力修正的缺口局部多轴应力应变估算方法，该估算方法不需要迭代计算，大大简化了多轴缺口应力应变估算的过程，且可以结合缺口局部载荷路径非比例度来考虑非比例附加强化效应，便于随机多轴载荷下缺口构件的损伤评估。针对随机多轴载荷下缺口构件疲劳损伤在线评估需要对局部应力应变进行快速求解的要求，文献[17]提出一种基于虚应力修正的缺口多轴应力应变估算方法，该方法不再考虑非比例循环应变硬化效应对缺口真实应力响应的影响。同时，根据多轴加载时间历程中任意相邻两个时刻点的弹性应力增量即可直接快速地进行缺口真实应力增量的评估，不再需要根据循环塑性模型进行真实割线模量和虚拟割线模量的人为分割处理。这种方法也不需要复杂的迭代计算，可以实时计算非比例因子，便于结构件多轴疲劳损伤的快速评估。下面对其估算过程进行详细说明。

10.3.1　虚应力修正方法

以拉扭多轴循环载荷作用下的缺口试件为例，如图 10.2 所示，由于缺口根部表面为平面应力状态，其应力张量 σ_{ij} 和应变张量 ε_{ij} 可分别表示为

$$\sigma_{ij} = \begin{bmatrix} \sigma_{xx} & \sigma_{xy} & 0 \\ \sigma_{xy} & \sigma_{yy} & 0 \\ 0 & 0 & 0 \end{bmatrix} = \begin{bmatrix} \sigma_{xx} & \tau_{xy} & 0 \\ \tau_{xy} & \sigma_{yy} & 0 \\ 0 & 0 & 0 \end{bmatrix} \tag{10.47}$$

$$\varepsilon_{ij} = \begin{bmatrix} \varepsilon_{xx} & \varepsilon_{xy} & 0 \\ \varepsilon_{xy} & \varepsilon_{yy} & 0 \\ 0 & 0 & \varepsilon_{zz} \end{bmatrix} = \begin{bmatrix} \varepsilon_{xx} & \gamma_{xy}/2 & 0 \\ \gamma_{xy}/2 & \varepsilon_{yy} & 0 \\ 0 & 0 & \varepsilon_{zz} \end{bmatrix} \tag{10.48}$$

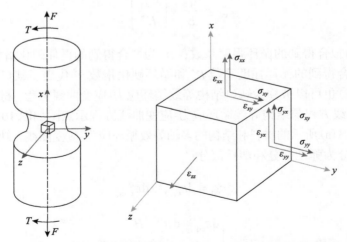

图 10.2　多轴循环载荷作用下缺口根部应力应变状态示意图

Hoffmann 等[18,19]把 Neuber 法推广到多轴情况，其米泽斯等效形式的 Neuber

法可以表示为

$$\sigma_{eq}^{e}\varepsilon_{eq}^{e} = \sigma_{eq}^{a}\varepsilon_{eq}^{a} \tag{10.49}$$

式中，σ_{eq}^{e} 为缺口虚弹性等效应力；ε_{eq}^{e} 为缺口虚弹性等效应变；σ_{eq}^{a} 为缺口真实等效应力；ε_{eq}^{a} 为缺口真实等效应变。

对符合 Ramberg-Osgood 应力-应变循环特性材料，缺口真实等效应力 σ_{eq}^{a} 和等效应变 ε_{eq}^{a} 可表示为

$$\varepsilon_{eq}^{a} = \frac{\sigma_{eq}^{a}}{E} + \left(\frac{\sigma_{eq}^{a}}{K'}\right)^{1/n'} \tag{10.50}$$

式中，K' 为材料循环强度系数；n' 为材料循环硬化指数。

缺口虚弹性等效应力 σ_{eq}^{e} 和等效应变 ε_{eq}^{e} 之间的关系为

$$\sigma_{eq}^{e} = E\varepsilon_{eq}^{e} \tag{10.51}$$

式中，E 为材料弹性模量。

根据式 (10.49)～式 (10.51)，缺口真实等效应变 ε_{eq}^{a} 可由虚弹性等效应力 σ_{eq}^{e} 表示：

$$\varepsilon_{eq}^{a} = \frac{\sigma_{eq}^{e}}{E} + \left(\frac{\sigma_{eq}^{e}}{K''}\right)^{1/n''} \tag{10.52}$$

式中，K'' 为拟合得到的循环强度系数；n'' 为拟合得到的循环硬化指数。

通过拟合得到的循环强度系数 K'' 和循环硬化指数 n'' 代表了缺口的结构。因此，式 (10.52) 也可以被称为缺口结构等效循环应力-应变曲线方程。材料等效循环应力-应变曲线方程与结构等效循环应力-应变曲线方程示意图如图 10.3 (a) 所示。

由图 10.3 (a) 所示的材料和结构的多轴等效循环应力-应变曲线，缺口真实等效应变增量可分为弹性部分和塑性部分：

$$d\varepsilon_{eq}^{a} = d\varepsilon_{e,eq}^{a} + d\varepsilon_{p,eq}^{a} \tag{10.53}$$

$$\begin{cases} d\varepsilon_{eq}^{a} = d\sigma_{eq}^{a}/H^{a} \\ d\varepsilon_{e,eq}^{a} = d\sigma_{eq}^{a}/E \\ d\varepsilon_{p,eq}^{a} = d\sigma_{eq}^{a}/E_{p}^{a} \end{cases} \tag{10.54}$$

式中，$d\sigma_{eq}^a$ 为真实等效应力增量；$d\varepsilon_{eq}$ 为真实等效应变增量；$d\varepsilon_{e,eq}^a$ 为真实等效弹性应变增量；$d\varepsilon_{p,eq}^a$ 为真实等效塑性应变增量；H^a 为真实割线模量；E_p^a 为真实塑性模量。

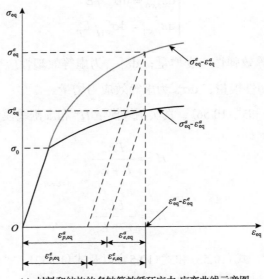

(a) 材料和结构的多轴等效循环应力-应变曲线示意图

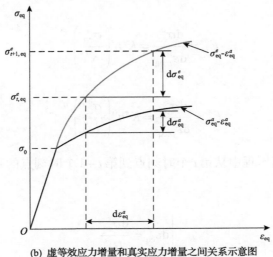

(b) 虚等效应力增量和真实应力增量之间关系示意图

图 10.3　虚应力修正方法示意图[17]

对于图 10.3(b) 所示的材料和结构等效循环应力-应变曲线，可以得到如下关系：

$$d\varepsilon_{eq}^a = d\varepsilon_{e,eq}^e + d\varepsilon_{p,eq}^e \tag{10.55}$$

$$\begin{cases} d\varepsilon_{eq}^a = d\sigma_{eq}^e \big/ H^e \\ d\varepsilon_{e,eq}^e = d\sigma_{eq}^e \big/ E \\ d\varepsilon_{p,eq}^e = d\sigma_{eq}^e \big/ E_p^e \end{cases} \tag{10.56}$$

式中，$d\varepsilon_{e,eq}^e$ 为虚等效弹性应变增量；$d\varepsilon_{p,eq}^e$ 为虚等效塑性应变增量；H^e 为虚割线模量；E_p^e 为虚塑性模量；$d\sigma_{eq}^e$ 为虚等效应力增量。

结合式(10.54)和式(10.56)，真实割线模量 H^a 和虚割线模量 H^e 可分别表示为

$$H^a = \frac{EE_p^a}{E + E_p^a} \tag{10.57}$$

$$H^e = \frac{EE_p^e}{E + E_p^e} \tag{10.58}$$

结合式(10.50)、式(10.53)和式(10.54)以及式(10.52)、式(10.55)和式(10.56)则可得到真实塑性模量 E_p^a 和虚塑性模量 E_p^e：

$$E_p^a = \frac{d\sigma_{eq}^a}{d\varepsilon_{p,eq}^a} = K'n' \left(\frac{\sigma_{eq}^a}{K'} \right)^{\frac{n'-1}{n'}} \tag{10.59}$$

$$E_p^e = \frac{d\sigma_{eq}^e}{d\varepsilon_{p,eq}^e} = K''n'' \left(\frac{\sigma_{eq}^e}{K''} \right)^{\frac{n''-1}{n''}} \tag{10.60}$$

多轴加载时间历程中从第 t 个时刻点到第 $t+1$ 个时刻点的真实等效应变增量 $d\varepsilon_{eq}^a$ 可表示为

$$\begin{cases} d\varepsilon_{eq}^a = \dfrac{d\sigma_{eq}^e}{H^e} \\ d\varepsilon_{eq}^a = \dfrac{d\sigma_{eq}^a}{H^a} \end{cases} \tag{10.61}$$

将式(10.61)进一步整理，可以得到缺口真实等效应力增量 $d\sigma_{eq}^a$ 和虚等效应力

增量 $d\sigma_{eq}^e$ 之间的关系：

$$d\sigma_{eq}^a = \frac{H^a}{H^e} d\sigma_{eq}^e \tag{10.62}$$

将式(10.62)写成张量的形式，即可得到多轴加载条件下缺口虚弹性应力增量 $d\sigma_{ij}^e$ 和真实应力增量 $d\sigma_{ij}^a$ 之间的表达式为

$$d\sigma_{ij}^a = \frac{H^a}{H^e} d\sigma_{ij}^e \tag{10.63}$$

式(10.63)即为简化后的多轴缺口虚应力修正方法。

10.3.2 统一型 Chaboche 多轴本构模型

1. 主方程

在使用 Chaboche 多轴本构模型时，缺口局部总的真实应变增量张量 $d\varepsilon_{ij}^a$ 可以分为弹性和塑性部分：

$$d\varepsilon_{ij,t}^a = d\varepsilon_{ij,e}^a + d\varepsilon_{ij,p}^a \tag{10.64}$$

式中，$d\varepsilon_{ij,e}^a$ 为弹性应变增量张量；$d\varepsilon_{ij,p}^a$ 为塑性应变增量张量。

对于弹性应变增量张量 $d\varepsilon_{ij,e}^a$，可由广义胡克定律计算各个弹性应变增量分量：

$$d\varepsilon_{ij,e}^a = \frac{1+\nu}{E} d\sigma_{ij}^a - \frac{\nu}{E}\left(d\sigma_{ij}^a \cdot \delta_{ij}\right)\delta_{ij} \tag{10.65}$$

式中，δ_{ij} 为二阶单位张量。

塑性应变增量张量 $d\varepsilon_{ij,p}^a$ 可以通过式(10.66)所示的与屈服面相关联的流动法则进行计算：

$$d\varepsilon_{ij,p}^a = dp \cdot \frac{3}{2} \cdot \frac{\sigma_{ij}'^a - \chi_{ij}}{J\left(\sigma_{ij}^a - \chi_{ij}\right)} \tag{10.66}$$

式中，$\sigma_{ij}'^a$ 为真实应力张量 σ_{ij}^a 的偏量；χ_{ij} 为背应力张量；dp 为累积等效塑性应变 p 的增量；$J\left(\sigma_{ij}^a - \chi_{ij}\right)$ 为 $\sigma_{ij}^a - \chi_{ij}$ 的米泽斯等效应力：

$$J\left(\sigma_{ij}^a - \chi_{ij}\right) = \sqrt{\frac{3}{2}\left(\sigma_{ij}'^a - \chi_{ij}\right)\left(\sigma_{ij}'^a - \chi_{ij}\right)} \tag{10.67}$$

根据 Huber-Mises-Hencky 屈服条件，屈服函数 f 可以表示为

$$f = J\left(\sigma_{ij}^a - \chi_{ij}\right) - \sigma_0 \tag{10.68}$$

式中，σ_0 为循环屈服应力。

Chaboche 多轴本构模型中仅采用随动硬化法则，其中塑性应变增量张量 $\mathrm{d}\varepsilon_{ij,p}^a$ 与背应力增量张量 $\mathrm{d}\chi_{ij}$ 之间的演化方式如下[20,21]：

$$\mathrm{d}\chi_{ij} = \sum_m \mathrm{d}\chi_{ij}^{(m)} \tag{10.69}$$

$$\mathrm{d}\chi_{ij}^{(m)} = c_m\left(\frac{2}{3}a_m \mathrm{d}\varepsilon_{ij,p}^a - \chi_{ij}^{(m)}\mathrm{d}p\right) \tag{10.70}$$

式中，m 为背应力演化采用的组数，$m=1,2,3,\cdots$；a_m 为材料循环硬化参数；c_m 为材料循环硬化参数。

2. 考虑非比例附加硬化的等效塑性应变累积方法

对于适合 Ramberg-Osgood 应力-应变特性的材料，由式(10.59)可得到等效应力增量 $\mathrm{d}\sigma_{\mathrm{eq}}^a$ 与累积等效塑性应变增量 $\mathrm{d}p$ 的关系为

$$\frac{\mathrm{d}\sigma_{\mathrm{eq}}^a}{\mathrm{d}p} = K'n'\left(\frac{\sigma_{\mathrm{eq}}^a}{K'}\right)^{\frac{n'-1}{n'}} \tag{10.71}$$

在 Chaboche 多轴本构模型中，为了考虑非比例循环附加硬化效应，在累积等效塑性应变增量评估时，可将式(10.71)中的循环强度系数 K' 替换为等效循环强度系数 K_q'，其定义为

$$K_q' = (1 + \varphi F)K' \tag{10.72}$$

式中，φ 为非比例硬化系数；F 为根据缺口根部虚拟多轴弹性应变-时间历程定义的非比例度。

在多轴比例和非比例循环加载下，循环强度系数 K' 和等效循环强度系数 K_q' 在等效循环应力与塑性应变曲线上的对比示意图见图 10.4。

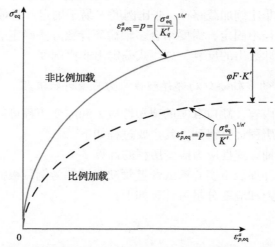

图 10.4　多轴比例和非比例循环加载下等效循环应力与塑性应变曲线示意图[17]

文献[22]的研究表明，非比例度 F 计算式为

$$F = \frac{\gamma_{45}^e}{\gamma_{\max}^e} \tag{10.73}$$

式中，$\gamma_{\max}^e$ 为由虚拟多轴弹性应变时间历程计算得到的最大剪切应变幅；γ_{45}^e 为与虚拟最大剪切应变幅平面成 45°角的材料平面上的剪切应变幅。

将式(10.71)中的循环强度系数 K' 由式(10.72)中定义的等效循环强度系数 K_q' 替代，则累积等效塑性应变增量为

$$\mathrm{d}p = \frac{\mathrm{d}\sigma_{\mathrm{eq}}^a}{(1+\varphi F)K'n'\left(\dfrac{\sigma_{\mathrm{eq}}^a}{(1+\varphi F)K'}\right)^{\frac{n'-1}{n'}}} \tag{10.74}$$

为了考虑背应力演化对关联流动法则中累积等效塑性应变增量的影响，式(10.74)中等效应力用 $J\left(\sigma_{ij}^a - \chi_{ij}\right)$ 来替换 σ_{eq}^a，则累积等效塑性应变增量 $\mathrm{d}p$ 可表示为

$$\mathrm{d}p = \frac{\mathrm{d}\left(J\left(\sigma_{ij}^a - \chi_{ij}\right)\right)}{(1+\varphi F)K'n'\left(\dfrac{J\left(\sigma_{ij}^a - \chi_{ij}\right)}{(1+\varphi F)K'}\right)^{\frac{n'-1}{n'}}} \tag{10.75}$$

对于恒幅多轴非比例加载路径，非比例度 F 易于确定，但对于变幅/随机多轴载荷，由于加载路径不固定，需要结合多轴循环计数方法确定非比例度。通过多轴循环计数方法所计数出的反复，分段式确定出非比例度。

3. 基于虚应力的多轴缺口局部弹塑性应力应变评估流程

根据前两部分内容，缺口真实的弹塑性应力和应变历程可以通过缺口根部的虚弹性应力和应变历程计算得到，其主要过程如下[23]。

1)缺口根部多轴虚弹性应力应变历程的计算

以拉扭多轴循环加载下实心棒或薄壁管缺口试件为例，根据线弹性理论，缺口根部的虚弹性应力和应变分量可计算如下：

$$\sigma_{xx}^{e} = K_{xx} S_{xx} \tag{10.76}$$

$$\sigma_{yy}^{e} = K_{xx}' S_{xx} \tag{10.77}$$

$$\tau_{xy}^{e} = K_{xy} S_{xy} \tag{10.78}$$

$$\varepsilon_{xx}^{e} = \frac{\left(K_{xx} - \nu K_{xx}'\right)}{E} S_{xx} \tag{10.79}$$

$$\varepsilon_{yy}^{e} = \frac{\left(K_{xx}' - \nu K_{xx}\right)}{E} S_{xx} \tag{10.80}$$

$$\varepsilon_{zz}^{e} = \frac{-\nu \left(K_{xx} + K_{xx}'\right)}{E} S_{xx} \tag{10.81}$$

$$\gamma_{xy}^{e} = \frac{2(1+\nu) K_{xy}}{E} S_{xy} \tag{10.82}$$

式中，S_{xx} 为轴向名义应力；S_{xy} 为剪切名义应力；K_{xx} 为轴向应力集中系数；K_{xy} 为剪切应力集中系数；K_{xx}' 为横向应力集中系数。

应力集中系数 K_{xx}、K_{xy} 和 K_{xx}' 可通过线弹性有限元分析计算获取。可以式(10.76)~式(10.82)对多轴疲劳载荷谱中的每一个数据点进行处理，则可获取试件缺口根部的多轴虚弹性应力和应变历程。

2)基于虚弹性应变历程的多轴非比例度计算

评估缺口局部真实应变时，为了考虑多轴非比例循环应变硬化效应，改进的 Chaboche 多轴本构模型中考虑了多轴非比例效应，即在评估多轴缺口局部弹塑性应力应变时，对已获取的缺口根部多轴虚弹性应变历程，首先需要进行多轴非比例度计算，具体可按 10.3.1 节论述的方法进行。

3）基于虚应力修正的缺口真实应力估算

对于多轴载荷历程，时刻点 T_s 对应的缺口根部真实应力 $\sigma_{ij}^a(T_s)$ 可表示为

$$\sigma_{ij}^a(T_s)=\sigma_{ij}^a(T_{s-1})+\mathrm{d}\sigma_{ij}^a(T_s) \tag{10.83}$$

式中，$\sigma_{ij}^a(T_{s-1})$ 为多轴载荷历程中前一个时刻点 T_{s-1} 对应的缺口根部真实应力；$\mathrm{d}\sigma_{ij}^a(T_s)$ 为多轴载荷历程中当前时刻点 T_s 对应的缺口根部真实应力增量。

当估算缺口根部应力时，假设第一个时刻点 T_0 对应的缺口处应力状态为纯弹性，那么缺口局部真实应力等于其虚弹性应力，即

$$\sigma_{ij}^a(T_0)=\sigma_{ij}^e(T_0) \tag{10.84}$$

从第二个时刻点开始，针对缺口根部多轴虚弹性应力历程中每一个时刻点 T_s 对应的虚弹性应力 $\sigma_{ij}^e(T_s)$，首先计算其虚等效应力 $\sigma_{\mathrm{eq}}^e(T_s)$，然后由式（10.51）和式（10.52）得到该时刻点缺口根部真实等效应力 $\sigma_{\mathrm{eq}}^a(T_s)$，进而判断当前时刻点是加载过程还是卸载过程。

如果当前时刻点 T_s 对应的应力状态为卸载或弹性加载过程，那么缺口根部真实应力增量等于其虚弹性应力增量，即

$$\mathrm{d}\sigma_{ij}^a(T_s)=\mathrm{d}\sigma_{ij}^e(T_s) \tag{10.85}$$

如果当前时刻点 T_s 对应的应力状态为塑性加载过程，那么缺口根部的真实应力增量由式（10.63）进行计算。

4）基于改进的 Chaboche 多轴本构模型的缺口真实应变估算

对于多轴载荷历程，当前时刻点 T_s 对应的缺口根部真实应变 $\varepsilon_{ij}^a(T_s)$ 可表示为

$$\varepsilon_{ij}^a(T_s)=\varepsilon_{ij}^a(T_{s-1})+\mathrm{d}\varepsilon_{ij}^a(T_s) \tag{10.86}$$

式中，$\varepsilon_{ij}^a(T_{s-1})$ 为多轴载荷历程中前一个时刻点 T_{s-1} 对应的缺口根部真实应变；$\mathrm{d}\varepsilon_{ij}^a(T_s)$ 为多轴载荷历程中当前时刻点 T_s 对应的缺口根部真实应变增量。

如果当前时刻点 T_s 对应的应力状态为卸载或弹性加载过程，那么缺口根部的真实应变增量等于其虚弹性应变增量，即

$$\mathrm{d}\varepsilon_{ij}^a(T_s)=\mathrm{d}\varepsilon_{ij}^e(T_s) \tag{10.87}$$

如果当前时刻点 T_s 对应的应力状态为塑性加载过程，则缺口根部的真实应变增量按照改进的 Chaboche 多轴本构模型进行评估。

上述整个评估过程的计算流程图如图 10.5 所示。

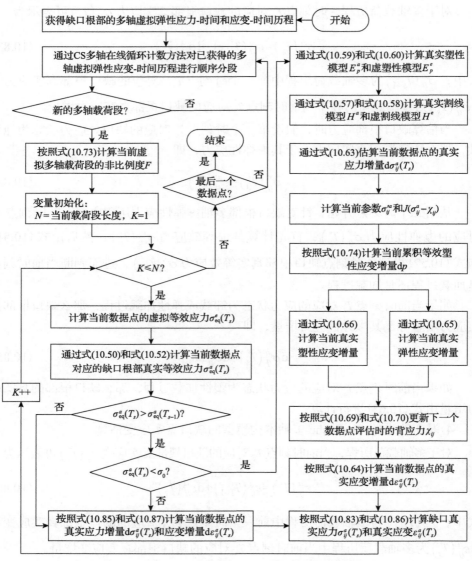

图 10.5　多轴缺口弹塑性应力应变评估算法流程图[23]

10.3.3　方法验证

1. 试验加载参数及路径

试验选用 TC21 钛合金和 SAE1070 钢两种缺口件，其中 TC21 钛合金缺口试件在 MTS858-25N 电液伺服疲劳试验机上进行拉扭应力控制疲劳试验，采用高速动态应变仪采集到的缺口根部应变响应数据，显示出明显的多轴非比例加载循环应变硬化现象。SAE1070 钢缺口试件试验数据来自文献[15]，其非比例附加强化现象并不明显。TC21 钛合金和 SAE1070 钢的相关材料性能参数如表 10.4 所示。对于 TC21 钛合金圆形缺口薄壁管试件的疲劳试验，七个拉扭多轴名义应力加载路径如图 10.6 所示。所有多轴加载路径的名义轴向应力幅 S_A 和名义剪切应力幅 S_T 均分别为 299MPa 和 173MPa。

表 10.4　TC21 钛合金和 SAE1070 钢的材料性能参数

材料	E/GPa	ν	K'/MPa	n'	φ
TC21 钛合金	121	0.3	1558	0.093	0.13
SAE1070 钢	210	0.3	1736	0.199	0

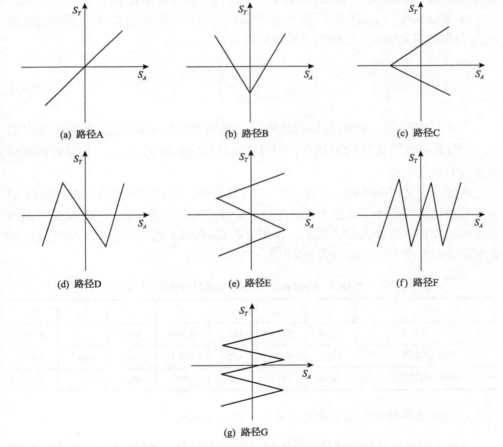

图 10.6　拉扭多轴名义应力加载路径示意图

2. Ramberg-Osgood 方程的循环硬化参数确定

对于 Chaboche 多轴本构模型中的循环硬化参数 a_m 和 c_m 的确定，通常拟合单轴疲劳试验数据进行获取，但由于疲劳试验消耗大，成本较高，因此文献[18]提供了一种统一参数确定方法。

当 Chaboche 多轴本构塑性模型应用于单轴循环加载时，其积分过程将沿着载荷折返点的变化顺序执行[24]。因此，单轴载荷下循环应力幅 σ_{am} 与塑性应变幅 $\varepsilon_{am,p} \left(\varepsilon_{am,p} = p \right)$ 之间的关系可以按多段双曲正切函数进行确定，即

$$\sigma_{am} = \sigma_0 + \sum_m a_m \tanh(c_m \mathrm{d}p) \tag{10.88}$$

式(10.88)中常数 m 要与 Chaboche 随动硬化模型中常数 m 保持一致。综合考虑 Chaboche 多轴本构模型的计算效率和准确性，将常数 m 取值为 3。

由 Ramberg-Osgood 循环应力-应变曲线方程的塑性部分形式，塑性应变幅 $\varepsilon_{am,p}$ 与循环应力幅 σ_{am} 之间的关系可以表示为

$$\varepsilon_{am,p} = \left(\frac{\sigma_{am}}{K'} \right)^{1/n'} \tag{10.89}$$

由式(10.89)以一定的步长能够得到一系列塑性应变幅 $\varepsilon_{am,p}$ 和循环应力幅 σ_{am}，将数据按照式(10.88)拟合，则可获取材料的参数 a_m 与 c_m，且可得到循环屈服应力 σ_0。

通过自定义拟合函数的方式，对 TC21 钛合金、SAE1070 钢和 7050-T7451 铝合金三种材料的循环硬化参数分别进行了拟合。当 m 值为 3 时，三种材料的循环硬化参数拟合结果如表 10.5 所示，其相应的 Chaboche 循环应力-塑性应变曲线拟合结果分别如图 10.7～图 10.9 所示[23]。

表 10.5 Chaboche 本构模型的材料参数[23]

材料	a_1	a_2	a_3	c_1	c_2	c_3	σ_0
TC21 钛合金	123.4	222.5	140.7	17080	206.3	1892	519.3
SAE1070 钢	118.7	380.6	152.5	705.1	28.3	160.1	330.9
7050-T7451 铝合金	165.6	117.7	101	8.6	148.6	3466	256.3

3. 缺口局部弹塑性应力应变估算值与试验值比较

首先采用薄壁管圆形缺口试件进行验证。TC21 钛合金圆形缺口薄壁管试件的

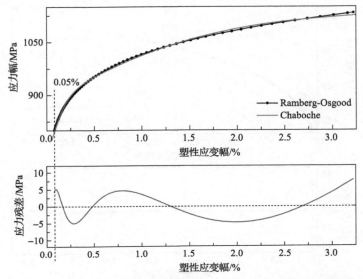

图 10.7　TC21 钛合金的 Chaboche 循环应力-塑性应变曲线拟合结果[23]

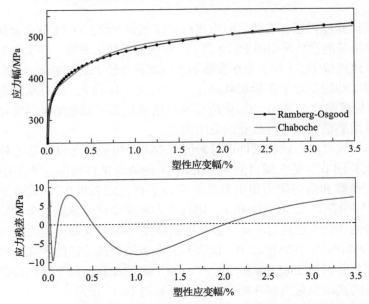

图 10.8　7050-T7451 铝合金的 Chaboche 循环应力-塑性应变曲线拟合结果[23]

轴向应力集中系数、剪切应力集中系数和横向应力集中系数分别为 1.31、1.53 和
0.27。对于每一个多轴加载路径，选取稳定循环下的应力和应变试验数据，采用
基于应力修正的多轴缺口局部应力应变确定方法对 TC21 钛合金缺口根部的弹塑
性应力应变进行了估算。在多轴循环加载过程中，TC21 钛合金缺口根部的应变测

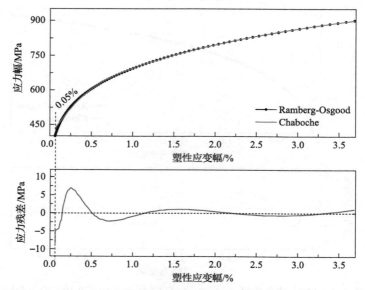

图 10.9　SAE1070 钢的 Chaboche 循环应力-塑性应变曲线拟合结果[23]

量方法及其试验过程已在文献[16]中进行了详细的介绍。TC21 钛合金缺口根部应变的计算结果与测量结果如图 10.10 所示。对比分析结果表明，基于应力修正的方法能够较好地模拟 TC21 钛合金在多轴不规则加载路径下缺口根部的轴向和剪切应变响应历程。特别是对于多轴加载路径 A、B、C、D 和 F，计算结果与测量结果更为吻合。加载路径 E 和 G 的轴向应变模拟结果与实际测量结果尽管存在一定的误差，但其结果仍在工程可接受的范围内。

　　然后采用缺口实心棒状试件进行验证。SAE1070 钢环形缺口实心棒状试件的多轴疲劳试验细节参见文献[15]。SAE1070 钢缺口试件轴向应力集中系数、剪切应力集中系数和横向应力集中系数分别为 1.45、1.17 和 0.3。试验采用的路径为图 10.6 中的路径 A、B、D 和 F。用其应力和应变试验数据对多轴缺口局部弹塑性应力应变评估方法进行验证。多轴加载路径 A 的名义轴向应力幅和剪切应力幅分别为 296MPa 和 193MPa，B、D 和 F 三个多轴加载路径的名义轴向应力幅和剪切应力幅均分别为 258MPa 和 168MPa。四个多轴加载路径下缺口根部轴向应变与剪切应变的试验测量值和计算值对比分析如图 10.11 所示。

　　对于图 10.11(a)中多轴比例加载路径下的对比分析结果，所计算的轴向和剪切应变路径与试验测量情况基本一致，其中，轴向应变幅的计算值与试验测量值比较接近，而大部分剪切应变的计算值却小于试验测量值。主要原因是该多轴缺口局部应力应变评估方法不能用名义荷载历程去模拟循环不稳定阶段的应力应变状态。对于图 10.11(b)～(d)中多轴加载路径 B、D 和 F 的对比分析，尽管轴向负应变的计算值与测量值相比有轻微的误差，但整体计算结果与测量结果吻合较好。

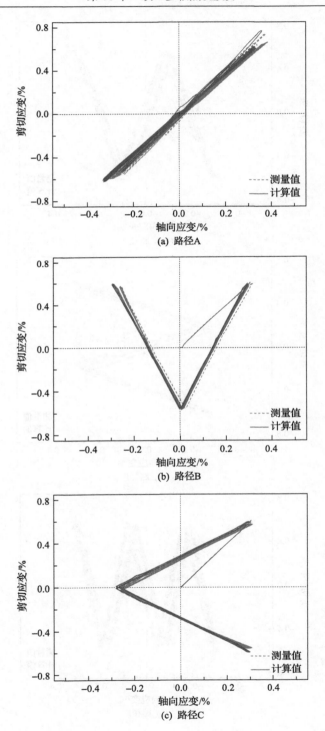

(a) 路径A

(b) 路径B

(c) 路径C

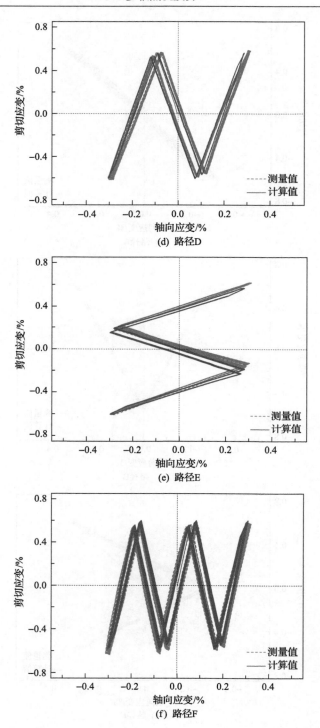

(d) 路径D

(e) 路径E

(f) 路径F

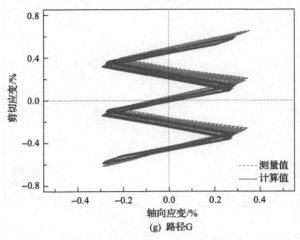

(g) 路径G

图 10.10　TC21 钛合金缺口根部应变的计算结果与测量结果比较[17]

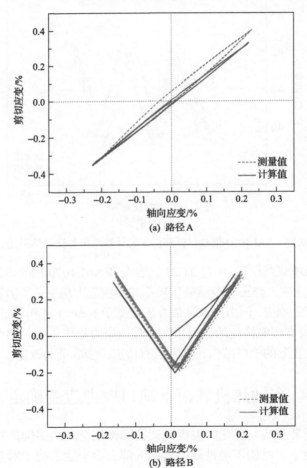

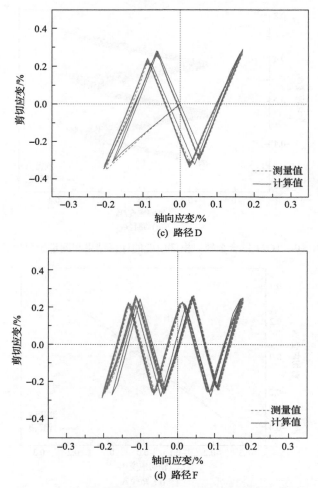

图 10.11　SAE1070 钢缺口根部应变的计算结果与测量结果比较[17]

在不同多轴加载路径下,经过 TC21 钛合金和 SAE1070 钢缺口试件的试验验证结果表明,基于虚应力修正的多轴缺口局部弹塑性应力应变估算方法能够较好地模拟缺口根部的应变响应,但由于该评估方法是基于 Neuber 法和 Ramberg-Osgood 循环应力-应变曲线方程而构建的,使用的是理论应力集中系数。因此,对于具有较大局部循环塑性变形的缺口结构,其方法有待进一步验证和改进。

10.4　多轴热机载荷下缺口应力应变确定方法

机械多轴循环载荷与变化的温度载荷共同作用会产生多轴热机疲劳,因此,在多轴热机载荷下,结构零部件缺口处的局部应力应变的确定对寿命预测的准确性是非常重要的。本节主要介绍文献[25]在 Chaboche 黏塑性本构模型修正的基础上，考虑温度变化的影响，使其能够较为准确地描述缺口件在多轴热机加载下的本构关系，并通过修正后的黏塑性模型与缺口修正方法进行耦合，形成能够估算多轴热机加载下缺口应力应变的确定方法[26]。

10.4.1　Chaboche 黏塑性统一本构模型

Chaboche 黏塑性统一本构模型中，总应变对时间的变化率 $\dot{\varepsilon}_{ij}$ 可分解为弹性 $\dot{\varepsilon}_{ij}^{e}$ 与黏塑性 $\dot{\varepsilon}_{ij}^{\mathrm{vp}}$ 两部分：

$$\dot{\varepsilon}_{ij} = \dot{\varepsilon}_{ij}^{e} + \dot{\varepsilon}_{ij}^{\mathrm{vp}} \tag{10.90}$$

式(10.90)中的弹性应变率 $\dot{\varepsilon}_{ij}^{e}$ 可由广义胡克定律确定：

$$\dot{\varepsilon}_{ij}^{e} = \frac{1+\nu}{E}\dot{\sigma}_{ij} - \frac{\nu}{E}\big(\dot{\sigma}_{ij}\delta_{ij}\big)\delta_{ij} \tag{10.91}$$

式中，E 为弹性模量；$\dot{\sigma}_{ij}$ 为应力率；δ_{ij} 为单位张量；ν 为泊松比，其计算式如下：

$$\nu = \frac{E-2G}{2G} \tag{10.92}$$

式中，G 为剪切模量。

式(10.90)中的黏塑性应变率 $\dot{\varepsilon}_{ij}^{\mathrm{vp}}$ 表达式为

$$\dot{\varepsilon}_{ij}^{\mathrm{vp}} = \frac{3}{2}\dot{p}\frac{\sigma_{ij}' - \chi_{ij}'}{J\big(\sigma_{ij} - \chi_{ij}\big)} \tag{10.93}$$

式中，σ_{ij} 为应力；σ_{ij}' 为应力偏量；χ_{ij} 为背应力；χ_{ij}' 为背应力偏量；$J\big(\sigma_{ij} - \chi_{ij}\big)$ 为米泽斯等效应力；$\dot{p}$ 为累积黏塑性应变率，其计算式如下：

$$\dot{p} = \left(\frac{f}{Z}\right)^{n} \tag{10.94}$$

式中，Z 和 n 为描述材料黏塑性行为的材料常数；f 为屈服函数，可表示为

$$f = J\big(\sigma_{ij} - \chi_{ij}\big) - R - k \tag{10.95}$$

式中，k 为初始屈服面的尺寸；R 为拖曳应力，拖曳应力率 $\dot{R}$ 可以表示为

$$\dot{R} = b(Q - R)\dot{p} \tag{10.96}$$

式中，Q 为拖曳应力 R 的近似值；b 为接近渐近值 Q 的速度。

式 (10.93) 中的背应力偏量 χ'_{ij} 可计算如下：

$$\chi'_{ij} = \chi'_{ij,1} + \chi'_{ij,2} \tag{10.97}$$

$$\chi'_{ij,m} = C_m \left(\frac{2}{3} a_m \dot{\varepsilon}^{\mathrm{vp}}_{ij} - \chi'_{ij,m} \dot{p} \right) \tag{10.98}$$

式中，$a_m \ (m = 1,2)$ 为背应力偏量 $\chi'_{ij,m}$ 的近似值；$C_m \ (m = 1,2)$ 为接近渐近值 a_m 的速度。

在不同的温度下，材料各个参数会产生变化，因此在变化的温度载荷下，确定 Chaboche 黏塑性统一本构模型中的各个材料参数要考虑温度的变化，使该本构模型能够考虑变温载荷对材料应力-应变关系的影响。

对于 GH4169 高温合金材料，考虑温度变化的 Chaboche 黏塑性统一本构模型各个材料参数的确定结果见表 10.6[27]。

表 10.6　不同温度下 Chaboche 黏塑性统一本构模型的材料参数

参数	温度			关于温度的函数
	360℃	505℃	650℃	
K/MPa	700	695	677	$K = -0.079T + 728.552$
E/MPa	180000	174500	164500	$E = -53.448T + 199241.379$
G/MPa	69600	65800	61900	$G = -26.552T + 79158.621$
Q/MPa	-112.52	-178.51	-200.58	$Q = -0.304T + 3.204$
b	15.25	13.94	13.35	$b = -0.007T + 17.609$
a_1/MPa	112.08	100.22	80.45	$a_1 = -0.109T + 151.345$
C_1	6440.50	6700.93	7132.30	$C_1 = 2.386T + 5581.714$
a_2/MPa	225.53	211.72	189.16	$a_2 = -0.125T + 270.679$
C_2	547.24	577.75	629.80	$C_2 = 0.285T + 444.752$
Z/(MPa·s)$^{1/n}$	530	520	500	$Z = -0.103T + 567.241$
n	3.25	3.30	3.40	$n = 0.0005T + 3.064$

多轴热机载荷下缺口局部应力应变的计算，不但需要考虑温度变化的 Chaboche 黏塑性统一本构模型，而且需要缺口修正方法，这样才能进行求解。

10.4.2　增量缺口修正方法

在变温多轴循环载荷下，总应变可以被分解为

$$\varepsilon_{ij} = \varepsilon_{ij}^e + \varepsilon_{ij}^p + \varepsilon_{ij}^v + \varepsilon_{ij}^{th} \tag{10.99}$$

式中，ε_{ij}^e 为弹性应变；ε_{ij}^p 为塑性应变；ε_{ij}^v 为黏性应变；ε_{ij}^{th} 为热应变。

如果进行了适当的温度补偿，让其结构自由伸缩，则可忽略由热膨胀与收缩引起的热应变。如果不考虑热应变，基于黏塑性统一模型理论，可将黏性应变与塑性应变合并为 ε_{vp}（非弹性应变），则总应变可表示为

$$\varepsilon_{ij} = \varepsilon_{ij}^e + \varepsilon_{ij}^{vp} \tag{10.100}$$

在多轴加载下，由于缺口表面应力状态属于平面应力状态，应力应变张量可以式(10.47)和式(10.48)表示，因此估算多轴机械循环载荷下缺口局部应力应变各个分量，需要计算 3 个应力分量（$\sigma_x, \sigma_{xy}, \sigma_y$）和 4 个应变分量（$\varepsilon_x, \varepsilon_{xy}, \varepsilon_y, \varepsilon_z$）。

假设缺口根部局部应力超过其屈服极限，仍被认为保持弹性行为，即处于虚应力状态，则式(10.47)可表达为

$$\sigma_{ij}^e = \begin{bmatrix} \sigma_x^e & \sigma_{xy}^e & 0 \\ \sigma_{yx}^e & \sigma_y^e & 0 \\ 0 & 0 & 0 \end{bmatrix} \tag{10.101}$$

式中，σ_x^e 为轴向虚应力；σ_y^e 为横向虚应力；σ_{xy}^e 为切向虚应力。

在循环加载下，总虚应变能密度计算值会被高估，导致使用 Neuber 法通常会高估缺口处实际应力应变值，因此文献[27]用有效应力集中系数代替理论应力集中系数来计算虚应力 σ^e，则缺口根部局部虚应力各分量可计算如下：

$$\sigma_x^e = K_{fx} \cdot S_x \tag{10.102}$$

$$\sigma_y^e = K_{fy} \cdot S_x \tag{10.103}$$

$$\sigma_{xy}^e = K_{fxy} \cdot S_{xy} \tag{10.104}$$

式中，S_x 为轴向名义应力；S_{xy} 为剪切名义应力；K_{fx}、K_{fy}、K_{fxy} 分别是轴向、横向、剪切修正有效应力集中系数。

Yen 等[28]指出，应力集中系数应该是理论应力集中系数的 89%～100%。此外，材料在多轴热机载荷下所产生的塑性变形会导致应力重分布以及缺口应力非弹性局部调整。为了反映这一特点，文献[26]和[27]将有效应力集中系数 K_f 表达为

$$K_f = \frac{K_t}{1 + \dfrac{\pi}{\pi - \omega}\sqrt{\dfrac{A}{\rho}}} \qquad (10.105)$$

式中，K_t 为理论应力集中系数，可由线弹性有限元分析（finite element analysis, FEA）法分析获取；ω 为缺口张角；ρ 为缺口圆角半径；A 为与材料强度极限及热处理状态（即晶粒尺寸大小）有关的常数[28,29]。

根据 Neuber 法，结构件缺口根部总真实应变能密度 $\sigma^N \varepsilon^N$ 等于缺口根部总虚应变能密度 $\sigma^e \varepsilon^e$，如图 10.12 所示，则由广义 Neuber 法来建立缺口根部虚应力应变与真实应力应变的关系为

$$\sigma_{ij}^e \varepsilon_{ij}^e = \sigma_{ij}^N \varepsilon_{ij}^N \qquad (10.106)$$

式中，σ_{ij}^e、ε_{ij}^e 分别为虚应力、虚应变；σ_{ij}^N、ε_{ij}^N 分别为真实应力、真实应变。

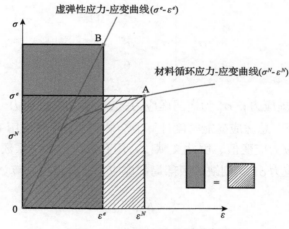

图 10.12　Neuber 法的图形表达

在多轴非比例加载情况下，为了准确估算缺口件应力应变值，需要将式（10.106）改写为增量形式：

$$\sigma_{ij}^e \Delta\varepsilon_{ij}^e + \varepsilon_{ij}^e \Delta\sigma_{ij}^e = \sigma_{ij}^N \Delta\varepsilon_{ij}^N + \varepsilon_{ij}^N \Delta\sigma_{ij}^N \qquad (10.107)$$

式中，符号 Δ 表示实际应力应变分量与虚应力应变分量的微小增量。

真实应变增量可以分解为弹性真实应变增量与黏塑性真实应变增量的和：

$$\Delta\varepsilon_{ij}^N = \Delta\varepsilon_{ij,e}^N + \Delta\varepsilon_{ij,\mathrm{vp}}^N \qquad (10.108)$$

式中，黏塑性真实应变增量 $\Delta \varepsilon_{ij,\mathrm{vp}}^{N}$ 可以通过 Chaboche 本构模型计算获取：

$$\Delta \varepsilon_{11,\mathrm{vp}}^{N} = \frac{3}{2} \left(\frac{J-R-K}{Z} \right)^{n} \frac{\sigma_{11}^{N} - \frac{1}{3}\left(\sigma_{11}^{N} + \sigma_{22}^{N} \right) - \chi_{11}}{J} \tag{10.109}$$

$$\Delta \varepsilon_{22,\mathrm{vp}}^{N} = \frac{3}{2} \left(\frac{J-R-K}{Z} \right)^{n} \frac{\sigma_{22}^{N} - \frac{1}{3}\left(\sigma_{11}^{N} + \sigma_{22}^{N} \right) - \chi_{22}}{J} \tag{10.110}$$

$$\Delta \varepsilon_{33,\mathrm{vp}}^{N} = \frac{3}{2} \left(\frac{J-R-K}{Z} \right)^{n} \frac{-\frac{1}{3}\left(\sigma_{11}^{N} + \sigma_{22}^{N} \right) - \chi_{33}}{J} \tag{10.111}$$

$$\Delta \varepsilon_{12,\mathrm{vp}}^{N} = \frac{3}{2} \left(\frac{J-R-K}{Z} \right)^{n} \frac{\sigma_{12}^{N} - \chi_{12}}{J} \tag{10.112}$$

式中，J 为米泽斯等效应力，其计算式如下：

$$J = \left\{ \frac{3}{2} \left[\sigma_{11} - \frac{1}{3}(\sigma_{11} + \sigma_{22}) - \chi_{11} \right]^{2} + \frac{3}{2} \left[\sigma_{22} - \frac{1}{3}(\sigma_{11} + \sigma_{22}) - \chi_{22} \right]^{2} \right.$$
$$\left. + \frac{3}{2} \left[\frac{1}{3}(\sigma_{11} + \sigma_{22}) - \chi_{33} \right]^{2} + 3(\sigma_{12} - \chi_{12})^{2} \right\}^{1/2} \tag{10.113}$$

由广义胡克定律可以获得式 (10.108) 中的弹性真实应变增量 $\Delta \varepsilon_{ij,e}^{N}$，则多轴热机加载下构件缺口根部的真实总应变增量 $\Delta \varepsilon_{ij}^{N}$ 计算式如下：

$$\Delta \varepsilon_{11}^{N} = \frac{1}{E}\left(\Delta \sigma_{11}^{N} - v\Delta \sigma_{22}^{N} \right) + \frac{3}{2} \left(\frac{J-R-K}{Z} \right)^{n} \frac{\sigma_{11}^{N} - \frac{1}{3}\left(\sigma_{11}^{N} + \sigma_{22}^{N} \right) - \chi_{11}}{J} \tag{10.114}$$

$$\Delta \varepsilon_{22}^{N} = \frac{1}{E}\left(\Delta \sigma_{22}^{N} - v\Delta \sigma_{11}^{N} \right) + \frac{3}{2} \left(\frac{J-R-K}{Z} \right)^{n} \frac{\sigma_{22}^{N} - \frac{1}{3}\left(\sigma_{11}^{N} + \sigma_{22}^{N} \right) - \chi_{22}}{J} \tag{10.115}$$

$$\Delta \varepsilon_{33}^{N} = -\frac{v}{E}\left(\Delta \sigma_{11}^{N} + \Delta \sigma_{22}^{N} \right) + \frac{3}{2} \left(\frac{J-R-K}{Z} \right)^{n} \frac{-\frac{1}{3}\left(\sigma_{11}^{N} + \sigma_{22}^{N} \right) - \chi_{33}}{J} \tag{10.116}$$

$$\Delta\varepsilon_{12}^N = \frac{1+\nu}{E}\Delta\sigma_{12}^N + \frac{3}{2}\left(\frac{J-R-K}{Z}\right)^n \frac{\sigma_{12}^N - \chi_{12}}{J} \tag{10.117}$$

由此可以获取 4 个由 Chaboche 黏塑性统一本构模型推导的方程。

由于缺口根部表面为平面应力状态，共有 7 个未知量需要确定，因此需要 7 个线性方程。另外 3 个方程可由增量 Neuber 法得到，即

$$\sigma_{11}^e \Delta\varepsilon_{11}^e + \varepsilon_{11}^e \Delta\sigma_{11}^e = \sigma_{11}^N \Delta\varepsilon_{11}^N + \varepsilon_{11}^N \Delta\sigma_{11}^N \tag{10.118}$$

$$\sigma_{22}^e \Delta\varepsilon_{22}^e + \varepsilon_{22}^e \Delta\sigma_{22}^e = \sigma_{22}^N \Delta\varepsilon_{22}^N + \varepsilon_{22}^N \Delta\sigma_{22}^N \tag{10.119}$$

$$\sigma_{12}^e \Delta\varepsilon_{12}^e + \varepsilon_{12}^e \Delta\sigma_{12}^e = \sigma_{12}^N \Delta\varepsilon_{12}^N + \varepsilon_{12}^N \Delta\sigma_{12}^N \tag{10.120}$$

设 $\boldsymbol{x} = \left(\Delta\sigma_{11}^N, \Delta\sigma_{22}^N, \Delta\sigma_{33}^N, \Delta\varepsilon_{11}^N, \Delta\varepsilon_{22}^N, \Delta\varepsilon_{33}^N, \Delta\varepsilon_{12}^N\right)^{\mathrm{T}}$，且方程系数用 a_{ij} 代替，则

$$a_{11}x_1 + a_{14}x_4 - b_1 = 0 \tag{10.121}$$

$$a_{22}x_2 + a_{25}x_5 - b_2 = 0 \tag{10.122}$$

$$a_{33}x_3 + a_{37}x_7 - b_3 = 0 \tag{10.123}$$

$$a_{41}x_1 + a_{42}x_2 + a_{44}x_4 - b_4 = 0 \tag{10.124}$$

$$a_{51}x_1 + a_{52}x_2 + a_{55}x_5 - b_5 = 0 \tag{10.125}$$

$$a_{61}x_1 + a_{62}x_2 + a_{66}x_6 - b_6 = 0 \tag{10.126}$$

$$a_{73}x_3 + a_{77}x_7 - b_7 = 0 \tag{10.127}$$

由 Gauss-Seidel 迭代格式对上述方程组进行计算，格式如下：

$$x_1^{k+1} = -\frac{a_{14}}{a_{11}}x_4^k + \frac{b_1}{a_{11}} \tag{10.128}$$

$$x_2^{k+1} = -\frac{a_{25}}{a_{22}}x_5^k + \frac{b_2}{a_{22}} \tag{10.129}$$

$$x_3^{k+1} = -\frac{a_{37}}{a_{33}}x_7^k + \frac{b_3}{a_{33}} \tag{10.130}$$

$$x_4^{k+1} = -\frac{a_{41}}{a_{44}}x_1^{k+1} - \frac{a_{42}}{a_{44}}x_2^{k+1} + \frac{b_4}{a_{44}} \tag{10.131}$$

$$x_5^{k+1} = -\frac{a_{51}}{a_{55}} x_1^{k+1} - \frac{a_{52}}{a_{55}} x_2^{k+1} + \frac{b_5}{a_{55}} \tag{10.132}$$

$$x_6^{k+1} = -\frac{a_{61}}{a_{66}} x_1^{k+1} - \frac{a_{62}}{a_{66}} x_2^{k+1} + \frac{b_6}{a_{66}} \tag{10.133}$$

$$x_7^{k+1} = -\frac{a_{73}}{a_{77}} x_3^{k+1} + \frac{b_7}{a_{77}} \tag{10.134}$$

注意使用 Gauss-Seidel 迭代格式时的收敛性，其收敛的充分条件为

$$\|B\|_1 = \max_{i=1, i \neq j} \sum_{i=1, i \neq j}^{n} \left| \frac{a_{ij}}{a_{ii}} \right| < 1 \tag{10.135}$$

即当满足式(10.135)时，迭代式收敛。由于 $a_{kk} > a_{kl}$，那么 $|a_{kl}/a_{kk}| < 1$，那么上述迭代式收敛。

将温度相关的 Chaboche 本构模型与改进的 Neuber 法相结合，即在本构模型的每个参数中都考虑了温度变化对应力应变响应的影响，然后将本构模型引入到增量缺口修正方法中，其缺口应力应变响应近似计算方法流程如下。

(1)输入名义应力加载历程 S_{ij} 和温度历史 T。

(2)使用缺口修正方法中的有效应力集中系数 K_f 计算虚应力 σ_{ij}^e，然后将虚应力转换为虚应力增量 $\Delta\sigma_{ij}^e$。通过广义胡克定律计算相应的虚应变 ε_{ij}^e，然后将虚应变更改为虚应变增量 $\Delta\varepsilon_{ij}^e$。

(3)通过式(10.116)~式(10.119)中的虚应力增量 $\Delta\sigma_{ij}^e$ 和虚应变增量 $\Delta\varepsilon_{ij}^e$，确定真实应力增量 σ_{ij}^N 和真实应变增量 $\Delta\varepsilon_{ij}^N$。

(4)更新真实应力 σ_{ij}^N 和真实应变 ε_{ij}^N。

上述缺口应力应变近似计算方法可由程序语言编写,详细计算过程如图 10.13 所示[27]。

10.4.3　多轴热机加载下缺口应力应变确定方法验证

为了验证多轴热机加载下缺口应力应变确定方法的有效性，采用非线性热固耦合有限元分析方法对短历程加载路径进行应力应变模拟计算。

试件材料为镍基高温合金 GH4169，试件的形状及尺寸如图 10.14 所示，试件缺口部位的缺口张角为 60°，缺口半径为 1mm。

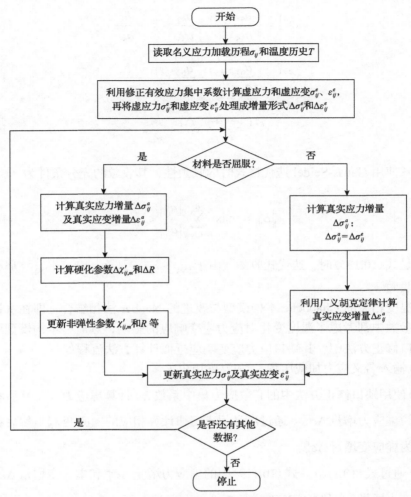

图 10.13　多轴热机加载下缺口应力应变确定方法流程图[27]

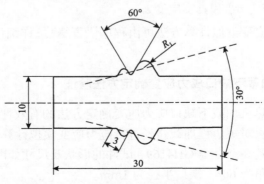

图 10.14　试件形状及尺寸(单位：mm)

1. 有限元分析建模

采用有限元分析方法分析时，选用与试验中相同形状及材料的枞树型缺口构件进行建模。试件材料为镍基高温合金 GH4169，其在不同温度下的热性能和结构参数见表 10.7，材料在不同温度下材料的循环应力-应变曲线由 Ramberg-Osgood 方程获取[30]，如图 10.15 所示。在有限元分析中，采用米泽斯屈服准则和多线性运动硬化准则来描述材料的塑性行为。

表 10.7　镍基高温合金 GH4169 在不同温度下的热性能和结构参数

温度/℃	ν	$\lambda/(\text{pW}/(\mu\text{m}\cdot\text{℃}))$	$c/(\text{pJ}/(\text{kg}\cdot\text{℃}))$	$\alpha/(1/\text{℃})$
11	—	1.34×10^7		
20	0.265	—		
100	0.272	1.47×10^7		1.18×10^{-5}
200	0.282	1.59×10^7		1.30×10^{-5}
300	0.292	1.78×10^7	4.81×10^{14}	1.35×10^{-5}
400	0.303	1.83×10^7	4.94×10^{14}	1.41×10^{-5}
500	0.315	1.96×10^7	5.15×10^{14}	1.44×10^{-5}
600	0.328	2.12×10^7	5.39×10^{14}	1.48×10^{-5}
700	0.341	2.28×10^7	5.73×10^{14}	1.54×10^{-5}
800	—	2.36×10^7	6.15×10^{14}	1.70×10^{-5}
900	—	2.76×10^7	6.57×10^{14}	1.84×10^{-5}
1000	—	3.04×10^7	7.07×10^{14}	1.87×10^{-5}
函数	$\nu=1.13\times10^{-4}T+0.260$	$\lambda=1.64\times10T+1.23\times10^7$	$c=3.37\times10^{11}T+3.53\times10^{14}$	$\alpha=7.38\times10^{-9}T+1.11\times10^{-5}$

采用 Brick 20 实体节点对有限元模型进行网格划分，并通过收敛性验证，网格划分结果如图 10.16(a)所示。

首先通过线弹性有限元分析，可以得到缺口根部的轴向、剪切、扭转理论应力集中系数(K_{tx},K_{ty},K_{txy})分别为 2.28、0.47 和 1.31，其参考点与分析取值点如图 10.16(b)所示。然后将理论应力集中系数替换成有效应力集中系数 K_f，即将有限元分析得到的轴向、剪切、扭转应力集中系数值代入式(10.105)中，获取轴向、剪切、扭转有效应力集中系数(K_{fx},K_{fy},K_{fxy})的值，分别为 1.82、0.38 和 1.05。

由于试验加载方式为拉扭应力循环加载，设置有限元分析边界条件中要实现等效的应力加载方式，可将结构件有限元模型的一端刚性固定，另一端施加轴向

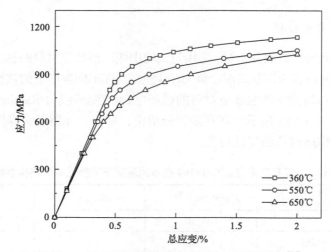

图 10.15　不同温度下材料的循环应力-应变曲线[26]

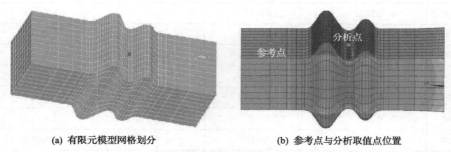

(a) 有限元模型网格划分　　　　　(b) 参考点与分析取值点位置

图 10.16　枞树型结构件的有限元模型

力 F 和扭矩 T，并将温度载荷谱加载到有限元模型中的所有节点上。加载参数如下：名义轴向应力幅值为 400MPa，名义剪切应力幅值为 231MPa，温度范围为360～650℃。在本验证中，非线性有限元分析采用了与试验相同的一系列多轴比例和非比例加载路径 A→H[16]，包括比例加载、V 形加载、N 形加载、W 形加载以及矩形加载。

2. 有限元计算结果与多轴热机载荷下缺口局部应力应变估算方法计算结果对比[27]

本节所提的多轴热机载荷下缺口局部应力应变估算方法计算结果与非线性有限元分析结果进行比较，如图 10.17 所示。

将两种方法计算得到的相对误差结果记录在表 10.8 中，误差范围为–13.67%～6.65%。结果表明，这种多轴热机载荷下缺口局部应力应变估算方法与相应的非线性有限元仿真结果具有较好的吻合性。

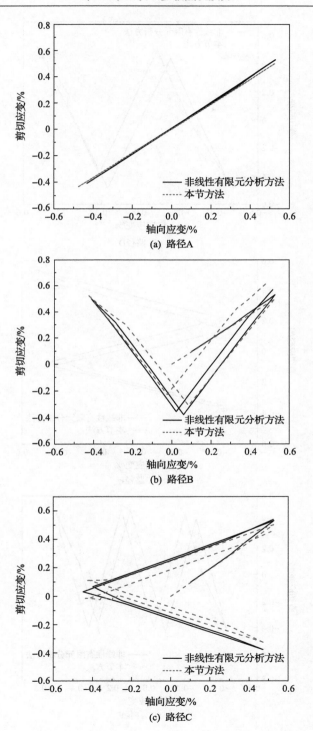

(a) 路径A

(b) 路径B

(c) 路径C

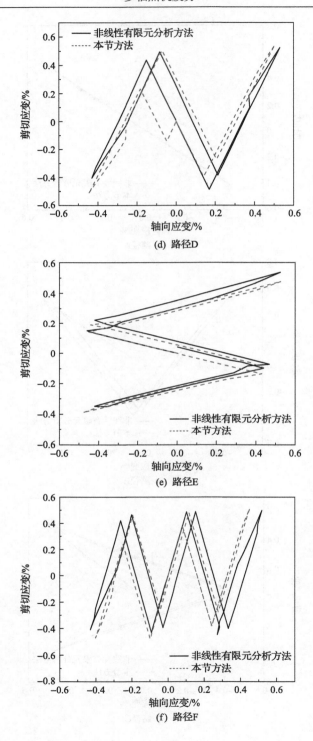

(d) 路径D

(e) 路径E

(f) 路径F

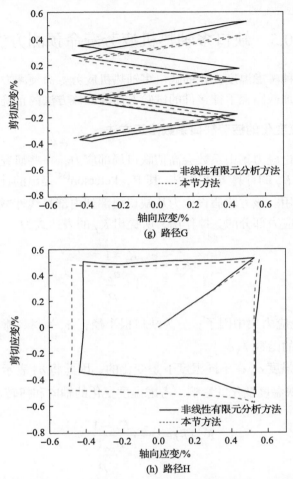

(g) 路径G

(h) 路径H

图 10.17　多轴热机载荷下缺口应力应变估算方法与非线性有限元分析的结果对比[26]

表 10.8　计算的应变范围与有限元分析的应变范围之间的相对误差[27]　　（单位：%）

加载路径	轴向相对误差	剪切相对误差
A	4.38	−0.23
B	1.63	−0.63
C	−1.45	−9.10
D	−0.79	4.63
E	2.52	−2.38
F	−10.01	4.90
G	−1.96	−13.67
H	5.15	6.65

10.5　缺口多轴热机疲劳寿命预测方法

本节介绍一种考虑温度变化的缺口多轴热机疲劳寿命预测方法[30]，并利用不同多轴热机疲劳加载路径下榫接件的试验寿命验证该方法的正确性。

10.5.1　基于温度变化的疲劳缺口系数修正方法

由于使用理论应力集中系数会高估缺口局部应力，一些研究者提出了许多关于疲劳缺口系数 K_f 的计算方法[31-33]，其中，Peterson[34]提出的计算方法因简单易用得到了广泛应用。该方法假设应力从缺口根部到内部呈线性减小，并考虑相对低应力部分对高应力部分的支撑作用，所提出 K_f 的表达式为

$$K_f = 1 + \frac{K_t - 1}{1 + \dfrac{a_p}{\rho}} \tag{10.136}$$

式中，K_t 为理论应力集中因子；ρ 为缺口根半径；a_p 为材料常数，可以表示为与极限强度相关的函数 $f(\sigma_u)$。

材料的极限强度 σ_u 在不同温度下是变化的，因此将 a_p 表示为与温度相关的函数 $a_p(T)$ 来反映温度变化的影响。考虑温度变化的轴向和扭转 $K_f(T)$ 表达式为

$$K_{fx}(T) = 1 + \frac{K_{tx} - 1}{1 + \dfrac{a_{p\sigma}(T)}{\rho}} \tag{10.137}$$

$$K_{fxy}(T) = 1 + \frac{K_{txy} - 1}{1 + \dfrac{a_{p\tau}(T)}{\rho}} \tag{10.138}$$

式中，K_{tx}、K_{txy} 分别为轴向和扭转理论应力集中系数；$a_{p\sigma}(T)$、$a_{p\tau}(T)$ 分别为与温度相关的轴向和扭转材料常数。

由于横向有效应力集中系数 $K_{fy}(T)$ 小于 1，故不适用于上述修正公式。可以假设，$K_{fy}(T)$ 和 $K_{fx}(T)$ 在相同温度下以相同比例减少，表达式如下：

$$K_{fy}(T) = \frac{K_{ty}}{K_{tx}/K_{fx}(T)} \tag{10.139}$$

式中，K_{ty} 为横向理论应力集中系数。

由式(10.137)~式(10.139)可知，理论应力集中因子 K_t 考虑了缺口形状的影响，缺口根半径 ρ 考虑了缺口尺寸的影响，参数 $a_p(T)$ 考虑了表达式中温度变化的影响。因此，该组有效应力集中系数可以表征不同形状和大小的缺口在不同温度下应力集中的严重程度。

考虑温度变化的有效应力集中系数，并结合 10.4 节所描述的流程可以确定缺口根部局部应力与应变。

10.5.2　基于温度变化疲劳缺口系数的多轴热机疲劳寿命预测

多轴热机疲劳寿命预测涉及考虑温度加载历史的多轴循环计数方法、多轴热机疲劳损伤计算与多轴热机疲劳损伤累积。

1. 考虑温度加载历史的多轴循环计数方法

在多轴热机载荷循环计数中，可采用基于 Wang-Brown 多轴循环计数并考虑温度加载历史的循环计数方法[35,36]。相对于参考点的等效应变计算为

$$\varepsilon_{\mathrm{eq}}^{\mathrm{relative}}(t) = \varepsilon_{\mathrm{eq}}\left(\varepsilon_{ij}(t) - \varepsilon_{ij}^{R}(t_r)\right) \tag{10.140}$$

式中，$\varepsilon_{\mathrm{eq}}^{\mathrm{relative}}(t)$ 是时刻 t 相对于时刻 t_r 的米泽斯相对等效应变；$\varepsilon_{ij}(t)$ 是时刻 t 的应变张量；$\varepsilon_{ij}^{R}(t_r)$ 是时刻 t_r 参考点的应变张量。

在每次计数反复中需要计算等效温度 T_e 来考虑温度加载历史对损伤行为的影响。每一次计数反复的等效温度 T_e 需要由材料的阈值温度 T_{th} 确定，其计算方法为

$$T_e = \begin{cases} \max\left[T(t_i)\right], & i = 1,2,\cdots,n, \ T(t_i) > T_{\mathrm{th}} \\ \dfrac{1}{n}\sum T(t_i), & \text{否则} \end{cases} \tag{10.141}$$

当一次计数反复的温度负荷小于或等于阈值温度 T_{th} 时，一次计数反复的温度负荷拐点的平均值包括反复开始时间和反复结束时间的温度，视之为等效温度。当出现一次计数反复的温度大于阈值温度 T_{th} 时，将该温度视为等效温度。

2. 多轴疲劳-氧化-蠕变损伤计算与寿命预测

对于多轴纯疲劳损伤的估算，采用文献[37]的方法，该模型考虑了非比例附

加强化对损伤行为的影响。

对于多轴氧化损伤的估算，采用文献[38]的方法，该模型考虑了温度、等效应力、时间对氧化损伤的影响。

对于多轴蠕变损伤的估算，采用 Robinson 规则[39]计算晶间蠕变损伤。每个计数出反复的应力和温度加载历史可被分割为 m 个区间来计算蠕变损伤，详细过程见文献[40]和[41]。

采用 Miner 线性损伤累积准则对疲劳损伤、氧化损伤和蠕变损伤进行累积。首先将沿晶形式的蠕变损伤转换为穿晶形式的疲劳损伤，然后将穿晶形式的疲劳损伤、氧化损伤与经过转换的蠕变损伤进行累积，即多计数出的单个反复中的损伤由式(10.142)计算[38]：

$$
\begin{aligned}
D &= D_f + D_o + D_c \\
&= D_f + D_o + \left(D_c^{\mathrm{in}}\right)^{\beta_T} \\
&= \frac{1}{2N_f} + \sum_{i=1}^{m} \frac{h_i}{a_c} + \left(\sum_{i=1}^{m} \frac{\Delta t_i}{t_{ri}}\right)^{\beta_T}
\end{aligned}
\tag{10.142}
$$

将每个计数出反复中的损伤进行累积，通过计算累积损伤的倒数便可获取失效寿命。

10.5.3 缺口多轴热机疲劳寿命预测方法验证

1. 缺口多轴热机疲劳寿命试验

验证试验材料选用航空发动机热端零部件常用的镍基高温合金 GH4169，试件形状及尺寸见图 10.14。所有多轴热机疲劳试验均采用轴向扭转伺服液压试验机，如图 10.18 所示。电感线圈用于加热被测试样，加热原理为电磁感应加热。通过从冷却管中喷射出的压缩空气，对被测试件进行强制风冷。在试件周围均匀分布三排带孔的冷却管，以保证均匀冷却。测温元件为铬铝合金 K 型热电偶，焊接在试件中间外表面两侧。测量温度并同时反馈给系统，以确保应用的温度负载满足测试要求。试件的加热和冷却由设定的程序控制。

设置八种加载谱对榫接件进行多轴热机疲劳试验，结果如图 10.19 所示[30]，试验采用应力加载控制，轴向名义应力幅值为 400MPa，剪切名义应力幅值为 231MPa。这里的名义应力是指试件夹紧部分的截面应力。温度加载范围为 360～650℃，加热和冷却速率约为 5℃/s。由于被测试件体积较小，试件被测部分均匀受热和冷却，从而可不考虑热梯度对应力变化的影响。试验终止条件设置为试件

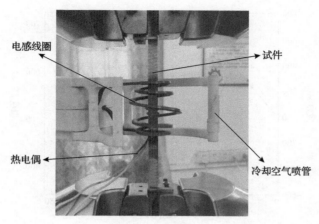

图 10.18　多轴热机疲劳试验系统

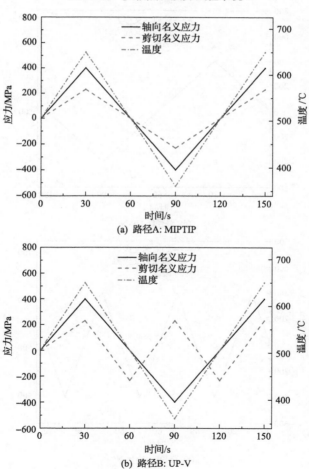

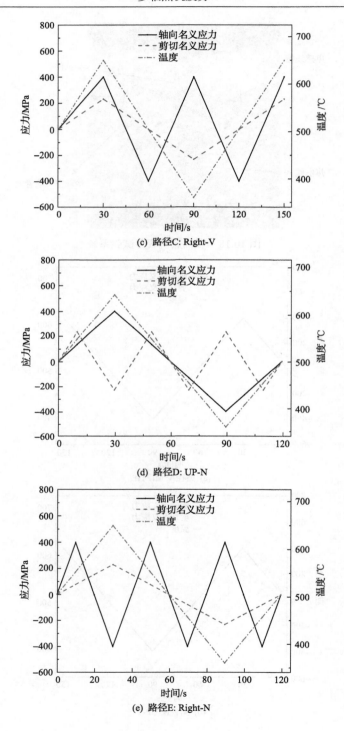

(c) 路径C: Right-V

(d) 路径D: UP-N

(e) 路径E: Right-N

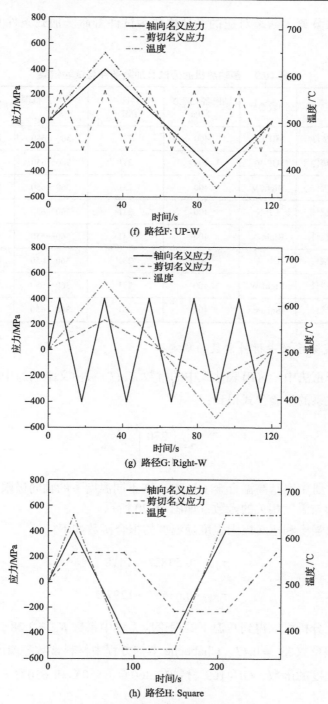

(f) 路径F: UP-W

(g) 路径G: Right-W

(h) 路径H: Square

图 10.19　榫接件的多轴热机疲劳加载路径[30]

被测截面断裂分离，断裂对应的循环块数为试件寿命。加载条件及试验结果如表 10.9 所示[30]。

表 10.9　多轴热机疲劳试验加载条件与试验结果

试样编号	试件类型	加载类型	轴向名义应力/MPa	剪切名义应力/MPa	加载温度范围/℃	周期/s	试验寿命/载荷块
N01	榫接件	MIPTIP	400	231	360～650	120	829
N02	榫接件	UP-V	400	231	360～650	120	480
N03	榫接件	Right-V	400	231	360～650	120	936
N04	榫接件	UP-N	400	231	360～650	120	861
N05	榫接件	Right-N	400	231	360～650	120	677
N06	榫接件	UP-W	400	231	360～650	120	644
N07	榫接件	Right-W	400	231	360～650	120	777
N08	榫接件	Square	400	231	360～650	240	121

2. 缺口疲劳系数中材料常数的确定

在缺口修正法中，$a(T)$ 表达式中的常数 $K_f(T)$ 可由文献[42]中材料极限强度与参数 a 值关系的经验公式得到：

$$a = \left(\frac{270}{\sigma_u} \right)^{1.8} \tag{10.143}$$

将材料手册中镍基高温合金 GH4169 在不同温度下的轴向极限强度和扭转极限强度插值为与温度相关的函数，如图 10.20 所示。

轴向极限强度和扭转极限强度随温度的拟合函数如下：

$$\sigma_u = -0.5382T + 1418.7 \tag{10.144}$$

$$\tau_u = -0.6343T + 1297.5 \tag{10.145}$$

由有限元分析可以得到常温下的理论应力集中系数 $K_{tx} = 2.28$，$K_{txy} = 1.31$，横向应力集中系数 $K_{ty} = 0.47$。Chaboche 本构方程中材料常数随温度变化而变化，可以插值为温度的函数，GH4169 材料在 360℃、550℃和 650℃下的材料常数见表 10.6。

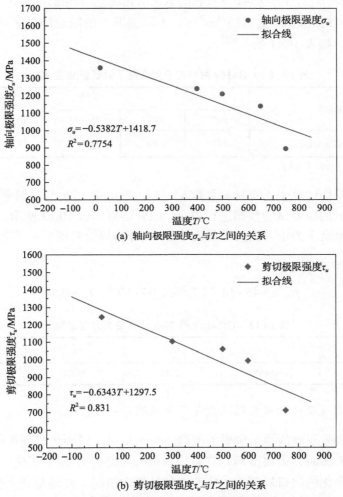

(a) 轴向极限强度σ_u与T之间的关系

(b) 剪切极限强度τ_u与T之间的关系

图 10.20　轴向极限强度和剪切极限强度与温度关系的拟合曲线[30]

在寿命预测模型中，根据材料手册中不同温度和应力下的寿命数据，确定 GH4169 材料的阈值温度为 550℃。在纯疲劳损伤计算中，GH4169 材料在室温下的疲劳材料常数可由文献[43]确定，如表 10.10 所示。

表 10.10　GH4169 材料在室温下的疲劳材料常数

E/MPa	σ'_f/MPa	b	ε'_f	c
208500	1640	−0.06	2.67	−0.82

在氧化损伤计算中，GH4169 材料的氧化活化能 Q_o 和指前因子 A_o 见文献[44]，其中 $Q_o = 168.5\text{kJ/mol}$ ，$A_o = 10^{-4}\text{m}^2/\text{s}$ 。不同温度下的断裂韧性 K_{IC} 可在材料手册[45]中确定，如表 10.11 所示[45]。

表 10.11　GH4169 材料在不同温度下的断裂韧性 K_{IC}

断裂韧性	温度				
	20℃	300℃	550℃	600℃	650℃
$K_{\text{IC}}/(\text{MPa}\cdot\sqrt{\text{m}})$	103.5	89	87	83	69.5

注：$K_{\text{IC}} = -0.0419T + 104.15$。

在蠕变损伤计算中，将材料常数 b_1、b_2、b_3、b_4、b_5 与材料手册[46]中不同温度和应力下的蠕变试验数据进行拟合，拟合结果如表 10.12 所示。基于试验数据，将不同温度下的沿晶损伤等效因子 β_T 拟合为等效温度 T_e 的函数，拟合表达式如下：

$$\beta_T = 3.45\times10^{-6}\times T_e^{\,2} - 2.04\times10^{-3}\times T_e + 0.54 \tag{10.146}$$

表 10.12　GH4169 的 M-S 持久应力方程系数

b_1	b_2	b_3	b_4	b_5
2338	−0.0161	−2443	864.4	−102.3

3. 考虑温度变化的多轴热机疲劳寿命预测

为了使疲劳寿命预测结果更加准确，特别是对于经历热机载荷的缺口零件，在评估疲劳寿命时，需要准确地获得缺口根部局部应力-应变历史。因此，当使用考虑温度变化的缺口局部应力应变近似计算方法时，在增量式多轴 Neuber 缺口系数修正法中采用考虑温度变化的疲劳缺口系数修正方法来计算虚应力。此外，将 Chaboche 本构方程中的材料常数插值为与温度相关的函数，从而考虑温度变化对材料行为的影响。多轴热机加载条件下缺口疲劳寿命预测流程如图 10.21 所示[30]。

预测寿命与试验寿命的对比如图 10.22 和图 10.23 所示[30]，可以看出，基于考虑温度变化的疲劳缺口系数修正方法与基于有限元分析的寿命预测结果误差分散带均在 2 倍因子之内。需要说明的是，大量缺口试样的裂纹萌生寿命和总寿命统计结果表明[47]，缺口裂纹萌生寿命约为断裂总寿命的 1/3，因此，图 10.22 和图 10.23 为考虑以上关系进行的预测与试验寿命对比，即图中的裂纹萌生试验寿命取为表 10.9 中试验寿命(断裂总寿命)的 1/3。

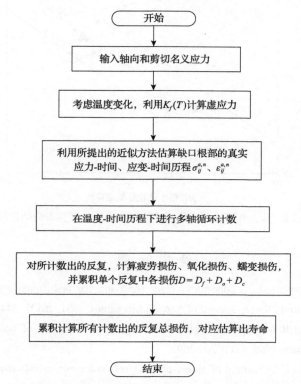

图 10.21 多轴热机加载条件下缺口疲劳寿命预测流程图[30]

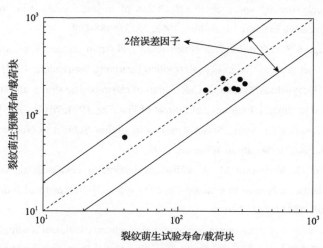

图 10.22 考虑温度变化的疲劳缺口系数修正方法的榫接件预测寿命与试验寿命的比较[30]

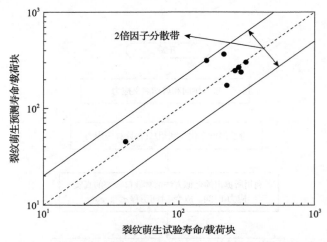

图 10.23　基于有限元分析的榫接件预测寿命与试验寿命的比较[30]

参 考 文 献

[1] Neuber H. Theory of stress concentration for shear-strained prismatical bodies with arbitrary nonlinear stress-strain law[J]. Journal of Applied Mechanics, 1961, 28(4): 544-550.

[2] Topper T, Wetzel R M, Morrow J. Neuber's rule applied to fatigue of notched specimens[J]. Journal of Materials, 1969, 4(1): 200-209.

[3] Molski K, Glinka G. A method of elastic-plastic stress and strain calculation at a notch root[J]. Materials Science and Engineering, 1981, 50(1): 93-100.

[4] Glinka G. Energy density approach to calculation of inelastic strain-stress near notches and cracks[J]. Engineering Fracture Mechanics, 1985, 22(3): 485-508.

[5] Klann D A, Tipton S M, Cordes T S. Notch stress and strain estimation considering multiaxial constraint[C]. International Congress & Exposition Dearborn, Warrendale, 1993: 1-11.

[6] Moftakhar A, Buczynski A, Glinka G. Calculation of elasto-plastic strains and stresses in notches under multiaxial loading[J]. International Journal of Fracture, 1994, 70(4): 357-373.

[7] Singh M N K. Notch Tip Stress Strain Analysis in Bodies Subject to Nonproportional Cyclic Loads[D]. Waterloo: University of Waterloo, 1998.

[8] Ye D Y, Hertel O, Vormwald M. A unified expression of elastic-plastic notch stress-strain calculation in bodies subjected to multiaxial cyclic loading[J]. International Journal of Solids and Structures, 2008, 45(24): 6177-6189.

[9] Garud Y S. Prediction of stress-strain response under general multiaxial loading[M]//Rohde R W, Swearengen J C. Mechanical Testing for Deformation Model Development. West Conshohocken: ASTM International, 1982: 223-238.

[10] Garud Y S. Multiaxial Fatigue of Metals[D]. Stanford: Stanford University, 1981.

[11] Tipton S M. Fatigue Behavior Under Multiaxial Loading in the Presence of a Notch Methodologies for Prediction of Life to Crack Initiation and Life Pent in Crack Propagation[D]. Stanford: Stanford University, 1985.

[12] Köttgen V B, Barkey M E, Socie D F. Pseudo stress and pseudo strain based approaches to multiaxial Notch analysis[J]. Fatigue & Fracture of Engineering Materials & Structures, 1995, 18(9): 981-1006.

[13] Chen H, Shang D G, Xiong J. A coupled plasticity correction approach to estimating notch root strains under multiaxial cyclic loading[J]. International Journal of Fatigue, 2013, 52: 39-48.

[14] 陈宏. 随机多轴载荷下疲劳损伤在线监测及寿命评估系统研究[D]. 北京: 北京工业大学, 2013.

[15] Barkey M E. Calculation of Notch Strains Under Multiaxial Nominal Loading[D]. Urbana-Champaign: University of Illinois at Urbana-Champaign, 1993.

[16] Tao Z Q, Shang D G, Sun Y J. New pseudo stress correction method for estimating local strains at Notch under multiaxial cyclic loading[J]. International Journal of Fatigue, 2017, 103: 280-293.

[17] Xue L, Shang D G, Li D H, et al. Unified elastic-plastic analytical method for estimating notch local strains in real time under multiaxial irregular loading[J]. Journal of Materials Engineering and Performance, 2021, 30(12): 9302-9314.

[18] Hoffmann M, Seeger T. A generalized method for estimating multiaxial elastic-plastic notch stresses and strains, part 1: Theory[J]. Journal of Engineering Materials and Technology, 1985, 107(4): 250-254.

[19] Hoffmann M, Seeger T. A generalized method for estimating multiaxial elastic-plastic notch stresses and strains, part 2: Application and general discussion[J]. Journal of Engineering Materials and Technology, 1985, 107(4): 255-260.

[20] Armstrong P J, Frederick C O. A Mathematical representation of the multiaxial bauschinger effect[J]. Materials at High Temperatures, 1966, 24(1): 1-26.

[21] Chaboche J L, Dang-Van K, Cordier G. Modelization of the strain memory effect on the cyclic hardening of 316 stainless steel[C]. International Association for Structural Mechanics in Reator Technology, Berlin, 1979: 1-10.

[22] Kanazawa K, Miller K J, Brown M W. Cyclic deformation of 1% Cr-Mo-V steel under out-of-phase loads[J]. Fatigue & Fracture of Engineering Materials and Structures, 1979, 2(2): 217-228.

[23] 薛龙. 飞机结构关键部位多轴疲劳损伤在线监测技术研究[D]. 北京: 北京工业大学, 2021.

[24] Karolczuk A, Skibicki D, Pejkowski Ł. Evaluation of the Fatemi-Socie damage parameter for

the fatigue life calculation with application of the Chaboche plasticity model[J]. Fatigue & Fracture of Engineering Materials & Structures, 2019, 42(1): 197-208.

[25] Li D H, Shang D G, Xue L, et al. Notch stress-strain estimation method based on pseudo stress correction under multiaxial thermo-mechanical cyclic loading[J]. International Journal of Solids and Structures, 2020, 199: 144-157.

[26] Wang L W, Shang D G, Li D H, et al. Local stress-strain estimation for tenon joint structure under multiaxial cyclic loading at non-isothermal high temperature[J]. Journal of Materials Engineering and Performance, 2021, 30(4): 2720-2731.

[27] 王灵婉. 多轴热机械加载下缺口应力应变确定方法研究[D]. 北京: 北京工业大学, 2020.

[28] Yen C S, Dolan T J. A Critical Review of the Criteria for Notch-Sensitivity in Fatigue of Metals [M]. Champagin-Urbana: University of Illinois at Urbana-Champaign, 1952.

[29] 王德俊. 疲劳强度设计理论与方法[M]. 沈阳: 东北工学院出版社, 1992.

[30] Chen F, Shang D G, Li D H, et al. Notch local stress-strain estimation considering temperature change and life prediction under multiaxial thermo-mechanical loading[J]. Engineering Fracture Mechanics, 2022, 265: 108384.

[31] Yao W X, Xia K Q, Gu Y. On the fatigue Notch factor, Kf[J]. International Journal of Fatigue, 1995, 17(4): 245-251.

[32] Qylafku G, Azari Z, Kadi N, et al. Application of a new model proposal for fatigue life prediction on notches and key-seats[J]. International Journal of Fatigue, 1999, 21(8): 753-760.

[33] Liao D, Zhu S P, Correia J A F O, et al. Recent advances on notch effects in metal fatigue: A review[J]. Fatigue & Fracture of Engineering Materials & Structures, 2020, 43(4): 637-659.

[34] Peterson R E. Notch sensitivity[M]//Sines G, Waisman J L. Metal Fatigue. New York: MacGraw-Hill, 1959: 293-307.

[35] Wang J J, Shang D G, Sun Y J, et al. Thermo-mechanical fatigue life prediction method under multiaxial variable amplitude loading[J]. International Journal of Fatigue, 2019, 127: 382-394.

[36] Li D H, Shang D G, Xue L, et al. Real-time damage evaluation method for multiaxial thermo-mechanical fatigue under variable amplitude loading[J]. Engineering Fracture Mechanics, 2020, 229: 106948.

[37] Shang D G, Wang D J. A new multiaxial fatigue damage model based on the critical plane approach[J]. International Journal of Fatigue, 1998, 20(3): 241-245.

[38] Li D H, Shang D G, Cui J, et al. Fatigue-oxidation-creep damage model under axial-torsional thermo-mechanical loading[J]. International Journal of Damage Mechanics, 2020, 29(5): 810-830.

[39] Robinson E L. Effect of temperature variation on the long-time rupture strength of steels[J]. Journal of Fluids Engineering, 1952, 74(5): 777-780.

[40] Ren Y P, Shang D G, Li F D, et al. Life prediction approach based on the isothermal fatigue and creep damage under multiaxial thermo-mechanical loading[J]. International Journal of Damage Mechanics, 2019, 28(5): 740-757.

[41] Li F D, Shang D G, Zhang C C, et al. Thermomechanical fatigue life prediction method for nickel-based superalloy in aeroengine turbine discs under multiaxial loading[J]. International Journal of Damage Mechanics, 2019, 28(9): 1344-1366.

[42] Mei J F, Xing S Z, Vasu A, et al. The fatigue limit prediction of notched components–A critical review and modified stress gradient based approach[J]. International Journal of Fatigue, 2020, 135: 105531.

[43] Koch J L. Proportional and Non-Proportional Biaxial Fatigue of Inconel 718[D]. Urbana-Champaign: University of Illinois at Urbana-Champaign. 1985.

[44] Zhao L G, Tong J, Hardy M C. Prediction of crack growth in a nickel-based superalloy under fatigue-oxidation conditions[J]. Engineering Fracture Mechanics, 2010, 77(6): 925-938.

[45] 《中国航空材料手册》编委会. 中国航空材料手册[M]. 2 版. 北京: 中国标准出版社, 2002.

[46] 《航空发动机设计用材料数据手册》编委会. 航空发动机设计用材料数据手册(第五册)[M]. 北京: 航空工业出版社, 2010.

[47] Yip M C, Jen Y M. Mean strain effect on crack initiation lives for notched specimens under biaxial nonproportional loading paths[J]. Journal of Engineering Materials and Technology, 1997, 119(1): 104-112.